本书得到遵义医学院与贵州高校人文医学研究中心资助

中外创造学发展比较研究

简红江 著

中国社会科学出版社

图书在版编目（CIP）数据

中外创造学发展比较研究 / 简红江著．—北京：中国社会科学出版社，2018.2

ISBN 978－7－5203－0047－6

Ⅰ.①中… Ⅱ.①简… Ⅲ.①创造学－对比研究－世界 Ⅳ.①G305

中国版本图书馆 CIP 数据核字（2017）第 054247 号

出 版 人 赵剑英
责任编辑 李庆红
责任校对 冯英爽
责任印制 王 超

出 版 中国社会科学出版社
社 址 北京鼓楼西大街甲 158 号
邮 编 100720
网 址 http：//www.csspw.cn
发 行 部 010－84083685
门 市 部 010－84029450
经 销 新华书店及其他书店

印 刷 北京明恒达印务有限公司
装 订 廊坊市广阳区广增装订厂
版 次 2018 年 2 月第 1 版
印 次 2018 年 2 月第 1 次印刷

开 本 710×1000 1/16
印 张 20
插 页 2
字 数 369 千字
定 价 86.00 元

序

目前，中国正在提倡“大众创业、万众创新”，在政府有力推动下，创业成为时尚，创新成为流行，创新创业学院成为大学新宠。在肯定“双创”重要而积极意义的同时，也要看到，在社会急功近利化的大背景下，过于追求经济效益和就业指标，缺乏对“双创”理论研究和对“双创”者的内在修养的关注，换句话说，“外学”与“内学”脱节，严重影响了“双创”深入、可持续性发展。

20世纪以来，人类高度重视创造精神和实践，40年代在美国逐渐形成以创造心理学为理论基础、创造工程学（创造技法）为应用导向的创造学新领域。80年代中国大陆引进创造学，1983年在广西南宁召开了首届创造学学术研讨会，1994年在上海正式成立中国创造学学会（隶属中国科学技术协会），目前仅国内学者所著的创造学著作已达2000多种。当然，创造学危困问题也不少：由于其是跨学科的新领域，在我国现有学科分类中“挂不上号”，长期依靠个人兴趣自生自灭，没有创造学的科研、教育、刊物平台，研究资金和人才培养无法落实。受急功近利思潮影响，跟风炒作的口号和文章很多，许多教材大同小异，十分缺乏有前瞻性、系统性的深入研究，无论创造理论或创造技法，中国自己原创的贡献都很少。

中国创造学要深化发展，首先需要对创造学发展的历史做深入考察。简红江博士的专著《中外创造学发展比较研究》，从中外比较的视角，对创造学发展历程做了系统、深入的阐述。全书共七章，既包括对中外创造学发展历史一般性回顾，也有进一步深入到创造学理论、专利发明、创造教育、创造学传播等主题的中外比较分析。第七章则对中国创造学未来发展做了展望。全书结构完整、脉络清晰、资料丰富、分析深入、对比鲜明，特别是从中国传统文化观出发，提出中国创造学未来建设与发展的人格转化观、理论依据与路径选择，富有新意。这是一部充满探索精神的创造学发展比较研究佳作。

在中国哲学大师张岱年“综合创新”思想指引下，笔者和笔者的博士团队正在“中西会通创造学”（创学）的道路上不断探索。除了笔者的《中西会通创造学》外，几位博士出版的专著，如漆捷的《意会知识及其表达问题研究》、于惠玲的《简明创新方法教程》、赵四学的《创学视域下的中国新文化理论建设研究》、裴晓敏的《创造方法学》以及简红江的《中外创造学发展比较研究》，都从不同视角，对“创学”理论建设发展做出了各自的贡献。中国传统哲学与现代创造学结合会通“创学”，正在成为中华文化复兴、创造性发展的一支新生力量！

刘仲林

于中国科学技术大学

月树书屋

2017 年 2 月 25 日

目　录

第一章

绪　论

智慧是美的，因为是创造，而创造是美的，因为是智慧。

——［巴基斯坦］阿卜杜拉·侯赛因

自人类社会出现以来，发明创造一直伴随着人类生产与生活实践不断走向辉煌。在人类社会发展进程中，发明创造以无穷的力量推动科技与生产力的巨大变革，并带来人类经济社会的繁荣昌盛。回顾人类社会每个时代，每个民族的每项发明创造都为这个世界增添了一朵壮丽奇葩！尤其是19世纪中叶后，科学与技术日益一体化，更推动了发明创造成果的成倍增长，并广泛应用于生产、生活之中。同时，发明创造成果的几何倍增也强烈地吸引着人类从对发明创造感性认识到理性认识的深入。由此，人们对创造力的孜孜以求便成为思维领域与实践活动的显著特征。依据笔者所掌握的现有资料，被誉为“现代创造学开山鼻祖”的F. 高尔顿（Francis Galton）于1869年首次在《遗传的天才》一书中提出了创造力“天才遗传理论”，开创了“创造心理学”最早研究。在20世纪初期，日本（1903）、美国（1906）、苏联（1910）等国都有人以发明与创造理论为视角对创造力进行了初步探究。诸如此类的早期研究奠定了后来创造力广泛而深远的实践与理论基础。更值得一提的是，自20世纪中叶以来，科技的迅猛发展最鲜明地体现出时代的特征，并对科技创造性人才发出最响亮的呼唤。因此，在这种背景下，“‘创造力研究’这一以人的创造潜力开发，以及对其内在奥秘的揭示为目标，并从综合角度跨领域、跨学科地进行交叉性质研究的新兴学科，之所以得以出现并得到不断发展，正是顺应了这一时代需求的结果”。[①] 由此可见，科技与创造性人才紧密地联系在一起，其中科技在经济社会发展中的凸显地位，已将人的创造力培育与开发提到了应有高度，同时，显示出创造力研究具有学科的综合性与学科的交叉性。

2006年1月在全国科学技术大会上，党和政府旗帜鲜明地提出建设创新

---

① 傅世侠、罗玲玲：《科学创造方法论》，中国经济出版社2000年版，第6页。

型国家的战略任务，因此，我国创造学发展面临着新的机遇与严峻挑战。建设创新型国家为我国创造学发展拓宽了思维空间，其奋斗目标引领着我国创造学向纵深方向发展。同时，建设创新型国家要求创造创新人才辈出，人才质量更高。为此，如何培育创新人才、如何普遍提升国民创新素质、如何更好地将创新人才转化成经济社会效益……一系列问题，又为我国创造学发展开拓了诸多探索路径。毫无疑问，面对机遇与挑战，我国创造学发展应始终坚信，在创新人才培育上，紧紧围绕“创造力”开发与应用核心层面，充分发挥我国各级政府及相关创造学组织、团体与个人力量，共同做强做大创新人才这一鸿篇巨制。然而，从国内外创造学发展现状看，在创造学理论研究与实践应用等方面，相较发达国家和地区，我国仍存在差距。由此，论著选取了国内外创造学发展中的相关题旨进行探讨，通过比较研究，为中国创造学今后发展提供些许启发和借鉴。

第一节 中外创造学发展比较研究意义

英国诗人阿代尔曾说：“创造性行为会在创造性共同体所拥有的相互刺激、反馈和建设性批评的环境中焕发勃勃生机。”① 依此，从整体论角度看，中国与其他国家共处于一个地球，所有国家都是这个地球共体之内的一部分。在这个世界共同体之中，发达国家创造学发展的先见之明，无疑会激发其他国家创造学发展的心灵，使其不断认识、鉴别与检验创造性行为，取长补短，增强自我发展与共同繁荣世界的能力。因此，通过对国内外创造观、创造思维与创造性行为等方面的比较，一则从我国创造学发展的成就中看到不足之处，借鉴发达国家或地区创造学发展的优长之势，寻求我国各类创造创新人才培育与开发之切实方案；二则从我国创造学发展的现实出发，在引进、消化、吸收国外先进创造学理论的同时，立足于中国传统文化创新发展的深层内蕴，探索具有中国特色创造学的未来建设与发展思路。

一 理论意义

我国创造学自诞生以来，历程艰难，理论上取得了一定成就。自 1980 年至今，一批热爱创造学发展事业的专家、学者，潜心耕耘在这一崭露新枝的领

① ［英］约翰·阿代尔：《创造性思维艺术——激发个人创造力》，吴爱明等译，中国人民大学出版社 2009 年版，第 98 页。

域，在翻译、介绍国外创造学理论的同时，结合我国创造学发展情况，发表了大量创造学论文，出版了一大批创造学专著，为我国创造学发展积淀了丰富的理论来源。虽然现代创造学诞生于西方，西方社会自然科学、哲学社会科学与交叉学科的发展，为创造学发展开创了理论思维的先河，但创造学理论的传播受到世界创新视野的青睐。因为在创造学研究内容与方法上，发达国家或地区取得了较为成熟的理论成果，这些创新思维与理论对推进当今世界进步有着巨大的启示意义。尤其是借用了许多自然科学研究方法，对心理学、教育学与创造学进行的交叉研究，取得了良好效果。创造学理论成果的取得不仅是创造学领域的进步表现，而且增进了其他相关学科领域的理论发展。创造学作为交叉学科的独特领域，在借鉴其他学科理论、方法的同时，也有着自身的理论探索规律。创造学体现出一种宏大的跨学科、跨文化、跨地域的理论思维特质。创造学关于其他学科理论成果的吸纳，不是简单地纯粹地拾取，而是综合地选择，并嫁接成本学科的理论思维方式，广泛应用于创造力开发、研究等方面。因此，通过国内外创造学发展相关情况比较，意在有鉴别地吸收发达国家或地区成熟的理论成果并应用于我国创造学理论探讨中，不断丰富我国创造学思想、理论与研究方法，为构建中国特色创造学理论体系开掘有益的理论资源，为民族创新与民族复兴提供一定的理论参考。

二　实践意义

发明创造为创造学诞生奠定了实践源泉，发明创造实践活动直接促发了创造技法的产生，现代创造学（创造力研究）更鲜明地体现出创造力在工业生产、科技中应用的重要作用。创造学这一实践功能无疑也刺激着中国创造性行为的彰显。自 20 世纪 80 年代以来，在我国改革开放的背景下，创造学引入内地，创造学的研究、应用逐步展开。一时间引起科技、企业与教育等相关领域广泛重视，与此同时，各种创造学相关学术团体、创造学培训机构、创造力开发基地等也开始繁育成长。30 多年来，我国在多种群体中开展创造活动，创造力培育、开发与应用为经济社会带来了明显效益。进入新千年初期，在世界各国赶超科技、竞争经济的背景下，党中央高瞻远瞩地提出了建设创新型国家、建设社会主义新农村的重大战略构想，为 2020 年全面实现小康社会奠定了坚固的思想基础。由此可见，我国不同层次、多类群体创造力培育、开发与应用更显举足轻重。因为创造创新人才是建设创新型国家、建设社会主义新农村与全面实现小康社会的核心要素，创造创新人才就是创造力在三大战略实践中的体现，是多种创造理论、创造技法、创造思维、创造心理、创造文化与创造环境等多种要素的综合再生。诚如奥利福·温德尔·霍姆斯（Oliver Wendell Holmes）认为“许多想法被移植到另一头脑中比在其诞生的头脑中生长得要更好。”① 依此而论，创造学（创造力）研究就是多种学科方法的交叉综合，通过国内外创造学实践成果之比较，借鉴国外培育、开发创造、创新型人才之良法，尤其是借鉴美国、日本等发达国家或地区创造力开发与应用之优越做法，结合我国现实情况，着力培育、开发我国核心创造力与民族创新观，以推动我国经济社会的全面发展。

要之，我国创造学发展，在理论探索与实践应用两个方面，都应不断寻求创造新路。不仅反映着我国经济社会发展的现实需要，而且是对世界经济社会稳步前进的有益补充。尤其是我国作为世界发展中的大国，其创造学发展意义更加鲜明。一是中国创造学发展代表着发展中国家的创造力量，表明世界各族人民都具有创造这个世界的能力与义务；二是中国创造学作为世界创造学的一个组成部分，其发展对世界创造学有着重要贡献，不仅丰富世界创造学理论，而且促进世界发明创造与繁荣经济的实践活动。因此，中国创造学发展“应时时刻刻躲避那走熟了的路，去另寻一条新的路”②，形成发展中国家创造学发展新范式，为实现民族伟大复兴储蓄正能量。

第二节　中外创造学发展概况与趋势

创造学已经问世，它必然促进全人类共同创造性地发展经济社会事业。由是，对创造学发展历程、内容、方法、理论等诸多方面进行思考、归纳与总结，有着现实的必然性与必要性：一是通过对历史回顾，总结经验，发扬光大。在世界创造学励精图治的跃迁中，造就中国创造学自我发展的深厚底蕴。因为中国创造学同样要在历史中成长，在经验中创新，并最终形成具有中国特色的创造学理论体系。二是在成就中发现问题、分析问题，探索新的发展方向。通过中外创造发展进程的猎索，跨越文化、思维与观念之间的鸿沟，掘取人类创造的智慧，取长补短，为酿造中国创造学本土特色开启立体视域，不断增进创造学推动人类经济社会有效发展的愿景。

① 转引自［英］约翰·阿代尔《创造性思维艺术——激发个人创造力》，吴爱明等译，中国人民大学出版社 2009 年版，第 49 页。

② 转引自郑玉刚《创造性思维的特性》，http：//wenku. baidu. com，2007 年 12 月 12 日。

一　国外创造学发展研究概况

西方近现代科技辉煌成果，使其进一步认识到创造力研究的重要性，尤其是发明创造与创造力的正相关关系，为西方经济社会发展带来的强大效应，更推动西方对创造力研究的深广维度。也正是在这样一种思维惯性下，20 世纪以来，西方学界把对创造力相关领域的研究，逐步推进到多个领域，并应用到生产实践中，从而产生了一定的经济社会效应。当前，综合国力业已引起世界各国的注重，在这样一种氛围下，发达国家在创造力相关领域的研究，更是走在其他国家的前面。不管是创造力相关理论上取得的成果，还是创造力在实践上的开发应用，对整个世界创造学发展产生了不可否认的影响。特别是国外创造学发展在心理学、教育学、创造工程、管理学等许多领域已走向成熟，其中所取得的真知灼见必将促进世界创造学与经济社会的全面进步。鉴于搜集资料所限，现仅以美国、日本、苏联等国为例，概述创造学发展的总体趋势。

（一）美国

美国是现代意义上创造学发源地，这已成为公认之事实。尽管创造性思维是人类的共有特质，但在美国这片土地上，带着一种好奇捕捉创造性思维却成为一道亮丽的风景。虽然美国是一个典型的多民族的移民国家，但正是这种多民族性以及不同族群的流动性带来了美国文化思维的多样性。因此，在这样一个民族杂交、思维杂交与文化杂交的国度内，必然诞生多元文化及其存在的自由空间，不同文化思维方式的碰撞便结出丰硕的人类创新成果。由此可见，在这样一种文化思维氛围中，美国创造学产生有着自身的文化内涵，美国创造学是美国文化思维的特有产物。美国创造学在理论与方法上表现为思维的自由性，事实上，这不仅体现出美国文化的自由性，而且体现出创造学自有特征。从美国创造学发展的整体视野看，其较为注重联想、想象、直觉与灵感在发明创造中的作用，这种研究与认知方向，是以心理学为基础的明显体现。现就美国创造学发展的相关史实、人物及其观点略述如下：

（1）创造力研究发端与应用。20 世纪初，创造受到美国社会的关注，美国一批热爱创造力研究的专家、学者开始探索生产实践中的创造活动，并通过大量案例研究、分析，归纳出多种有效的创造方法。E. J. 普林德尔、J. 罗斯曼、克劳福德、H. 奥肯、A. E. 肯纳、A. R. 史蒂文森等，关于创造性典型事例的研究，为美国后来创造力大发展奠定了不可多得的理论与实践基础。1938 年创造工程之父奥斯本（A. F. Osborn）创制了“头脑风暴法”（Brain Storming），他把创造技法应用于企业生产之中，产生了巨大收益。20 世纪 50 年代“头脑风暴法”在美国得到了广泛应用，许多著名大学也相继开设了头脑风暴法课程。后来，奥斯本结合生产实践，相继撰写了《思考的方法》《所谓创造能力》与《实用想象》等专著，丰富了创造力开发理论基础。并将创造力理论与技法“深入到学院、社会团体和工厂车间，组织大家运用这些方法，在美国形成了一个开发创造力的热潮”①。另外一位美国著名创造学家——戈登，提出了以类比为核心的创造技法，称为提喻法。这些创造技法广泛应用到美国生产与生活之中，有力地促进了美国社会创造力开发与普及。同时，这些创造技法也传播到西欧、日本与中国等地，极大地丰富了世界创造力研究视野。

（2）创造力发展历程回顾与展望。从美国创造学发展的历程看，1950 年是其创造学发展重要分水岭。是年，美国著名心理学家 J. P. 吉尔福德发表了题为“创造力”的重要演说，揭开了创造力研究新阶段，创造力研究与心理学形成了有机的联姻。1970 年，美国《创造行为杂志》发表了 J. P. 吉尔福德题为“关于创造力研究：回顾和展望”一篇文章。文中明确地表达了 1950 年是创造学发展的显著分界，认为“50 年代，真正地开始在创造性领域的探索了。许多研究中心开始高度注意这一题材，另一些，则致力运用有关创造型个人和创造过程的新知识”②。同时，该文对此前高尔顿、华勒斯、凯瑟林·帕特里克、J. 罗斯曼、哈维·C. 莱曼等关于创造力经验性研究，给予了充分肯定。认为自 1950 年以后，创造学研究便与心理学紧密结合在一起。从三个方面对创造力发展研究现况进行了高度概括：首先，总结了美国创造学自 1950 年至 1970 年 20 年间的发展。一是科研中心的建立。其主要目的是了解人的普通智力，也包括个体创造性的心理过程。二是卡尔文·W. 泰勒、亚历克斯·F. 奥斯本及约瑟夫·H. 麦克弗森等在创造力研究方面的贡献。三是教育中的创造力研究。主要是对各级学校中创造学课程开设情况进行了分析。四是分析了有关创造力出版物领域里的现实趋势。突出了奥斯本创造学著作已被译成多国版本，以及《创造性行为杂志》已影响各洲。其次，从科研中的需要、教育中的需要、社会中的需要等方面对创造学发展进行了反思与展望。最后，对智力结构中的操作、内容与产品等概念进行了分析，有效地将创造力研究与智力研究结合起来。

（3）创造力发展历程、思想及其理论涵盖领域③。创造力（创造学）发

① 刘仲林：《中国创造学概论》，天津人民出版社 2001 年版，第 46 页。

② ［美］J. P. 吉尔福德、洪丕熙：《关于创造力研究：回顾和展望》，《外国教育资料》1986 年第 1 期。

③ 此点内容主要参考罗伯特·J. 斯滕博格《创造力手册》，施建农等译，北京理工大学出版社 2005 年版。

展，即创造力（创造学）研究有其自身的规律与轨迹。美国心理学家罗伯特·J. 斯滕博格在《创造力手册》中给我们展示了一幅美国创造力发展历程、思想及理论研究涵盖的图景。

其一，揭示了创造力概念、研究风格与历史流程。关于创造力的认知，Lubart、Ochse、Sternberg 等认为："创造力是一种提出或产出具有新颖性（即独创性和新异性等）和适切性（即有用的、适合特定需要的）的工作成果的能力。"① 并从神秘学方法、实用主义方法、心理动力学方法、心理测量学方法、认知方法、社会—人格方法及汇合方法等方面，探讨了创造力研究的风格。而罗伯茨·艾伯特、马克·A. 伦克等则探讨了前基督时期创造力的观点……高尔顿创造力观点直到现在创造力观点，从历史角度揭示了创造力发展流程。从对创造力概念相关研究中，可见，创造力是实实在在的存在于人的生产生活实践中，是可以被认知的，而且是可以得到开发的。

其二，揭示了创造力研究显著方法。其中主要有乔纳森·A. 普拉克尔与约瑟夫·S. 伦祖里从心理测量法的角度分析了人类创造力研究、马克·A. 伦克与萧恩·奥库达·萨卡莫托归纳了实验方法在创造力研究中的应用、霍华德·E. 格鲁伯与多里斯·B. 华莱士从个案研究法与进化系统观的角度探讨了工作中具有独特创造性的个体，蒂恩·K. 西蒙顿从历史测量的观点出发，分析了创造力研究进程等。创造力研究方法的探讨为创造学系统研究提供了重要手段，为创造学研究打开了广泛视角，拓展了创造学研究的相关领域，有力地推动了创造学发展。

其三，揭示了创造力起源。柯林·马丁戴尔以生物学为基础，从思维模式的本质、生理状态及思维基础证据等方面，重点探讨了创造性、洞察力与思维模式三者之间的关系。查尔斯·J. 拉姆斯登从故事和机制的角度，分析了创造性心智进化过程。大卫·亨利·费尔德曼从普遍的和非普遍的发展、创造性发展的维度、认知过程、社会/情绪过程、家庭、教育/准备、专业、领域、社会/文化影响与历史影响等方面，系统地探索了创造力发展的广泛因素。事实上，这些主要从个体心智方面探讨了创造力起源。可见，个体内心世界的丰富云图，是其创造力升华与外化的根源。同时，个体思维心智探讨进一步揭示出个体创造力的原发性意义，为后期深入研究开掘出深层的思维认知空间。

其四，揭示了创造力与自我、环境相互关系。托马斯·B. 沃德、斯蒂文·M. 史密斯、罗纳德·A. 芬克等重点阐述了人类的认知与特征具有极强的

---

① ［美］罗伯特·J. 斯滕博格：《创造力手册》，施建农等译，北京理工大学出版社 2005 年版，第 3 页。

经验生成能力，及对这种能力所进行的严格实验研究，从而认为人类的创造性成就与可观察的一般心智过程有着必然之关系。认为这三个方面是人类创造性认知方法的基础。当然，还有诸如艾玛·普里卡斯特罗、霍华德·加德纳对个案进行的创造力研究；罗伯特·W. 威斯伯格论述了创造力与知识之间的关系；罗伯特·J. 斯滕博格、琳达·A. 奥哈拉等讨论了创造力与智力之间的关系；乔治·J. 费斯特阐述了人格在艺术和科学创造力中的影响；马丽·安·柯林斯、特蕾莎·M. 阿马拜尔探讨了动机与创造力之间的关系；米哈里·奇可森特米海依从系统观角度探讨了其对创造力研究的影响等。这些研究重在揭示出创造力的个体情结及其在个体成长过程中的作用。

其五，揭示了创造力与外在相关因素关系。创造力的表现与其外在因素亦有不可分割的关系。托德·I. 卢伯特梳理了创造力在不同文化中表现的观点；玛格丽特·A. 博登从计算机模型切入，展示了人的创造力受外在因素影响的独特视角；温迪·M. 威廉姆斯、拉娜·T. 扬探讨了创造力在组织中的作用与影响等相关内容；雷蒙德·S. 尼克尔森研究了顿悟、智力、伦理等要素对创造力的促进作用；米歇尔·J. A. 豪阐述了天才与创造力之间的关系等。这些方面的探索，已经把人的创造力培育援引到个体以外的场景中，进一步扩充了人们对创造力认知的视域。让人们认识到创造力外在因素是不可忽视的，积极的外在因素对个体创造力有着一定的促发作用。

其六，创造力研究50年历程分析与未来50年展望。里查德·B. 迈耶以历史与未来为逻辑，对1950—2000年创造力发展与研究进行了总结。首先，立于目的论与方法论，阐述了“研究什么”与“如何研究”，为人们研究创造力所遇到的阶段性困惑，打开了一扇有益的窗口。其次，较系统地阐述了心理测量法、传记法、实验法、生物学法、计算法、情境法等创造力研究方法。对这些方法的总结，为人们研究创造力提供了较为系统的工具论意义。最后，在肯定过去创造力研究成效的基础上，探讨了今后50年创造力研究所面临的一系列问题。虽然这些问题只是预测，但从一个侧面反映出人们对创造力的认知已经进入到更深层领域。

（二）日本

随着日本近代社会的重大变革，日本政府认识到发明创造的现实意义与重要性。为能有效地展现日本发明创造的功用，日本政府十分重视制度建设，以保护发明创造。由此，加强法律制度建设，尤其是注重专利法制度建设，把专利制度与发明创造有机地结合在一起，成为日本发明创造更新增进的有力保障。同时，日本政府也很注重创造教育与创造力开发与应用。在创造学理论与方法上表现为思维的实际操作性，善于对发明创造材料的收集、分析与整理，形成自我方法。日本创造学发展主要体现在创造教育、创造技法的发展与应用方面。

（1）创造教育观之典型。创造教育观在日本社会中有着重要的地位，单就创造教育而论，在一定程度上，其可视为日本经济社会发展的内在力量。由此，在日本形成了诸多相关创造教育的学说。在众多创造教育学说中，稻毛金七（稻毛祖风）可谓独树一帜。其将“人生、创造与教育”三个要素，融通一体，深入探索了三者间的机制关系，撮取人生与教育的本质要义。其于1923年（大正十二年），完成了创造教育专著——《创造教育论》。该书从“创造教育之背景、创造教育之概观、创造教育之原理、创造教育之本质、创造教育之目的、创造教育之动力与创造教育之方针”① 等方面，系统论述了创造教育的机理。虽然《创造教育论》只是针对日本教育提出的一套原则方案，但其在认知上、思想上与方法上都不失为一部分人的生命之书、民族创新进步之书。从一个侧面反映出日本创造学发展具有深邃的哲学根基。

（2）创造技法发展与应用。日本民族的思维方式为日本创造技法发展与应用奠定了必要的创新机能。最为凸显的就是日本能将外来的创造技法与本民族文化结合起来，形成具有日本民族文化内涵的创造技法，并在日本企业生产中产生必要的效果。日本创造学著述甚丰，侧重于创造技法的探寻与应用。最具特色的，如1944年，日本创造学家市川亀久弥著述的《创造性研究的方法》一书，具有显著的本土色彩。以此为基础，日本创造理论及创造技法得到了长足发展。至20世纪六七十年代，日本创造技法得到较快发展与应用。1965年，日本建筑大学川喜田二郎制定“KJ法”，是组合与归纳的全新应用。1969年，片山善治提出“ZK法”。1969年，创造学家高桥浩提出“中山—高桥法”（NM－T法），此法主要是抓住关键词引发一系列类比联想，通过分析达到创造设想的目的。1977年，市川亀久弥出版了《创造工学》，该书以等价变换理念为核心，从概念、理论基础、科学、技法、等价变换流程活动技巧实例五大部分，系统地阐述了创造工程理论体系的特色。同时，在头脑风暴法的基础上，日本广播公司开发了NBS法、三菱公司开发了MBS法等。日本创造技法的发展与应用，尤其能注重把从国外引进的创造技法融于本民族的文化氛围中，培育本民族特色的创造技法，是日本在20世纪迅速成为具有极强创造力国家的重要因素。

（三）苏联

苏联开创了自己独特的创造学研究方法。在马克思主义观引领下，苏联根

① ［日］稻毛金七：《创造教育论》，刘经旺译，商务印书馆1926年版，第4—78页。

据当时国际国内环境，致力于民族创造力的提升。为显示社会主义的创造性，走了一条不同于其他发达国家创造学发展的路径。即在创造学理论与方法上表现为唯物主义认识论与方法论的方向，以客观发展规律与有组织的思维活动为基础，寻找发明创造必然之结果。这一探索轨迹，一则体现出苏联坚定的马克思主义唯物观；二则体现出苏联人民顽强的自我创新精神。

20 世纪初，苏联热爱创造学的学者开始研究创造力，并呈现出创造力研究的独特视角。如机械工程师 П. К. 恩格迈尔、创造学家 Г. С. 阿利赫舒列尔等。其中 Г. С. 阿利赫舒列尔在创造学发展中做出了重要贡献。他著述甚丰，提出了不同于美国、日本关于创造学发展与研究的思路。1969 年，Г. С. 阿利赫舒列尔出版了《发明大全》，系统地介绍了 TRIZ 方法。其通过对 4 万多个发明案例的总结，得出 40 多个发明原则，对当前发明创造产生着重要启示。1979 年出版了《创造是一门精密的科学》一书，对创造学理论的历程进行了扼要梳理。作者从多年创造学研究中，发现创造是有规律可循的，对美国以心理学为基础的创造力研究提出了质疑，他认为："心理因素是第二性的，是随意的。而对发明创造最主要的是，技术系统是按照一定的规律实现状态的转换，而不是'随心所欲的转换'。"① 把创造过程不可控结论推进到创造过程可控论，同时，把创造从神秘性转轨到创造思维的可组织性。把唯物主义认识论与方法论应用于创造学领域，首次发现发明创造技术系统的基本规律。从大量实例中分析了发明课程程序的机制、策略、过程以及物理场分析的原则与模式等，归纳出 40 种基本技法原理，广泛应用于科技发明创造的指导。阿利赫舒列尔的研究开启了创造学研究的新视野。

要之，国外关于创造学发展的研究相当广泛，尤其是发达国家，相关创造学理论及其在实践中生成的创造技法，为其他国家与民族发展开示了有益的方向。创造学不仅是其本民族的智慧与精神财富，也是世界人民的共同智慧与精神财富。除上述几国外，还有其他国家，如德国、瑞典、英国、韩国、新加坡等，也形成了自己本民族文化特色的创造学理论及创造技法，并广泛应用于生产、生活实践，为人类经济社会发展增添了美丽的彩虹。

二 国内创造学发展研究概况

1983 年，由中国科技大学、上海交通大学、广西大学等联合发起，全国首届创造学学术研讨会和首届创造学培训班在南宁召开，30 多年来中国创造

---

① ［苏］阿利赫舒列尔：《创造是一门精密的科学》，吴光威、刘树兰译，北京航空航天大学出版社 1990 年版，第 6 页。

学在艰难曲折中发展。创造学作为一门崭新的学科在中国大地诞生，尽管受到来自不同层面评判，但它已经存在，必然要以高瞻远瞩的姿态迎接各种挑战，履行着自己装扮人类美好蓝图的使命。随着世界科技一体化、经济发展全球化的战略趋势，我国改革开放迎来了发明创造的新曙光，中国创造学也在科学的春天中，满怀信心，迈开健捷的步伐前进着。正如甘自恒先生说："迎接世界新技术革命挑战的需要，尊重知识、尊重人才的需要，科学技术迅速发展的需要，改革开放的需要以及四化建设创造性工程的需要都促使创造学在中国从一开始传播就得到较快发展。"① 在这样的背景下，涌现出一大批探索国内外创造学发展的专家、学者。

(一) 创造学发展阶段界定

任何一门学科发展都有其自身的历程，创造学发展同样遵循着这样的规律。因此，对创造学发展阶段进行考究，是进一步认知创造学、研究创造学、发展创造学与应用创造学于生产实践活动的重要环节。尽管不同学者对创造学发展阶段有着各自的观点与划分标杆，但总体而论，对创造学发展阶段的界定，仍然体现出较鲜明的框则。在我国大陆，关于创造学发展阶段的认知，一直是创造学界的话题之一。有学者以创造学发展时间段为线索来划分，有学者以创造学学科内容类别为线索进行划分。虽然呈现出不同的划分认知方式，但对创造学发展阶段的探讨，为如何发展中国创造学提供了必要的启迪。其中对创造学发展阶段探索较有特色的有温元凯、甘自恒、刘道玉等，他们关于创造学发展阶段的论观，为中国创造学发展注入了坚定的信念。

(1) 温元凯、舒泽之、余明阳等在《创造学原理》一书中，认为西方创造学发展应经过"文科阶段、工科阶段与理科阶段"②。所谓文科阶段，从古希腊时期，公元前300多年出现帕普斯的《解题术》至柯恩特勒的《创造活动的理论》等著作问世。理论界将这段时期创造学称文科阶段，在这一阶段主要是从哲学、心理学与文艺学的角度探索创造问题的。所谓工科阶段，从1936年美国通用电气公司开设"创造工程"课程起，到20世纪中期，通常称为创造学发展的第二阶段，即工科阶段。在这一阶段，主要是从应用技术与创造技法角度来探讨创造学，突出了创造学的实践性与应用的广泛性。所谓理科阶段，从20世纪70年代以后，西方创造学发展进入了理科阶段。在这一阶段，主要从综合化与系统化角度来探讨创造学发展。由是可见，他们关于创造学阶段的讨论，主要是以学科内容为依托的。虽然这一划分撇开了创造学发展

① 甘自恒：《创造学原理和方法——广义创造学》，科学技术出版社2010年版，第13页。

② 温元凯、舒泽之、余明阳：《创造学原理》，重庆出版社1988年版，第26—30页。

的时间性，但学科内容更能体现出创造学生命力的渗透性与刚毅性。事实上，以学科内容为依据来认知创造学发展阶段，更透视出创造学与其他学科交互的广泛性。

关于中国创造学发展，他们认为自20世纪80年代从日本、美国引入。阐述了1983年“全国第一届创造学学术讨论会”① 的重要作用，并对部分省市创造学会、中华青少年创造教育函授学校和中华创造力研究所等团体做了有益的探索与总结。同时，也探究了高校创造学课程、与国外创造学交流情况等。鉴于当时中国创造学发展还处于年幼期，只作了初步的探索。

（2）甘自恒对国外创造学发展阶段也进行了系统的梳理。他将国外创造学发展分为古代、近代与现代三个研究阶段。古代阶段，从公元前5世纪德谟克利特至15世纪前半期。其中探讨了亚里士多德、贺拉斯等的“想象、创造能力与创造者”“创造”等相关概念，从创造学的历程源头进行了发掘。近代阶段，从15世纪后半期到19世纪上半叶，其中探讨了达·芬奇对艺术创造的贡献；沙龙在《法国诗学要略》中关于“创造”意义的论述；伏尔泰关于“想象”概念的论述；黑格尔关于创造活动等进一步研究。现代阶段，19世纪末至今，其中探讨了爱因斯坦关于“思维的自由创造”原则；美国通用电气公司“创造工程课程”开设；吉尔福德关于“创造力”的演讲；Г. С. 阿利赫舒列尔关于TRIZ的理论等。这些相关创造学阶段界定的探索，呈现出宏大的创造学历史观，把创造与人类社会发展紧密地联系在一起，增强了人们对创造的肯定，对探索人自身创造力的自信。

关于中国创造学发展，甘自恒也划了三个阶段：第一阶段，引进消化、推广培训阶段（1980—1985年）。以1983年广西全国第一届创造学学术会议盛况及成立了创造学筹委会为基点，阐述了创造学筹委会对推动各省学会的组织工作、学术刊物出版、创造学课程建设与国外交流等相关论题。第二阶段，应用开发、展示成果阶段（1985—1994年）。以中国发明协会成立为标志，探讨了中国创造学团体的建设、出版发行的刊物、国内国际参展活动、中小学创造力开发等内容。第三阶段，独立研究、形成学派阶段（1994年至今）。以中国创造学会成立为标志，探索了中国创造学发展进程的可喜局面。同时将中国创造学发展建构为三个学派：创造哲学学派、创造工程学派与创造教育学派等。甘自恒先生关于中国创造学发展阶段的划分，清晰地展示出中国创造学茁壮成长的生动画面。

（3）刘道玉立于创造学发展的近现代社会意义，将西方创造学发展分为

① 温元凯、舒泽之、余明阳：《创造学原理》，重庆出版社1988年版，第36页。

“初级阶段、发展阶段、深入与普及阶段”①。初级阶段，从20世纪30年代到50年代，主要代表人物如：斯坦福大学特曼教授、约瑟夫·沃拉斯、凯瑟林·帕得里克、M. 魏特海墨、英国心理学家G. 沃勒斯及哈维·C. 莱曼等，其发展特点：研究发明创造人（主要是天才人物）的事迹，总结并传播他们发明创造的经验。发展阶段，从20世纪50年代初至60年代末，主要代表人物有：J. P. 吉尔福德、C. W. 泰勒、D. W. 麦金农、J. S. 帕内斯、李跃磁及普西等，发展特点：主要是开发创造力为重点。深入与普及阶段，从20世纪70年代以后，主要代表人物有：S. 阿瑞提、D. J. 特雷芬格、日本的佐藤三郎等，这一时期，创造学已从美国传播到日本、苏联等亚欧国家。此种划分，为我们勾画出创造学发展的近况，把创造学观念与人们生产生活靠得更近，使人们更容易认识与理解创造学的现实意义。

关于中国创造学发展，刘道玉先生认为始于1979年，由上海交通大学许立言引进的。其从国家颁布发明奖励制度，鼓励发明创造，企业生产中以“合理化建议”为中心的群众性革新活动、群众性发明活动、中小学创造教育活动开展、发明协会与创造学会组织建设等方面，探索了中国创造教育的发展境况。刘道玉关于中国创造学发展的探索着重于创造教育，其相关创造教育的原理对推进我国整个教育事业有着不可或缺的启示，为我国创造教育发展做出了突出贡献。

（二）创造学发展特色理论探讨

虽然现代创造学起源于西方，但创造学作为全人类的智慧，它必然要走向世界，为其他民族点燃创造的火焰。中国创造学就是在这样的希冀中孕育而生，并成为当今创新型国家建设的重要理论来源部分。因此，30多年来，中国创造学理论探讨成为中国创造学发展的重要内容，中国创造学探索者对国内外创造学理论进行了孜孜以求的研究，提出了诸多深邃的见解，为建构中国特色创造学奠定了丰富的理论基础。在这些创造学理论建构中，亦不乏特色之思想。

（1）以心理学为基础的科学中的创造方法探索。2000年我国创造学专家傅世侠、罗玲玲出版了《科学创造方法论》一书，这是一部关于科学创造与创造力研究的方法论探讨的专著，在我国创造学发展研究中具有其独特之处，即以心理学理论为基础探讨了科学中的创造力研究方法。从认识论与方法论的角度看，又是一部关于创造哲学的专著。其一，作者阐述了创造学起源及其发展现状，并对我国创造学发展进行了概括性的描述，认为科学创造方法的研

① 刘道玉：《创造教育概论》，武汉大学出版社2009年版，第27—31页。

究，能为我国创造学发展提供有利契机。同时，界定了创造、创造力等基本概念的内涵。其二，以西方心理学研究的成果为基点，历史地考察与评析了4种创造观。高尔顿的天才创造观、格式塔心理学创造观、精神分析学创造观与人本主义心理学创造观。其三，从“思维”与“人格”的角度，系统阐述了科学创造的思维形式与最基本内容。创造过程与创造性思维的运演机制，创造性思维的心理特征及其相关要素；“两面神思维”的特征、形式与性质，及其在科学创造中的地位、作用与运用；问题意识与创造性思维的关系；创造技法在科学创造中的功用与意义。其四，以创造力为核心，凸显创造人格的重要意义。吉尔福德、阿玛布丽与斯腾博格的创造力结构理论；创造力与创造力测评在现实科学研究中的认知；创造性人格的特征、结构、认知、风格、动机与情感等与科学创造的密切关系。其五，论析了东西方文化的传统观念、思维方式、心理特征等与科学创造的关系。同时，给出科学创造方法论的原则，即科学创造方法的“主体性原则、开放性原则与多样性原则”①。科学创造方法论以极其缜密的心理学理论为基础，而不囿于前人现有研究方法的束缚，并能结合创造力研究的丰富实践心得，为中国创造学研究开辟了不可多得的历史与逻辑的统一性。

（2）马克思主义理论为主线的创造学原理和方法探索。我国创造学专家甘自恒自2003年以来，出版修订了《创造学原理和方法——广义创造学》一书，该书站在时代创新的高度，以马克思主义理论为指导，从国内、国际、生态、经济、文化等多视角考察了社会发展的创造性。以“创新”为主线贯穿始终，从创造学兴起、创造性活动、创造活动主体与人格、主体创造力、创造性人才、创造性活动思维、创造性活动规律、创造性环境、创造技法、TRIZ发明方法、理论创新活动、制度创新活动、科学发现活动、技术发明活动、技术创新活动、名牌产品创造活动、创造性教育活动与创造性审美活动18个问题探讨了国内外创造学发展的路径。总体而论，甘自恒先生主要是以马克思主义的创造观为中轴，从思想、方法、人生创造价值与实现性等方面，揭示当前中国培养创新人才的重要意义，充分体现了中国创造学理论发展的马克思主义方向。

（3）中国传统文化与创造学结合的创造学新思想探索。刘仲林于2001年出版了《中国创造学概论》一书，作者以中国优秀文化为主线，以西方创造技法为切入点，以中西两大基本思维形式为基础，以“成物”“成思”“成己”为构思框架，将创造技法、创造思维与创造之道逐层展示给读者，体现

① 傅世侠、罗玲玲：《科学创造方法论》，中国经济出版社2000年版，第710—713页。

了“可用、可思与可悟”的完整创造新理念。通过对国外创造技法的提炼，提出了独特的“臻美系列技法”。在深入剖析创造过程与创造思维的内层结构后，形成了“创造思维互补结构”的完整思维观。尤其是抓住了中国传统文化中“日日新”“明明德”“法自然”与“见心性”的优秀元素，凝练出中国创造学的重要观念：创造之道。其从“综合创新”观出发，为当代中国创造学发展开辟了新的方向。即以中西创造学为一体，让读者完整领略西方创造技法与东方创造之道合璧的21世纪中国创造学新貌。此一探索完全展示出中国创造学发展的民族文化根源性。

（4）实践行为贯穿始终的原发性创造学思想探索。庄寿强教授在多年的创造学研究中，取得了丰硕的成果。其中最具代表性的《普通（行为）创造学》一书已多次出版，该书以创新型国家四条标准为背景，强调人的原创性创造行为。即提出：建设创新型国家、创造性人才、创造能力、创造性与学习和推广（行为）创造学的内在逻辑关系①。以此逻辑思路，深刻探讨了创造行为本身的规律和方法。该书主要集中阐述了创造潜力及其开发的原理、途径与相关因素；创造性思维及其训练的特点、逻辑、主要形式、方向、激励与机制等；聚合创造、还原创造等8大创造原理；智力激励、设问等7大创造发明技法；全面考虑、用者评价等6个从创造发明到创新转化中的问题；最后，阐述了教师、管理者与教材是实施创造教育的基本条件，并论述了创造教育实施的途径、内容与阶段。尤其是在基本概念的界定、创造行为本身的规律与方法探索方面，避免贴“时髦”标签，反映出行为创造学扎实的学术风格与基本创造规律探索的立足点。行为创造学具有原创性的本质，为我国创造学发展增添了又一道亮丽的风景。

（三）其他关于创造学发展的相关研究

中国创造学同样表现出学科群的特征，因此，作为一个学科群，必然会集众多创造学爱好者，从不同学科背景出发，孜孜以求创造的规律，为创新型国家建设补充着理论的需要。这些创造理论的提出及其论观，不仅体现出创造学学科领域的进步，而且体现了创造学与其他学科之间的内在关系。创造学的发展是以其他学科为依托的，同时，也推进着其他学科的发展。在学科内在机制的作用下，我国创造学诸多专家、学者做出了有益探索，纷纷提出较为成熟的观点。

（1）中国创造学发展历程与理论归纳。在2008年出版的《中国高校哲学社会科学发展报告》一书中，刘大椿主编的《交叉学科》卷，对我国创造学

---

① 庄寿强：《普通（行为）创造学》，中国矿业大学出版社2006年版，前言第2页。

发展历程与理论作了阶段性的归纳。首先，概述了创造学在我国台湾与大陆的发展阶段与现状。其次，主要简介了我国创造学的一些成果。一是关于创造学的理论研究，从“创造学及其研究对象”“创造学的学科性质”“创造学的学科结构”“创造学的基本原理”与“创造学的其他理论研究”等内容作了介绍。二是关于创造力的研究，从“创造力的含义与本质”“创造力构成”“创造力测评研究”“创造力开发与培养”等方面，概括了我国创造学前期的研究成果。三是关于创造教育研究，从“创造教育内涵”“创造教育与其他教育的关系”“创造教育的文化、思想研究”“创造教育实施”及“创造教育中的一些争议”等方面进行了归纳。对这些成果的总结，一是体现了我国创造学研究与发展的成效，为今后我国创造学发展树立坚定的信心；二是体现了我国创造学研究仍有极大的空间，为今后我国创造学发展明示多领域交叉方向；三是体现了我国创造学发展的现实性与必要性，预示了今后我国创造学发展的广阔前景。

（2）关于创造技法与文化关系的研究。刘仲林等许多学者深入探讨了中华优秀传统文化与创造技法的联系，力求中国传统文化积极元素对当代中国创造的促发意义，展示中国创造古今一贯的历史文化逻辑。中国创造学家袁张度等提出的“集思广益法”，根源于《与群下教》中诸葛亮所言：“夫参署者，集众思，广忠益也”的思想。许国泰提出的信息交合法（又称魔球法），根源于《老子·四十二章》中“道生一，一生二，二生三，三生万物，万物负阴而抱阳，冲气以为和”的思想。张光鉴的相似创造律根源于《易传·系辞上》中“引而申之，触类而长之，天下之能事毕矣”的思想。刘仲林的臻美系列技法无疑是庄子“原天地之美，而达万物之理”的本质反映。张晶、罗玲玲在《日本创造技法从引入到原创的文化融合之路》一文中，分析了“日本引入西方创造方法做到了与本国文化的融合，形成了日本创造技法精细和简洁的特色；同时注重理论研究，总结出具有原创性的日本创新方法”①。依此，提出了我国在引进国外创新方法时应有的思路。这些研究重在挖掘本民族创造的文化根源。因为任何一个民族都有着自己的文化特色，在现代社会发展中，如何更好地将本民族的文化特色再现给世人，反映出这个民族的生命力与创造力。显见，此一探索视角对我国创造技法与创新方法的普及具有重要启发意义。

（3）关于创造学理论与创造力开发结合的研究。李嘉曾于2002年再次出版了《创造学与创造力开发训练》一书，该书的再版标志着作者在创造学领

---

① 张晶、罗玲玲：《日本创造技法从引入到原创的文化融合之路》，《理论界》2011年第9期。

域研究又有了新的突破。作者从创造及其相关概念入手，探讨了创造力、创造学思维、创造技法、创造教育及创造力开发等一系列问题。创造学的核心点是基于创造力的研究，即如何发现、寻找、归纳、培育与应用创造力的基本规律。个体有创造力，同样一个部门、一个团体（队）、一个民族也存在创造力。个体创造力与部门、团体（队）、民族创造力的开发，具有同等的重要地位。由此，作者在精选国外创造力测试法的基础上，编制了符合中国创造力开发训练的方法，并将这些创造力开发方法应用于教学实践中，以培育学生的创新力、创造力，收到良好效果。正如作者所言："创造是人首次产生崭新的精神或物质成果的思维与行为。"① 作者将创造学原理与创造力的开发进行紧密结合，从而展示出作者极强的创造性思维与创造品格。

（4）关于国外创造力相关情况的研究。傅世侠在《国外创造学与创造教育发展概况》一文中，从创造力与创造教育产生、发展与动态三个方面，探讨了二者间的密切关系，认为"创造教育是与创造力研究开展起来的同时亦随之产生的一种教育形式"②。赵春音于《当代西方创造力研究的考察》一文中，探讨了当代西方创造力研究的现况，其认为"当代西方创造力研究是对历史上有关种种神秘创造观念的根本否定"③。同时，分析了当代西方创造力研究处于用"方法中心"解除"问题中心"的矛盾之中。田友谊探讨了西方创造力研究20年的历程，并对西方创造学发展作了展望。其在《西方创造力研究20年：回顾与展望》一文中，认为"自20世纪80年代以来，西方创造力研究出现了许多重大进展"④。一是回顾了创造力研究的4P框架；二是从多学科视角探讨了创造力研究的最新进展；三是提出了多元融合的创造力未来发展思路。

当然，还有众多创造学专家、学者在创造学发展中做出了突出的理论与实践贡献，如许立言、袁张度、谢燮正、王极盛、黄友直、孟天雄、肖云龙、鲁克成等，他们在创造学领域中的前瞻建树，犹如闪烁的灯塔，引照着后继探索者的步伐，不断推进中国创造学进步，对建构中国特色创造学理论都将产生开拓性的启示。

三　创造学发展趋势分析

创造学作为一门新兴交叉学科，同样有着自身的发展规律，呈现出较强的

① 李嘉曾：《创造学与创造力开发训练》，江苏人民出版社2002年版，第1页。

② 傅世侠：《国外创造学与创造教育发展概况》，《自然辩证法研究》1995年第7期。

③ 赵春音：《当代西方创造力研究的考察》，《科学学研究》2003年第4期。

④ 田友谊：《西方创造力研究20年：回顾与展望》，《国外社会科学》2009年第2期。

生命力。尤其是在学科性质上，创造学已经与众多领域发生了或近或远的亲缘关系，形成了创造学科群。学科亲缘群带的态势，为创造学发展奠定了深远的探索景致与广泛的机遇。关于创造学发展的理论走向、研究方法、体系建设与学科地位等相关内容，国内外诸多学人作过有益的探讨，成果颇丰。特别是世界发达国家，他们对创造学（创造力）的研究思路非常开阔，几乎涉及当前所有学科领域，并且与生活生产的各方面发生着紧密联系。美国、日本、韩国、新加坡、德国、英国、法国等，在创造学研究方面都形成了自己的文化特色。如美国以心理学为基础的创造观、日本以本民族文化为基础的创造技法、苏联以唯物论为基础的创造观等，这些创造学研究成果已经传播到世界其他国家，而且受到借鉴，有力地促进了当地经济社会发展。可以预见，在不久的将来，创造学定将成为世界重要的学科之一。我国创造学发展同样遵循着本学科领域的规则，并顺应世界经济社会发展趋势，以形成中国创造学发展的民族特色。

首先，温元凯、舒泽之、余明阳等于20世纪80年代就已提出了我国创造学发展的趋势走向。其在《创造学原理》一书中，从五个方面描述了我国创造学未来发展之模式。一是由“引进—经验型”向“借鉴—分析型”发展，这是“拿来”与“实用”结合的必然要求。从学科发展看，国外发达国家创造学（创造力）研究已经走在我国创造学研究的前面，这是毋庸置疑的，由此，引进、借鉴国外已经成形的成果是我国创造学发展的必然路向之一。但这种引进与借鉴不是盲目的、被动的、杂乱的，而是积极的、主动的、有选择的，即此种引进与借鉴必须与我国的实际情况相一致。二是由“单一—呼吁型”向“协作—普及型”发展，这是个人研究与社会需要之必然体现。任何一个学科发展，不是单个人所能完成的事业。创造学的学科性质，决定了其发展必然是群系性的，必然要与社会大众结姻联盟。因为创造学发展的最终目的就是要为人们提供有益的人生启示。三是由“统一—微观型”向“分派—整合型”发展，这是科学走向成熟的必然导向。所有学科的发展都有其自身规则，创造学本身同样会在不同学科中寻求更精深的理论，但创造学对其他学科理论与方法的吸纳，必然要归结出统括的原则，形成自我学科发展的总纲。四是由“科研—教育型”向“服务—咨询型”发展，这是理论与生产相结合的必然结果。创造学与其他学科相比，显得较为生活化与生产化。创造教育的真正目的就是要使受教育者懂得人生的精彩，因此，创造学最终要走出纯然的学术圈，走入人们生活生产之中。五是由“定性—罗列型”向“定量—模型型”发展，这是科学方法论的必然归宿。理性思考创造学是必要的，单纯对具有创造性个体探讨也是可行的，但创造学作为一门较为实用的学科，不是仅对大量既有创造事实的罗列，而是在此基础上，通过对这些创造事实的精致分析，建构出人们较易掌握运用的操作规程。由此可见，这五种模式至今对我国创造学发展仍有借鉴意义。

其次，傅世侠、罗玲玲认为，我国创造学发展中“问题、优势与契机”并存。其问题主要表现为创造心理学基础理论研究不足，即我国心理学对创造学关注较少，因此，应加强这方面的研究。优势是我国文化从不拒斥理论思维的哲学传统，包括优秀的哲学传统文化与马克思主义科学哲学与方法论的研究传统等。为发挥这一优势，我国创造学方法论研究必须转向国际创造哲学理论研究方向，与国际创造学接轨。事实上，这一对创造学学理路径的主张，有其至深的学理思考。因为创造学本质着力点是人的创造力，而人的心智活动是其创造力最集中的源泉。所以应用心理学相关原理来探索、开发与培育我国创造群体的创造力，为我国创造学发展提出了学科嫁接的视角。通向这一思路的哲学理论依据，就是中国传统文化哲学观与马克思主义哲学观的开放性。同时，当前世界学科发展的自由性与交互性，也为我国创造学发展提供了重要的国际机遇。

再次，袁张度于2002年提出了我国创造学理论框架的构想。其在2010年出版的《创造学与创新方法》一书中，从“创造学原理、创造性开发学与创造工程学”[①] 三个方面系统地论述了我国创造学建设的理论体系。创造学原理的哲学基础是马克思主义创造观；内容上，特别是对一些著名科学家、发明家的创造心理、思维与技法的总结；立于以人为本的创造力开发观，纵览创造个体与集体，历数从胎教到老年教育的过程。创造性开发学，主要是从创造教育、创造心理、创造思维、创造环境、创造技法、创造性成果评价等方面，为人类创造发明工程提供了有益的参考。创造工程学，侧重于提供创意策划、决策咨询、规划方案、跟踪分析、操作程序与方法、评价标准等，为完成发现、发明、创造、创新、创意等成果目标服务。可见，此种意义上的创造学，就是以创造教育为手段，达到培育人的创造精神与创造性思维，在改善创造环境基础上，通过训练，使创造载体掌握与运用创造技法，实现人的创造能力开发与创造成果转化。它所展现的就是创造观、社会观与自然观的交互综合体，为中国创造学发展描绘出幽远的意境。

最后，刘仲林承接张岱年先生“综合创新”的观点，认为“现代创造学是一个有机的整体，既包括西方创造学思想，也包括中国创造学思想”[②]，即

① 袁张度、许诺：《创造学与创新方法》，上海社会科学院出版社2010年版，第27—28页。

② 刘仲林：《中国创造学概论》，天津人民出版社2001年版，第6页。

中国创造学发展应综合中西文化、自然学科与人文学科的成果，走综合创新道路。实质上，这既符合创造学交叉学科的特征，又是“综合国力”文化观的反映。由此，深刻体察到创造学与人生命运的关系，是觉悟人生最高境界的学问。创造学真正内涵不是文字上的表达，而是与实践的融通。基于此种认知，其提出了具有中国文化特色的创造学，即中国创造学。从中国优秀传统文化中，开辟出崭新的生命元素，与现代创造技法融会贯通。尤其是提出了以“亲证”为关键，以“精修”为重点，以“举本统末”为要旨的重新认识中国文化的主张，为中国创造学发展明示了深远的文化根源性。其从《庄子·则阳》与《庄子·齐物论》中撷取了“道”与“天府”的品质，并与现代创造学进行了联姻。认为：

> 中国古代贤哲“究天人之际，能古今之变”，锲而不舍所追求的，就是这个不可言说的大道，“注焉不满，酌焉不竭”的天府，目的就在于觉悟大道，开启天府，达到人生至境，充分发挥内在潜能。这和创造学追求的最高目标是一致的：将数百种创造技法熔为一炉，两大思维方法汇成一体，达到“无法而法”的境界，获得“从心所欲，不逾矩”的自由。①

可见，刘仲林创造学发展的追求就是要达到自由创造的境界，构筑具有中国民族文化特色的创造学。于上无极，于下无限。把创造个体的心境与自然融通为一，在创造实践中，成就大道，历练天府。在概念思维、形式逻辑与意向思维、审美逻辑的互补中，而不囿于对具体创造技法的学习，实现“无法而法”的创造之道。

要之，上述思路与构想为我国创造学发展趋势提供了可贵的参考价值。创造学作为一门交叉学科，其发展体现出鲜明的综合特色，同时，其作为一门新兴学科，也预示着广阔前景。中国创造学作为创造学学科的一个重要组成部分，在遵循学科发展基本规则的同时，亦应显达出本土文化特征。即它必然要本着中华民族伟大复兴的宗旨与当代中国经济社会发展的境况，在马克思主义观的指导下，形成具有中国文化特色的创造学，以推进中国经济社会不断进步。

---

① 刘仲林：《中国创造学概论》，天津人民出版社2001年版，第320页。

第三节　内容结构、主要方法与创新点

一　内容结构

论著以国内外创造学发展的历史为基点，比较分析了国内外创造学理论研究的主要内容，以案例为视角，深刻分析了中外发明创造、中外创造教育与中国海峡两岸创造学传播等现状，在肯定国内外创造学发展成就的基础上，探讨了我国创造学发展中的困境因素，从而提出了我国创造学建设与发展的构想。如图 1.1 所示：

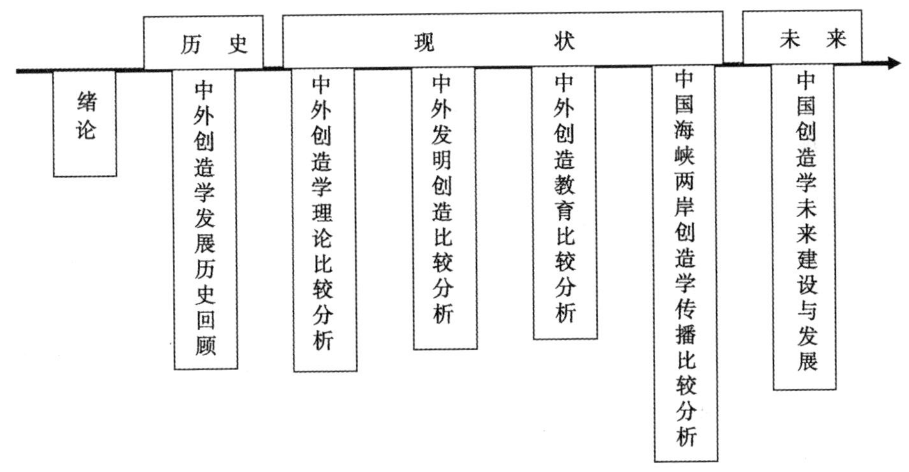

图 1.1　国内外创造学发展比较研究逻辑框架略图

第一章，主要探讨国内外创造学发展比较研究的目的、意义及现状。综述国内外创造学发展研究成果，梳理国内外创造学发展的主要思路，为后续章节奠定写作基础。

第二章，主要探讨国内外创造学发展的历史进程。探讨美国、日本、苏联等国外发达国家创造学发展的历程，及其所取得的主要成就。分析我国创造学发展的历史阶段及其成就，并提出我国创造学发展中存在的主要问题。通过国内外创造学发展比较，肯定成就，发现问题。吸收国外创造学发展的先进理论与研究方法，与我国自身文化结合起来，形成我国创造学发展的新视野。

第三章，主要分析中外创造学发展理论研究领域。重点探讨中外创造学发展理论的主要内容、创造技法、主要理论基础与学派等方面。通过比较发现差异，探寻对我国创造学发展的启示。

第四章，主要探讨中外发明创造相关情况。以中日发明创造为案例，阐述专利制度背景下中日发明创造专利申请与授权情况。探讨中日专利制度的历史沿革对发明创造的促进作用；比较分析中日发明创造专利的主要指标；比较中日国际知名企业发明专利申请与授权情况。通过对中日发明创造认知观、实践观与价值观的差异分析，借鉴其有益经验，以促进我国创造学更好发展。

第五章，主要探讨中外创造教育相关情况。以中美高校创造学课程设置为案例，探讨美国著名高校创造学课程设置概况、课程特征、社会行为等；分析中国高校创造学课程设置现况、案例及成果、特征、存在问题等。通过比较找出两者差异，从而发现美国高校创造教育的成功经验对中国高校创造教育的启示。

第六章，主要探讨中国海峡两岸创造学传播情况。以海峡两岸创造学组织开展创造力活动为案例，分析台湾创造学民间组织开展创造教育活动现状、主要活动内容及活动特征等；中国大陆创造学民间组织开展创造力活动现状、主要活动内容与活动特征等。通过海峡两岸民间组织创造力活动等相关情况的比较分析，进一步探索我国创造学积极有效的发展空间。

第七章，主要探讨中国创造学未来建设与发展。分析中国创造学学科地位的困境因素，及其存在的主要问题；以“综合创新”文化观为指导，提出中国创造学未来建设与发展的理论构架与实践方法；从中国传统文化观出发，提出中国创造学未来建设与发展的人格转化观、理论依据与路径选择。

二　主要方法

（一）文献调研法

通过电脑收集国内外创造学发展研究的相关资料，以供参考。

（二）咨询法

为进一步明确研究的意义、作用、内容与思想等，咨询相关专家，以获取更翔实的资料与写作信心。

（三）学术会议交流讨论法

为深化对探索问题的理解与认知，多次参与相关学术会议，与同行交流，以求得对研究内容的广泛认同。

（四）历史分析法

根据研究内容收集相关资料，对该领域的过去研究、历史发展流程、现状与未来发展等情况进行梳理与分析。

（五）比较综合法

通过对该领域相关内容的比较研究，得出一般性结论，形成较为明确的论观。

（六）归纳、演绎法

通过对收集的相关资料，归纳出共同点，运用推理演绎的逻辑思维，达到对研究问题的澄清与获得启示的目的。

（七）技术路线

以“历史—现状—未来”为逻辑思路对研究内容进行揭示。通过收集相关资料进行理论分析，厘清研究思路。通过咨询、参会与交流等形式深入领会研究内容要旨，精心设计，提出可操作性的研究方案，并形成学术论文予以发表。

三　创新点

创造学是于20世纪40年代诞生在西方（主要是美国）的一门新兴交叉学科，我国大陆于80年代初引进。从国内外创造学界所发表论文、出版专著情况看，专门较系统地对国内外创造学进行比较研究，尚属少见。论著立足于中国创造学未来建设和发展，在进行国内外创造学发展的历史、国内外创造学理论构成等宏观比较研究的同时，以创造学发展的重要领域、典型地域为对象，进行了较为深入的微观比较研究，体现了宏观和微观的有机结合，理论分析与实证分析的有机结合。由是形成以下重要创新点：

一是在创造学理论探讨方面，考察了国内外创造学学派与创造学的理论特色，并讨论了国外创造学研究方法对中国创造学研究的启示。系统地分析了国内外创造学学派及其重要观点、理论特色对创造学发展的影响。以美国为代表的创造心理学、以日本为代表的创造技法实用创造学、以苏联为代表的唯物主义创造学等。中国创造学理论特色，以傅世侠、罗玲玲为代表的创造心理学、以甘自恒为代表的马克思主义创造学、以刘仲林为代表的中国传统文化创造学、以庄寿强为代表的行为创造学等。同时，结合国外创造学研究所应用的主要方法，提出了中国创造学研究方法的具体思路。

二是聚焦典型地域，以中日发明创造、中美高校创造学课程设置与中国海峡两岸创造学组织开展创造力活动为案例，重点考察了世界上创造学发展较好的国家或地区，有针对性地阐述了中外发明创造、中外创造教育与中国海峡两岸创造学传播等方面的情况。①以中日发明创造为例，将专利制度与发明创造之关系纳入到创造学研究领域。通过对中日发明创造专利申请与授权情况的分析比较，探讨日本发明创造推动创造学发展对中国创造学发展的启示。②以中美高校创造学课程设置为例，侧重比较分析了两国部分高校创造学课程设置、特征与成果等情况，意在中国高校借鉴美国高校创造学课程设置的有益经验。③以中国海峡两岸创造学组织开展创造力活动为例，重点比较分析了海峡两岸创造学组织开展创造力活动的内容、形式、特征与目标等，认为海峡两岸创造学传播活动共同促进了中国创造学发展。

三是以张岱年先生的“综合创新”文化观为导向，把创造学放到中国文化复兴发展的大视野之中，在总结国内创造学发展经验，借鉴国外发达国家创造学发展成就的基础上，面向未来，“从‘生生’到‘创造’、从求放心到悟创造之道”与“内圣外王”人格转化观等方面，探讨有中华民族文化背景和特色的中国创造学理论建设道路。这一融中西文化为一体的探索，虽然由于学科跨度大、涉及内容复杂、起步时间短，尚没有达到系统和完善，但确是该论著的核心思想和最有特色的创新点。

第二章

中外创造学发展历史回顾

新的问题，总是由事实触发。旧事新提，总是有新的事实作引线，常给新的事实以理论根据。

——徐特立

从人类诞生的时刻，创造力就体现了人创造世界的根本属性。创造力伴随着人类的发展历程，催生了科学技术，发达了工业生产，繁荣了人类生活。反之，人类社会进步在根本上又映射出人类创造力的丰功伟绩。随着西方近现代以来的文艺复兴、科技进步、工业发达、市场昌盛，人类创造力显示出独特的魅力与景致。近现代西方社会跃迁式的发展，一则表征出西方社会创造力的功能作用；二则反映出西方社会对创造力的重视。此时，西方社会创造力获得了前所未有的释放，使人类文明步入一个新天地。从而，创造力推动社会历史发展的巨大作用，引起了人们对创造力研究的高度关注。创造学的诞生为人们探索、开发人类创造力不断地积累着系统的理论与方法。创造学作为一门相对独立的学科，起始于20世纪三四十年代的美国。相对于其他成熟学科，虽然创造学历史较短，但创造学的兴起，及其原理、技法在科技、教育、文化、社会、生产实践应用中所产生的重要作用，确实令人刮目相看。因此，以史为鉴，通过对中外创造学发展历程的梳理，总结有益经验，发现不足之处，为今后我国创造学发展提供正反两面的有益参考①。

① 在英文中，创造学被冠以 Creativity Research（创造力研究）、Creation Theory（创造理论）、Creative Study（创造研究）等名称，其实，与中文“创造学”对应的英文正式学科名字应该是“Creatology”，但这个术语在英文中以往并不常用，而是以创造力（Creativity）为着眼进行研究。为叙述的一致性，后文所称创造力研究与创造学具有同一内涵。

第一节 国外创造学发展概况

一 国外创造学发展概述

现有文献资料显示，创造学研究始发于西方现代社会。“在国际上，创造学的研究，最早始于20世纪30年代。”① 当前，国外创造力研究与发展正处于上升趋势，其中美洲的美国、加拿大，欧洲的俄罗斯、英国、德国、法国、意大利、波兰、匈牙利、荷兰，大洋洲的澳大利亚、新西兰，亚洲的日本、韩国、新加坡等国，在创造力研究方面处于领先地位。鉴于文献资料收集所限，略述如下：

（一）美国

从时间上看，美国是现代创造学的发源地。1906年，E. J. 普林德尔作为美国一位专利审查人，向美国电气工程师协会提交一篇论文：《发明的艺术》，其中“最早提出对工程师创造力训练的建议，并用实例阐述了一些逐步改进发明的技巧和方法”②。也许这是现代创造力研究较早的发端，并且将创造力与具体行业紧密结合在一起，表达出创造力研究的社会实践观意义与方向。1921—1923年，斯坦福大学教授特曼（Lewis Mcadison Terman）对1500名智商在130以上的学生进行了跟踪研究，经过50年的研究，探讨了创造力与智力并非呈正比例关系。实质上，这种探索已经体现出创造力人群分布的价值，揭示出创造力广泛存在的可信度与实在性。1928—1929年，美国专利审查人J. 罗斯曼选取了最多产的700多名发明家进行研究，于1931年出版了《发明家的心理学》。1931年，克劳福德（R. Crawford）发表了《创造思维的技术》一文。1933—1935年，美国电气工程师H. 奥肯与美国电气工程师协会主席A. E. 肯纳教授开办了发明方法的训练班，培养了一大批发明家。1936年，美国通用电气公司开设了“创造工程”课程，提高了职工创造发明能力，增创了公司的经济效益，引起美国各方重视。1937年，A. R. 史蒂文森专门教授创造工程课，进一步增强了通用电气公司技术人员的创造发明能力。1938年，美国创造工程之父奥斯本（A. F. Osborn）发明了“头脑风暴法”（Brain Storning），为大力推广普及创造力技法打开了便利之门。其于1941年出版了

① 刘道玉：《创造教育概论》，武汉大学出版社2009年版，第26页。

② 刘仲林：《中国创造学概论》，天津人民出版社2001年版，第45页。

《思考的方法》一书。1942 年，美籍瑞士科学家茨维基（F. Zwicky）在美国加利福尼亚大学提出“形态分析法”（Morphological Analysis），这一创造技法在机械工程领域产生了重要影响。1944 年，以美国科学家戈登（W. J. Gordon）为首的创造力探讨小组提出了著名的“提喻法”（Synectics Method）创造技法，与“头脑风暴法”一起得到了普及。1948 年，奥斯本出版了《所谓创造能力》一书。同年，美国麻省理工学院，开设了“创造性开发”课程。至此，这些工作为美国创造力研究与实验奠定了初步的理论基础，美国创造力开发掀起热潮。

这一阶段，美国创造力研究与发展主要表现在应用层面，用计量方法寻找创造力的归因。尽管他们应用不完全归纳法来探索人类创造力存在的潜能，有一定的局限性，研究领域仍不够广泛，研究层面仍有待深入，但在发现创造技法与培养创造力实用型人才方面，确实开发出让人们大开眼界的实用技法，提出了令人耳目一新的论观，起到了抛砖引玉的作用，为以后创造学进一步研究开启了广阔思路。总体而论，在理论上处于初级形态。

1950 年，以美国心理学家 J. P. 吉尔福德（J. P. Guilford，1897—1987 年）在美国心理学协会上以发表“创造力”演说为序幕，再一次奏响了创造力研究的号角，富有成效地推动了创造力研究与心理学理论的进一步结合，引发出创造力研究的新视角，把创造力研究带入一个新阶段。1952 年，美国俄亥俄州立大学就创造需要、创造过程、创造动机、创造力发展的条件等问题，邀请哲学家、心理学家、教育家等各界人士，进行了一次专门座谈会，推动了创造力研究。1953 年，奥斯本出版了《实用的想象》（*Applied Imagination*）一书，较系统地阐述了创造力开发方法，在世界学术界影响较大。1954 年，奥斯本创立了“创造教育基金会”，有力地促进了美国创造性教学。1955 年，美国犹他大学的 C. W. 泰勒（C. W. Taylor）也开展了许多相关创造的研究与实验活动。其间出版了五部相关创造学专著，培训了大批创造性人才。1957 年，美国海军特殊设计局研制出“计划评审技法”（Program Evaluation and Review Technique）。美国陆军也开发了“5W1H 法”，其中，C. S. 惠廷创制了“焦点法”（Foused Object Technique）①。1958 年，J. W. 盖泽尔斯与 P. W. 杰克逊于芝加哥大学开展了多项创造学研究工作，重点探讨了传统智力变量、教育与创造力之间的关系。20 世纪 50 年代末，E. 保罗·托兰斯（E. P. Torrance）指导了美国明尼苏达“教育学研究所”的工作。研究了儿童、教师、年龄、环境等因素与创造力的相互关系。

---

① 刘仲林：《中国创造学概论》，天津人民出版社 2001 年版，第 48 页。

1960 年，戈登研制出“戈登法”（Gordon Method），热点公司（Hot Pint）发明了逆 BS 法，对以前的创造技法进行了相应改进。1960 年，美国空军宇航局 J. E. 斯蒂尔少校，在俄亥俄州迪通邀请了 700 位生物学家、数学家、物理学家与心理学家，召开了仿生学正式会议，奠定了“仿生技法”的开端。1962 年，在伯克莱加利福尼亚大学，由 D. W. 麦金农（D. W. Mackinnon）领导的“个性和测量研究所”对“文学、建筑、管理、数学”等领域的杰出人物的创造力进行了广泛研究。1963 年，美国霍尔韦尔公司开发出“PATTERN”法。1963 年，布法罗大学 J. S. 帕内斯（J. S. Parnes）教授总结了 1950—1963 年的创造性教学工作。1964 年，美国兰德公司研制出“德尔菲法”（Delphi Technique）。这些创造技法的制定与应用，再次展现出人的创造力的非凡成就，有效地促进了美国经济社会的发展。1965 年，托兰斯（E. P. Torrance）提出“尊重与众不同的疑问”[①] 等五方面，作为教师培养创造型学生的原则。事实上，托兰斯这一观点，就是对创造力的尊重，对培养学生创造性有着重要启发。20 世纪 60 年代，华裔李跃磁教授在美国麻省理工学院建立了“创新中心”，研究如何培养大学生创新能力。1967 年，布法罗学院开设了研究生创造学课程，进一步深化了该校创造学研究与教学。这一时期，美国哈佛大学前校长普西（Nathan Pusey，1907—2001 年）曾呼吁全美各大专院校应加强培养学生的创造才能。于是，普渡大学、明尼苏达大学等 20 多所大学相继开展了创造性能力的训练。同时，军队与企业也十分重视创造力的应用。在军队方面，如陆军之哈里逊堡、美国空军预备军官训练团、海军兵工厂等；在企业方面，如通用汽车公司、美国铝业公司、美国制钢公司等。

这一阶段，美国创造力研究与发展主要表现为理论探讨与实践应用双重路径。理论上，特别注重创造力与教育学、心理学的结合，不仅强调了创造力的实践意义，而且也突出了创造力的教育性与可塑性。尤其是将创造力开发与培育融入教育教学实践中，为人的创造力在今后社会实践中的发展与发挥，奠定了不可或缺的预设端口，进一步提升创造力研究的重要地位，同时也凸显了教育对创造力培养的重大基础意义。实践上，创造力的具体社会实践培育也有了深入加强，范围领域越发广泛，从军队到企业均出现了创造力、创造性思维能力等培训班，从而显现了创造力应用的特殊意义。

20 世纪 70 年代以来，美国创造力研究更加深入，应用更加广泛。70 年代，在美国哈佛大学，开展了以教育思想为主题的大讨论活动，这场活动历时

① 刘道玉：《创造教育概论》，武汉大学出版社 2009 年版，第 30 页。

近4年，“最后终于把对人才的创造性培养纳入了教育的主要内容之中”①。1974年，布法罗学院以本科生为对象，开设了创造学课程，并于1975年设立了创造学硕士学位授予点，这是“世界上第一个创造学硕士学位点”②。该学院自始至终坚持创造学独立学科的发展思想。这一时期，美国心理学家S. 阿瑞提（Slivan Arieti）在创造力研究方面做出了突出的贡献。1976年，出版了《创造的秘密》（*Creativity：the Magic Synthesis*），从深层心理角度，运用系统方法，探讨了创造过程与创造产品之间的区别。其在书的结尾人与创造力的结论中写道：

> 作为创造力的实际成效是巨大的，它们只构成了它的结果，或者也可能构成了它的动力；然而创造力的根源正是在于人的本质。这种本质可以用复杂的神经具有无限组合的能力来给予解释。按维柯的术语，可以解释为这是一个趋于无限的有限中枢所具有的机能。只有人才能认识到他的有限和他的无限，才能认识到他需要去应付这两方面的问题。在他试图用他的创造力去减少未知的成分时，他还被超然存在、不可思议和上帝的创造所包围着。他不断奔向终极的目标，而这个目标又总是躲避远去。③

其中最令人深思的即是“创造力的根源正是在于人的本质”这一结论。因为人的存在及其追求是在无限与有限中进行的，人的存在本身就是创造力的产物，他在追求未知世界的同时，而未知世界总是与他捉迷藏，让他在无限与有限的世界中奋争，这就是人的创造力的展示。

至1979年，美国设立的专门从事创造学研究的机构有53所高校与10个研究所，这一现况为美国创造学发展奠定了良好的社会环境。20世纪80年代，美国就已经在航空学、农学、建筑学、体育学、新闻学、化学、地理学等20多个专业进行了创造力开发教学。80年代中期，以“创造教育为核心的教育改革”④ 在美国达成共识。这一时期，美国D. J. 特雷芬总结了20世纪60—70年代创造力研究的成果，在此基础上，提出了创造力鉴别、创造力培养等观点。1989年，美国成立创造学会（ACA），其宗旨：一是增强人对创造学重要性认识；二是促进创造潜力开发。1999年以来，该学会举办了20余次学术

① 庄寿强：《普通（行为）创造学》，中国矿业大学2006年版，第7页。

② 同上。

③ ［美］S. 阿瑞提：《创造的秘密》，钱岗南译，辽宁人民出版社1987年版，第531页。

④ 庄寿强：《普通（行为）创造学》，中国矿业大学2006年版，第7页。

大会。1999年，美国第一届全国高校创造力会议召开，会上有61所高校提交了67个创造课程教学大纲。可见，美国高校对创造学的重视，从一个侧面反映出美国社会对创造及其学科的认同度。进入21世纪之初，2003年，美国创造学会举办了一次学术大会，其主题为"创造未来"，更明确了创造力开发的重要现实地位。2004年，"创造教育基金会"（CEF）在纽约成功举办了第50届学术研讨会，从解决问题的角度为培养创造性人才指明了方向。

这一阶段，美国创造学的发展，不管是理论上，还是实践上，都得到空前完善。尤其是认识到创造力对整个美国社会积极影响的意义，在这样一种认知境遇下，创造力研究得到多方支持，领域范围不断扩大，其研究成果也纷纷被其他国家应用于经济社会发展中。

（二）日本

在现代创造力研究与开发方面，日本走在亚洲其他国家的前面。1885年，日本颁布了"专卖特许条例"，这一专利制度确立，不仅体现出近代日本社会法制观念的增强，而且也体现了日本近代创造思想的进步。在一定层面上，可以说，日本创造学与其法制成长有着密切关系。

20世纪30年代前，日本创造学研究处于萌发状态。20世纪初，专利厅成立发明协会，1903年，创办《发明》杂志。由此可见，日本创造观念的法律化是其后期技术创造发明突飞猛进的重要基本因素之一。尽管杂志当时所涉及的"发明创造原理和方法"① 的内容较少，但创造发明的思想与认识，一开始便注入了社会环境的重要意义，反映了日本创造力发展的内在趋势。这一时期，引进国外的翻译著作有弗洛伊德的《梦的解析》、里鲍尔的《创造的想象》、布朗恩的《发明的心理》、伯格森的《创造的进化》、沃勒斯的《思考的艺术》等。国外创造学专著的引入，进一步开启了日本创造发明意识，促进了日本创造学的发展。1922年，园赖三编所著《艺术创作的心理》一书出版，从一个侧面反映出日本创造观念的诉求。1923年（大正十二年），日本学者稻毛金七（稻毛祖风）著述《创造教育论》，从"创造教育之背景、创造教育之概观、创造教育之原理、创造教育之本质、创造教育之目的、创造教育之动力与创造教育之方针"等方面，系统论述了创造教育的哲学机理。尤其是将教育的本质与人的本质统合到创造的层面上来，清晰揭示出教育对人的根本属性。实际上，日本教育家千叶命古，于20世纪20年代也出版了《创造教育的理论与实践》一书，从理论与实践两个方面探讨了日本的创造学教育问题。在一定程度上，肯定了创造教育的实践观。1930年，九息周造著述《梦的结

① 高卢麟、林声：《当代中国发明》，辽宁科学技术出版社1993年版，第27页。

构》，1938 年，波多野完治著述《创作心理学》等，这些著作都是从心理学的角度研究创造学，表明日本创造学发展视角的动态性与创造主体的深层性。1942 年，日本科技厅建立财团法人近箴发明中心，发明创造开始走向经济领域。1944 年，市川亀久弥著述《创造性研究的方法》一书，具有显著的日本本土色彩。1946 年，大肋义一著述《直觉的心理》，1947 年，北条无一著述《艺术认识论》，1949 年，市川亀久弥著述《创造性研究的方法论》等，这些专著不仅探讨了创造学的原理，而且将创造学原理应用于经济社会发展的现实需要当中，体现了日本自己的民族文化特色。

从日本创造学发展阶段看，上述可视为日本创造学研究的初期阶段。其特点：一是以引进、消化西方研究成果为主；二是偏重于心理和思想原理；三是对于创造力的探索，主要由研究者本人反省与进行科技文艺史例方面的研究[①]。可见，日本创造学同样遵循着学科发展的一般规律。

20 世纪 50—60 年代，日本“确立了创造学研究的领域与课题”[②]。1955 年，创造学从美国传到日本，很快得到极大发展，掀起“全民皆创”的民族创造力开发热潮。1955 年，市川亀久弥在前期探索的基础上，提出了“等价变换理论”，为其后期创造工程学研究奠定了坚实的理论原则。1960 年，池田内阁制订了著名的《国民收入倍增计划》，其进一步指出发展日本技术的重要性，不能只停留在消化与吸收外国的技术层面上，该计划为培育科学技术工作者与专门人才作了有力保障。1963 年，日本经济审议会议印发了《经济发展中人的能力开发问题和对策》，同年，产业计划会议编发了《才能开发之道》。此时，创造学已经成为日本经济社会发展不可缺少的一部分。1965 年，日本建筑大学川喜田二郎制定“KJ 法”，是组合与归纳的全新应用。1969 年，片山善治提出“ZK 法”。这一阶段，日本许多心理学、教育学杂志开始刊载关于创造力研究的成果。发表了 10 余种有关创造力的著作。日本心理学会的城户幡太郎，对生产力与创造力的关系开展了综合研究。此阶段，日本创造学研究领域与方法得到了扩展，主要是对吉尔福德的因素分析法、发散思维等进行了广泛的研究，将多种创造技法融于探讨、开发与应用之中，同时，制定激励政策、开展教育改革。1968 年，创办了《创造》杂志，专门刊载创造力研究的论述。1969 年，创造学家高桥浩提出“中山—高桥法”（NM－T 法），此法主要是抓住关键词引发一系列类比联想，通过分析达到创造设想的目的。

---

① 高卢麟、林声：《当代中国发明》，辽宁科学技术出版社 1993 年版，第 26 页。

② 同上。

20世纪七八十年代以后，日本政界开始注重创造力开发，创造学得到了长足发展。1970年，在综摄法的基础上，日本创造工程研究所所长中山正和提出“NM法”。此后，高桥浩提出“OCU法”；小林末男提出“SKS法”；梅棹忠夫提出“小纸片法”；今一三男提出“KPS法”；茅野健提出“逆向思考法”等。通过对“头脑风暴法”的部分改进，日本三菱树脂公司提出“MBS法”；日本创造力开发研究所所长高桥诚提出“CBS法”；日本广播公司提出“NBS法”等。另外，高桥浩提出的“催眠发想术”“符号展开思考法”(Symbol Evalutional Thinking)，高桥诚提出的“关键词法”，都显示出自己独到的观点。1971年，日本学术会议建立日本发明学会，推动了日本创造学进一步发展。1971年，创办《创造的世界》杂志，又一次开阔了日本创造学研究的天地。1974年，创办第一所青少年发明俱乐部，目前已发展到90所，有力地增强了青少年创造力开发与训练。1976年，日本创造学会创刊《创造学研究》杂志，相继出版了多期创造学文集，增强了日本创造学阵营。1977年，市川龟久弥出版了《创造工学》，该书以等价变换理念为核心，系统地阐述了创造工程理论体系的特色。1979年，日本成立创造学会，至2004年共开展25届学术年会活动。1981年，日本东京电视台创办了首个“发明设想”节目，极大地促发了全民创造热潮。1982年，日本首相福田赳夫立足创造力开发、技术创新等治国方略，明确提出“‘创造力开发是日本通向21世纪的支柱’，表明政府将创造力开发放到了重要位置。”[①] 日本政府高度重视国民创造力的开发，将每年的4月18日定为“发明节”。自1983年至今每年出版一部论文集，活跃了日本创造学学术气氛。1983年，高桥诚通过调查资料显示，在日本40%的企业中，对职工实施了创造教育，以达开发职工创造力。1985年，由张志平译，中国发明创造者协会出版的日本电气通信协会编写的《实用创造性开发技法》一书，将29种创造技法分为“自由联想法、强制联系法、设问法、分析法与其他方法”等，以技法树形象地表示。20世纪80年代，日本把科技新独创上升到国策高度，将国民创造力视为通向21世纪的桥梁。1986年，中曾根康弘曾认为，开发国民的创造力是日本经济腾飞的关键。1989年，由蔡林海等译，高桥诚编著的《创造技法手册》一书，精选了100种技法，依据美国心理学家吉尔福德的智力结构模式，从“发散思维”（Devergent Thinking）与“收敛思维”（Converent Thinking）角度，分为：“扩散发现技法、综合集中技法、创造意识培养技法”三大类。目前，日本政府在爱知县专门设立一所丰桥创造大学，凸显了日本对创造力开发的重视。1996年日本

① 周耀烈：《思维创新与创造力开发》，浙江大学出版社2008年版，第23页。

批准《科技基本计划》，为使日本尽快步入信息化社会，于2005年增强了“第三期科技基本计划”的战略性，做好从“技术立国”向“科技创新立国”转化的准备。

此一阶段，日本创造学发展已经完全转入国内自我能力建设与培养时期。不管是政治导向，还是学术认同等，都在致力于夯实内力，并展现出明朗的民族发展性。尤其是政府的高度关注，将日本创造学从纯粹学术领域融入推进经济社会发展的境遇。这一举措，有效地增进了日本全社会热爱创造的氛围生成。

（三）苏联

作为社会主义国家苏联也很重视创造力研究与开发，1910年，机械工程师П. К. 恩格迈尔开始对创造理论进行了研究，同时提出要建立“创造学”学科。这一观念在当时社会背景下，可以说是独具慧眼，在一定层面上，反映出马克思主义创造观的现实要求。自1946年开始，苏联创造学研究者对175万项发明专利进行筛选，选出高水平专利文献4万项，“从中概括出一批普遍性、有效性的方法与‘基本措施’”。[①] 目前，我国正在讲授与应用的TRIZ方法，正是从此时以来，由根里奇·阿奇舒勒（G. S. Altshuller）等创造发明者，经过多年探索，总结提出的一套理论与方法。

20世纪五六十年代以来，苏联重视创造技法的开发与应用。1958年，苏联以拉脱维亚人民技术创造学校为试点，开始讲授、传播发明创造理论与技法。创造学校的建立，为苏联创造思想传播奠定了广泛的社会性。“从60年代起建立了各种形式的创造发明学校，成立了全国性和地方性的发明家组织。”[②] Г. С. 阿利赫舒列尔等人对技术体系的发明与改造进行了研究，在此基础上创立了物场分析理论与方法，制定了《发明课题程序大纲》《基本措施表》《标准解法表》等，并不断完善。1965年，Г. 布什创设了“七步搜索法”。通过对2500000项高水平专利分析，提取40个基本措施，于1968年发表了《发明解题大纲－68》。后来，发表了《发明解题大纲－71》，同时增加了《物理现象效应应用指南》。1969年，Г. С. 阿利赫舒列尔出版《发明大全》，系统介绍TRIZ方法。

20世纪七八十年代以后，苏联特别重视创造技法与学校教育的关系，努力打造培育创造人才的学校教育环境。1971年，在阿塞拜疆建立了世界上第一所发明创造大学，教学内容丰富，涉及专利、发明、预测等多个领

① 刘仲林：《中国创造学概论》，天津人民出版社2001年版，第50页。

② 庄寿强：《普通（行为）创造学》，中国矿业大学出版社2006年版，第11页。

域，训练学生具备解决发明创造课题的能力。可见，当时苏联重视国民创造发明素质培育的程度之高。1972 年，为满足经济建设的需要，苏联提出了“高等学校着重培养知识面较宽的专门人才”的方针。是年，提出“偶然性现象彩环法”。1973 年，《发明解题大纲 - 73》再次增加《消除典型技术矛盾措施应用表》，修订后此表包括 1200 种措施。经过几次修订形成《发明解题大纲 - 77》，同时增加技术体系变化的 9 项规则与一套操作程序，至此形成一部带有苏联特色的创造方法体系。1973 年，在《工艺、建筑、运输、邮电和服务企业（组织）青年专家委员会章程》中，规定了青年专家参与科技发明创造的义务，并要求青年专家委员会与发明局共同做好发明活动的综合协调工作等。1976 年，P. 波维列依科制定了“十进位矩阵搜索法”，A. 波洛文金制定了“创造学综合算法”等。这些创造技法丰富了苏联国民的创造素质，提升了苏联国民的创造热情。据不完全统计，从 1976—1980 年，大学生获得创造相关证书 8744 份，在生产实践中，大学生参与完成，并推广应用的科研项目达 7. 7 万项。至 1978 年，苏联已在莫斯科、列宁格勒、巴库等 80 多座城市创办了约 100 所创造发明学校。1979 年，发明家、创造学家阿利赫舒列尔出版了《创造是一门精密的科学》，提出了“物场分析法和解决发明课题程序大纲”。同时 70 年代末到 80 年代初，出版的相关专著有《发明家用创造学原理》《发明创造心理学》等。可见，此时苏联已经将创造视为推进其经济社会发展的重要抓手。1982 年，苏联针对时势认为“改善未来专家的实践能力的培养，发展他们的创造力”应是高等学校培养的目标，同时要求政府中的有些职位必须要取得发明教育文凭，才能任职。苏联这一创举，可谓是当时社会主义社会的新事物，对当前政府具有一定的参考价值。1982 年，大学生参加科研活动超过 260 万人。1985 年，苏联有 437 所高校成立了大学生设计局，参加活动的学生达 10 万多人。1985 年，发行了《发明解题大纲 - 85》。1987 年，Г. С. 阿利赫舒列尔的著作《创造是精确的科学》在中国出版，产生了重要影响。1989 年，成立苏联 TRIZ 协会，由 Г. С. 阿利赫舒列尔任主席。TRIZ 技术的出现给苏联带来了极具创造力的时代，20 世纪 90 年代 TRIZ 方法在欧美一些企业得到推广应用。至此，显见了苏联政府、科研机构和高校对发明创造的广泛重视。

（四）其他国家

（1）英国。英国作为西方科技发达国家之一，其在创造力方面也早有涉足。1869 年，英国心理学家高尔顿（Francis Galton）出版了《遗传的天才》一书，提出了创造力“天才遗传”理论。尽管这一理论没有被广泛接受，但其仍被认为是“创造学研究的开山鼻祖”①。1926 年，英国心理学家 G. 沃勒斯（G. Wallas）在《思考的艺术》一书中，把创造过程分为：准备期、酝酿期、明朗期、验证期四个阶段。这也是英国较早提出关于创造力研究的成果之一。1935—1938 年，凯瑟林·帕得里克（Catharine Patrick）广泛研究了有创造性的诗人、艺术家与科学家，同时，验证了沃勒斯模式的存在性。约瑟夫·罗斯曼（Joseph Rossman）采用调查表的方式，对 710 名发明者的创造过程进行了考察，同时，将沃勒斯模式扩展为七个步骤。

20 世纪 60 年代以来，受美国创造力开发的影响，英国从设计方法入手开始探讨发明创造。1962 年，英国召开了第一届设计方法讨论会，揭开了发明创造技巧的现代实用阶段。1965 年，召开有 200 名学者参加的国际设计方法会议。1967 年，在英国朴次茅斯召开“建筑学中的设计方法”会议。1968 年以来，英国医生德·博诺（Edward de Bono）提出“侧向思维”理论，还设计出一套创造力训练课程，称为 CORT 的思维技巧在中小学得到广泛应用与推广。

20 世纪 70 年代，英国创造学得到进一步发展。以“设计”为核心，相继召开了一系列创造学会议。1971 年，在曼彻斯特召开“参与设计”会议；1972 年，在伯明翰召开“设计与行为”会议；1973 年，在伦敦召开“设计活动”会议。这些会议有力地推动创造学在英国的发展。1972 年以来，英国曼彻斯特工商管理学院开设“创造性与创新”课程已有 40 多年，始终将创造、创新思想与教育、教学有机地结合起来。为加快英国创造力开发的自主性与绩效性，1976 年，在伦敦召开了变革中的“设计”会议；在伯明翰召开了“设计与工作”会议。1980 年，英国在朴次茅斯召开“设计、科学、方法”等有关会议，期间发表了相当数量的专著、论文，并专门就创造性设计的方法与理论进行了广泛、深入的讨论，同时，在许多大、中学开设创造设计课。1992 年，英国曼彻斯特工商管理学院创办了《创造性与创新管理》杂志，再一次体现了该校坚持创造力研究的方向。

（2）德国。1945 年，德国格式塔心理学家 M. 韦特海默（M. Wertheimer）出版了《创造性思维》一书，分析了儿童、成人和名人等创造性思维，从创造的思维过程、创造思维功能与创造问题提出等方面阐述了创造的重要意义，从此，德国创造力研究引起更多人的重视。

自美国创造技法引入德国以后，为适应德国人的思维方式，对所引进的创造技法进行了改造。鲁尔巴赫将“头脑风暴法”改造成为“默写式头脑风暴

① 傅世侠、罗玲玲：《科学创造方法论》，中国经济出版社 2000 年版，第 103 页。

法（635 法）”；“综摄法”改造成为“视觉综摄法”（Visusl Synectics），并与图像一起使用，产生隐喻类比。在亚琛工业大学，柯勒以物理算法为核心创制了变换合成方法。J. H. 舒尔茨制定“自律训练法”（Autogenic Training），相当集中精确。1953 年，F. 汉泽制定“概念组织法”，1970 年，B. 吉里捷制定“思想会议法”，1970 年，И. 缪列尔制定“系统创造法”，1971 年，K. 托马斯制定“使用价值分析法”等。这些创造技法的出现有力地促进了德国创造力研究的热情。20 世纪 70 年代，霍斯特·格什卡（Horst Geschka）在巴特尔研究所创办了创造力研究室，与同事们一起研究 40 多种技法及其应用。1976 年，M. 威托克探讨了“学校教学中的创造力和解题问题”。创造学研究中心巴特勒研究所也提出了一系列研究成果。1983 年，格什卡又建立了一家企业创造力开发咨询公司。1991 年，被聘用担任达姆斯塔德技术大学“创造力与创新”课程的教学。1993 年，在达姆斯塔德市召开“第四届欧洲创造力与创新大会”，格什卡担任主席，并宣告“欧洲创造力与创新协会”成立。这次会议有力地推动了创造力研究在德国的广泛关注，从而形成了以格什卡为首的“达姆斯塔德激励创造力俱乐部”。俱乐部的成立，广泛地开展了创造学普及与教学活动。2002 年，俱乐部更名为德国创造学会。

（3）加拿大、韩国等。加拿大有许多学者热心于创造学发展与研究，创造学内容涉及教育、工业、科技等诸多领域。20 世纪 60 年代，H. 塞里埃利用睡眠时的潜意识，在加拿大蒙特利尔大学制定了“‘睡眠思考法（Sleeping Thinking Method）’”[①]。1967 年，蒙特利尔大学开设创造性解题课程，课程内容丰富，领域广泛，针对性较强。同时，还创办了创造力研究实验室。1970 年，魁北克大学的创造技法教学与视听课程进行了结合，1975 年开设多种创造性解题课程，以开拓学生创造性思维。

韩国对创造力研究也十分活跃，尤其是自 20 世纪末以来，韩国政府倡导全国性创造活动，以提高民族的创新力。与日本相仿，韩国政府将每年“5 月 19 日”规定为韩国发明日。2001 年召开了发明日纪念大会，总统金大中强调，要树立全社会崇尚发明、尊重发明家氛围。这一召唤使韩国形成了发明创造热潮，同时将每年的 5 月定为韩国发明月。

在欧洲较注重创造力研究的还有法国、匈牙利、波兰和保加利亚等国。1969 年，法国教育家 A. 博多特开始介绍美国创造学研究的成果，随后进行了一系列实验研究。匈牙利学者主要是在小学和中学，将语言和其他科目结合起来进行创造力训练。1978 年，波兰在绿山省创办发明家学校，从工厂和中专

① 刘仲林：《中国创造学概论》，天津人民出版社 2001 年版，第 50 页。

学校里选拔革新能手。教学内容以实用技法为主，教授与经理授课，毕业学生为波兰带来了极大的经济效益。20 世纪 60 年代，保加利亚学者 C. 罗扎诺夫总结了前人成果，制定了暗示教学法体系。同时在许多学校进行暗示教学法实验，取得了良好效果。除此之外，荷兰、希腊、意大利、罗马尼亚、西班牙、瑞士与大洋洲的新西兰、澳大利亚等国也做出了一定贡献。

在发展中国家，埃及、印度、委内瑞拉等国也十分注重创造力开发研究。埃及学者主要注重学校在创造力开发中的作用。至 1974 年，印度学者已开展 75 项研究，内容涉及创造力测量，个人、社会与环境因素对创造力的影响，创造力与个性、智力、成就之间的关系，创造力训练以及对跨文化的创造力进行比较研究等。在委内瑞拉，政府通过法律形式硬性规定每所学校要开设“思维技术”课。1979 年，在中央政府与国家教育部并列设立智力开发部，同时，在学校中应用德·博诺思维训练法及相关教材进行创造力开发。“到 1981 年，已有 4 万多名受过训练的教师对占全国一半的小学生共 120 万人进行创造思维训练，取得了创造力开发的成功。”① 除此之外，还有泰国、墨西哥、巴西、南非等国在创造学领域也做出了各自的贡献 。

二　国外创造学发展整体分析

以上所述，是根据所掌握的现有资料对国外创造学发展历史进行简要的线性梳理。为能进一步透视国外创造学发展的立体形态，现仅以欧美、亚太等主要国家为代表，从政府政策制度、高等院校、民间组织与历史文化创意生态等方面概观如下②。

（一）创造力理念与精神融入政府相关政策制度

据现有资料显示，欧美国家政府并没有刻意出台创造力开发与研究的专门政策，而是在经济社会发展中，体认到创造力存在及其功能的现实意义，将创造力理念融于教育、生产的政策制度中，从而形成一种较为自觉的认知与行为系统。在欧美国家中，美国、英国、德国、荷兰、法国、意大利、加拿大等在政策制度中，相应体现出创造力理念及创新精神，侧重于较强的内隐内力。在亚太国家中，日本、新加坡、韩国、澳大利亚等在创造力开发方面，也提出了相应的政策制度，侧重于较强的外部手段有意助推。现以美国、英国、日本与澳大利亚为代表分析如下：

---

① 周耀烈：《思维创新与创造力开发》，浙江大学出版社 2008 年版，第 24 页。

② 本节所引相关资料来源主要依据台湾吴静吉主持的《创造力教育政策白皮书》，《子计划（六）国际创造力教育发展趋势专案》，http：//www. 3722. cn，2001 年 12 月 15 日。

首先，美国已将创造力作为评价工作成就的重要有效指标。因此，在美国教育政策、政府首脑的讲话及政府机构所制定的方案中，显现出创造力理念与创新精神常态化趋势。

（1）创造力融入相关教育政策。美国教育部门十分重视创造力研究、培育与开发。1970年教育部前身 Office of Education 界定资优才能时，已经特别将创造才能列为六种资优才能之一。同时，也非常关注教育创新研究工作的落实与成果分享，由教育研究与发展办公室（Office of Education Research and Improvement）为主负责该项工作。一是全国成立十个地方教育实验室，区域教育实验室网络（REL Network）、实验室教育（Laboratory Education）等，旨在提升教育工作者的创造品质。二是成立教育研究资料中心，依据不同领域分为成人、生涯与职业教育（Adult，Career，and Vocational Education），评估与评价（Assessment and Evaluation）等几十个资料库，为教育者提供了可获资料。三是国家教育统计中心，也定期做一些资料整编工作，为教师提供方便。四是支持教育革新计划，如技术创新挑战资助计划（Technology Innovation Challenge Grant Program）等。五是提供教育创新奖项，如设立蓝丝带学校计划（Blue Ribbon Schools Program）等，以激励教育与学校创新，重视创新优良的中等学校选拔。由于相关教育政策的支持，自60年代起，美国创造力训练已得到普及，到20世纪90年代初，“几乎美国的每所大学都开设了创造性思维训练课程”。[①] 其中在创造性思维方面训练较有特色的有麻省理工学院、南加利福尼亚大学、匹斯堡大学、哈佛大学等。可见，创造力在教育政策中的多方融入，有力地推进了创造力观念普及与形成了全社会创造力的认同度。

（2）政府首脑的言论关注创造力。时至今日，在美国政府与民间，创造的观念已经普遍存在。虽然在政府首脑的相关言论中，并没有直接以创造力为主题，大造声势，但言论中蕴含的创造精神相当显著。尤其是在教育、文化与科技的相关议题中，创造创新观念更加鲜明。肯尼迪总统期间，发表了一篇《罗伯特·弗罗斯特的赞美，庆祝美国艺术》（In Praise of Robert Frost，Celebrates the Art in America）的讲稿，充满着极强的创造力思想。

（3）政府机构政策、方案对创造力的关注。在创造力倡导方面，虽然美国没有在相关政策中进行广泛宣传，但创造力与一般教育理念已形成有机的融合，特别是以文化艺术为主要业务的单位最为卓著。1994—1997年克林顿任职期间，成立了“艺术与人文委员会”（President's Committee on the Arts and the Humanities），并出版《创造美国》（*Creative America*）手册，认为在艺术与

① 高卢麟、林声：《当代中国发明》，辽宁科学技术出版社1993年版，第24页。

人文领域中，应强调文化保存与再创新意义，以此来强化美国公民的社会力量，同时，将这一理念落实在一般教育情境中，从而推进社会文化的全面发展。同时，州政府也有相关政策推动地方创造力发展。为确保创造力在初等教育中的地位及其在教育改革中的作用，北卡州文化资源部特别成立了北卡州艺术顾问会（The North Carolina Arts Council），作为扩大创造力普及范围的组织依托。同时，他们积极采用多种方式，以便有效地将创造力普及到人们的生活中，在当地艺术团体与社区中开展“教育计划的艺术形式”（Model Arts – In – Education – Programs）活动。

其次，英国教育部与其他部会等单位受现代创造教育理念影响，也提出了相应的创造力推动政策。教育就业部和文化、媒体暨体育部共同提出了“艺术成就奖”（The Artsmark Award），是政府专门针对在艺术教育与创意教学中成绩凸显的中小学校而设立的。1998 年，教育就业部提出了 55 个二年期计划，包括高等教育中的基本智能，学生成就记录等八大领域，其目的就是将受高等教育的学生所学的知识转化为现实生产力。英国教育长大卫·布朗奇（David Blunkett）曾宣布“学校应教导学生如何思考”，并表示推动“思考技巧”的系统化教学。在政府其他机构也出现了对创造力教育的关注。英国文化、媒体与运动部部长（Chris Smith）出版了《创意英国》（*Creative Britain*）一书，强调创意文化。英国科技委员会的主要工作之一就是“鼓励创造性与基础性研究”。国家创造与文化顾问委员会在提出“我们的未来：创造力，文化与教育”报告后，于 2000 年 9 月开展了一系列创造力教育活动。

再次，日本是西方创造、创新思想较早传入的亚洲国家，在政策制度制定方面，日本政府注重创造教育理念与自身民族文化的融入。20 世纪 90 年代以来最为突出。1994 年文部省召开相关会议，提出加强大学理工科创造力的重要性，强调“发现与创造”的人生乐趣。1996 年文部省大臣在政策演说时，提及每个国民要注重发展自己的特点与创造力。1996 年日本中央教育审议会提出学校培养学生解决问题能力的重要意义。2000 年，在教育改革国民会议中，内阁总理大臣特别提出培养学生的创造力。政府政策制度中的创造力思想有力地促进了日本国民整体创造素质的提升。培养创造性人才是日本大学教育与研究所阶段的教育政策目标。在幼儿国家课程标准中，明确规定“通过不同经验来发展丰富的感受，提升创造力”是幼儿教育目标之一。东京都教育委员会的教育目标，就是要培养学生出类拔萃的创造性。日本科技厅在科技政策规划与执行时，鼓励与科技政策有关的创造性开发。在科技基础计划上明确要求提升研究人员的创造力，促进更多的创造性研究。

最后，澳大利亚国家为进一步提升国民创造的综合素质，结合创造力开发制定了相关政策制度。澳大利亚政府曾与企业共同举办了“国家创新峰会”（National Innovation Summit），2 天产生 3 个类别 24 个建议，即塑造创意文化（Creating An Ideas Culture）10 项建议；产生创意（Generating Ideas）5 项建议；实践创意（Acting on Ideas）9 项建议。这些建议认为“教师是塑造创意文化的关键”；奖励企业发展教师训练课程，并能将科技与企业的观念、想法传播给学生。自 1990 年，澳大利亚政府进行了全国性的改革实验计划，即关键能力基础教育。1991 年成立了梅尔委员会（The Mayer Committee），从资讯、观念、计划、活动、合作、问题与科技等七个方面界定“关键能力”。并认为“问题解决能力、与他人合作、运用科技等能力”是发展知识经济，培养创造力的重要元素。另外，澳大利亚政府成立了创新教育网站，为教师提供创新教育资源，并提供学童创新奖励，鼓励学童与学校创新。

（二）高等院校成为创造力研究的必要场所

高等院校是创造力研究的必要场所。从世界范围看，在各国高等学校发展规划中，凡重视创造力研究与开发，均开展了相应的创造力教学并成立了创造力研究相关机构。欧美国家：美国、加拿大、英国、荷兰、新西兰等，在高校中开设了相应的创造力开发与研究课程。亚太国家：日本、韩国、新加坡、澳大利亚等国的高校也开设了创造力相关课程，并成立了创造力研发机构等。

首先，美国大多数大学都开设了创造力相关课程，这意味着美国大学很重视学生创造力开发。因为在美国许多大学中，均设立了创造力研究中心，这些创造力研究中心大多设在教育学院。这些研究中心在从事创造力教学与研究的同时，还与一般民间创造学组织及学校的创新工作进行协调，并讲授创造力课程、开展创造力工作坊等。水牛城州立大学创造力研究中心（Center for Studies in Creativity），不但进行创造力研究，而且还为大学部与研究所学生提供创造力理论及实践相关课程。佐治亚大学的托兰斯创造力研究中心（Torrance for Creativity Studies），其宗旨是研究、发展、评监创意思考与潜能、奖励国内外支持创意发展的组织，并设立相关研究规划。美国加州大学—圣塔芭芭拉分校（University of California Santa Barbara）还设立创造力研究学院（College of Creative Studies），对毕业学生颁发学位或证书等。同时在美国如哈佛、耶鲁与麻省理工（Harvard、YALE、MIT）等著名大学还有创造力研究团队。美国高校除本身开展创造力研究外，还协助中小学开发创造力。加利福尼亚大学的创造力研究学院为当地具有创造潜力的中学生设置“青年学者计划”（Young Scholars Programs），并开设创造力培训班。麻省理工还为中学生设置创造发明奖项等。约翰霍普金斯大学（Johns Hopkins University）的“青年人才中心”（Center for Talented Youth）、青年学者罗宾逊中心（Robinson Center for Young Scholars）制订的“早期入学方案”（The Early Entrance Program）等特意鼓励中小学发展创意，并让禀赋优异的学生提前进入大学。

其次，英国高校开发与培育学生创造力没有显著的标识，但创造力开发与培育以无形的形式渗透在教学课程中。在英国高校创造力开发、培育课程中，尤其注重与文化产业、国家经济发展需要相结合，为学生以后走向社会奠定了必要的文化创意、经济发展的能力基础。在伦敦的城市大学（City University），开设了创意与文化专业领域的相关课程，该课程配合国家经济发展的需要，设置了创意产业课程与文化产业课程。

再次，日本创造力教育一直走在亚洲其他国家的前面，创造力教育总是与高等院校结合在一起。在日本，大多专门高校设置了创造力教育的相关课程，创造力有机融入其他学科教学中。其中特别显著的有东京都立工艺高等学校，该校的教育目标就是培育学生的创造力，从创意着手，将教学与体验等结合起来，让学生在亲身体会中发挥创造潜力，于毕业前就能实际应用其在学校中所学到创造技法，并以创造产品来体现创造力。有些还专门成立了创造力研究中心等机构。东京大学设立“国际融合创造中心”（Internation Innovation Center）以鼓励创意研究，并与国际进行多方合作研究，成为日本创造力研究、开发与传播的重要场所之一。

最后，澳大利亚政府对大学生创造力的培养一直很重视，在许多大学设立专门培养大学生创造力的学院，并制订相关计划。2001 年埃迪斯科文（Edith Cowan）大学通过学术交流等形式促进了创造力政策的出台。该政策的制定，促使澳大利亚许多学校或机构开设讲授创造力相关课程。澳洲工程创新研究所开设了“创新历程”等课程。在澳洲大学的各科教学中，创造力始终闪耀着活跃的身影。罗恩·科特斯（Ron Kurtus）开设“提高写作、创造力与生产力的大纲”（Outlining Enhances Writing，Creativity and Productivity）课程等，将创造力教育、开发与教学结合在一起。

（三）民间组织在普及、提升创造力过程中发挥了重要作用

从国外创造力研究与发展情况看，民间组织是创造力得以有效传播与发挥社会功能的重要路径之一，是创造力长期保持生命力旺盛的沃土。在欧美国家中，美国、英国、加拿大、荷兰等国都有相当多的民间组织进行创造力普及与开发工作。亚太国家中的日本、韩国、澳大利亚的民间组织，在创造力研究、开发与普及推广方面也开展了许多有益的工作。

首先，美国的民间组织在创造力培养与开发方面发挥了重要作用。一是成立专门组织，为学生举办创意竞赛、夏令营活动。弗吉尼亚未来问题解决（Future Problem Solving of Virginia），主要针对高中毕业生服务。同时，博物

馆、美术馆等也提供相应的艺术文化创意产物的学习活动空间。二是具有教学功能的创意研究中心，美国创新教育研究所（American Institute for Creative Education）等。根据教材及教学课程，为教育工作者与家长举办创意课程。三是美国创造力学会在各领域创意交流中起着纽带作用。其与工商、传播艺术、教育等各界联合，定期举办相关学术研讨会。同时，在中小学教师创意教学中，通过“创意教学协会”（Creative Teaching Association）等，提供“教学创意分享”。通过“全国大学发明家和创新联盟”（The National Collegiate Inventors and Innovators Alliance）等鼓励“师生创意”。四是美国创造教育基金会（The Creative Education Foundaton）本着“协助个人与组织发展创意潜能为宗旨”，在大学创造力课程筹设、国际学术研讨会举办、推动创造力研究等方面做出了巨大贡献。五是美国的学报、杂志等机构也出版了相当丰富的创造力专门刊物。创造教育基金会出版的《创造行为》（*The Journal of Creative Behavior*）和《今日心理学》（*Psychology Today*）、地方教育局（LEA）出版社出版的《创造力研究》（*Creativity Research Journal*）等，在创造力传播方面起了重要媒介作用。六是美国的创意公司进一步打造了创造力开发的气氛。创意概念IDEO公司、Design Countinum公司、Disney公司等，在实际的创意产出、团队创意产出工作中为其他公司提供了极为宝贵的经验。与此同时，IDEO公司成立斯坦福大学学习实验室（Stanford Learning Lab）、微软委员会（Microsoff Committee）设有既定项目（Giving Program）等与高等院校合作，共同进行创新研究与创意教学等活动。观察（Discovery）频道还在网上成立观察学校网站（Discovertschool. com）与学校教师共同发展创意教材。这些活动有力地推动了美国创造力研究的进程。

其次，德国的民间组织为创造力普及也发挥了重要作用。在德国，尤其注重城市再造的风格，同时，博物馆与手工艺中心的创意在传播创造理念方面也发挥了重要作用。“ZKM”作为艺术与媒体的中心，不断整合艺术与媒体科技，长期坚持创作计划，并以奖学金的形式资助相关创意计划。在科技与人文对话、创造力教育等方面做出了表率。“DAKIK”作为艺术人士的汇集机构，注重创意与发明概念推广，经常举办相关创意概念的活动，致力于创意概念普及。德国科技研究发展的相关协会，积极参与创新领域的活动。在德国设有50—60个研究所，专门从事工业技术领域的革新研究计划。这些民间组织的设立，有力地促进了德国创造力普及。

再次，日本尤为注重民间组织在创造力普及方面的作用，并突出其创造力开发与普及的自身特色。日本开展创造力活动的民间组织很多，而且领域很广泛，其在发明与创意竞赛、社区整体营造等方面，显示了特有的成效性。日本发明协会为了有效地开展全国发明创造普及工作，在全国设立了 47 个分会、1000 多所少年发明俱乐部与妇人发明俱乐部。这些创造力民间组织的活动基金主要来自企业界募集，经常举办各类创意竞赛活动，让大众通过竞赛方式，来体验创造过程与成果。同时，日本创造教育研究所、日本创造开发研究所，将创造理念、理论与企业生产结合起来，在中小企业安排进修训练课程。

最后，澳大利亚国家也把创造力研究与开发提升到一定的地位，并且成立相应民间组织从事创造力研究与普及。发明公司（Create）、创意商业方案公司（Breakthrough Business Solutions）、快速创新学习方法研究中心（Creative Accelerate Learning Method Research Center）、ODB 咨询公司（ODB Consulting）等多从事创造力研究与开发工作。开放的自由环境为澳大利亚创造力全社会普及营造了广阔的空间。

（四）创意文化成为创造力研究、开发与普及的重要环节

在西方，创意文化有着悠久的历史传统，英国、法国、德国、意大利、美国等在历史文化的创意生态、创意生活风格、艺术生活与生活艺术、创意竞赛等方面表现出显著的成效。受西方创意文化的影响，亚太国家中的日本、韩国、新加坡、澳大利亚、新西兰等，立于本民族生活、生产多个领域，不断将文化与创意进行结合，呈现出创意文化的新魅力。

首先，美国是现代创造力思想的发源地，因此在创意文化方面表现出极具时代的特点。一是都会与社区的创意生活堪称典范。纽约（New York）、圣达菲（Santa Fe）等都市。二是创意竞赛全民皆起。在政府与民间，均设有各种奖励创意竞赛的机制，鼓励全民发展创造力。政府提出的教师年方案（Teacher of the Year Program）、蓝丝带学校计划（The Blue Ribbon Schools Program）等，有力地激发了国民的发明创造热情。高等院校成为美国创造力开发的显著阵地，巴法罗大学设立的德尔贝马伦斯创意奖（Delbert Mullens Creativity Award）、加利福尼亚大学设立的青年学者计划（Young Scholars Programs）、麻省理工学院设立的高中发明学徒（High School Invention Apprenticeship）、哈佛大学设立的美国政府创新奖励计划（Innovations in American Government Awards Program）等，这些奖励制度的设立也为其他国家创造力开发提供了有益的参考。企业是美国创造力得以实现的重要场所，因此企业非常重视创造力的开发、应用与普及。迪士尼（Disney）设立的美国教师奖（American Teacher Awards）、东芝（Toshiba）设立的东芝奖（Toshiba）、国家科学教师协会设立的探索远见奖（NSTA Exploravison Award）等，都有效地激发了企业创造力的提升。

其次，法国的创意文化独显风骚，创意文化是法国的历史财富，其是文化

资产保存且创意应用最有效的国家。尤其是在创意教育方面，将历史文化融入生活与创意教材中。法国的创意文化已成为法国生活中的必备要素。在创意文化方面，法国是最典型的国家。虽然政府似乎并没有特别强调创造力教育，但国民也会自觉表现出创意行为。在法国，创意已成为国民的一种生活风格，这种风格体现在生活与生产实践中，而不是靠游说教育，已形成普遍性。其创意生活化与生活创意化为我们提供了有益的参考。早在 1959 年 7 月 24 日，法国文化部首任部长马乐侯就很注重民众参与文化创意的意义，对最大多数国民参与文化艺术的创作、推广、保存等方面，文化部都有特别的鼓励规定。在法国生活创意化的产品很多，诸如酒、香水、香料、服装等均居世界前列。由此可见，法国创意文化与生活、教育的密切关系。

再次，日本是创意文化的后起之秀。在创意生活方面，为增强日本的国际竞争力，日本将其文化特色融入民族的工业设计之中，从而形成日本创意文化的新时代。在日本高校中，专门有研发日本的布料，以发展日本民族服饰设计的专业；在日本企业中，专门研发并生产风行世界的电玩、漫画等，甚而在大学中成立专门培养这方面人才的院系。还有为专门生产日本特有的食物器皿之产品，而培养相关研发、生产的人才。尤其值得一提的是，日本在创意竞赛方面确实显示了独特的教育方法。设立“戴明奖”以促成日本整体品质而改进教育；设立“波特奖”以提升国家竞争力与鼓励独创力；设立“富布赖特纪念基金”（Fulbright Memorial Fund）以有利于创意而提倡教育国际化与促进异质交流，每年邀请美国中小学教师到日本与当地教师交流学习。日本创意文化最显著的途径就是开发民间资源。事实上，此已成为日本创造力开发的亮点。

日本发明协会在创意文化方面做出了重要贡献。举办各项创意竞赛活动、设立天皇恩赐奖、全日本儿童发明奖、全日本教职员发明奖等，这些活动为推广日本创意文化产生了积极效果。电视节目设有：“超级变！变！变!”“电视冠军”“抢救贫穷大作战”等，这是模仿的创意活动，虽然显得十分生活化，但它已经成为日本民众的有机组成部分。在创造力开发方面，日本已经超越了西方的既成模式，而演进成本民族的独有风骚。竞赛方式、亲自参与、产品形成等创意活动是日本民众体验创造的最基本要素与独特方式。

最后，澳大利亚国家在创意文化方面同样取得了良好的成效。在创意生活风格方面较为显著，布里斯班市长曾发表一篇文章《一个创意城市》（*A Creative City*），意在标榜该城市创意生活别具一格。在创意竞赛方面，为了鼓励更多的青年从事创意竞赛，官方工作空间设计比赛特设“青年创新奖”（Young Innovation Award）等，民间创意网页与绘画比赛等也为创意竞赛提供了有利的场所。

要之，从以上国外创造学发展的历程与整体分析中可见，政府政策的关注是创造力得以广泛开发与普及的支撑，教育领域的重视是创造力得以广泛开发与普及的关键，民间组织的活动是创造力得以广泛开发与普及的基础。国外创造力成功经验及其有效性与典范性等，为今后中国特色创造学发展提供了积极有益的可鉴视野。

第二节　国内创造学发展概况

一　中国创造学发展与成果分析

当前，从世界范围看，创造学（创造力）研究风起云涌，方兴未艾。创造学研究内容主要集中在创造学理论与创造力开发两个方面。创造学或创造力理论与方法业已成为世界各国创新发展的共识，受此启示，都在打造自我民族创新的思维与实践路径。与此潮流相适应，中国创造学研究也呈现出可喜局面。当前我国创造学发展，不管是在理论探讨方面，还是在创造力开发方面，都取得了令人瞩目的成就。现概述如下：

（一）中国台湾地区创造学发展

自 20 世纪 60 年代，台湾开始从西方引进创造学理念与思想，把创造新思维带入中国文化的境遇中，翻译介绍国外一些创造学书籍，尤其突出了创造技法的介绍，如“脑力激荡法（头脑风暴法）、形态分析法、综摄法（提喻法）”[①] 等。这三种创造技法依次由美国创造学家奥斯本（1938）、美籍瑞士科学家茨维基（1942）、美国创造学家戈登（1944）提出。1977 年台北协志出版社出版了《发明的启示》（李清熙翻译）一书。截至 1979 年台湾地区出版创造学专著（不包括翻译专著）大约为 20 部[②]。较早的创造学专著有《怎样启发儿童的创造兴趣》（孙沛德编著），1960 年台湾省立台北师范学校出版；《创造力启发及价值工程讲座》（纪经绍等编），1968 年现代企业经营管理公司出版；《创造力发展方法论》（陈树勋编著），1969 年中华企业管理发展中心出版；《发展创造才能的教学》（贾馥茗著），1972 年商务印书馆出版；《创造心理学》（郭有遹著），1973 年正中书局出版；《出奇制胜：如何培养创造

① 刘大椿：《中国高校哲学社会学科发展报告·交叉学科》，广西师范大学出版社 2008 年版，第 228 页。

② 通过对台湾各大学图书馆联合查询，http://metacat.ntu.edu.tw/metacat2/app。

力》（罗北豪编著），1978 年绿园出版，这些创造学相关专著的问世，在一定程度上开启了台湾对创造力的新认知。六七十年代，有关创造力教育的硕士论文 8 篇，博士论文 0 篇[①]。“1971 年，在台湾实施了资优教育的实验研究”[②]。尽管该阶段出版、翻译的创造学专著数量有限，创造力研究理论仍停留在介绍层面，但其为后来台湾地区创造学发展奠定了不可多得的理论基础，起到了抛砖引玉的作用。

20 世纪八九十年代，台湾地区创造学有了较大发展。在前一阶段基础上，台湾地区形成了自己的创造学特色。据不完全统计，翻译、出版创造学专著 272 部[③]，其中翻译创造学专著 170 部，出版创造学专著 102 部。1980 年复文图书出版社出版的《创造思考与情意教学》（陈英豪编著），是该阶段较早一部有关创造学内容的专著。发表有关创造力的论文 140 篇[④]，其中发表在台湾刊物 115 篇，发表在国外刊物 25 篇。硕、博论文 210 篇[⑤]，其中硕士论文 191 篇，博士论文 19 篇。与第一阶段相比，创造学理论趋于成熟，形成了自有的创造学理论体系。在创造学研究方面，形式多样：如专著、会议研讨、电影、光碟等；内容丰富：如创造思维、创造教育、创造情意、创造智商、创造环境、创造心理、创造行为、创造人格、创造组织等；领域精细：如创造与 0 岁教育、创造与幼儿教育、创造与儿童教育、创造与学生教育、创造与教学的关系等。这一时期，创造学研究最为凸显方面就是注重创造与未成年人的关系研究。在所出版的专著中，大约有 30% 是直接关涉到胎儿、幼儿、儿童、学生的创造性培养等。

2000 年以来，台湾地区创造学发展形成系统方案，研究领域更为精细。据不完全统计，截至 2003 年，翻译、出版创造学著作 334 部[⑥]，其中翻译国外创造学专著 147 部，出版创造学专著、编著 187 部。发表有关创造学论文 217 篇[⑦]，其中发表在台湾刊物 195 篇，发表在国外刊物 22 篇。硕士、博士

---

① 以“创造力、创意、创新、创业”为关键词，在台湾图书馆硕博士论文查询系统，http：//datas. ncl. edu. tw 上查询。

② 吴静吉：《台湾创造力教育实施现况》，http：//www. creativity. edu. tw，2004 年 6 月。

③ 根据 2004 年 6 月吴静吉主持的《台湾创造力教育实施现况》整理。

④ 同上。

⑤ 以“创造力、创意、创新、创业”为关键词，在台湾图书馆硕博士论文查询系统，http：//datas. ncl. edu. tw 上查询。

⑥ 根据 2004 年 6 月吴静吉主持的《台湾创造力教育实施现况》整理。

⑦ 同上。

论文246篇[①]，其中硕士论文218篇，博士论文28篇。通过对台湾各大学图书馆联合查询，时间段为2000—2010年，所得有关创造力方面的专著170余部[②]。其中2000年陈清香等出版的《本土化自然创造力教学实作文集》，反映了台湾创造学理论研究已经呈现出本土风格。从所收集专著的主题看，内容丰富多彩，研究领域广泛。从创造力研究的对象看，涉及幼儿创造力教育、儿童创造力教育、中学生创造力教育、大学生创造力教育；家庭中的胎儿创造力教育、父母对孩子创造力教育等。从创造力研究的内容看，创造力教育涉及创意、绘画、艺术、音乐、舞蹈、心灵、脑力、管理、环境等诸多方面。这一时期，陈龙安、毛连塭、七田真等所出版的创造学专著具有明显的时代特色。同时，台湾地方政府通过制定相关政策、召开会议、设立创造力研究机构等，不断完善创造力教育内容。至2003年，共出台38项推动创造力教育的政策方案；组建39个创造力教育机构；43所大学开设了创造力教育课程；设立了36个民间创造力教育推动机构；形成31项协助中小学发展创造力教育计划；举办39次创造力教育研讨会；开展57次创意竞赛活动；开设39个创造力教育网站等[③]。

总之，台湾地区创造学作为中国创造学重要组成部分，在中国创造学发展史上抹下了一道彩虹。自创造学传入台湾地区以来，已成立了台湾“中华创造学会”等70多个创造学民间组织、大多数台湾省高校开设了创造学相关课程等。2001年，台湾相关部门组织专家对世界创造学发展概况进行研究，发表了“创造力白皮书”。仅此可见，台湾地区创造学发展，为推动整个中国创造学发展做出了积极贡献。

（二）中国大陆地区创造学发展[④]

虽然我国台湾地区自20世纪60年代引进了创造学，大陆地区创造学研究相对起步较晚。然而，创造学一经传入中国大陆，便以一种崭新姿态历练出盎然生机的态势，在中国苍劲而古老的大地上再现出新枝绿叶，从而履行着中华民族创生不已的魂根。根据现有资料显示，1979年，上海交通大学许立言通过《科学画报》把创造技法用连载的方式，比较系统地介绍到我国内地，由此，揭开中国大陆创造学发展的序幕。

（1）引入国外创造学成果，艰难探索时期（1980—1985年）。这一时

① 根据2004年6月吴静吉主持的《台湾创造力教育实施现况》整理。

② 通过对台湾各大学图书馆联合查询，http：//metacat. ntu. edu. tw/metacat2/app。

③ 此8项数据根据2004年6月吴静吉主持的《台湾创造力教育实施现况》整理。

④ 此处该种表述为便于叙述，中国大陆地区实指国际主权的中华人民共和国。

期主要是以翻译、介绍国外创造学成果为主，同时亦将创造学理论应用到生产与教育实践中。正如傅世侠、罗玲玲在《科学创造方法论》一书中所说："现代创造学在我国的初期发展，可以称作是提出问题、活跃思想、引进国外研究成果为主的第一发展阶段。"① 创造学星星之火开始在中国大陆闪耀，预示着无限希望。起初，从事这一领域研究的人员很少，之后，创造学便很快渗入到企业界、科技界与教育界等，研究人员越来越多。80年代，谢燮正等翻译介绍了大量国外创造学资料，并开辟了创造学第二课堂，为我国创造学发展做出了较大贡献。这一阶段，较有影响的创造学翻译著作有：《创造心理学》（周忠昌翻译）；《发明学——创造新技术思考的方法》（马泉、张文彦翻译）；《中小学生的创造思维》（徐世京、陶浣新翻译）等。创造学理论的引入与探讨，激发了我国创造学者的信心与热情。第一件令人振奋的大事，就是1983年6月28日至7月4日，由中国科学技术大学、上海交通大学、广西大学联合发起，在广西南宁召开我国首届创造学学术研讨会，同时举办我国首次创造学培训班，会上成立了中国创造学研究会筹备委员会，此次会议，标志着我国创造学发展进入一个新阶段。"来自全国各省、市、自治区239个单位的259名创造学研究者和爱好者会聚一堂。会上打印交流了60篇论文，12位中青年学者（温元凯、许立言、甘自恒、刘仲林、许国泰等）在大会作了学术报告。"② 该学科的诞生，极大地激励着创造学爱好者辛勤耕耘。1984年，袁张度为工会系统编著的《创造与技法》一书出版。1985年，推广运用创造学首先在中国机械冶金工会机械系统展开。创造学理论的引进与创造学科的确立，奠定了我国创造学稳步成长的基础。1985年中国创造发明协会成立，武衡任会长。中国创造发明协会的成立，为我国各省创造发明协会的成立创设了良好开端，而且成功地举办、参与多期国内外创造发明成果展览会。

总体看，该阶段我国大陆地区创造学理论研究处在积累时期。创造学理论主要还是翻译介绍国外的思想，所出版专著的学科领域，呈现出明显的局域性与缺乏系统性。截至2010年12月底，笔者分别以1979—2010年、1979—1985年为时间段，对中国大陆主要大学图书馆进行了跨库检索，经粗略统计，出版创造学专著分别约为1148部、17部，内容主要涉及科学发现、创造心理、创造方法、创造教育、创造发明、创造思维等方面。同时，在中国知网上分别以"创造、创造学、创造力、创造教育、创造思维"为题名、主题、关

① 傅世侠、罗玲玲：《科学创造方法论》，中国经济出版社2000年版，第13页。

② 甘自恒：《创造学原理和方法——广义创造学》，科学出版社2010年版，第13页。

键词进行了跨库检索，所得论文如表 2.1 所示。

表 2.1　　中国创造学发展第一阶段部分成果及相关情况比较

			1979—2010 年	1979—1985 年	所占比例（%）
专著（部）			1148	17	1.5
论文（篇）	创造	题　名	41724	1996	4.5
		主　题	513401	34446	6.7
		关键词	112018	6492	5.8
	创造学	题　名	305	26	8.5
		主　题	1723	96	5.6
		关键词	1304	78	6.0
	创造力	题　名	4559	196	4.3
		主　题	45749	1216	2.7
		关键词	30353	826	2.7
	创造教育	题　名	1423	48	3.4
		主　题	4352	92	2.1
		关键词	3600	76	2.1
	创造思维	题　名	1308	48	3.7
		主　题	8290	208	2.5
		关键词	6627	158	2.4

由表 2.1 分析可见，一是这一阶段所出版的专著、发表的论文数与 1979—2010 年时期相比，所占比例很小，尤其是专著只占 1.5%，论文所占比例为 2.1%—8.5%。二是从 1979—1985 年发表论文占 1979—2010 年所发表论文比例看，以“创造、创造学”为题名、主题、关键词所发表论文占比例较大，在 4.5%—8.5%；以“创造力、创造教育、创造思维”为题名、主题、关键词所发表论文占比例较小，在 2.1%—4.3%。当然，表中数据只是近似反映。尽管如此，通过对专著、论文的内容与数量的整体分析，仍可得出两个粗略结论：一是我国创造学理论研究在起步阶段取得了初步成果，应给予充分肯定；二是该阶段，我国创造学理论研究在创造力、创造教育、创造思维等方面较薄弱，创造学学科内研究视角失衡。

（2）创造学取得初步成果，总结推广时期（1985—1994 年）。1985 年中国发明协会的成立是我国创造学发展第一阶段理论研究所产生的重要实践成果，是我国创造学发展进入第二阶段的标志性事件。该阶段我国创造学研究

"从引进吸收发展到应用开发、展示成果阶段。"① 1985 年举办了首届全国发明展览会，之后多次参加国际发明展览会。自 1985—1995 年共参展 25 届，参展发明项目 679 项，有 405 项获奖，产生了较大的经济效益②。1985 年创刊《发明与革新》杂志。1990 年成立了中国发明协会创造学研究委员会。1991 年在湖南召开了"全国企事业创造力开发学术研讨经验交流会"。1992 年在沈阳召开了"首届全国中小学创造教育研讨会"。1993 年在徐州召开了"首届全国高等学校创造教育及创造学研讨会"。1994 年，中国创造学会成立，袁张度任会长，之后，创造教育专业委员会成立。中国发明协会与中国创造学会的成立为我国创造学理论研究与实践提供了有利的平台，为中国创造学发展提供了必要保障，在中国创造学发展中起到了内引外联的作用。

在这一阶段中，高校在创造学课程开设、创造学组织机构建设、创造学课题设置、创造学专著出版等方面也取得了巨大成果。协会组织有了较大发展，全国地方协会有 45 个，同时有 100 多个部门或行业的协会，有 2100 多个人会员，有 400 多团体会员③。同时，我国企业、人事部门也开展了创造学推广工作。1986 年在上海、大连开办了创造学培训班。自 1987—1990 年，全国有 50 多个大中型企业举办了创造学相关培训班，1988 年，全国机械工业系统成立了创造学研究推广协会。创造学培训班的举办为我国企业发展注入了创新力量。1994 年，全国总工会职工技协办公室颁发了《关于继续加强推广普及创造学的通知》，动员全国近 400 万技协会员开展创造学普及大众活动。部分省市的人事部门也很重视创造学发展，如上海市人事局、深圳市人事局、福建市人事局等，相应地开展了创造学培训活动。

该阶段随着我国创造学实践成果的取得，创造学理论也取得了可喜进步。笔者以 1986—1994 年为时间段，检索了相关数据库，经过筛选统计创造学专著约 219 部。从专著所涉及的内容看：有心理、思维、教育、文学、艺术、哲学、工程等。从专著研究所涉及的行业领域看：一是企业，主要是论述企业职工创造力的培养；二是学校，主要论述大学生、中学生、小学生、幼儿创造力的培养。与第一阶段相比，该阶段出版专著数增多，论述内容广泛，领域越来越细。同样，在中国知网上分别以"创造、创造学、创造力、创造教育、创造思维"为题名、主题、关键词进行了跨库检索。检索论文情况如表 2.2

① 刘大椿：《中国高校哲学社会学科发展报告·交叉学科》，广西师范大学出版社 2008 年版，第 229 页。

② 数据源于庄寿强《普通（行为）创造学》，中国矿业大学出版社 2006 年版，第 15 页。

③ 数据源于甘自恒《创造学原理和方法——广义创造学》，科学出版社 2010 年版，第 15 页。

所示。

表 2.2　　中国创造学发展第二阶段部分成果及相关情况比较

<table>
<tr><td colspan="3"></td><td>1979—2010 年</td><td>1986—1994 年</td><td>所占比例（%）</td></tr>
<tr><td colspan="3">专著（部）</td><td>1148</td><td>219</td><td>19.1</td></tr>
<tr><td rowspan="15">论文
（篇）</td><td rowspan="3">创造</td><td>题　名</td><td>41724</td><td>6866</td><td>16.5</td></tr>
<tr><td>主　题</td><td>513401</td><td>93572</td><td>18.2</td></tr>
<tr><td>关键词</td><td>112018</td><td>17862</td><td>15.9</td></tr>
<tr><td rowspan="3">创造学</td><td>题　名</td><td>305</td><td>69</td><td>22.6</td></tr>
<tr><td>主　题</td><td>1723</td><td>377</td><td>21.9</td></tr>
<tr><td>关键词</td><td>1304</td><td>287</td><td>20.0</td></tr>
<tr><td rowspan="3">创造力</td><td>题　名</td><td>4559</td><td>627</td><td>13.8</td></tr>
<tr><td>主　题</td><td>45749</td><td>4757</td><td>10.4</td></tr>
<tr><td>关键词</td><td>30353</td><td>3241</td><td>10.7</td></tr>
<tr><td rowspan="3">创造教育</td><td>题　名</td><td>1423</td><td>203</td><td>14.3</td></tr>
<tr><td>主　题</td><td>4352</td><td>445</td><td>10.2</td></tr>
<tr><td>关键词</td><td>3600</td><td>352</td><td>9.8</td></tr>
<tr><td rowspan="3">创造思维</td><td>题　名</td><td>1308</td><td>248</td><td>19.0</td></tr>
<tr><td>主　题</td><td>8290</td><td>1191</td><td>14.4</td></tr>
<tr><td>关键词</td><td>6627</td><td>923</td><td>13.9</td></tr>
</table>

由表 2.2 分析可知，一是该阶段所出版专著、发表论文占 1979—2010 年时期的专著、论文比例，较第一阶段有所增高，但比例仍然较低。其中专著所占比例为 19.1%，比第一阶段高出 17.6%；论文所占比例为 9.8%—22.6%，比第一阶段高出 7.7%—14.1%。二是从 1986—1994 年发表论文占 1979—2010 年发表论文比例看，以“创造、创造学”为题名、主题、关键词发表论文所占比例较大，在 15.9%—22.6%，比第一阶段高出 11.4%—14.1%。以“创造力、创造教育、创造思维”为题名、主题、关键词发表论文所占比例仍较小，在 9.8%—19%，比第一阶段高出 7.7%—14.7%。由此得出结论：一是专著、论文发表数的增长，从一个侧面反映出创造学研究队伍增强壮大，关注中国创造的视域宽阔了；二是研究内容丰富，涉及领域、行业的空间扩大了，在一定层面上，显示出中国创造学发展的多维性与立体性态势；三是创造学理论研究仍存在领域的失衡状态，即研究的视角存在一定的偏向，忽略了创造学领域中核心要素的深入探索，尤其是对“创造力、创造教育、创造思维”等核心要素的考察，没有形成自我研究机制。

（3）创造学独立探索，初步形成体系学派时期（从1994年至今）。“1994年中国创造学会的正式成立，以中国发明协会高校创造教育分会和中小学创造教育分会成立为标志，我国创造学研究进入了深化研究、独立探索的阶段。”① 尤其是中国创造学会的成立，有力地推动了我国创造学事业的发展。在推广应用方面，中国创造学会在全国建立了一批实验基地，旨在各类学校推广应用创造教育，培养提高创新精神与实践能力的综合素质教育。在国内国际交流方面，中国创造学会与美国创造学会、英国创造和创造力中心、欧洲创造力与创新协会、日本创造学会等30多个国际创造学组织建立了联系，并积极参与多次国际学术交流活动。在成果授奖方面，经国家科技部授权，成功评选并授予了多个团体与个人的奖项。在创造学宣传方面，中国创造学会编辑出版了多部创造学《论文集》，出版创造学著作达数百余种，并与报社、电台等新闻媒体举办多次专题讲座、制作音像制品、编写培训教材等，为提高人们创造、创新的理念做出了重要贡献。

同时，该阶段，中国创造学在会员发展、课程设置、企业培训与推广应用等方面，也取得了前所未有的成就。在省级创造学、团体会员与个人会员的发展方面，“个人会员达到455名，团体会员为42家”。② 在高校中，创造学教学深度从创造思维、创造技法、创造案例到创造原理显著增强；创造学培养层次从本科到硕士、博士研究生逐步提升；创造学课程从普通讲座、公选到必修设置逐步规范。在科研院所中，为提升科研人员创造、创新能力，也进行了多期创造学培训班。如1999年举办了“中国科学院创造学培训班”，2004年举办了“国内外创新比较研讨班”，2005年完成了“中国科学院创造学继续教育模式的探讨”课题研究。在企业人事部门中，创造学也得到了广泛推广。由于市场经济的发展，多种所有制经济体制的确立，增进了人们创新、创业的热情，展示了“天高任鸟飞，海阔凭鱼跃”的无限空间，从而不断繁育生成出个体、企业、团队等多层级创造、创新载体。尤其是企业作为市场创造、创新的基点，成为创新引领、创新驱动最根本的机制要素，因此，面对国际国内市场的境况，企业越发感到创造发明的重要性，创造学在企业界受到逐步关注。

创造学理论的实践运用，客观上促成了中国创造学理论研究形成了自我学派与体系。从学派上看：一是创造哲学学派。主要代表人物有甘自恒、刘仲林、傅世侠、罗玲玲、王极盛、彭健伯等。二是创造工程学派。主要代表人物

① 刘大椿：《中国高校哲学社会学科发展报告·交叉学科》，广西师范大学出版社2008年版，第229页。

② 甘自恒：《创造学原理和方法——广义创造学》，科学出版社2010年版，第16页。

有袁张度、谢燮正、关原成、黄友直、肖云龙等。三是创造教育学派。主要代表人物有李嘉曾、王加微、庄寿强、孟天雄、鲁克诚、徐方瞿等。从理论体系上看：一是创造学与科学方法论结合的理论探索，以傅世侠、罗玲玲所著的《科学创造方法论》（中国经济出版社，2000）为代表。二是创造学与中国传统文化结合的理论探索，以刘仲林所著的《中国创造学概论》（天津人民出版社，2001）为代表。三是创造学与马克思主义观结合的理论探索，以甘自恒编著的《创造学原理和方法——广义创造学》（科学出版社，2003）为代表。四是创造学与创造实践行为结合的理论探索，以庄寿强所著的《普通（行为）创造学》（中国矿业大学，2006）为代表。五是技法应用创造学思想，以赵惠田主编的《发明创造技法》为代表。六是创造教育思想，以刘道玉所著的《创造教育新论　理论篇·改革篇·实践篇》为代表。当然，以上这种梳理只是粗浅认识。还有其他学派思想，今后将作进一步探索。但不管怎么说，创造学派初步形成铸就了中国特色创造学发展的体系基础。

由上可见，中国创造学发展的阶段性突飞，完全体现出马克思主义实践观的现实意义。在马克思主义观的指导下，中国创造学表现出科学的求真精神，工程建设的创新性，创造教育的民族性。同时，深刻地表达出民族优秀传统文化内涵应成为中国创造学发展的丰腴沃土。从而推动了该时期我国创造学理论成果的长足发展。笔者以1995—2010年为时间段，在中国知网上检索筛选统计有关创造学专著912部。从专著所涉及的学科领域看：主要集中于心理、思维、灵感、环境、教育、教学、文化等方面；从专著所涉及的行业看：主要集中于企业、学校、家庭、机关等；从专著涉及的人群看：主要集中于职工、教师、学生、幼儿、领导、父母等。同时，分别以“创造、创造学、创造力、创造教育、创造思维”为题名、主题、关键词进行了跨库检索。检索论文情况如表2.3所示。

由表2.3可知，一方面，从创造学专著、发表论文增长看，1995—2010年出版、发表的创造学专著、论文与前两阶段相比都有显著增长。其中专著所占比例增至79.4%，高出前一阶段60.3%；论文所占比例增至68.9%—88.1%，高出前一阶段59.1%—65.5%。另一方面，从创造学发表论文所占比例看，1995—2010年发表创造学论文占1979—2010年发表创造学论文比例，以“创造、创造学”为题名、主题、关键词发表论文所占比例在68.9%—79%，高出前一阶段42.9%—53%；以“创造力、创造教育、创造思维”为题名、主题、关键词所发表论文所占比例在77.3%—88.1%，比前一阶段高出67.5%—69.1%。与第二阶段相比，该阶段出版、发表的创造学专著、论文在质量与数量上均发生了质的飞跃。这一显著变化，一则反映我国创造学理论研究总体结构趋向平衡的态势，并开始向纵深领域拓展；二则反映我国创造学理论研究队伍已显成熟壮大，并更加注重“创造力、创造教育、创造思维”等可操作性领域研究。

表 2.3　　中国创造学发展第三阶段部分成果及相关情况比较

			1979—2010 年	1995—2010 年	所占比例（%）
专著（部）			1148	912	79.4
论文（篇）	创造	题　名	41724	32862	79.0
		主　题	513401	385383	75.1
		关键词	112018	87664	78.3
	创造学	题　名	305	210	68.9
		主　题	1723	1250	72.5
		关键词	1304	939	72.0
	创造力	题　名	4559	3736	81.9
		主　题	45749	39776	86.9
		关键词	30353	26286	86.6
	创造教育	题　名	1423	1172	82.3
		主　题	4352	3615	87.7
		关键词	3600	3172	88.1
	创造思维	题　名	1308	1012	77.3
		主　题	8290	6891	83.1
		关键词	6627	5546	83.7

二　中国创造学发展趋势与问题分析

通过以上对中国创造学发展阶段的简要梳理，可知中国创造学发展凝聚了一大批在这一领域辛勤耕耘的专家、学者与工作人员的心血。他们对中国创造学的探索，不仅体现出中华民族一以贯之的创新精神，而且展示出当代中国创新理念历史性突破。虽然中国创造学发展中存在着客观的多种困惑，但整体而论，中国创造学所取得的现有成就，是该学科的宝贵财富。虽然中国创造学还没有形成独特的理论体系，但其中不乏反映着中国文化精神的创造学理论。这些睿智的思维，敏锐的眼光，定然会为中国创造学发展开示深邃的慧根。在一定层面上，必然会成为后继研究者的奠基，必然会点亮中国创造学发展的新曙光，必然会促进中国创造学发展的新境界，造就中国创造学发展的新丰碑。

事实上，中国创造学发展径路鲜明体现出中国传统哲学的思维方式，尤其是老子“无中生有”的哲学观。中国创造学从无到有的艰难攀越，无疑表征出中国创造学人顽强刚毅的研学风骨。不仅是学科领域内的骄傲，而且是民族创新的一道亮丽风景。尤其是学科领域内丰硕成果的展示，显达出中国创造学生命旺盛的独立性与创造性。中国创造学在探索有中国特色的创造学理论体系与学派方面，无不显示出马克思主义哲学的指导意义与中国传统文化的精致哲学魅力。

（一）中国创造学发展趋势

中国创造学作为一个学科的存在，是其他学科发展的必然。因为学科发展的精细性、交叉性与综合性，必然带来新学科发展视野。尽管中国创造学发展要立于自身文化沃土，但其现代支脉源于西方，因此，它必然还要放眼国外，不断追踪国外相关学科领域发展的情势。依此，中国创造学发展就存有着内外兼合境遇与理实交融的情怀，即中国创造学发展既要体现当代中国创新的民族本色，又要体现当代中国创新的世界潮流；既要体现当代中国创新的理论思维，又要体现当代中国创新的实践要求。在这样一种既定目标使命下，中国创造学首先要展现的就是豁达广阔视域，秉承中国传统文化的优秀元素，沿用“引进、消化、吸收、再创新”的逻辑，不断创新理论，不断实践理论，形成“综合创新”的大道。诚如刘仲林先生说：

> 当然，创造学是一个有机的整体，既包括西方创造学思想，也包括中国创造学思想。自 20 世纪 70 年代以来，我国的创造学以引进西方创造学思想为主，所以看到的多是美、日等国的创造技法。随着创造学理论和实践的发展，融中西创造学为一体的有中国特色的创造学探索越来越引人注目，本书即是在这一方向上的探索成果。读者从其中既可以领略西方创造技法精华，又可以体会东方创造之道的真谛，领略中西合璧的 21 世纪创造学新貌。①

由此可见，刘仲林先生从整体观出发，把中西创造学视为一个有机的系统的组合体。刘先生立于大创造观的视野，积极引领构筑中西合璧的中国创造学新境界。虽然中国创造学思想源于西方，但中国创造学已经产生，它就要展现出令世人耳目一新的姿态。即中国创造学不仅要有四肢——各种创造技法，而且还要有大脑——智慧。创造技法是工具、是手段，可以外借，但智慧外借不来，它是自我的生发。

① 刘仲林：《中国创造学概论》，天津人民出版社 2001 年版，第 6 页。

中国创造学是包括创造智慧与创造技法的完整理念与实践观，它体现的是古今中外的大文化观。因此，要让从外借来的创造技法更好地发挥特效，一个重要观念，就是要把借来的创造技法栽种在中华民族的文化沃土中，让其重新生根发芽，在汲取中华民族文化营养基础上，发生正向变异，长成参天大树。当然，这里所说的中华文化沃土，既有现代马克思主义文化，又有中国传统的优秀文化元素。这种将创造技法移植嫁接到中华文化的土壤中，必然会结出累累硕果。这一逻辑思维及其实践完全符合生物杂交繁育的理论，也是中国传统优秀文化观“天地交泰”的当代表达。

然而，中国创造学有着年轻的生命，它必然会面临诸多不可预测的问题与障碍。尽管中国创造学的发展业已取得了可嘉成果，但在实践与理论两个方面仍存在着许多不可忽视的瓶颈问题。这就要求中国创造学在主观与客观两个方面，选准突破口，做出坚毅的判断。认定目标，练好创新驱动内功，敢于创新，形成理论与实践创新的有机互动、互融网络。因此，在中华民族伟大复兴的使命下，中国创造学发展就是要紧扣“两个一百年”的奋斗目标，本着“有所为，有所不为”的自然法则，突破现有瓶颈制约，寻找中国创造的基本定律，不断完善中国创造学学科发展机制，切实有效地激发创新型人才不断成长。

从目前中国创造学领域研究的现状看，在创新思维的驱动下，理论探讨已经开始关注本民族的特点。总体而论，尽管创造思维模式还没有彻底摆脱对国外的追踪，但在诸多领域已经呈现出欣欣向荣的创新活力，并取得了十分显著的创新成果。可以自豪地说，创新不是西方的专利品，而是世界人民智慧的大集结。中国创造学作为人类智慧的亮点之一，当然要体现出本民族的创新风格。江泽民同志曾高度评价邓小平理论的创新品质，他说：

> 邓小平同志结合我国改革和建设的实际，不断进行理论创新，提出的社会主义初级阶段、联产承包责任制、允许一部分人一部分地区先富起来、建立经济特区、计划和市场都是手段、一国两制等一系列新思想，都是理论上的卓越创造，都是对马克思列宁主义、毛泽东思想的重大发展。①

上述江泽民对邓小平理论创新性的评价，从一个侧面展示出中华民族创新的大智大勇情怀。同时，也透射出民族创新的延承性、暴发性、普遍性与独立

① 江泽民：《江泽民文选》第三卷，人民出版社2006年版，第64页。

自主性。在这样的理论思维指导下，中国创造学就必然体现出与时俱进的品格，在新时期，本着科学发展观的创新观，跃马扬鞭，时刻捕捉创新的原点。深刻领会“四个全面”内涵与“五大发展”理念，不断实现创造学理论创新与社会实践创新的双面效应。

由此可见，中国创造学的发展，不是支离破碎的，而是立于中华民族的整体态势来把握。中国创造学发展不仅是中国创造学领域关心的话题，而且也应成为中国社会广泛关注的对象。因为，中国创造学与中国创造、创新有着不可分割的关系，中国创造需要的不仅是理论上的创新、认知上的创新和单纯地跨越“中国制造”的鸿沟，而且还是一项深刻的社会文化现象，是当代中国发展的创新工程，是中华民族形成“自主创新的根本价值取向”① 的重要保证，是民族复兴创生不已的象征。

中国创造与中国创新是当前中国经济社会发展的必然抓手与奋斗目标，其所涉及的创造与创新的各种理念、思想与观点，都处于十分紧密的相互依靠过程中，固定于社会生产与生活关系中的每个领域。因此，在这样一种认知高度下，定然要求中国创造学的理论研究与中国创造的核心基点，即创造力要体现出个体与民族的整体创造性，展示出中国伟大创造力与实现“中国梦”的文化内蕴力。由此可见，中国创造学发展，不是简单的学科建设与发展，而是关涉到中华民族创新发展的深层命题。

为进一步坚信中国创造学发展的美好前景，根据中国创造学发展现况，选取三个发展阶段中所出版的专著与以“创造力”为主题检索的论文作以分析，借以简捷有力地肯定中国创造学发展的强劲趋势。如图 2.1 所示。

从图 2.1 中可知，1979—1985 年所出版的创造学专著仅约占 1979—2010 年所出版创造学专著的 1.5%；以“创造力”为主题发表的论文仅约占 1979—2010 年以“创造力”为主题发表论文的 2.7%。因为这一时期的主要工作是引进国外创造学的文献资料，从中发现、寻找创造规律，以与我国实际需要相结合。从资料来源看，主要是美国、英国、德国、日本以及苏联等国家。从资料内容看，主要是创造工程（创造技法）方面的研究。

这一时期，中国创造学学人通过多种方式，不断加强与海外学术交流，不失时机地抓住改革开放的大好形势，积极投身于中国特色社会主义事业建设中。尤其是中共十二大《全面开创社会主义现代化建设的新局面》的报告，激起中国创造思想的涌动与能动。在这样的背景下，繁育出中国创造学学术视

① 简红江、闫永：《文化视角下自主创新教育的难点及对策》，《科技管理研究》2012 年第 11 期。

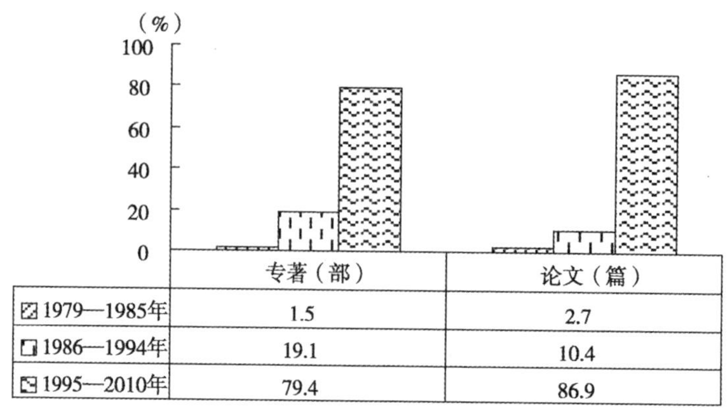

	专著（部）	论文（篇）
1979—1985年	1.5	2.7
1986—1994年	19.1	10.4
1995—2010年	79.4	86.9

图 2.1　中国创造学发展趋势分析

野的开阔品质，为中国源源输入有利的创新思维方式，构成改革开放初期不可忽略的景点。事实上，这一敢于、善于引入新思想与新思维的勇气，不仅为中国特色创造学研究注入了活力，而且对进一步增强马克思主义原理中国化有着一定的启发性。

1986—1994 年所出版的创造学专著仅约占 1979—2010 年所出版创造学专著的 19.1%；以“创造力”为主题发表的论文仅约占 1979—2010 年以“创造力”为主题发表论文的 10.4%。虽然比例还较小，但反映出这一时期，中国创造学理论与实践相结合已经取得了必要的成果。因为这一时期，该领域内的学者们在致力于国外相关创造理论的引入的同时，一方面潜心于中国创造学理论的耕耘，另一方面主要是将创造学理论应用于创造力开发、创造力培训、创造力实验基地，并且开展了形式多样的创造成果展览活动等。如成功举办了 8 届全国发明展览会、2 届北京国际发明展览会，展出 1 万余项发明成果。

这一时期，中共十三大《沿着有中国特色的社会主义道路前进》的工作报告，十四大《加快改革开放和现代化建设步伐，夺取有中国特色社会主义事业的更大胜利》的报告，为中国特色创造学研究提供了新视野，增强了中国特色创造学研究的自信心。大会“加快和深化改革”与“动员全党同志和全国各族人民，进一步解放思想，把握有利时机”等中心任务的提出，进一步催生了振兴中华民族的号角。在如此激越振奋的民族复兴大潮中，中国创造学研究同样注入了振兴民族的使命，面对中国特色社会主义建设伟大事业，中国创造学学人们深受鼓舞，以学术增添中国经济社会发展的深邃意蕴。

1995—2010 年所出版的创造学专著约占 1979—2010 年所出版创造学专著的 79.4%；以“创造力”为主题发表的论文占 1979—2010 年以“创造力”为主题发表论文的 86.9%。由此可见，近三十年来，我国创造学在理论探索方面，取得了突破性的进展，并且有了自己独特发现与创新成果。在创造技法上有“信息交合法”“集思广益法”“和田十二法”“补美法”“相似法”“系统提问法”等；在创造力测评上有“科技人员心理素质测评”“科技团体创造力评估模型”等；在创造教育方面有“三基本一强化五阶段创造教育教学模式”“创造力开发教学实践三维结构模式”等；在创造思维方面，有“抽象思维、形象思维、灵感思维三位一体探索”“概念思维、意象思维逻辑规律探索”等。这些成果的取得，从一个侧面反映出中国创造学正沿着自身的道路前进。

适逢世纪之交，中国创造学面临着严峻的考验，一是做好进入新千年前的经验总结工作；二是做好进入新千年后的新部署。中共十五大《高举邓小平理论伟大旗帜，把建设有中国特色社会主义事业全面推向二十一世纪》的报告，十六大《全面建设小康社会，开创中国特色社会主义事业新局面》的报告，十七大《高举中国特色社会主义伟大旗帜，为夺取全面建设小康社会新胜利而奋斗》的报告，让中国创造学看到中华民族创新的时代魅力。三次党的报告无疑成为中国特色创造学发展的根本指导思想，由此，中国创造学秉承“继往开来，与时俱进”的品格，将为建设创新型国家注入必要的创新力。

当前，中国创造学发展同样服务于“两个一百年”的重大目标，其作为学科的存在必然肩负着中华民族伟大复兴的责任。创新型国家建设、社会主义新农村建设以及建成小康社会等，不仅明确了中国创造学发展的方向，而且扩张了中国创造学发展的学理空间。中共十八大的召开，为中国创造学发展进一步明晰了新思路。中共十八大历史背景表明：

> 世界正处在大发展大变革大调整时期，文化在综合国力竞争中的地位和作用更加凸显，维护国家文化安全任务更加艰巨，增强国家文化软实力、中华文化国际影响力要求更加紧迫。当代中国进入了全面建设小康社会的关键时期和深化改革开放、加快转变经济发展方式的攻坚时期，文化越来越成为民族凝聚力和创造力的重要源泉、越来越成为综合国力竞争的重要因素、越来越成为经济社会发展的重要支撑，丰富精神文化生活越来越成为我国人民的热切愿望。①

由以上论述可见，世界的大发展大变革同样促动着中国的大发展大变革，

---

① 百度百科：《中国共产党第十八次全国代表大会》，http：//baike. baidu. com/link？url = CoI_IzFK－98xnqkKbzmpxxAOR0lzfRBizGSyI1SlvLF－KYJmsvEnIjeA_ G0Hc79vtRK1mUsZwqL－Uhbfdfkys，2016年3月20日。

因此，中国创造学作为推进民族复兴的学理探求，必然也要呈现出自身特征，即中国创造学发展不是仅仅照搬国外的创造思想，而是在合理引进的基础上，形成中国特色的创造学轨迹。这一轨迹的根基不是浅尝辄止、追逐时髦的快餐文化，而是底蕴深厚、亘古常新的中华民族精髓。尤其是当文化成为“民族凝聚力和创造力”的重要源泉、成为“综合国力竞争”的重要因素、成为“经济社会发展”的重要支撑时，更显示出文化的基础性功能。基于此逻辑，中国创造学发展就是要体现出中华民族独有的文化特征。

在这样一种文化观念下，中国特色创造学发展就是立足马克思主义文化观，采撷中华民族优秀文化之精髓，在“以人为本”的科学发展引领下，深入把握“四个全面”实质，紧紧围绕“创新、协调、绿色、开发、共享”发展理念，与其他学科一起共筑中国特色社会主义大道。

（二）中国创造学发展问题分析

（1）中国创造学普及面较窄，理论体系有待深化。20 世纪 90 年代初，哈尔滨船舶工程学院吕玉明对我国大陆创造学前期发展进行了探讨与总结，其在 1993 年第 2 期《学术交流》杂志上发表《我国创造学发展的历史回顾与展望》一文，针对当时我国创造学理论研究、普及与应用中存在的主要问题进行了分析。认为：在应用层面上，与发达国家相比仍有一定差距，“主要表现在普及率低，应用层次低，开展活动协调不够”①。在理论层面上，与日本相比，尽管我国在引进国外创造学理论方面取得了较大进步，但“与彻底改造并形成中国特点的创造学理论体系还相差甚远”②。事实上，在当前中国创造学发展中，这两个问题仍十分突出。

虽然我国创造学发展，在观念上、认知上、实践上，都形成了一定的辐射点，但在面上，大众覆盖范围较小，许多大中小学生对创造学从未听闻。不仅广大农村群体不了解创造学，就是在各级都市中生活的群体，以及各层级行政管理部门、执法部门等几乎不大了解何谓创造学。这一现状在一定程度上，似乎会蒙蔽“大众创业，万众创新”的心灵。在创新实践上，由于认知的肤浅与传统陈旧思维的束缚，必然阻碍大众自觉创造的健康心理形成。同时，在中国创造学理论探讨方面，虽然也有少数学者的研究，反映出中国特色的创造学理论探索方向，但“山雨欲来风满楼”的情势未见端倪，多数创造学研究者仍停留在跟踪国外的模式上，并没有从根本上跨出引进阶段的窠臼。这样的探索理路，就必然带来中国创造学现有理论体系的重复性，自有特色的缺失性。

---

① 吕玉明：《我国创造学发展的历史回顾与展望》，《学术交流》1993 年第 1 期。

② 同上。

因此，中国创造学普及与理论体系的深化，已显著地构成了今日中国创造学发展的主要任务。

（2）中国创造学定性与定量研究显失平衡。从所检索到的专著、发表的论文看，在创造、创造学、创造力、创造教育、创造思维等方面较注重宏观把握，而在创造力实验研究方面的理论较薄弱。从目前中国创造学学科研究现状看，较侧重于宏观理论探索，而对创造学相关领域中的微观定量分析不够。由于定量研究的条件要求较精准，从而给我国创造学研究者带来许多不便，因此，对创造群体的定量分析仍处于极弱地位。同时，由于创造学是一门交叉性质学科，它必然要涉及许多其他学科领域。在创造学研究方面除了对研究对象要有定性分析外，而且还要有定量分析，将定性与定量两者结合起来，才能反映出创造学学科的特征。目前我国创造学研究现状表明，很少与社会学、文化学、哲学、人类学、医学、化学、物理学、文学、经济学、法学、心理学等学科的交叉量化研究。尤其是“心理动力学方法”与“心理测量学方法”[①] 在创造学实践中应用更少。因此，今后中国创造学探索应注重精准的科学要求，以进一步探寻我国不同人群在不同环境下创造潜力的开发。

（3）中国创造学关于“青年、大学生、青少年、中学生、儿童、幼儿”等人群创造力的研究比较薄弱。在所检索到的1148部专著中，直接涉及“青年、大学生、青少年、中学生、儿童、幼儿”等人群创造理论研究的专著所占比例较小，仅有179部，约占15.6%。当然，在其他专著中，亦有涉及这些人群的创造学理论研究。这一研究现状从一个侧面反映出，我国创造学研究还没有关注到创造力开发的核心部位。因为对任何一个民族而言，这些群体的创造力开发是影响其繁荣进步的根基。与我国创造学研究相比较，国外尤其是美国、日本等较发达国家，十分重视这些群体的创造力研究与开发。他们在理论与实践两方面均取得了丰硕的成果。他们关于这些群体的创造力研究，不是仅限于社会、文化、经济、教育等外在条件情势，而且对这些群体的心理、智力等内在因素同样进行了科学设计。国外创造学在这方面的研究，正是我国创造学要弥补的一环。为进一步论证我国创造学理论研究在这方面的不足，笔者分别以“创造力、幼儿创造力、小学生创造力、初中生创造力、高中生创造力、中学生创造力、青少年创造力、大学生创造力、研究生创造力”为主题在中国知网上进行检索，时间段为1979—2010年。如表2.4所示。

① ［美］罗伯特·J. 斯滕博格：《智慧　智力　创造力》，王利群译，北京理工大学出版社2007年版，第109—110页。

表 2.4 1979—2010 年相关幼儿、小学生、中学生、研究生创造力部分论文发表情况

项目	论文（篇）								
	创造力	幼儿创造力	小学生创造力	初中生创造力	高中生创造力	中学生创造力	青少年创造力	大学生创造力	研究生创造力
1979—2010 年	45749	492	50	5	3	188	80	117	20
所占比例（%）	100	1.2	0.1	0.01	0.007	0.4	0.2	0.3	0.04

在这一期间以“创造力”为主题所发表的论文为 45749 篇，可见，30 年间，关于创造力的研究受到极大重视。但以“幼儿、小学生、中学生、大学生、研究生”为研究对象的学术论文，所占比例总和仅为 2.257%。显见，我国对于这些人群创造力研究与开发程度仍没有放在重要位置。立于创新型国家建设角度看，研究这些群体创造力，才是中国创造学的主抓手。因为这些人群创造力的培养、开发与应用直接关系到我国未来的发展。

（4）中国创造学相关内容在硕士、博士学位论文研究中所占比例较低。从总体上看，研究生的培养，基本上奠定了其今后从事的学术领域或方向。当然，也有少部分研究人员改变了其先前研究的领域与方向。但从目前我国研究生培养的领域与方向上看，相关创造学领域与方向实在少得很。如以“创造”为题名检索到的论文 41724 篇，其中博士学位论文 60 篇，硕士学位论文 449 篇；以“创造学”为题名检索到的论文 305 篇，其中博士学位论文 0 篇，硕士学位论文 1 篇；以“创造力”为题名检索到的论文为 4559 篇，其中博士学位论文 4 篇，硕士学位论文 125 篇；以“创造教育”为题名检索到的论文 1423 篇，其中博士学位论文 3 篇，硕士学位论文 20 篇；以“创造思维”为题名检索到的论文 1308 篇，其中博士学位论文 0 篇，硕士学位论文 4 篇。如表 2.5 所示：

表 2.5 1979—2010 年硕士、博士论文发表相关情况

项目	论文总数（篇）	硕士、博士学位论文数（篇）	所占比例（%）
创造	41724	509	1.22
创造学	305	1	0.33
创造力	4559	129	2.83
创造教育	1423	23	1.62
创造思维	1308	4	0.31

在所列举的几项中，硕士、博士学位论文所占比例仅在 0.31%—2.83%，其中在“创造学”与“创造思维”研究方面的博士学位论文为 0 篇。当然，

表中的数据只是近似反映，但从这一信息可以看出在创造学理论研究中，创造学理论以硕士、博士学位论文形式研究很缺乏。这一现状与我国创新型国家建设需要大批创新型人才似乎不相匹配。从而也为创造学领域研究提出了严峻的问题，即如何通过理论研究引导创新型人才的生成。因为创造学研究不是简单的理论探索，而是通过领域研究发现、找到如何培养更多更优质的创新型人才。因此，权重创造学领域中硕士、博士学位论文中的研究比例有着重要现实意义。

（5）中国创造学在创造力测评方面的研究力度不足。创造力是创造学领域中最核心的要素，创造力与不同群体的文化背景、知识积累、宇宙人生观等有着致密的关系。前者是后者的体现，后者是前者的根基。在一定意义上，创造力就是创造载体的价值展示，如果创造载体脱离了创造力，那么创造载体将不复存在。因此，对创造载体综合素质的把握，是探寻创造载体创造力的必然要求。在这样的逻辑认知下，对创造载体进行测评，是深入研究创造力的重要环节。应该说，这种研究是对创造载体由表及里的探索，是将创造载体的“知、情、意”综合于一的研究，而不是就创造载体某一方面或局部的研究。同时，不同创造载体有着不同的创造力表现，这在客观上，要求创造学以多视角来洞察不同创造载体的各种要件。

然而，从所检索到的专著、论文可知，关于创造力测评方面的专著与论文极少。专著方面：从1979—2010年，在所检索到的1148部专著中，只有2000年华艺出版社出版的《创造力测评与创造方法》，由雷雳所著。论文方面：截至2010年年底，在中国知网上以“创造力测评”为题名进行跨库检索，仅有5篇论文，分别为：大学生创新教育中一般创造力测评体系研究、关于大学生创造力测评的理论思考、创造力测评初探、创造力测评存在的争议及研究转向的方法论意义、建构理工大学生的科学创造力测评体系探讨等。也许在其他专著、论文中提及创造力测评方面的内容，但并没有以专著或论文形式作以专门研究。因此，加强这一方面的理论研究不容忽视，其是进一步探讨我国不同人群创造力培养与开发的重要环节之一。

（6）中国创造学在发明创造与专利保护关系方面的研究较少。从所检索到的1148部专著中可见，有关创造学与专利结合的研究，一是1993年由高卢麟、林声主编出版的《当代中国发明》。二是2001年由李其华编著出版的《发明创造专利权的获得与保护》。当然，由于检索条件所限，可能其他学者有关这方面的研究还没被及时发现。尽管如此，但中国创造学在这一方面研究的不足，引起笔者对创造学、法律、经济社会与道德之间的关系思考。

从法律角度看，当发明创造完全属于个人行为，是个人直接发明创造产物时，则发明创造物具有个人财产性质，属于私有权利范畴。当发明创造完全是集体或企业行为，即在集体或企业直接负责与干预下，而产生发明创造物，则此时发明创造物具有集体财产性质，属于集体财产权利范畴。当发明创造完全是国家层面的行为时，则发明创造物具有国家财产性质，属于国家财产权利范畴。由此可见，直接实施发明创造行为的主体不同，则所产生的发明创造结果有着明显的不同归属。在这样的语境下，发明创造便构成了创造学与专利保护（或法律）之间的关键纽带，发明创造与法律有着密不可分的联系。在此逻辑理路下，中国创造学必然要关涉到对专利保护的讨论。

从经济社会发展角度看，专利作为发明创造的社会认可形式，是推进经济社会发展的重要内在因素，尤其是当专利转化为现实生产力时，更能彰显出发明创造的动力功能。因此，通过对中国创造学发展的历程及其未来探索，立于不同创造载体创造力的培育、开发、应用，在专利视角下，对创造载体的创造性成果进行研究，不断助推发明创造良好的社会文化环境形成。

从道德角度看，发明创造是人类社会进步的根基之一，发明创造与法律、经济社会构筑了人类社会稳固的立体框架，三者间的良态互动，是形成中国创造学发展有利机制的社会因素。可见，发明创造的道德观念也成为中国创造学发展不可回避的视角。如工程与技术作为发明创造核心内容，就必然与道德产生联系。如医学中生物技术，必然要面对道德伦理境遇。在整个经济社会发展环境下，各类工程与技术不仅面临着利益（经济）或法律问题，而且还面临着许多道德问题。事实上，这一客观存在，为中国创造学发展提出了深邃的探索方向。

由此可见，在中国文化整体观念下，法律意识、经济社会因素与道德观念等都不可避免地要渗入中国创造学发展与研究机制中。

（7）创造学缺乏学科地位，没有支撑平台。尽管我国大陆创造学发展已有 30 多年的历程，但在专业设置、刊物建设及基金投放等诸多方面，没有形成创造学良性发展的有利平台。

其一，从教育部门所呈现的学科门类看，并没有创造学的位置。创造学似乎没有成为当前中国教育领域内的必要学科，从而使初生的创造学倍感茫然与失措。在如此背景下的创造学发展，深感不安。创造学学科地位的缺失，让中国创造学发展不免带有几分难言之苦。虽然我国部分高校开设了相关创造学课程，但创造学并未形成自身独有的空间，而是寄生于其他学科藩篱之下，通过挂靠方式求得一席之地，没有形成自己的特色专业。在所招收的硕士、博士研究生中，只有创造学方向，没有创造学专业的学位点。

其二，我国大陆创造学发展至今，其学术刊物甚少。这一现状，不仅给创造学领域学术研究带来了许多不便，而且为创造学思想、观念与方法的传播设置了诸多困阻。截至目前，只有《创造与人才》《发明与创新》（原名《发明与革新》）《创造天地》《少年发明与创造》等少数创造学领域刊物。学术刊物作为学术领域与社会大众的关键传媒手段之一，就是要向社会大众广布经济社会发展的新动向、新思想、新主张、新观点等。学术刊物这一特征必然也要体现到中国创造学领域当中。因此，中国创造学加强这一方面建设，多出成果，出好成果，也是积极推进中国创造学发展的内容之一。

其三，创造学发展的基金难以获得。从当前我国整个社会看，大众对创造学了解少、理解浅。尽管创新观念已经步入人们的心中，但人们对创新必然要有根深的理论基础，还缺乏足够的认知。因此，不管是政府相关部门，还是企业生产部门，对创造学学科发展及其理论应用仍处于“雾里看花”之状。从而对创造学发展给予的关注较少，相比其他学科，投放的基金甚微。在每年的各级基金课题选项中，根本无处寻觅。由此可见，我国创造学发展仍处于爬坡阶段。

总之，30 多年来，尽管中国创造学跋涉于学科领域的崇山峻岭之中，但中国创造学学人们孜孜以求，中国创造学发展取得了显著成果。它是中国改革开放的产物，它是在中国特色社会主义伟大旗帜下，奋勇前行的闯将。中国创造学在立足于本国国情的基础上，不断从国外吸收有益的创造思想、创造理论、创造技法、创造思维。同时，能将引入的先进成果与中国自身的科技、教育、文化等结合起来，从而初步开始了具有中国特色创造学理论体系探索。然而，国外研究表明，“创造性解决问题的培养受多种因素影响，包括受教育水平、校内校外获得的知识、内在的永久性动机、文化与家庭因素、传统或逻辑思维、年龄”。① 这一结论也启示中国创造学发展要综合考虑多种因素的内在联系，多视角认识培育、提升中国大众创造力的方法，针对中国大众所具有创造力水平的现实情况，开展创造教育普及活动，以各级各类学校为依托、以社会需要为导向、以家庭环境为基础，开展全社会“综合创新”文化观活动，以创造创新为目标，进一步推动中国创造学广泛深入发展。

---

① C. June Maker, Sonmi Jo, Omar M. Muammar, Development of Creativity: The Influence of Varying Levels of Implementation of the DISCOVER Curriculum Model, Anon - traditional Pedagogical Approach, *Learning and Individual Differences*, Volume 18, Issue 4, 4th Quarter2008, pp. 402 - 417.

第三章

中外创造学理论比较分析

现实是被人们的理智和意志的无穷力量所创造的，它不再发展的时候是没有的。

——［苏］高尔基

从实践到理论，从理论到实践是任何一门学科不断发展的必经之路。自现代创造学诞生以来，国外发达国家的创造学发展，不管是对其认知的重要性方面，还是对其领域广泛涉猎方面，均表现出令人追步不止的境状。尤其是美国、日本、苏联、德国等发达国家，理论研究与实践紧密结合在一起，取得了突出成就，处于世界领先地位。中国台湾省于 20 世纪 60 年代开始创造学研究，为中国创造学发展储备了珍贵的内养基础。大陆则于 80 年代初引入创造学，至此，形成了中国创造发展的整体局面。在改革创新、跃进奋发的大潮中，中国大陆创造学发展走过了 30 多年的风雨历程。中国创造学发展中，认真贯彻党的基本路线、“百花齐放，百家争鸣”的方针与辩证唯物主义认识论，在引进、消化与吸收国外创造学理论成果的基础上，结合科研、教育、生产、生活实际，发表、出版了相当数量创造学研究的理论成果，初步形成了具有中国特色的创造学风格。随着中国改革开放的不断深化，中国创造学理当与时俱进，创新不已。虽然中国创造学理论探索呈现出可喜局面，但相比国外创造学理论研究还存在着一定差距。由此，通过对中外创造学理论有关方面的比较，从国外创造学理论研究中，采撷启迪中国创造学发展的有益论观。

第一节　中外创造学理论研究主要内容分析

虽然理论起源于实践，但理论是超越实践的高度归纳与概括，具有临深渊而放眼远眺的宏大视野。正所谓“理论是行动的先导”的精辟论断。创造学发展同样遵循着理论与实践的唯物辩证观。创造学理论研究是创造学发展的必然要求，创造学理论不断深化与完善，尤其是从不同视域场景中，寻找不同要素对不同创造载体的创造力影响，总结普适的一般定律，在创造学实践中能更好地发挥指导功能。因此，通过对中外创造学相关重大理论的比较分析，希望为我国创造学理论研究进一步发展提供一孔之见。

一　国外创造学理论研究主要内容

从现代创造学诞生的背景看，技术发明创造实践是推动创造学理论思维进步的主要根源之一，反之，创造学理论一旦成为社会的需要，一刻也没有停止思维的脚步。可见，思维着的创造精神及其伟大实践，是创造学理论发展的动因。"正如恩格斯在《自然辩证法导言》中所说的，思维着的精神是'地球上最美丽的花朵'"。[①] 创造学对人类创造行为相关领域的探索，展示出其对创造力与发明创造多种关系的揭示。从外在形式上看，虽然创造学关注的技术发明创造成果及其社会效应是创造力的反映，但在深层内容上看，创造学所把握的核心点——创造力，必然是创造载体的创造力，因此，创造载体内心世界多种要素活动综合映射，绘就了创造载体的创造力图景。因为"促成现代创造学诞生的直接动因在技术发明领域，但完成这一诞生过程的关键乃是心理学家们对创造力及其本质等问题的实验研究和理论探索"[②]。此论不仅阐发了心理学相关理论构成创造学理论基础，而且从一个侧面表明其他学科相关创造力因素的研究，也为现代创造学诞生作了必要的铺垫。由此可见，创造学理论研究内容主要是以创造与创造力为焦点而展开的广泛领域。

（一）创造与创造力概念

对创造与创造力内涵的揭示，是国外创造学理论研究首先要回答的问题。因为只有剖解这些最基本概念的内涵，并沿着其外延范畴的思路展开，才能深入探讨与创造、创造力相关联的多种因素。

（1）创造的内涵。从词源上看，创造一词来自于拉丁语系"Creare"，从语义上看，与《圣经》中"Creation"的内涵有着基本相似性。因此，当前学界一般以"Creation"来表达创造。自创造学诞生以来，关于创造内涵的揭示，不乏专门研究，表述甚丰。其中欧美、日本对于创造内涵的揭示最为典型。

创造的过程说　关于创造过程的研究，1896 年德国生理学家赫尔姆霍兹提出了创造的三阶段说，以后法国数学家彭加勒在此基础上又提出四阶段说。法国数学家阿达玛进一步验证了上述四阶段说。在前人研究的基础上，1926

---

① 聂思槐、汤少明、王小燕等：《医学创造学》，华南理工大学出版社 2006 年版，第 15 页。

② 傅世侠、罗玲玲：《科学创造方法论》，中国经济出版社 2000 年版，第 87 页。

年英国心理学家沃勒斯（G. Wallas）则提出了较为完备的“创造四阶段”[①] 说。

一是准备阶段（Preparation）。主要表征为资料的收集，多种外在条件的创设等。如解决问题所需知识的储备、技术与工具等。

二是孕育阶段（Incubation）。主要表征为将要解决的问题暂时搁置一旁，应用潜意识或前意识没有针对性的思考问题。如母鸡孵蛋的境界。

三是豁朗阶段（Illumination）。主要表征为百思不得其解的问题，搁置一段时间后，突然出现了创造性的想法，达到问题解决的境界。

四是验证阶段（Verification）。主要表征为对在豁朗阶段所获得的灵感答案，要经过审美、逻辑的推敲与实践的验证。

这里，我们可以把“创造四阶段”说比喻成一个婚后女人，从孕前准备到分娩的整个过程来理解。受孕前的准备（相当于提出问题），如双方的身体检查、睡眠、戒酒、戒烟、查阅怀孕应注意的其他事项等。受孕后（针对问题反复分析），应注意营养的摄取、菜谱与食谱协调搭配、定期诊断检查等。分娩前一段时间（解决问题思路基本清晰），胎儿即将临产，胎位正常、胎儿肢体完整、性别确定、母体无异常现象等。家人十分高兴与激动，同时伴有紧张情绪。分娩时（问题得到最终解决），孩子出生，健康可爱，家人幸福时刻到来。当然，孕妇从怀孕到分娩只有10个月，而对一项发明创造，时间具有不确定性。

尽管后来鲁克提出“创造的五阶段”说，奥斯本、费邦、G. 塞利尔等从不同角度提出“创造过程的七阶段”说，但均未超出沃勒斯“创造四阶段”说范围。沃勒斯创造过程说至今仍受到关注，并在生产实践中得到不断的验证与完善。

创造产品说 美国心理学家I. 泰勒立足系统观，对创造进行深入研究，发现了创造的“层次”说，将“创造划分为五个层次”[②]。本质上，泰勒关于创造概念的揭示主要是从“产品”角度，来把握创造的不同层次。因为不管创造处于理论思维阶段，还是处于物化阶段，但“产品”是有形与无形的融合。其创造的五个层次内涵如下：

第一层次，即兴表达式创造（Expressive）。依据情景而创造，具有一种触景生情的创意表达。如即席讲演、即兴表演等。可见，创意是创造的起始，创

---

① 刘仲林：《中国创造学概论》，天津人民出版社2000年版，第182页。

② Taylor, I. A., An Emerging View of Creative Actions, In I. A. Taylor and J. W. Getzels (Eds.), *Perspectives in Chicago*, Ⅲ.: Aldine Publishing Co., 1975.

意的不固定性、发散性、新奇性等，是创造宝贵的助推器。

第二层次，技术改进式创造（Technical）。对原有技术产品进行分解或重新组合而产生新产品的创造。如板凳与桌子重新组合成一种新产品等。从创造的速度上看，这是创造最普遍的形式。新产品功能兼具其他产品的功能，从而反映出新产品功能的综合性。

第三层次，发明式创造（Inventive）。以原有事物为基础，产生一种以前没有的新事物。如从油灯到电灯的出现。此层次揭示出创造从“存有产品的一种形式到另一种新形式”的出现，产品功能并没有发生根本上的变化。

第四层次，革新式创造（Innovation）。对原有产品的否定，而以一种新产品替代。如耕田机代替牛耕等。此层次揭示出创造的新奇性，即创造出一种前所未有的产品，取而代之以前的产品，呈现出跨越式进步。

第五层次，涌现式创造（Emergentive）。即以前从没有过的原始新事物的创造。事实上，这是创造最本质反映，不管是在原理上、方法上、产品上等，都是史无前例的，即原始创新。

实质上，这五个层次并没有严格的界限，贵在泰勒先生对创造的剖解打开了人们理解创造内涵的不同路径。即创造不是固定不变的，是在固定中寻求变化，是在变化中寻求变化，是在一变中寻求多变，是在多变中寻求多变或一变。总之，不管是思维的无形产品，还是物化的有形产品，创造总是在变与不变之中展现无限的姿态。

日本关于创造的剖解也相当广泛，但其突出了技术层面的创造内涵，而对科学层面的创造内涵则关涉较少。这一现状与日本注重技术发明有着重要的关系，同时，也显示了日本创造技法研究的深入性与系统性。以技术发明创造为根本，日本创造学者从不同角度对创造的内涵进行了诠释。

创造主体说　创造主体说的核心观点，即是创造者的大脑。认为如果离开人的大脑，创造无从谈起。如久田成认为，创造是在人脑中，左右半球进行信息交换而产生前所未有的文化行为。可见，该创造观紧紧立于人的生理结构，并且把人的大脑生理机能与外在信息交互结合进行研究。更为新颖的是，提出创造具有文化行为。

创造活动说　该学说主要集中于创造是一种行为活动，是创造主体，不管是个体，抑或是集体，对自然、社会与人自身未知范围的追寻。如上条芳省认为，创造是通过独创的设想与努力探索自然、社会与人类的未知领域，并达到目的，是对人类产生贡献的活动。可见，创造活动说是立于整体观与系统观来认知创造品格的，把创造作为一种对人类社会的贡献。

创造过程说　该学说与沃勒斯的“创造阶段说”并没有实质差异。认为创造就是确定目标、设置方案、规划步骤、分析问题、解决问题的全部过程。如园部敏光认为，创造是明确实现的目标，积累各种能达到这一目标的信息，并对这些信息进行综合分析，从而达到目标的完整过程。可见，其表达了创造具有缜密的逻辑结构。

创造成果说　创造成果说的核心观点是要产生出新的产品形式，不管该产品是思维形态的，还是物化形态的，只要是符合人类社会需要的积极的存有，都是有现实意义的。如江川朗认为，创造是对极其差异的事物进行联想而达到的社会成果。联想是对这些异质事物进行改造、加工与组合而形成的意义化。可见，创造成果说重在强调创造的创新性，体现出自然效益、经济效益与社会效益的现实需求。

当然，对创造的认知，也还有其他观点。如 D. N. 柏金斯认为，创造是创造性产品形成过程的反映。R. L. 贝利认为，创造是创造者对现有要素进行的重新组合，这种组合具有新颖性，等等。以上只是简略地阐述了几种关于创造内涵揭示的典型观点，实际上，关于创造内涵揭示的理论很多，在此不作赘述。但不管怎么说，可以看到创造是以人为核心的成果产生。本质上，从创造主体到创造成果是一个完整的统一过程。这些关于创造概念的揭示，为我们深入探讨与理解创造学理论开阔了视野。

（2）创造力的内涵。创造力是国外创造学理论研究的又一重要概念，也是创造学研究的核心内容之一。虽然关于创造力定义至今仍未达成共识，但对创造力内涵的揭示，仍形成了诸多理论观点。从国际创造力研究的阶段看，主要可划分为四个时期。“第一阶段约在 1869—1907 年……第二阶段约在 1908—1930 年……第三阶段约在 1950—1970 年……第四阶段是 70 年代之后。”[①] 在这四个阶段中，主要代表人物及其理论标志，依次为：高尔顿与《遗传的天才》、弗洛伊德与《诗人与白日梦》、吉尔福德与创造力演说、现代心理学家与心理学理论。尽管这些研究都是从心理学角度探讨创造力内涵，但在创造力研究阶段划分，不仅为我们提供了创造力研究的线性进展脉络，而且也展示了创造力研究的国际视野。

实际上，关于创造力研究，吉尔福德之前主要是基于心理学领域，因此，一些心理学家对创造力提出了相当多的理论观点。英国心理学家 F. 高尔顿在其所著的《遗传的天才》一书中，就明确提出了人的创造能力是“天赋”的。在创造领域，普通人与伟大杰出人物无法相比。这种天赋观也为其后相当多的

① 赵小芳：《大学生人格特征与其创造力水平关系之研究》，硕士学位论文，东南大学，2004 年，第 14 页。

心理学家所接受。法国心理学家 A. 比内、L. M. 特尔曼、美国心理学家 J. M. 卡特尔等关于对人的创造力的认识与高尔顿的认识基本一致。从创造力研究阶段看，1950 年吉尔福德的演讲是创造力研究重新再现生机的转折点。在创造力研究方面，他持一种人格因素分析法，认为“创造力是指种种基本能力的组织方式，这种组织方式是随不同范围的创造性活动而不同的”[①]。这一观点，将创造力研究从心理学领域更广泛地扩展到其他学科领域，打开了创造力研究的新思路。美国心理学家 D. 麦金农认为创造力由“创造过程、创造产品、创造个人与创造情况”[②] 四种要素构成。这一对创造力的认知，亮出了创造力的整体认知观，让人们能清晰地抓住创造力的本质，进一步丰富了创造力研究的内容。美国创造心理学家 M. I. 斯坦因，更是提出了“大创造力”与“小创造力”的观点。此论开示了人们认识创造力的层次感。实质上，他表达了杰出人物创造力与普通人的创造力是同时存在的，两者的区别仅仅是贡献大小。关于创造力的认知，Lubart、Ochse、Sternberg 等认为：“创造力是一种提出或产出具有新颖性（即独创性和新异性等）和适切性（即有用的、适合特定需要的）的工作成果的能力。”[③] 这一关于创造力内涵的揭示，不仅点明了创造力载体的能力，而且体现出创造力的实用性与独创性。

日本物理学家汤川秀树作为日本本土成长起来的诺贝尔奖获得者，依据个人的亲身经历考察了创造力与直觉的内在关系。在《创造力与直觉》一书中，论述了老庄思想在其科学研究中的重要启示，特别探讨了直觉在科学思维中的作用、创造性思维在科学改造人类社会中的作用及如何培养创造力的方法等。汤川秀树认为：

> 创造力就是发现人们迄今还不知道的东西，或者就是指发明新的东西……甚至力图发挥自己的创造力的那些研究人员，也不知道他在何时感到创造力正在表现出来，以及他怎样就表现了创造力。他倒是觉得，有一种连他自己也没有料到的东西出现了。发明和发现永远具有某种不可预料的性质。即便如此，人们仍然考虑是否有某种办法能使这种过程更加容易

① ［美］J. P. 吉尔福德：《创造性才能——它们的性质、用途与培养》，施方良等译，人民教育出版社 1990 年版，第 27 页。

② MacKinnon, D. W., Creativity: A Multi - faceted Phenomenon, In J. D. Roslansky (Ed.), *Creativity: A Discussion at the Nobel Conference*, Amsterdan: North - Holand, 1970, pp. 17 - 32.

③ ［美］罗伯特·J. 斯滕博格：《创造力手册》，施建农等译，北京理工大学出版社 2005 年版，第 3 页。

一些——即能够增加显示出创造力的可能性，增大显示出创造力的几率。①

事实上，汤川秀树通过科学研究，深刻地考察了创造力与东方文化的特有关系，阐述了东方文化，尤其是中国老庄思想在其科学研究中的启示。因此，从一个侧面反映出东方文化，尤其是“直觉”在科学探索中有着不可忽视的作用。从以上论断中可见，汤川秀树首先肯认了创造力的存在，但创造力什么时候出现，即研究人员的既定目标在何时出现，或者是研究人员捕捉到意想不到的现象，具有极大的不确定性。因此，汤川秀树根据自己科学研究的经历，以及他自身的文化素养积累，充分认定了“直觉”意境下，创造力不确定性的重要意义。尽管创造力具有不确定性，但他还是认为创造力仍然是可以提升的，在一定条件下，研究人员的创造力仍然可以得到充分地发挥。

德国戈特弗里德·海纳特（G. Heinelt）在《创造力》一书中，认为创造力业已成为当今人们的中心话题，人们都具有创造力，只是这种创造力被压抑、束缚与埋没。其从创造力内涵切入，动态地考察了创造力概念及其发展。简要区别了创造力、类创造力与假创造力三种情形，并归纳了几种典型的创造力定义。如米德（M. Mead）强调创造力的主观创新性。德雷夫达尔（J. E. Drevdahl）从“目的性”与“目标明确性”指出，创造力是人的思维结果能力，具有新颖性与不确定性。申克—丹齐格（L. Schenk - Danzinger）则从信息量与创造积极性之间的关系，阐述了创造力的价值，等等。同时，系统地阐述了创造型人物、创造型学生、创造型教育等重要方面，为我们提供了一幅创造力开发培育的视图。着重主张对儿童施以创造性教育以较早地开发儿童创造力，认为家长、教师与教育家在培育开发儿童创造力时应积极采取有效措施而避免失误。

当然，国外有关创造力内涵的揭示，还有其他许多观点，这里就不作过多评述，以待后继探讨。

（二）创造力内外因素研究②

（1）创造力的起源探索。虽然人作为生物中最能动的群族，但人并不能从根本上脱离生物的本能属性。因此，首先要从生物学角度探讨人的创造力。柯林·马丁戴尔从生物学角度重点探讨了“创造性洞察力的思维模式”。其考

---

① ［日］汤川秀树：《创造力与直觉》，周林东译，河北科学技术出版社 2000 年版，第 136 页。

② 此点内容主要参考罗伯特·J. 斯滕博格《创造力手册》，施建农等译，北京理工大学出版社 2005 年版。

察了“注意力散焦”“联想层次”“创造力与大脑皮层激活”等一系列生物的生理活动特征，进行创造力分析。如门德尔松曾认为，注意力越强，组合跳跃可能性越大，这是个体注意力焦点差异与创造力差异的根本原因。关于联想的认知，梅德尼克认为有创造力的人联想表现出连续性，相反，无创造力的人联想反应结束很快。因此，这种创造性洞察力的思维模式最终表现为注意力的散焦性、思维的联想性与诸多心智表征被同时激活性。

其次，从进化论角度探讨创造力。查尔斯·J. 拉姆斯登以故事和机制为视角探讨了“进化中的创造性心智”。从“分割和拼接”“进化是微观还是宏观的”等多方面，探寻了人的创造性心智问题，即追问了人的创造力为什么会是现在的状况。

最后，从发展角度探讨创造力。大卫·亨利·费尔德曼从认知过程、社会或情绪过程、教育或准备、专业、领域、社会或文化影响与历史影响等方面，系统地探索了创造力发展的维度。其中霍华德·加德纳以“阿尔伯特·爱因斯坦、巴勃罗·毕加索、伊戈尔·斯特拉文斯基、T. S. 艾略特、马莎·格雷厄姆和圣雄甘地”等七人为例，对上述创造性维度进行了论述。

可见，人的创造力是生物本质属性的最高反映，如果撇开创造力来认识自然的进化、人类社会的进步以及人类自身的演化，就必然会失去世界的色彩。因为创造力是整个世界的动力机制，自然之创造力表现为悄无声息的伟绩，而人除了要承接自然之创造力特质外，还要将创造力化为无形与有形的功业，从而纷呈出五彩缤纷的世界。

(2) 创造力的认知探索。关于对人的创造力的认识，既是一个历史过程，又是一个实践过程。其间伴有多种因素的融汇，为深入广泛研究、认知创造力打开了诸多导向。托马斯·B. 沃德、斯蒂文·M. 史密斯、罗纳德·A. 芬克等，从人类创造力的“规范性、过程、结构和限制、家族相似性、顿悟、扩展概念”等诸多方面，探讨了人类心智的生成性活动。由此认为人类的认知与特征具有超越的经验生成能力、可实验研究性与可观察的心智过程等三个方面，是人类创造性认知方法的基础。

艾玛·普里卡斯特罗、霍华德·加德纳采取了“从个案研究到概括”的路向，实际上这是从社会科学角度来研究创造力的方法。如他们从“想象、专业知识、宏观与微观发展、创造性行为种类、创造者种类”等角度，探索了创造力科学能解释各种创造的一般模式。

罗伯特·W. 威斯伯格总结了“创造力与知识”的关系。从“知识、教育、经验、反复练习、音乐作曲”等方面，对创造力进行了再认知。其中西蒙顿关于“创造力与教育之间呈倒 U 形变化”的研究最为突出。

罗伯特·J. 斯滕博格、琳达·A. 奥哈拉从“智力是创造力的子集、创造力是智力的子集、创造力与智力交集、创造力与智力完全重叠、创造力与智力各自独立”五方面，探索了“创造力与智力”结构之间的关系。

乔治·J. 费斯特剖析了“人格”是怎样对艺术和科学创造力产生影响的。系统阐述了“寻求新体验、幻想、冲动、驱力、雄心”等非社会性特质与“怀疑标准、不顺从、敌意、冷漠、自主性、自大”等社会性特质之间的协变关系；并论述了创造性人格在时间、成就方面的一致性。

马丽·安·柯林斯、特蕾莎·M. 阿马拜尔关于“动机和创造力”的研究，特别阐述了阿马拜尔创造力的“内部动机与外部动机”的关系。内部动机主要是针对所从事的活动本身，因为活动具有趣味性、引人性、满意性与挑战性，可见，内部动机呈现挑战性与愉悦性。与之相反，外部动机主要是达到所从事活动的外部奖赏、外界认同、外界赞誉与外部导向等为目的。

米哈里·奇可森特米海依则从“系统观”角度考察了创造力研究的理论成果。认为创造力应该放在一个系统中进行认知，他建构了一个创造力系统，即专业（文化）—个体（个人背景）—领域（社会）所形成的双向互动的横截面观察过程。此观点及其对创造力认知系统的建构，开示了创造力存在着普遍的关联性。

当然，关于创造力认知的探索，还有其他许多观点，在此不作赘述。由上述显见，创造力的多维要素性、整体系统性与多领域性等特征，为人们认知创造力的结构及其功能铺设了必然的丰富图景。也正是创造力这一本质特性，吸引着大批自然科学家、心理学家、哲学家、美学家等，致力于不断探索。

（三）创造力其他相关专题研究①

国外关于创造力研究，除从心理学角度进行广泛探索外，而且还对创造力进行专题研究。即把人的创造力置于不同专业领域内，或置于不同的文化与社会背景下进行考察，如文化、计算机模型、组织、天才等方面，集中体现了人们对创造力专论的视域。这些论述在一定层面上，扩展了创造力研究的范围。

（1）不同文化环境对创造力内涵的认知与影响。托德·I. 卢伯特就“不同文化中的创造力”观点进行了梳理。一是揭示了西方人与东方人对创造力内涵的认知。西方人是从产品的角度来认知创造力内涵的，是一种社会评价表现，而东方人则将创造力与冥想紧密地联系在一起来认知创造力内涵。二是揭示了不同文化对创造过程的差异表现。认为西方的“准备、酝酿、豁然与验

---

① 此点内容主要参考罗伯特·J. 斯滕博格《创造力手册》，施建农等译，北京理工大学出版社2005年版。

证”四阶段，则鲜明地表现为以产品为导向的创造过程观念，而东方文化则主要体现为“灵感、内在认同、顿悟与社会交流”四阶段创造认知路径。由此可见，“情感、个人与心灵”等因素是西方与东方创造性过程的显性差别。三是揭示了文化对创造力的表现也有着重要影响。如从创造力的形式和专业、社会结构和创造力与文化、语言和创造力等方面进行了阐述。

事实上，其主要揭示出文化背景是形成人们创造力特质的根本要因。从而在东西各自文化背景下，所生成的创造力，有着必然之差异。由此，不管是从引鉴抑或是基于自我创新角度看，文化观念之差异是形成中国特色创造学发展路径的根本抉择要件之一。

（2）计算机模型设计与创造力发生之间的维度。玛格丽特·A. 博登专门探讨了创造力与设计计算机模型之间的关系。一是从联想、类比的视角探索了创造力发生的过程。突出了组合创造力的产生是联想与类比的典型反映。二是从探索概念空间角度来探索创造力的发生过程。实际上，这是一种计算机程序如何被操作，且能够用来进行“发现”新事物。体现出人的创造力的虚拟意义，如早期的“专家系统”即是此类应用。三是从生物学遗传变异和交换的角度探索创造力的发生过程。本质上，这也是一种计算机程序的应用。但此种应用反映出人将自身的生物遗传码变解为物化产品，体现出创造力的潜藏功能。

目前，这种生物遗传变异和交换的应用不为常见。尽管该探索具有极强的专业性，但这些认知所揭示的创造力发生过程，为后继者们对创造力研究提供了有益的思路。当然，这一研究也表明了创造力的可预测性，但对创造力的预测，不等于创造力成为现实，因为创造性过程具有极强的偶然性。

（3）组织中的创造力形态表征分析。温迪·M. 威廉姆斯、拉娜·T. 扬探索了“组织中创造力”的相关理论。首先，讨论了组织的经典理论对创造力的阻碍。尤其是组织结构与个人的思维模式形成了创造力与创新的壁垒。其次，讨论了创造力的个体观、系统观、思维过程在组织中的应用等。突出了阿马拜尔关于组织创新模型的四条标准：个体创造力全程一体化；组织所有影响创造力的因素；组织创新状态与组织创造力对个体创造力影响的描述。最后，从组织接受创新、鼓励创造性思维、改进组织结构等方面论述了组织文化、个人创造力与组织创新之间的联系。

本质上看，组织中的创造力就是系统观的应用。组织是一个特定的系统，这个系统是经过人的加工而呈现出有序态。在这个有序态系统中，如何更能激发创新体的创新力，应该成为这个组织系统的核心点。其中最为关键的就是如何设置有利于创新主体创造的条件，排除不利于创新主体创新的障碍。可见，组织系统创新观应成为激活创新体创造力的普遍认同。

（4）如何提升创造力的探索。雷蒙德·S. 尼克尔森对如何“促进创造力”相关内容进行了系统研究。他认为创造力就是人解决问题、发现问题的能力。创造力与顿悟、智力、伦理等有着密不可分的关系。揭示了创造性思维与批判性思维的不同。梳理了阿马拜尔等关于创造力的类型与等级思想。以“头脑风暴法”为例切入分析了促进创造力提升的具体方法。如建立目标与意向、夯实基础教育的基本技能、获取特殊领域中的知识、激励好奇心、培养动机等诸多方面。同时，提出技术辅助提高创造力的可能性。

从该主要论点中可见，“问题”是创造力的根本集结点，不管是对问题的预设与解决，都体现出人的创造力个性。在一定层面上，创造力个性可以认为是人性的凸显。因此，“顿悟、智力、伦理”等作为人的个性内在要素，在人的创造力开发过程中，占据着重要位置。当然，创造力最可贵之处，就在于如何更好地体现出人的能力，进一步说就是如何彰显出人性的价值意义。解决人的问题、解决社会问题、解决自然问题等，不仅是人的创造力展示，而且也是人性正向积极的张扬。

（5）创造力与天才的相关类型探索。米歇尔·J. A. 豪假设了几种创造力与天才关系的类型，并对其进行了系统阐述。一是早期成长于激励和支持的环境中，童年是天才，成年取得了创造性成就。如莫扎特等乐坛大师。二是早期成长于激励和支持的环境中，童年是天才，成年未取得创造性成就。如威廉姆·西迪斯。三是早期成长于激励和支持的环境中，童年不是天才，成年取得了创造性成就。如托尔斯泰、查尔斯·达尔文等。四是早期没有成长于激励和支持的环境中，童年是天才，成年取得了创造性成就。如法拉第、乔治·彼得等。五是早期没有成长于激励和支持的环境中，童年是天才，成年未取得创造性成就。如泽拉·科本。六是早期没有成长于激励和支持的环境中，童年不是天才，成年取得了创造性成就。如乔治·史蒂文森。这些从假设角度来探索创造力的认知，为我们提供了如何培养儿童早期创造力的思路。

尽管米歇尔·J. A. 豪的几种假设具有一定的不确定性，但其从一个人的童年与成年成长阶段，为人们认识创造力的培养提供了宝贵参考。这进一步明示出人的创造力具有不稳定性与不确定性的特征。同时，也警示人们要科学地认识与评价人的创造力，不能简单地从家族、学识、人生经历等方面评价创造力，而应综合地认识人的创造力。

（四）国外创造技法研究

创造技法不仅是创造学的成果，而且也是产生另外创造成果的助推器与必然手段，是创造思维的外在延伸，是实现创造智慧的法则保障。因此，创造技法也成为创造学研究的重要内容之一。从创造技法功能而论，国外则称之为“创造工程”。关于创造技法的研究，尤其在美国、日本与苏联已形成了自我特色。

（1）美国创造技法研究的发端与应用。20 世纪初，美国一批热爱创造力研究的专家、学者开始探索创造中的各种方法，E. J. 普林德尔、J. 罗斯曼、克劳福德、H. 奥肯、A. E. 肯纳、A. R. 史蒂文森等，为美国后来创造力大发展奠定了实践基础。其中，1938 年创造工程之父，奥斯本（A. F. Osborn）创制的“头脑风暴法”（Brain Storming）具有典型的代表性。

> 头脑风暴法的核心是高度自由联想……头脑风暴法的具体实施要点：1. 召集一种特殊会议，与会人数以 5—12 人为宜，人数多了不能充分发表意见；2. 会议有一名主持者，1—2 名记录员；3. 会议一般不超过一小时，最佳时间为半小时左右；4. 会议地点应选择安静而不受外界干扰的场所；5. 会议要提前几天发通知，告诉与会者会议的主题，使他们事先有所准备。头脑风暴法会议必须遵守四个原则：1. 禁止批评；2. 自由畅想；3. 多多益善；4. 借题发挥。①

由此可见，“头脑风暴法”是人脑思维高度集中的应用，而且该法十分注重人的自由表达。同时，该法不仅体现出创造力的生活化与实践观，而且也体现出激发创造力的科学性。可以说，该法立于人的本质属性，开掘出人生命的深层创造活力。后来，他相继撰写了《思考的方法》《所谓创造能力》与《实用想象》等专著，形成了创造力开发的理论基础。并将创造力理论与技法应用到社会团体、企业与学校中，号召各层次群体运用创造技法，一时间开发创造力的热潮风行美国。另外一位美国著名创造学家——戈登，改进了奥斯本技法不足之处，后称“戈登法”。这些创造技法广泛应用到美国生产与生活之中，有力地促进了美国社会创造力普及与开发。

（2）日本创造技法的引入与发展。日本人独特的思维方式是日本创造技法发展与应用的心理与生理反应。1944 年，市川龟久弥的著述《创造性研究的方法》，具有显著的本土色彩。至 20 世纪六七十年代，日本创造技法得到较快发展与应用。1965 年，日本建筑大学川喜田二郎制定“KJ 法”，是组合与归纳的全新应用。1969 年，片山善治提出“ZK 法”。1969 年，创造学家高桥浩提出“中山—高桥法”（NM－T 法），此法主要是抓住关键词引发一系列

① 刘仲林：《中国创造学概论》，天津人民出版社 2001 年版，第 65—66 页。

类比联想，通过分析达到创造设想的目的。1977 年，市川龟久弥《创造工学》一书出版，该书以等价变换理念为核心，从概念、理论基础、科学性、技法的应用、技巧实例五个方面系统地阐述了创造工程理论体系的特色。同时，在头脑风暴法的基础上，日本广播公司开发了 NBS 法、三菱公司开发了 MBS 法等。日本创造技法的发展为日本成为当今世界技术强国注入了不可多得的内力。

（3）苏联创造技法的规律原理。

20 世纪初，苏联热爱创造学的学者开始研究创造力，如机械工程师 П. К. 恩格迈尔、创造学家 Г. С. 阿利赫舒列尔等。其中 Г. С. 阿利赫舒列尔在创造学发展中做出了重要贡献。他提出了不同于美国、日本关于创造学发展与研究的思路，著述甚丰。其中，1969 年，Г. С. 阿利赫舒列尔出版了《发明大全》一书，系统介绍 TRIZ 方法。1979 年出版了《创造是一门精密的科学》一书，对创造学理论的历程进行了扼要梳理。作者从多年创造学研究中，发现创造是有规律可循的，对美国以心理学为基础的创造力研究提出了质疑，他认为："心理因素是第二性的，是随意的。而对发明创造最主要的是，技术系统是按照一定的规律实现状态的转换，而不是'随心所欲的转换'。"① 从中可见，阿利赫舒列尔一反西方既有创造技法论，提出技术系统观的规律可循性。这一认知本身就反映出创造性思维特色。

当然，阿利赫舒列尔并没完全否认心理因素在创造过程中的意义，只是在逻辑关系上进行了交换。事实上，这一逻辑位置的变换，从根本上，否认了创造过程不可控的观点，提出创造过程可控论，否认了创造的神秘性，肯定了创造思维的可组织性。阿利赫舒列尔从唯物主义认识论与方法论出发，首次提出了发明创造技术系统的规律。以实例分析了发明课程程序的机制、策略、过程与物场分析的原则与模式等，总结出 40 种基本技法原理。可见，阿利赫舒列尔关于创造技法独到之探索，无不显示出其精致的思维魅力。

二　国内创造学理论研究主要内容

20 世纪 80 年代初，创造学引入我国内地，一时间形成了探讨创造力的热潮。关心、热爱与探索创造力的专家、学者，在引进国外先进创造学理论的同时，结合我国实际情况，逐渐形成了自己的理论观点，一系列理论成果相继问世。在创造学相关领域中不断深入探究如何培育、开发我国不同人群创造力，

① ［苏］阿利赫舒列尔：《创造是一门精密的科学》，吴光威、刘树兰译，北京航空航天大学出版社 1990 年版，第 6 页。

为我国创造学理论与创造实践的结合做出了应有贡献。

（一）创造、创造力与创造学内涵

关于创造与创造力内涵揭示是中外创造学者首先必须关注的话题，因此，中国创造学者在探索我国创造学理论过程中，对创造、创造力与创造学内涵也作了必要的深入研究。

（1）创造的内涵。创造是人类有史以来的永恒主题，从学理层面对创造内涵进行揭示，显得十分必要，因为只有理解、掌握创造的基本特征，才能更有效地发挥个体、集体、团体等的创造力。我国创造学者关于创造内涵的揭示也不乏有其独到之见解。

首先，元创造到创造的三个基本特征。我国台湾学者郭有遹从《老子》思想中探索了创造的元理念。其认为《老子・二十四章》中“道生一，一生二，二生三，三生万物……”的思想，就是创造的特质反映，存有创造的元始观。整个《老子》学说虽无“创造”二字出现，但“创造”的思想蕴藏其中。如“天地万物生于有，有生于无”就体现出有无相生的创造过程。因此，郭先生提出“创造是个体或集体生生不息的转变过程”①。实际上，这一创造观已上升至哲学层面，揭示了创造的元始观念。但元始创造定然要走到创造实践的层面，并达至“标新立异”的场景，即创造必须要在实践中呈现出从观念创造到现实创造的转换过程。诚如傅世侠在《创造》一书中，立于创造的本质属性，从科学探索方法论角度对创造的基本特征进行了揭示。她认为创造具有三个最基本特征：“一是实践性；二是创新性；三是科学创造者的创造力的充分发挥。”② 这三个基本特征显示了在科学创造中，创造主体能动性、创造实践科学性与创造成果开创性三者之间的有机统一。实质上，以上对创造的揭示，是将创造从观念层面到科学层面的有机转合。因此，傅世侠认为创造具有形而上（哲学）与形而下（科学）两个层次，但这两个层次不是分离的，而是内在统一的。

其次，创造的三层次说。刘仲林先生考察了中外关于创造的内涵，结合中国传统文化中的核心要素对创造进行了创造性的揭示。认为创造包括三个层次：“创造是赋予新而和的存在；创造是对已知要素进行组合和选择的过程；创造是只可在实践中体会的一，是不可言传的道。”③ 创造的第一层内涵，主要体现了创造成果的新颖性、独特性与适当性，而且蕴含着多种文化要素互为

① 郭有遹：《创造心理学》，台湾正中书局 1983 年版，第 7 页。

② 傅世侠：《创造》，辽宁人民出版社 1985 年版，第 7—13 页。

③ 刘仲林：《中国创造学概论》，天津人民出版社 2001 年版，第 30—35 页。

融通的新存在。第二层内涵，主要体现了从创造思维到实现创造成果的过程。在创造思维建构与实践过程中，大脑对已获取材料经过直觉、逻辑与实践等方式进行选择、组合而加工成需要的观念产品。以此为基础，实现创造从观念产品到现实产品的突破。第三层次内涵，主要体现了创造的实践性、亲证性与境界性。本质上，这是创造的体验，是创造主体对创造的美的享受，是创造主体将观念产品变现为实在创造成果后，而在内心世界达到的臻美境界。总体看，创造三层次说，是创造物质层面到创造精神层面统合的完整过程。这一对创造内涵的深刻揭示，在中外创造学史上具有独特的见解，其从“成物、成思与成己”三个层面，构筑了“创造”的立体图景，是成就创造之道的必然法向。

最后，创造的广义、狭义说。关于创造的广义界说，甘自恒教授认为，“所谓创造，是主体综合各方面的信息，形成一定目标，进而控制或调节客体产生有社会价值的、前所未有的新成果的活动过程”①。这里揭示了创造的广义性，将创造主体、创造目标与创造功效等作为一个完整过程，大尺度展示了创造的含义。袁张度也从创造的广义角度认为，对某个特定范围内的人，或者对某个特定的个体来说，这种事物只要是新的、有意义的，均可以认为是创造。由此可见，广义创造的内涵为我们提供了更为广阔的思路，从科学家的大创造、大发明到人居生活中的小创造、小发明，一切领域中的新观念、新方法、新构思、新革新、新制作、新产品等都囊括于创造之中。

关于创造的狭义界说，甘自恒认为，“所谓狭义创造，是指主体综合各方面的信息，形成一定目标，进而控制或调节客体，在世界历史进程中和世界范围内第一次产生有社会价值的新成果的活动过程”。② 其从时间、空间范围揭示了创造的首创性，对创造内涵作了更严格的定义。关于狭义创造的界说，袁张度认为创造是从个人或一个单位开始而逐步走向世界范围的，如果这一创造成果是“前所未有的、对更大范围乃至全世界都有重要影响”③ 的创造，则可称为狭义的创造。此论进一步揭示出创造的广义与狭义的内在联系。

由上可见，关于对创造广义或狭义内涵的两个方面阐释，为人们厘清了创造主体与客体之间的密切关系。从广义、狭义角度理解创造，有助于创造主体在创造历程中，形成思维放大与缩小的互动机制。

（2）创造力内涵。创造力是创造学研究的核心内容，我国创造学者关于创造力内涵的揭示，也提出了诸多观点。现就其中较有代表性的见解论述之。

---

① 甘自恒：《创造 · 创造力 · 创造学》，《新华文化》1984 年第 8 期。

② 甘自恒：《中国化马克思主义创新论》，广西师范大学出版社 2009 年版，第 1—5 页。

③ 袁张度、许诺：《创造学与创新方法》，上海社会科学院出版社 2010 年版，第 51 页。

傅世侠、罗玲玲在对创造力类型、创造力静态结构探索的基础上，从动态的角度给创造力下了一定义。认为创造力是“指主体的潜在创造力被某种活动所激发而从事创造的情境动机，并由此形成前创造力，进而则产生以创造产品形式为标志的现实创造力。”① 从这一定义所表达的内容看，创造力是主体内在的潜能在一特定环境下，经过思维的多环节加工，形成观念创造力，最终形成创造力产品的完整过程的能力。

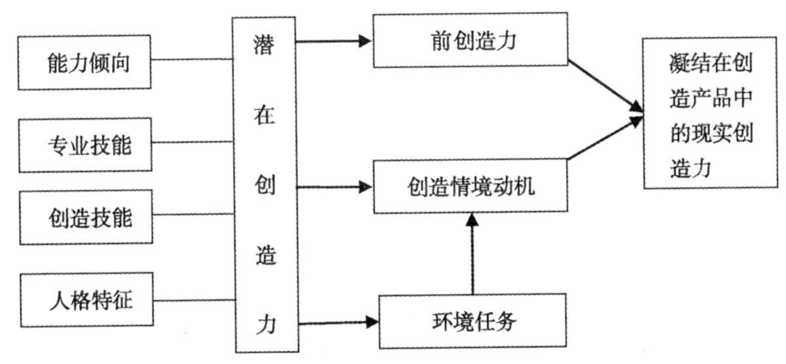

图 3.1　创造力的静态结构与现实创造力

如图 3.1 所示②，此一定义体现了创造力所需的环境因素与创造主体多种内在因素的能动结合，体现了创造力具有内外兼具的宏观视野。

甘自恒先生考察了人的天赋能力、知识、智力、创造性活动等多种因素，认为创造力是创造主体“在创造性活动中所表现出来、发展起来的各种能力的总和。主要是指能产生新设想的创造性思维能力和能产生新成果的产生创造性技能”③。该观点主要突出了创造主体、创造性思维与创造性成果的整体关系。

从以上两个较为典型的创造力定义来看，创造力主要涉及人的内在因素、外在环境与创造性成果等多种关系。

(3) 创造学的内涵。关于创造学的称谓，主要出现在中国大陆。自创造力研究的相关理论被引进大陆后，至 20 世纪 90 年代创造学这一学科理念及其发展成果开始受到人们的认可，为创造学内涵的揭示奠定了一定理论基础。关于创造学内涵揭示，观点甚丰，其典型代表如下：

我国创造学首倡者许立言通过对中外科技发明创造的典型案例分析后，其

① 傅世侠、罗玲玲：《科学创造方法论》，中国经济出版社 2000 年版，第 536 页。
② 同上书，第 537 页。
③ 甘自恒：《创造学原理和方法——广义创造学》，科学出版社 2010 年第 2 版，第 48 页。

从活动、过程、主体、成果、环境、人格、能力、实践等多个环节，探析了创造学的基本内涵，认为“创造学是研究人类创造发明活动的规律的科学”[①]。这里从创造发明研究的对象揭示了创造学的内涵，为我们进一步理解创造学奠定了初步基础。傅世侠、罗玲玲深入分析了“创造力研究”与创造学的区别与联系，认为从我国乃至东方文化传统看，创造不能只囿于小范围、个体或具体的创造力研究，而应是一般意义上的创造视角。虽然“创造力研究”的理论还不成熟，但以现有研究成果为基础，从一般意义上说，我国学者还是将创造学看成是有关“创造的学问”。从当前创造力研究现状看，主要体现在应用研究上，而理论研究仍显得较为薄弱。因此，从创造学完整的学科发展看，应用研究与理论研究都应受到重视。

庄寿强先生通过多年的创造学理论与实践研究，提出了行为创造学的概念，其从科学技术、艺术、管理等多个领域中进行了归纳概括，认为创造学是一门深入探索发明创造过程的特点、规律与方法的学科[②]。刘仲林综合考察了创造规律、创造潜能与创造境界等方面，将创造学研究与中国传统文化结合起来，认为创造学应关注“成物”与“成己”的统一性，提出“创造学是一门研究创造规律、开发创造潜能、提升创造境界的新兴学科”[③]。甘自恒考察了创造学与多种学科之间的关系，以马克思主义思想方法为指导，从信息概念、逻辑起点、创造过程、创造功能等方面，对创造学内涵进行了揭示，同时，认为创造学是一门“具有主体性、创新性、时代性、开放性、综合性等特征的应用性交叉科学”[④]。其从多学科交叉视角揭示了创造学的广义内涵，为我们理解创造学的广泛意义提供有益的参考。由此可见，对创造学内涵的全面把握为深入应用创造学相关原理，奠定了坚实的理论基础。

（二）创造教育的相关论点

创造教育是创造学研究的重要内容之一。当前，我国创造教育研究主要体现在“创造教育内涵”“创造教育与其他教育的关系”“创造教育的文化、思想研究”“创造教育实施”及“创造教育中的一些争议”等方面。关于创造教育内涵的揭示，俞啸云认为只要是对人的创造力进行开发的一切活动，均可称为创造教育，并特别强调对青少年创造教育的重要性。吴涛认为是“教育者、教育对象、教育作用”三个基本要素的相互运动过程，庄寿强、戎毅认为是

① 许立言：《创造学与创造工程》，上海交通大学出版社 1984 年版，第 1 页。

② 庄寿强：《普通（行为）创造学》，中国矿业大学出版社 2006 年版，第 4 页。

③ 刘仲林：《中国创造学概论》，天津人民出版社 2001 年版，第 38 页。

④ 甘自恒：《创造学原理和方法——广义创造学》，科学出版社 2010 年版，第 4 页。

“如何教育、培养学生的创造性”，许映建总结了目前学界的观点，认为“创造学教育观、活动观、技能技巧观与综合教育观”则反映了创造教育的内涵，等等。

关于创造教育与其他教育的关系，主要表现出“创造教育与传统教育”“创造教育与素质教育”之间的关系。俞啸云认为“创造教育是对传统教育的发展和突破；传统教育是创造教育的历史基点”[①]。庄寿强从学校教育出发，深入探索了创造教育的目标、原则、管理者、教师与教材等，揭示了创造教育与传统教育两者之间的关系；齐梅从创造教育的本质出发，认为创造教育在实质上与“素质教育”有着显著的一致性；许映建从目标与任务角度，深刻探讨了“创造教育与素质教育”的区别与联系[②]。

关于创造教育的文化、思想研究，贺林珂、郑书宇、杨莉君、王伦信等均作了相关探索。其中王伦信则对“我国民国时期的创造教育思想进行了梳理”[③]。关于创造教育的实施，学界进行了多种探索，如创造教育要遵循的原则、模式、方法等。刘道玉、卢明德、王雪飞、程良道等在创造教育实施方面作了深入研究。我国著名教育家刘道玉则从科学研究与实验、生产实践、社会服务、学术团体等方面，详细地研究了当代中国创造教育的成功与疏漏之处，认为“实施创造教育，不仅需要进行教学活动，而且还需要开展多种形式的其他活动，”[④] 这样才能真正培育出有创造能力的人才。

当然，在创造教育研究中也存在一些争议，刘仲林、杨晓等作了相关探讨。刘仲林认为要发展具有中国特色的创造教育，在立足于中国现实的基础上，从创造出发，将东方教育与西方教育进行融会贯通，将“成物”与“成己”融为一体，此种创造教育观不失为崭新的思路。从意义世界出发，杨晓认为人的创造天性的开启与人的创造意识的培养，是创造教育的唯一根本。

要之，我国创造学关于创造教育的论述，从一个侧面印证了探索培养中国创造、创新人才的心路历程。从以上各论点可见，创造教育（创新教育）应成为当前中国教育的核心目标。因为创造教育或创新教育的称谓，更能认清当前中国各项战略性目标的现实意义。由此，从深层次看，创造教育（创新教育）必然成为中国今后教育改革的主攻方向。

---

① 俞啸云：《略论创造教育与传统教育》，《当代青年研究》1985年第5期。

② 参见刘大椿《中国高校哲学社会学科发展报告·交叉学科》，广西师范大学出版社2008年版，第242页。

③ 同上书，第243页。

④ 刘道玉：《创造教育概论》，武汉大学出版社2009年版，第92页。

（三）创造性思维的相关论点

创造性思维在创造学研究中占有重要地位，因为所有创造的元初成果源自于大脑的思考，大脑主观对客观因素的反复选择、组合、加工等一系列环节，为创造性成果的最终形成注入不可更改的逻辑规则。自2000年以来，我国关于创造性思维的研究日益深广。

吴进国以知识与思维活力、知识势能与当量、接力与聚变创新及思维参量等诸多新概念为视角，依据学习与思维的内在联系，构筑了创造性学习与创造性思维固有的理论框架。通过对创造性思维与创造力关系以及创造性思维方法的论述，其从思维范式突破、知识与信息重组等方面，提出创造性思维会产生新的思维成果的方式，因此认为“创造性思维，又称超常规思维或突破性思维”①。事实上，这种对创造性思维的认知，肯定了人们获得思想自由与不按常规出牌行为产生奇迹的一般规律。

傅世侠、罗玲玲从心理学表征角度揭示了创造性思维的内涵，认为创造性思维主要是两种心理现象，实际上，这是从心理学角度来认知创造性思维的。她们对创造性思维的揭示，一是从意识心理中的想象，二是从无意识心理中的直觉。这种对创造性思维的探索，体现了人格因素与创造的结合，可以肯定地说是对创造主体内心世界的存量挖掘。谢贤扬认为“创造性思维是发散思维和集中思维的结合，而发散思维是构成创造性思维的主导成分”②。因此，应注重从发散思维出发，对青少年进行创造性思维的训练。同时，以启迪与开发青少年创新意识、创造潜能为宗旨，依据创造性思维的构成机制，以实践为基础，对青少年的想象能力、联想能力……发散思维的智力品质等方面进行有针对性的训练。

胡珍生、刘奎林认为创造性思维是创造与创新的核心，是人类的特有，是思维心理、思维形式与思维环境共同协调的产物。认为创造性思维是创造者良好心理机制与心理合力共同作用的结果，这种创造性思维最初表现为创新意识的明快性与愉悦性，进而让大脑在感性与理性的共同作用下，积极捕捉有效的知识信息，在直觉、想象与灵感等多种心理因素的努力下，达到创造成果的出现。因此，认为创造性思维是“以渐进式或突变式两种飞跃方式，进行重新组合、匹配、脱颖和升华，最后实现科学创造的成功”③。肯定了创造性思维内在心理机制对外在创新成功行为的支配意义。

---

① 吴进国：《创造性学习与创造性思维》，中国青年出版社2000年版，第152页。

② 谢贤扬：《创造性思维训练》，武汉大学出版社2000年版，第5页。

③ 胡珍生、刘奎林：《创造性思维学概论》，经济管理出版社2006年版，第244页。

庄寿强通过对思维与创造性思维特点的分析，认为“创造性思维就是能产生新颖性思维结果的思维（活动）”①。从思维活动的结果，揭示了创造性思维概念的简单性与内涵的丰富性，创造性与新颖性呈正向关系。罗玲玲自20世纪90年代至今，对创造性思维进行了广泛而深入的研究，尤其是针对中小学生、大学生的创造力开发，编著了一系列创造性思维教材。将创造性思维、大脑生理结构与学生的训练结合起来，在实践中收到良好效果。

关于创造性思维的研究已经形成诸多观点，从以上所作一斑窥豹的论述中，可见，创造性思维研究业已构成中国创造学发展的重要内容。

（四）创造技法的相关论点

从现代创造学产生的背景看，创造技法是创造学诞生之母，是创造学原理应用于生活、生产与人类经济社会发展实践的直接抓手。尤其以“创造工程之父”奥斯本为发端的创造技法研究，更体现出创造力开发与应用的真切局面。我国创造技法的研究自然也遵循着这一历史轨迹。

20世纪80年代，是我国创造学诞生与初步发展时期，我国部分热爱创造学学者开始介绍国外创造学的相关研究成果，而创造技法的引进是当时最主要内容之一。这期间，许立言、王加微等对创造技法都做了相关研究。其中，许立言编著出版了《创造学与创造工程》《创造技法与实例》《创造学研究》与《青年创造发明基础训练》等专著。主要就国外创造技法及其在生产、生活应用中所取得的成就作了相关论述。在《创造学与创造工程》一书中，介绍了20种国外主要的创造技法及其应用的成果。认为当今许多人只为了追求知识，以为有了很多知识，就表明自己有创造、创新能力了，实际并非如此，因为要具备创造、创新能力还需要讲求创造、创新的方法。由此可见，强调创造技法在发明创造中的重要性。虽然知识是构成创造创新的基础要件之一，但知识与创造创新并非呈正相关关系。

1985年许立言和张福奎提出“儿童发明技法”②，后来，在上海和田路小学的应用与推广中，发展为“和田十二法”。许国泰提出“信息交合法”、赵惠田提出“集思广益法”、刘仲林提出“臻美技法”、甘自恒提出“系统综合法”与“最佳选择创新方法”等。从创造技法本土化意义上看，这些创造技法都是基于中华文化精髓思想之上而提出的，同时，这些创造技法在实践中的应用，也有力地推动了中国创造学发展。

关于创造技法的研究与应用，20世纪90年代我国创造学者作了进一步研

---

① 庄寿强：《普通（行为）创造学》，中国矿业大学出版社2006年版，第138页。

② 许立言、张福奎：《儿童发明创造基础训练》，上海人民出版社1985年版，第15—50页。

究。关原成提出“主体附加法”；赵幼仪在其出版的《趣谈发明方法35种》一书中，提出了“变元发明法”；彭健伯提出“技术反转法”、甘自恒提出“交流激励创新法”与“成功广告创造技法”等，诸如此类创造技法的提出，进一步丰富了我国创造技法的本土特色。

杨德立于经济社会发展现实际遇，深入探讨了创造技法与企业生产紧密结合的思路。在分析科技、企业与人的创造力三者相互关系的基础上，认为创造技法是创造学发展的重要内容之一，这些技法是前人关于生产实践经验的总结，可以引导后人创造、创新的捷径，所以“创造技法是人们开发创造力时不可缺少的工具”①。从而归纳总结出常用“群体创造技法”与“个体创造技法”。

2000年以来，关于创造技法的研究越来越成熟，肖云龙探讨了创造技法在教学中的作用，同样指出“创造技法是指从事创造的一种方法与技巧……创造技法是理论与实践之间的一座桥梁”②。因此，他认为将创造技法融入创新教育中，对培养开发学生的创新思维能力很有必要。

甘自恒对创造技法内涵进行了全面的揭示，认为创造技法是创造学基本原理的运用，通过对创造实践活动的经验总结，不管是传记材料、专利文献等方面的发明创造案例，还是理论、制度、科技等方面的事例概括，在创造、创新领域，都具有拓展思维、启迪思路的功能。李小平对创造技法进行了系统的研究，其在《创造技法的理论与应用》一书中，梳理了创造技法研究的历史进程，考察了创造技法的心理学基础，对典型科学家发明创造的案例进行了分析，提出创造技法与大学创造教育结合的重要意义等。陈俊峰将创造技法与医学结合起来进行研究，朱世坤从设计创新型物理实验角度探索了创造技法的应用，余明阳、陈先红、雷鸣、姚慧丽等将创造技法与广告结合进行了有益的探索，等等。

关于创造技法的研究理论颇多，在此不作赘述。当前，创造技法作为中国创造学发展的重要内容之一，已在一些企业生产、大中专院校教学中得到应用，为培养与开发部分人群创造力发挥着不可或缺的作用。

第二节　中外创造学理论研究主要方法分析

人类生产实践有一定的方法，科学理论研究也有着自身的研究方法。创造

① 杨德：《创造力——企业制胜的秘密》，电子工业出版社1993年版，第3页。

② 肖云龙：《脱颖而出——创新教育论》，湖南大学出版社2000年版，第279页。

学研究同样遵循着方法论要求，从创造学交叉性与实践性学科性质看，以不同视角应用多种方法研究创造学相关内容，为更好地培育与开发人的创造力提供了多维思路。

一　国外创造学理论研究主要方法

创造力观念的形成与创造力概念内涵的探索首先出现在西方，因此，国外创造学研究的方法较早，也较为丰富。从当前国外创造力研究的方法看，主要有“心理测量法、实验法、传记法、历史测量法与生物测量法”等已经较为成熟的研究方法①。

（一）心理测量法

心理测量法是国外创造力研究的主要方法之一，也是最早使用的方法。因为国外关于创造力研究与智力研究紧密联系在一起，所以创造力研究借用了智力研究的方法。自高尔顿时期至1950年期间，创造力研究处于心理学研究环境之中，尤其是以高尔顿从心理学角度开创创造力研究为标志。创造力研究是在智力研究的襁褓中诞生的，因为高尔顿开创了“个体心理学”这一领域，并以此为基础研究个体之间的差异性。实际上，这也成为后来现代创造力研究的一个依托。关于对创造力的测量，高尔顿在《人类才能的研究》一书中就鲜明地提出了自己的主张。在18世纪，比奈、亨利就已编制了发散性思维测验。吉尔福德关于创造力的就职演说，进一步推动了创造力研究新局面，以心理学为基础的创造力测量推广至不同人群个体中，从而形成了创造力研究的多视角。阿马拜尔、托兰斯等在这方面也做出了较突出的贡献。

心理测量法是研究创造力的常用方法，该方法是研究创造力的基础，主要应用于创造力研究的特定方面，包括“创造性过程、与创造力相关的人格和行为特征、创造性产品的特征，以及培养创造力的环境的属性”②。创造性过程的测量主要是依据发散性思维测验来进行的，其在创造力心理测量中占有极其重要的地位。其中，最具代表性的心理测量方法是吉尔福德的智力结构（SOI）的发散性产品测验、托兰斯的创造性思维测验（TTCT），沃拉克与科甘、盖茨尔斯与杰克逊等人的测验。

对人的创造力测量主要是使用设计的工具，包括团体调查表、发现兴趣的

① 本节内容主要参考罗伯特·J. 斯腾博格《创造力手册》，施建农等译，北京理工大学出版社2005年版。

② ［美］罗伯特·J. 斯腾博格：《创造力手册》，施建农等译，北京理工大学出版社2005年版，第32—33页。

团体调查表、你是哪种人等，来测量创造性的人的过去行为、个性特征与成绩等。创造性产品的测量方法较少，主要是因为测量创造性产品较为复杂，如创造性产品语义量表、学生作品评估表、阿马拜尔的同感评估技术等。

创造性环境的心理测量最早出现在技术与创新管理领域中，后来发展到心理学、教育学与其他社会科学领域。其中主要方法有斯腾博格与卢伯特的投资理论、鲁宾森与伦克的心理经济学理论的归因观点与阿马拜尔的组织创新管理方法等。当然，关于创造力心理测量的方法较多，但就创造性成果来说，目前仍没能区分创造力内部因素与外部因素的作用。

（二）实验研究法

实验研究法的核心问题是："它能在多大程度上捕捉到创造力的各式各样的影响因素和多样化的表现形式？这个问题尤其重要，因为它是不可能在单个实验中论及的问题。"① 可见，实验研究的复杂性。因此，对实验研究在操控与控制两个方面要求的标准更高，也不是仅有的因素。在实验研究最新的进展中，则有以下方法：

操控信息和策略。主要表现为开放式任务的指导语，即在解决问题之前给被试者提供信息，海曼在这方面做出了开创性的研究。实质上，这是一项发散性思维的研究，让个体依据导语更多地提出解决问题的办法。后来，哈林顿、伦克、艾森曼、哈里斯等均作了相关研究。验证了外界导语对个体创造力有着一定的影响。马丁林与考夫曼从策略的角度对分析性和探索性问题进行了研究，提出了个体解决问题策略具有差异性。

操控问题。即被试者是如何通过获得外界信息来解决问题的。其中主要形式有：一是操控音频、视频与文本信息。如让被试者与收音机、电视、文本直接接触，而获得对问题的解决。二是顿悟。这方面贝克—塞尼特与塞西对创造性思维"跳跃"进行了研究。三是操控特征与结构。即对范畴与概念进行重构来产生新的解决更多样例的范畴。鲍夫曼与莫姆福特进行了相关研究。四是直觉。鲍尔斯等认为直觉能够引导个体去探索既定问题，而且有助于创造性解决问题。

操控心智、意象与知觉。实际上，这是对前语言加工过程所进行的实验研究方法。如罗森伯格提出的检验双面加工过程、共位空间加工过程等方法与创造力的相关性。芬克提出的前发明形式在创造发明中的作用，即是对一特定产品形成概念之前产生的想法与意象。

---

① ［美］罗伯特·J. 斯腾博格：《创造力手册》，施建农等译，北京理工大学出版社 2005 年版，第 47 页。

当然，在实验研究方法中，如霍皮、凯尔及史密斯等对情感影响创造性成果进行了研究，马丁戴尔与格里诺夫通过控制噪声水平研究唤醒对创造性思维的影响，卡索夫等通过改变噪声研究注意力与创作的关系，阿马拜尔、高尔德法布与布拉克菲尔德等将“合作”与“监督”作为影响因素，研究了内部动机与创造性活动的相互关系。虽然这些实验研究不具有普遍性的原理，但在一定条件下，启发了我们对创造力的认识。

（三）个案研究法

从系统进化角度，通过对个案考察，来发现多种因素在人的创造力发挥过程中的作用，也是十分必要的。霍华德·E. 格鲁伯、多里斯·B. 华莱士等对这方面研究的观点进行了梳理。他们认为进行个案研究必须遵循三个指导思想，即“创造性人物是独特的，发展的变化是多维度的，创造性人物是一个进化系统”①。在实质上，这三个方面也是一种方法。

自吉尔福德演说提出研究创造性人物的能力、其他特征的测量法与因素分析法之后，吉尔福德、奥奇斯、威斯伯格以及马克斯·韦特海默等对创造性人物进行了深入研究。其中马克斯·韦特海默关于个案研究最具有代表性。他在《产生式思维》一书中，阐述了 7 个案例，其中研究了高斯、伽利略与爱因斯坦等最具创造性的人物，主要是探索了他们是如何“提出问题与解决问题”过程的。其是基于格式塔心理学进行的研究，尽管还有许多问题悬而未决，但毕竟刻画了创造性人物在情景中的转换模式。

关于个案研究的一个重要方面就是从系统角度揭示人与环境的关系。奇可森特米海依认为“发展中的环境”对个人创造性成长及创造性成果产生很重要。格鲁伯在《达尔文论人类：对科学创造力的一项心理学研究》一书中，从“主流意识形态”“家庭背景”“达尔文与教师的关系”等多方面，探索了达尔文创造性思维成长的过程。费尔德曼、奇可森特米海依与加德纳等的工作，则用三分法研究了人与环境的关系，即将“领域、专业与人”作为一种常用的方法。当然，个案研究中的“情景”与“本质”是不能混为一谈的。

个案研究中的另一个显著方法就是多面性研究。因为创造性工作是多面性的，所以研究者应从个体的整体出发，如从个案的独特性、思维模式、蝉腹龟肠的目标与事业方向、信念、情境等方面，来尽量全面把握创造者的多维度。本质上，关于个案的多面性研究是对创造性人物在“知识、目的与情感”系统中的整体认知。

① ［美］罗伯特·J. 斯腾博格：《创造力手册》，施建农等译，北京理工大学出版社 2005 年版，第 73 页。

（四）历史测量法

历史测量法是国外创造力研究的又一重要方法，它撇开了对单个人创造力研究，而是立于历史境遇中，对多个创造力个体的考察。蒂恩·K. 西蒙顿对历史测量法作了历史性总结，并提出了自己的看法。他认为所谓历史测量法，即“对历史人物的资料进行定量分析，以检验人类行为普遍规律的假设的科学方法”①。历史测量法主要是从三个方面进行研究，一是对大量创造性人物进行检验，意在寻找人类行为的普遍规律；二是使用量化分析法从定性研究到定量研究的转化；三是测试对象是具有创造性的历史人物，当然也包括健在的创造性杰出人物。可见，历史测量法，是以定量与普遍规律的方式来使用历史数据的独特方法。

历史测量法是科学研究创造力的最古老方法。比利时的奎特里特在《人论》一书中，最早提出了在人的一生中，创造性产生具有波动性的结论，特别研究了作品与年龄曲线函数关系呈单峰现象，且作品质量与数量相关性很强。此后，乔治·M. 比尔德也得出同样的结论。然而，这种研究方法并没有形成历史连续的镜头。直到高尔顿于1869年出版《遗传的天才》一书，使用了历史测量法对杰出人物进行了家族谱系的研究，实质上，就是关于特殊创造力的研究。因此，高尔顿被赋予了“历史测量学之父”的美誉。其后，瑞士植物学家坎多勒、美国心理学家詹姆斯·麦克·卡特尔、弗里德里克·伍兹、凯瑟林·科克斯等对历史测量法作了深入探索。其中凯瑟林·科克斯在这方面做出了卓越性贡献。由此，历史测量法成为研究杰出人物创造力最为有效的方法。

在历史测量法中，有三种观点最能主导其研究，即以历史的视角关注创造力的发展、差异与社会基础。首先是杰出创造力的发展心理学研究。这主要体现在两个方面：一是创造力基础，以高尔顿为派系的研究者从“出生顺序、智力早慧、童年时的精神创伤、家庭背景、教育和特殊训练与角色榜样和导师”等方面，应用历史测量法对杰出创造力进行了研究。二是创造力表现，创造性贡献与年龄之间变化的关系，也是该领域研究的话题之一。哈维·C. 列曼以毕生精力投入到这方面的研究之中。从这两个方面的研究中可知，在创造者的人生中，创造力具有变化与可预测的双重性。其次是超常创造力的差异心理学研究。这主要体现在三个方面：一是创造性生产力的行为与创造性产出的差异；二是创造性活动与创造性作品和受推崇程度的差异；三是妇女创造性

① ［美］罗伯特·J. 斯腾博格：《创造力手册》，施建农等译，北京理工大学出版社2005年版，第96页。

成就，以及创造性天才与精神病理学关系。最后是杰出创造力的社会心理学研究。具有杰出创造力的人物是在一定的社会背景下产生的，不是封闭或孤立于社会的。因此，创造者的最初想法必然要与他人进行交流，所以也要受到其他社会因素的影响。其中“文化、社会、经济与政治”等，是影响一个青年创造者成长环境的最基本因素。

历史测量法是关于创造力研究的科学方法之一，尽管历史测量法还有待于进一步完善，但历史测量法通过大量文献所获得的许多结论也得到部分实验的验证，历史测量法为我们理解、培育、开发与应用创造力拓展了视野。

当然，国外创造力研究还有其他方法，如生物学法、计算法与情境法等，在此不作赘述。总之，这些方法从量、质、环境、生活故事与思维活动等方面为我们认知与研究创造力提供了方法论上的指导。

二　国内创造学理论研究主要方法

创造学研究的核心是创造力，在某种程度上，创造学等同于创造力，因为创造学的一切理论体系与实践活动无不以创造力为核心而展开。因此，就中国创造学理论研究的方法来说，实际上，也就是采取什么样的方法来研究人的创造力，并将所得出的一般性结论应用于中国不同人群创造力的培育与开发中。中国创造学著名专家傅世侠、罗玲玲于2000年出版了《科学创造方法论》一书，深入论述了创造学理论与实践研究应采取怎样的方法，同时，也对中国创造学研究方法提出了建设性的意见，书中所阐述的相关论点为后来中国创造学研究提供了有益的借鉴。以下对中国创造学理论研究所应用的方法作一简略分析。

（一）综合法

从当前我国创造学理论研究所应用方法总体现状看，在大多数创造学专著中较多地应用了多种方法，即从心理、实验、人物传记、历史与文化等多方面，来揭示创造力的相关因素。因此，在一部创造学专著中，其应用了两种及以上的研究方法，就可称之为采取了综合研究法。在我国所有冠以《创造学》的书名中，无一不是从历史的角度对创造学领域所涉及的创造、创造力、创造思维、创造过程、创造方法与创造人格等主要内容进行了梳理，同时，又通过个案进一步阐述学习者对每一具体内容的认知与理解。如傅世侠、罗玲玲在《科学创造方法论》一书中同时采取了多种研究方法。在绪论篇中主要应用的是历史回顾与个案法，对创造学的历史脉络及相关概念进行了厘清，在评析篇中主要应用的是个案与比较法，对高尔顿心理学、格式塔心理学、精神分析心理学与人本主义心理学进行了系统的解读，在结语篇中主要应用了历史比较法，对中西传统观念、思维方式与心理特征等方面进行论述。肖云龙在《创造学》一书中，对创造学主要内容的整个历史进程进行了评析，为清晰地阐明创造的含义，以日本建筑大学的教授白川英树为例来说明他是怎样发现“导电塑料”① 这一科学过程的。创造学作为一门交叉学科，在研究过程中，综合法的应用是其学科性质的必然反映。综合法的应用为该学科研究提供了不同的思路，能较全面地把握本学科所涉及的相关术语与概念的内涵。

从方法论角度看，本质上，这些方法在创造学理论研究中的综合应用，是对现有方法的继承，并没有形成独特的中国创造学理论研究方法，为此，就创造力研究方法的原则而论，应用“分析性与整体论相结合、一元论与多元论相结合以及自上而下的研究与自下而上的研究相结合”② 的总体思路，不仅是世界创造学研究的方法方向，也是中国创造学研究方法的必然要求。

（二）心理学理论方法的应用

心理测量法是国外创造力研究的根本方法，自中国引进创造学理论以来，心理学方法在创造学研究中受到一定程度重视，也得到了相应应用。尤其是在创造学理论探索与创造力培育与开发中，心理学相关理论与方法亦成为中国创造学研究不可忽视的方法之一。

自 20 世纪 90 年代起，中国创造学研究在应用心理学方法上得到了较大发展。一批创造学专著的问世，展示了创造学与心理学的联姻趋势。1990 年林松翔出版了《科学艺术创造心理学》一书，其以创造主体为核心，阐述了“科学艺术创造力内在结构与心理学”的有机关联性。作者从创造主体与创造力结构切入，深刻剖析了创造主体多种心理要素，将智力因素与非智力因素作为分析创造力主体心理要素的视角，同时以思维活动为枢纽对创造主体的思维进行较全面的探索，并将非逻辑形式的诸多要素贯穿到创造主体的创造性活动中进行分析等。由此可见，其是以心理学原理来把握创造主体的创造性过程的。诚如作者所言：“力求扎深扎牢全书的心理学根基，比较全面地提供创造主体创造活动过程中涌现的各种现象的心理学依据”③。可见，作者力求从心理机制揭示人的创造力的初衷。

我国台湾学者郭有遹在其专著《创造心理学》一书中，亦较全面地阐述了创造力测量、过程、方法与心理学之间的紧密关系，认为创造心理学“是以心理学为中心而综合文化人类学、社会学、教育学以及生理学等对创造研究

---

① 肖云龙：《创造学》，湖南大学出版社 2004 年版，第 16 页。

② 傅世侠、罗玲玲：《科学创造方法论》，中国经济出版社 2000 年版，第 716—720 页。

③ 林松翔：《科学艺术创造心理学》，福建人民出版社 1990 年版，第 4 页。

的成果的一种行为科学”[①]。可见，创造主体心理认知强度对其外在创造行为的基础性作用。同时，可以看出影响创造的多种因素是以心理学为核心的融通。我国汉字专家孔刃非在其出版的《汉字创造心理学》一书中，应用心理学相关原理阐述了我国汉字创造的民族心智历程，又为我们开示了心理学原理在创造性行为中的意义。其从大心理认知角度，认为汉字创造的心理特征表现为：“汉字是人类进化的直接心理现实、汉字的创造积淀了民族的文化心理特征与汉字创造积淀的民族情感特征。”[②] 由此，揭示了汉字创造的民族文化与心智全息历程。

当然，在我国创造学研究中，周昌忠、王极盛、刘克俭、陶国富、张相轮、陈尚云、王灿明、张文新等，亦专门应用心理学原理与方法探索创造学理论。总之，心理学理论方法在我国创造学发展中的应用，产生了显著的理论成效。

（三）社会历史测量法的应用

社会历史测量法也是国外创造力研究的重要方法之一。中国创造学理论研究中也自觉地应用了该方法。显然从社会历史角度考察具有创造力人物的综合情况、考察创造发明的案例情况、科技发现与发明故事，不能再现该创造主体创造时的生动情景，但从对创造主体研究的相关情况中，也会对当前创造力研究提供些许借鉴。

2001 年由孙智昌主编的《创造发明 1000 例：发明大王》系列普及读本，虽然是以故事出现，但其从数学、物理、化学与生物等不同视角展示了多领域中独领风骚的巨匠们，是如何捕捉创造力智慧的。如物理卷中介绍了开普勒三定律的发现、永动机的失败教训、摩擦定律的发现、电磁感应现象的发现、望远镜和显微镜的发明等物理学的创造发明。化学卷中介绍了古医药化学家们的发现、一根火柴得来不易、一个化学式的来历、化合价的确定、分子是怎样聚集的等化学方面的创造发明。从一个个鲜明的科学发现故事中，让人感受创造力的微妙之处。如柏万良在其所著《创造奇迹的人们：中国“两弹一星”元勋》一书中，生动、真实地展示了于敏、王大珩、王希季、朱光亚、孙家栋、吴自良、杨嘉墀、周光召、钱学森、邓稼先、钱三强等 23 位“两弹一星”元勋们的学习、工作与生活。科学家们对民族的真情、对事业的认真、对工作的责任与对人民的关爱等，激发了他们奋发创新的热情，促发了他们对创造、创新的深入领悟，彰显了他们创造力极致的境界。如钱学森所说：“科学没有国

① 郭有遹：《创造心理学》，教育科学出版社 2002 年版，第 11 页。

② 孔刃非：《汉字创造心理学》，线装书局 2008 年版，第 23—27 页。

界，科学家有祖国。”① 正是这样的信念让他以充沛的精力，把建设祖国的创造力发挥得淋漓尽致。

谷传华在其专著《社会创造心理学》一书中，选取了中国近现代历史上30位具有影响的领袖人物，对他们创造性人格及人生旅途进行了研究，揭示出领袖人物所具有的创造性人格特质，阐述了这个特殊群体成长过程中多种因素对形成创造力的重要影响。在研究的方法论方面，作者以心理学为基础，同时融历史测量法与心理学方法为一体，得出历史性、规律性的结论，为当前创新教育提供了不可多得的参考价值。

总体看，在我国创造学研究中，从社会历史视角探索创造力的方法也刚刚起步。如方州主编的《小学生培养创造力的500个科学故事》，陈宇等编著的《世界著名的600个发明发现》，谢燕春等编写的《100个发明创造的故事》，文景编写的《激发创造灵感的108个发明发现故事》，纪江红主编的《中国孩子最想知道的世界100伟大发明发现》等，紧密地结合生产实践，将创造性人物相关生活、学习及思考与科学发现发明有机融合在一起，为进一步探索创造力培育与开发提供了有益的参考依据。

（四）实验法的应用

实验法研究创造力是国外又一主要方法，本质上，实验法的应用与发展，有效地揭示了创造主体创造力由内到外的整体形式。即创造主体内心世界的创意，最终是以外在思想观点、语言文字、设计方案、实施规则、物化产品等形式表达出来。在国外实验法主要是直接通过对创造主体进行实验，得出相关结论。而在我国创造学研究中，主要从理论上对实验方法完整、系列的深入探讨，同时，将这些方法应用于开发创造力的实践中。

1997年李嘉曾出版了《创造学与创造力开发训练》一书，在探索创造学相关原理的基础上，从创造力的“主体因素、外部条件、基本原理与实践要求”② 等方面，深入分析了开发创造力一系列方法。在精选国外创造力测验法的基础上，编制了符合中国创造力开发训练的方法，在教学实践中收到良好效果。罗玲玲在《创造力开发》一书中，系统地阐述了创造力开发与训练的方法，重点讨论了创造性思维训练方法与创造技法。这些研究一则是对已有创造力开发实验与经验的总结，二则是从理论思维角度进一步对创造力实验方法的理性认知，以在其后能有效地应用这些方法。正如作者所言：“……人为什么

---

① 柏万良：《创造奇迹的人们：中国“两弹一星”元勋》，湖北教育出版社2001年版，第174页。

② 李嘉曾：《创造学与创造力开发训练》，江苏人民出版社2002年版，第163—221页。

能创造……人怎么样才能做出创造?"[1] 这里正蕴含着作者寻找创造力体现的实验途径。为进一步探索实验方法在不同创造主体中的应用，其先后出版了《创新能力开发与训练教程》与《大学生创造力开发》专著，从创新思维训练、创造性解决问题训练、技术创新、工程创新与创意产业等层面，专门探究了企业创新与大学生创造力开发的方法。在这些文献中记载的方法，凝聚着作者们经过多年教学实践的总结，为以后开发不同创造主体的创新力起到了抛砖引玉的作用。

当然，关于创造力开发的实验方法研究，已在许多领域中形成了不同观点。如我国创造教育家刘道玉亦提出了一系列创造性思维训练方法，以达开发人的创造力。熊汉富从企业管理角度探讨了创造力开发的方法。夏昌祥、鲁克成从高校创新角度探索了创造力开发的独特见解。吴进国探讨了新形势下军事创造力开发的方法等。所有这些创造力开发的方法探索及其在不同领域中的应用，已构成我国创造力实验方法探索的重要内容。

（五）特色方法的探索与运用

国外创造力研究方法的引入与应用，有力地推动着中国创造学发展，在创造学领域发挥了巨大的传播作用。中华民族作为世界优秀民族之一，也有着自己独特的文化思维，一是中国现代社会马克思主义文化的发展，二是中国优秀传统文化传承创新的发展。这两种文化思维已构成当今中国文化思维特色之主流。因此，国外创造学相关理论一旦引入就要与中国文化思维特色相结合，并扎根于中国文化沃土中，从而形成中国创造学独特的研究方法。

一是马克思主义思维观在中国创造学研究中的探索与应用。我国著名创造学家甘自恒教授将马克思主义基本原理与中国创造学研究有机结合起来，将马克思主义博大的创造观引入中国创造学发展中，从而增强了中国创造学理论的内蕴。马克思主义思维观在中国创造学理论研究中的应用，为中国创造学理论探讨注入了无限生机。

1986 年《创造与人才》杂志 4—6 期连续刊载了《马克思主义是富有创造性的学科》一文，深刻论述了创造性是马克思主义的有力源泉，同时，指出"创造性是人的最高层次本质属性的新论点"[2]。事实上，这为其后来探索中国创造学奠定了初步的马克思主义理论思维方法。1988 年《新华文摘》转载了《邓小平同志的创造哲学初探》一文，从创造哲学角度探讨了邓小平大无畏的创造勇气、远见深邃的创造战略与实践创新的创造原理。1995 年在《邓小平

① 罗玲玲：《创造力开发》，湖南大学出版社 2002 年版，第 3 页。

② 甘自恒：《创造学原理和方法——广义创造学》，科学出版社 2010 年版，前言第 2 页。

创造哲学理论体系初探》一文中，从八个方面构筑了邓小平创造哲学的理论体系。1997 年发表《邓小平创造哲学的协调发展论》一文，阐述了邓小平创造哲学“协调发展论产生的新条件、协调发展论的新论点与协调发展论的新方法”① 等重要观点。2000 年出版《邓小平理论的创造性》一书，作者从改革开放、民主法制、统一战线与文艺观等方面论述了邓小平创造性思想。2009 年出版《中国化马克思主义创新论》一书，作者主要研究和概述了“毛泽东思想的创造观、邓小平理论的创造观、‘三个代表’重要思想的创新观、科学发展观的创新观”② 等。

这些成果完全体现出马克思主义创造思维方法论在中国创造学理论研究中的应用，这一马克思主义理论创新思维方法集中反映在《创造学原理和方法——广义创造学》一书中，其以马克思主义创造思维观勾勒出一套马克思主义创造学原理体系。其认为：

> 所谓马克思主义理论创新，是指马克思主义者（或者他们的群体）把马克思主义的基本原理与某个国家、某个领域的实际以及时代特征相结合，运用马克思主义的立场、观点和方法研究历史实际，总结历史经验和教训，提出新论点；或者批判地继承和发展前人的理论、观点；或者研究现实生活中的重大问题，总结人民群众实践的新经验，抽象上升为新理论、新战略、新政策；或者面向未来，超前研究不断出现的新情况、新问题、新趋势，跑到实践前面，提出有预见性的、科学的新理论、新构想的这样一些创造活动。③

由上可见，甘自恒教授对马克思主义理论创新的认识，具有宏大的视野。从个体到群体、从马克思主义基本原理与具体现实的结合、从历史方法与经验教训的认知、从现实问题到未来远景的预见等方面，清晰地描绘出马克思主义创新思维观。在这样一种理论创新思维观指导下，中国创造学发展必然呈现出生机盎然的局面。

二是中国优秀传统文化传承创新思维观在中国创造学研究中的探索与应用。中国文化在孕育中国创造学理念中产生着重要作用。我国著名创造学家刘仲林深谙中国优秀传统文化的智慧，综合考究了中国优秀传统文化传承与创新

---

① 甘自恒：《邓小平创造哲学的协调发展论》，《广西社会科学》1997 年第 3 期。

② 甘自恒：《创造学原理和方法——广义创造学》，科学出版社 2010 年版，前言第 4 页。

③ 同上书，第 173 页。

的脉络，承接张岱年先生“综合创新”思维，将中国创造学研究纳入到中国文化视域中。其以中国优秀传统文化为底基，以西方创造观念为契机，以创造文化为轴心，顺理成章地构筑出一幅中国创造学发展的新理路。

1999年作者出版了《古道今梦》三卷本（《新精神》《新认识》与《新思维》），对中华传统文化作了现代性再认知，从中华优秀传统文化中深析出具有现代创造性思想。作者对中华传统精神的存在、缺陷、价值、源泉等方面的追思与分析，从而得出中华精神之本在于“创造”的显著结论，将人的本质与“创”内在地关联起来。正如作者所说：“人质本在创，巍巍新精神。”[①] 在《新思维》卷本中，认为中国传统思维与现代科学发展有着必然之联系，通过对中国传统思维存在的方式、应用的方法与科技艺术关系的分析，从而提出中国传统思维向现代思维转化，以及意象思维与概念思维形成互补的有机模式。这一思维模式对中国创造学研究产生了重要启示。

2001年出版了《中国创造学概论》一书，从总体上看，该书是将中华传统文化与创造学结合的一个完美展现。从西方创造技法的分析、中西方创造思维的结合与中国创造学至境“创”的归宿三大方面，以完整的逻辑思路展示出综合创新文化的精深妙义。即中国创造学是以“成物、成思、成己”[②] 为逻辑结构的逐步提升。为进一步深入探索中国传统文化与创造理论研究的微妙义理，2007年出版《中华文化人生亲证》一书，从儒、道、禅、创四个维度，深入浅出地探讨了中华文化境界与人生创造的精致关系。诚如张岱年在该书序中所说：

> 刘仲林同志开设“中华文化精修入门”课程，引导同学对中华文化的历史内容进行比较细致的钻研，编著《中华文化人生亲证》，对中国古典哲学中的儒、道、禅、易及创新之论的精要观点，加以诠释、发挥，写出亲身体会，引导同学深刻认识中华文化的主要含义，进而觉悟创造人生，这是有重要意义的。[③]

刘仲林先生对中华文化的精深追求，主要核心是“道”的体认，关键是如何落实在人生亲证上。其以“儒、道、禅、易”为中华文化的切入点，探讨如何实现“生生日新”的文化转型轨迹。立于中华文化新形态，将“创造

---

① 刘仲林：《新精神》，大象出版社1999年版，第203页。

② 刘仲林：《中国创造学概论》，天津人民出版社2001年版，第11页。

③ 刘仲林：《中华文化人生亲证》，华中科技大学出版社2007年版，序页。

之道”作为中华传统文化与现代人生转化的接榫点，引导大众自觉建构“真的心窗，善的家园，美的境界，创的人生”的圆融境界。可见，其不仅有着渊深的学理思想，而且还有着极强的民族创新观。

刘仲林先生对中华优秀传统文化思想中创造灵魂的挖掘，不是简单地停留在理论探索上，而是结合中华优秀传统文化实践特点，在中国科学技术大学开办“中华文化大学堂”实践活动。在此基础上，2009 年相继出版《中华文化精修入门》与《亲证中国哲学大智慧》两部专著，有力地见证了通过对中华文化的感悟，而呈现出人生创造的丰富画面。从中华文化“综合创新”思维观出发，探索中国创造教育思想，在中国创造学研究中形成了独树一帜的特色。

第三节 中外创造学研究主要理论基础与学派分析

任何一门学科发展都有其自身的理论基础，创造学诞生与发展也自然遵循着这一学术长河的规则。从整个人类历史看，创造体现着人类生产与生活的主体氛围，没有创造就没有人类的一切。据现有资料显示，注意到创造思维之相关要素，并将其引入人类思想进行理性认知的活动，距今有 2500 年左右的历史。但“现代创造学”这一称谓则出现在 20 世纪三四十年代。因此，本节所论创造学研究的理论基础与学派主要是就现代创造学发展阶段来考察的。

一 国外创造学研究主要理论基础与学派

从学理层面看，创造学是一门极强的交叉学科，因此，创造学理论研究涉及“哲学社会科学、自然科学与交叉科学”等广泛的学科领域。但从国外创造学研究的核心层面，即创造力研究看，主要关涉的是心理学领域，并以此为基础而形成了不同的创造学派。

（一）国外创造学研究的主要理论基础

国外创造学基础研究主要发端于心理学领域，应用心理学研究的理论与方法来探索人的创造力的产生过程及其成果，已成为国外创造学理论研究的重要标志。

（1）欧、美创造心理学探索。尽管现代创造学诞生于美国，且已成为公认的事实，但关于创造学早期的理论思想与观念却不在美国。依据现有创造学理论源流而论，心理学被认为是创造学的原始母体。基于此种认知，不管是在学理建树方面，还是在历史文明积淀方面，欧洲首当其冲。因此，从心理学领域来追溯创造力研究的理论基础，欧洲理所当然领先一步。

英国的高尔顿被誉为“创造学研究的开山鼻祖”①，当之无愧。因为高尔顿开创的“个体心理学”为现代创造学关于“个体创造力研究与开发”奠定了基本的理论前提。正如美国心理学家 J. P. 查普林、T. S. 克拉威克所说：“那些判定测验效度和信度的现代技术以及各种因素分析方法都是高尔顿的发现所直接派生的产物。”② 实质上，查普林与克拉威克的高度评价，更坚信了高尔顿心理学理论与方法对现代创造学研究的重要影响。在方法上，高尔顿注重实验方法的同时，还将数理统计方法应用于对个体“差异”的研究，即定量研究人与人之间才能问题。通过对人的心理定量差异的研究进而揭示出人的创造才能间的差异。傅世侠、罗玲玲认为，因为高尔顿十分重视量化分析手段的应用，所以其所采取的调查统计、测验评估以及因素分析等方法，奠定了创造学发展的原始基础。

德国出现的格式塔心理学（Gestslt Psychology）也与创造学产生了不解之缘，主要学派人物有 M. 韦特海默、K. 考夫卡与 W. 林勒等，其中 M. 韦特海默关于创造性思维的研究直接是建立在格式塔心理学基础之上的。格式塔心理学强调意识整体性与现象性研究，而这两点是以知觉现象研究为基点的，同时，又与顿悟发生必然之联系，而这正是创造性思维的重要体现。M. 韦特海默在这方面做出了卓越贡献，其重要观点体现在《创造性思维》（*Productive Thinking*）一书中。韦特海默从诸多著名的案例中，深刻地阐述了创造性思维完整形态。如从求解平行四边形面积、伽利略与惯性定律的科学发现及爱因斯坦相对论创立的过程等方面，自始至终强调思维过程整体性与思维的格式塔原则。实际上，这也导致出韦特海默关于格式塔心理学研究的最终结论，即“创造性思维的动力学与逻辑”③ 的重要意义。

奥地利精神病医生 S. 弗洛伊德创立的精神分析学并没有直接研究创造及其思想，其创造观主要是通过对艺术及艺术家的人格或动机的研究而体现的。倘若从人类文化角度看，精神分析学无疑与创造学产生着必然之联系。尽管精神分析学有着时代的局限性，但弗洛伊德在《精神分析引论》一书中所肯定的两个最基本的信条：潜意识与性本能，为“人类心灵”最高文化的创造奠定了基本思想。尤其是对“潜意识、无意识与梦”等方面的探索，对后来创

① 傅世侠、罗玲玲：《科学创造方法论》，中国经济出版社 2000 年版，第 103 页。

② ［美］J. P. 查普林、T. S. 克拉威克：《心理学的体系和理论》，林方译，商务印书馆 1984 年版，第 209 页。

③ ［德］韦特海默：《创造性思维》，林宗基译，教育科学出版社 1987 年版，第 214 页。

造学关于创造性思维的研究产生了重大影响。同时，弗洛伊德从“本我、自我与超我”的人格结构到“一切创造艺术……便都是使力比多能量得到转移的‘升华作用’的产物”的信念，对现代创造学关于无意识动机研究具有重要的启示作用。

C. 荣格也从精神分析学角度出发，对弗洛伊德的观点进行了批判性继承与发展。尤其是在人格结构理论研究方面，荣格作了重大修正，其认为人格结构由“意识我、个体潜意识与集体潜意识”三部分构成，是一个相互作用的系统。其中关于阿妮玛和阿尼姆斯（Anima－Animus）观念的引入“对后来乃至当今关于创造性人格特征的研究产生了深刻的影响。”① 在荣格分析心理学中，创造被引入到人格发展中的意义地位，这一观点影响到后来人本主义心理学关于创造问题的探索。同时，他对“意识或自我”的研究主要是用以说明人的创造与动力问题的。总之，虽然精神分析心理学并没有对创造学作过专门研究，但其中所应用的心理学范畴及其观点，为现代创造学研究储蓄了不可或缺的理论准备。

美国心理学发展直接孕育出现代创造学的生命。在美国心理学发展中，机能主义心理学成为美国各种应用心理学学派的重要理论源头，其中，高尔顿关于人的心理能力与外界环境相适应的观念，曾被认为对美国机能主义心理学发展产生过重要影响。但在美国以马斯洛为集大成者的人本主义心理学发展形成了独特思想，在心理学界占据着重要地位。其所提出的“生理需要、安全需要、归属和爱的需要、自尊和受尊重需要与自我实现需要”等五层次说，无一不与人生的创造产生了紧密联系。在自我实现方面，马斯洛认为所有正常的人都具有创造力或创造性，“它几乎是人性的一个根本特点，即一切人与生俱来的一种潜力”②。由此可见，马斯洛认为人的本性乃是创造性。首先，马斯洛认为原发性创造是潜藏于深层自我或无意识之中的，继发性创造是以原发性创造为基础的。其次，从无意识与有意识方面，区分了创造性思维与创造过程的原发性与继发性。最后，马斯洛从一般人的创造性培育、意识与无意识的协调关系及教育等方面，探索了如何培育富有创造性的人的路径。

另外一位美国著名创造心理学家，阿瑞提（S. Arieti）曾认为“心理机制通常处于心灵的深层”。由此，他在《创造的秘密》一书中，深刻地剖析了创造过程与创造产品的差异，认为创造产品具有新与崇高的特征，而创造过程则没有。因为在很大程度上，创造过程是“由古老的、不再使用的和原始的心

① 傅世侠、罗玲玲：《科学创造方法论》，中国经济出版社2000年版，第186页。

② ［美］A. H. 马斯洛：《动机与人格》，许金声等译，华夏出版社1987年版，第179—204页。

理机制所组成。这些心理机制通常处于心灵的深层，隶属于弗洛伊德称为原发过程的领域"①。当然，自 20 世纪 50 年代起，以吉尔福德发表演说为标志，在心理学领域再次广泛开展了创造力研究。尤其是对创造力研究方法、起源、自我与环境及创造力与文化等方面的专题研究，取得了突破性进展。

（2）日本创造心理学探索。随着创造学思想及其相关学说观点传播到日本，日本创造学也呈现出活跃的探讨气氛。从创造学理论基础看，尽管有少数学者，如稻毛金七论述创造教育的哲学观、汤川秀树论述中国文化对其取得创造性成果的重要意义等，但日本大多数创造学者都是基于心理学领域，而展开对创造学相关因素的研究。

从早期翻译与出版的创造学专著看，有弗洛伊德的《梦的解析》、里鲍尔的《创造的想象》、布朗恩的《发明的心理》、沃勒斯的《思考的艺术》、园赖三编的《艺术创作的心理》等。这些以心理学为基础探索创造的专著为日本后来创造学发展奠定了必要的理论基础。恩田彰、马场谦一、中松义郎等在这方面研究具有突出的代表性。其中恩田彰所著的《创造性心理学——创造的理论和方法》一书，较全面地反映出以心理学理论为基础，探索创造学的心路历程。全书由"创造性的特点、创造性教育的探索、创造的方法与创造性的面面观"四部分构成，"内容彼此衔接、互相补充，从不同的侧面涉及了创造性心理学的基本问题和创造方法，特别着重于实际应用方面"。② 诚如作者探讨了日本人左右脑的认知机能、冥想、感情、思考力、专心致志等与创造性的密切关系。在创造方法上，作者尤其提出"集体思考法"对产生创造性成果的重要作用。

马场谦一同样从心理学角度深刻揭示了创造诸多要素的重要意义。在其编著的《创造性与潜意识》一书中，以心理学相关理论为主线，从不同角度探索了心理与创造性的关联性。如小见山实、小山右人探讨了现代艺术家的心理与创造性的关系；高江洲义英以案例探讨了音乐家的创造性；中野久夫从连环画的精神分析视角探讨了创造性；町泽静夫探讨了艺术家的梦对创造性的影响；山田真理子、岛崎填鹤子探索了儿童的心智与创造性的关系等。总体看，日本创造学的研究与发展并没有脱离心理学理论的视域。

（3）苏联创造心理学探索。随着现代创造学在美诞生与传播到世界其他国家，苏联便也开始了创造学探索。实际上，在 20 世纪初期，机械工程师恩格迈尔已经开始研究创造学，并提出要建立"创造学"学科。在其后的年代

---

① ［美］S. 阿瑞提：《创造的秘密》，钱岗南译，辽宁人民出版社 1987 年版，第 14 页。

② ［日］恩田彰：《创造性心理学》，陆祖昆译，河北人民出版社 1987 年版，第 256 页。

里，根里奇·阿奇舒勒等一大批创造学者探索了创造规律的路径。但从创造学理论来源看，心理学理论仍是探索创造学相关因素的根本思想，A. H. 鲁克、别克里斯等在这方面探讨具有突出代表性。创造心理学家 A. H. 鲁克于 20 世纪七八十年代，出版了《思维与创造》《情绪和个性》及《创造心理学概论》等专著，这些专著均应用了心理学原理对创造学相关因素进行了有益的探索。作者在《创造心理学概论》一书中认为，创造气氛、创造性集体很重要，但“如果不注意保证心理相容性品质，创造性集体就不可能形成”①。因此，作者从知觉、记忆、思维语言、大脑遗传、环境、刺激、心理测验、创造性潜能、直觉等多视角探索了创造性心理品质。

别克里斯出版了《卓越的人生艺术》一书，该书从智力、心理及生理等方面揭示了人的创造潜力，阐述了发展人的观察力、记忆力、注意力与潜在创造力的科学方法等。A. 米格达尔在其所著的《科学家成功之路》一书中，从科学认识、科学创造心理学、科学的魅力及科学工作发明创造的道路等方面，阐述了自身在科学创造中的切身体验。实际上，依据个人科学创造的感受解释了心理学相关原理在科学创造过程中的外在反映。

总体看，国外创造学理论来源主要是心理学，当然也存在其他理论来源。虽然其他理论对创造学研究有必要的意义，如文化、生物、社会、政治、法律、物理、生态等，但从根本上看，这些最终都不能撇开心理学理论的基础。因为人的心理需求及其在经济社会发展中的目标是万事之基源。因此，不管当代学科如何分化、领域如何精细、社会如何进步、经济如何创新，都终将置于心灵之域。近现代以来基于心理学而探索创造学已是国外创造学研究的突出特点，尤其是以美国创造学研究最为典型。

（二）国外创造学呈现的主要学派

从国际上看，尽管国外创造学以心理学理论与方法为基础，但在创造学发展领域却主要形成了欧美、日本与苏联三足鼎立之势。事实上，不管一个民族或国家如何发展，最终都脱离不了其本有的文化根源。创造学作为一个民族或国家发展的学术领域，也必然受到这一根本文化根源的影响。本质上，这一文化根源所表现出的自身价值观念、政治方向、民族心理归属等，对其学派、学理发展亦有着不同程度的引导力。因此，基于这样一种逻辑思路，不同文化观念下的创造学定然释放出各自特色的学术风格。

（1）欧美创造学学派。欧美在创造学理论与方法上侧重于思维的研究，

① ［苏］A. H. 鲁克：《创造心理学概论》，周义澄、毛疆译，黑龙江人民出版社 1985 年版，第 1 页。

从目前欧美发达国家对人的思维研究现状看，重点关注的是人作为生物意义上的思维反映。他们所使用的方法、仪器、设计的方案等，目标主要集中于验证人的心智创造潜能。在这样的探索理路下，他们必然聚焦于人的心理学领域，剖解创造力生成的生物学意义归因。特别强调思维的自由活动度，因为自由活动的心路是创造的根基与动力机制。由此，在创造学理论探讨方面，欧美以心理学理论为基础来探索创造学。在创造力研究中，目前应用的方法主要有心理测量法、实验法、传记法、生物学法、计算法与情境法等。这些方法的应用最终也没有脱离心理学相关理论的范畴。尤其是自 1950 年吉尔福德演说之后，在心理学领域内，广泛开展了创造力研究，更显明创造力研究与人的思维研究须臾不可分离。

欧美创造学理论与方法在人的思维探索方面，主要从联想、想象、直觉与灵感等方面，深刻剖析了发明创造内心世界活动的场景。这方面的研究尤以美国最为典型，尤其是在美国现代心理学领域更显突出。如心理学家桑代克（1874—1949 年）将联想主义应用到创造心理实验当中，从而创立了联想主义实验法，推动了联想主义新阶段的发展。奥斯本所开创的“头脑风暴法”正是这一方法的实践应用。实际上，茨维基的形态分析法、戈登的类比法等都是以思维自由活动为基础的方法。这些方法在美国受到广泛应用。

（2）日本创造学派。在创造学理论与方法上，日本较侧重思维的实际可操作性，通过对发明创造材料收集、整理，再得出发明创造的可操作方法。从世界范围看，虽然日本从外界引入了现代创造学的思想、理论与方法，但日本并没有完全照搬外来的东西，而是经过认真分析，提取符合其民族文化发展的要素，即把外来文化中的优秀基因融入日本民族自身的创造学理论之中，转接成具有时代特色的创新文化内涵。体现出日本在引入外来创造学理论与思想时，并没有盲从，而是本着兼收并蓄的观念。

“日本引入西方创造方法注重与本国的文化融合”① 的做法，为日本创造技法具有本土特色奠定了深厚的文化内蕴。如市川龟久弥提出的等价变换法，实质上就是对戈登类比法的改进，而开发的一种符合日本人思维的创造技法。再如日本广播公司开发的“NBS 法”、三菱树脂公司开发的“MBS 法”及高桥诚开发的“CBS 法”等，都是在“头脑风暴法”基础上的改进。诚如片方善治所开创的“ZK 法”，其“特点是使解题信息按‘起、承、转、合’的线索发展，由此寻找解题最佳方案”②。这一方法完全具有东方文化的特色，按

---

① 张晶、罗玲玲：《日本创造技法从引入到原创的文化融合之路》，《理论界》2011 年第 9 期。

② 刘仲林：《中国创造学概论》，天津人民出版社 2001 年版，第 73 页。

照东方文化思维习惯而研制出来的。当然，还有川喜田二郎的 KJ 法、高桥浩的 OCU 法、小林末男的 SKS 法与中山正和的 NM 法等具有典型的代表。

（3）苏联创造学派。苏联的创造学研究主要是在马列主义的影响下进行的，苏联社会主义的建设与发展，为创造学研究创设了有利的大环境。在马列主义思想的指引下，苏联一批创造学探索者另辟蹊径，在创造学理论与方法的探讨上完全不同于欧美与日本。本着马列主义唯物论、认识论与方法论有机统一性原则，通过把握客观事物发展规律与思维活动的组织性，来探索发明创造的理论与方法。认为发明创造不能靠偶然所得，即偶然性，而应按一定的客观程序来达到必然结果，即必然性。可见，苏联创造学的求真品质。正如 Г. С. 阿利赫舒列尔所说“发明创造是一门精密的科学”。

苏联发明创造形成了独自的方法，发明创造具体过程体现了高度的抽象性与概括性。以阿利赫舒列尔为代表的苏联发明创造学家，在形成独特的创造学理论与方法方面，做出了极大的贡献。阿利赫舒列尔及其同伴对技术体系的发明与改造进行了研究，在此基础上创立了“物场分析理论与方法”，采用“可控制的、正确组织的、有效的过程”① 论，编制了发明创造方法集——《发明课题程序大纲》，并不断完善，与 Г. 布什创设的“七步搜索法”构成苏联发明创造的特有方法。他与同伴们对 25000 项专利进行了认真研究与分析，认为发明创造有章可循，提取 40 个基本措施，即 TRIZ。这些措施显示出独特的原理地位，以此为基础延展出许多操作性极强的创新方法，在世界范围内已得到广泛传播与应用，并取得了有效的创新目标。

二　国内创造学研究理论特色与学派

中国创造学是世界创造学的一个重要组成部分，因此，在理论基础上，除与国外创造学有着共性外，还有着中国特色。随着中国各项事业的改革深化，中国创造学勇立时代潮头，在马克思主义引领下，在中华优秀文化的沃土上，在中西文化交汇中，逐步形成了中国创造学的独有格局。在中国创造学领域内，基于不同的学术风格、不同的学理认知，正在并已经酿铸成中国创造学的理论特色与不同学派。

（一）中国创造学研究的理论特色分析

中国创造学一旦降生，犹如嗷嗷待哺的幼婴，浑厚宽广的音域，发出创新不已的渴求。由此，汲取理论的营养，丰富薄弱的思想，增进强劲的创生力

① ［苏］Г. С. 阿利赫舒列尔：《创造是精确的科学》，魏相、徐明泽译，广东人民出版社 1988 年版，第 3 页。

量，必然成为其强身健体的首要选择。面对创新的任务，面对创新的环境，面对创新的未知领域，中国创造学从已有的理论源泉出发，生发出自身学科的独有特色。

（1）心理学理论成为中国创造学发展的奠基。从上文分析可知，在世界创造学理论探讨方面，心理学成为国外创造学研究的重要理论工具，尤其是在创造力方面的探讨，心理学原理及其相关方法已被成熟地应用于创造力研究之中。因此，当创造学在我国生根成长时，心理学理论自然成为探索创造学的首要理论工具。自 20 世纪 80 年代，王极盛、商继宗、周昌宗、周义澄、温元凯、鲁克成、傅世侠、罗玲玲、张德秀、俞国良等一大批学者，都以心理学相关理论探索了多种心理因素与创造之间的关系。为我国创造学发展奠定了重要的理论来源。

王极盛作为我国心理学专家，对创造学亦有独到之见解。1986 年，其出版了《科学创造心理学》一书，是我国第一部从心理学视角探索科技人员如何创造、怎样创造的专著，不仅是心理学领域的贡献，也是创造学领域的贡献，呈现出心理学与创造学的交叉性。第一章至第三章，考察了观察力、记忆力、想象力、操作能力等多种智力因素在科技创造中的作用；第四章至第六章，分析了科研的热情、情绪、意志、兴趣、性格等非智力因素在科技创造中的作用；第七章至第八章洞悉了人际交往与人际关系、学术心理、爱情与婚姻等社会心理因素在科技创造中的作用；第九章至第十二章阐述了动机、意识、思维、想象、直觉、灵感、睡梦、机遇、健康等诸多因素在科技创造中的作用。总之，该论著为心理学理论在创造学研究中的应用预设了良好开端。

当然，在我国心理学领域内的学者，不乏做出了重要贡献。其中傅世侠、罗玲玲关于心理学方法在创造学研究中的应用作了深刻论述，具有典型代表性。其主要思想体现在《科技创造方法论》一书中。该书以创造与创造力研究为突破口，阐述了科学创造方法论的意义与现状，突出了当前我国创造学研究中方法论的不足之处。虽然该书在阐述的思维方面，表现出哲学的思辨意蕴，但其是以心理学研究的方法为轴线，论证了科学创造方法的来源、思维机制及人格力量等，综观全书，其理论风格与目的，最终体现了心理学方法在创造学研究中的重要意义。

在创造学理论发展方面，作者认为："在理论研究方面，创造学在作为其理论基础的一些学科，主要是脑神经科学、现代心理学等基础学科，以及人工智能等新兴学科的诸多新进展的带动下，一些与之关系密切的理论问题研究也随之取得了不少的进展……此外，现代社会心理学、情绪心理学、人格心理学等的诸多研究，也在一定程度上推动了创造学关于创造动机、创造性人格及至创造力的社会心理学问题的研究取得了相当的进展。”① 此论内涵了作者两个主要观点，即创造学研究一是要以科学为基础，二是要有自身的方法，而这两个方面正体现出心理学的本旨。这也正是作者论证创造学理论研究的思维基础。

首先，评论了四大心理学创造观。作者认为 J. P. 吉尔福德虽被誉为现代创造心理学奠基人，但此之前，从心理学角度探讨创造力的不乏其人。

一是高尔顿的天才理论研究，在理论观点与方法上对现代创造学有着重要的影响。高尔顿天才论的观点是基于个体差异而进行研究的，即人的才能差异是怎样形成的，具有优异才能的人如何繁衍，怎样促进人的种系进化。这三个方面，高尔顿都做了精致的分析，并给出了肯定的答案。在方法论上，高尔顿也是心理实验法的开创者之一，是应用档案、个案分析等传记与谱系调查法的最早倡导者，是最早应用数理统计方法来研究心理学的人。而这些理论与方法已经在创造力研究中得到广泛的应用。

二是格式塔心理学关于人的创造观研究，在认识论与方法论上强调了人的意识整体性，这是格式塔心理学的根本点。作者以韦特海默关于创造性思维过程的整体性与格式塔原则为代表进行了论证。尽管其研究行为也存在不足之处，但其关于创造思维过程性、主体性与整体性的观点亦应用于创造力研究之中。

三是精神分析心理学关于创造观的研究，侧重于人格或动机问题的探讨。作者以弗洛伊德及其学生荣格为代表，探讨了弗洛伊德人格结构理论到创造的升华，重点论证了荣格的心灵特定理解结构、先验性特征与健全人的整体论等人格理论，突出了荣格的“意识”观在人的创造中的自我发展作用。

四是人本主义心理学关于创造观的讨论，作者以人本主义心理学 A. H. 马斯洛为代表进行了集中论证。在人本主义心理学当中，关于创造问题的讨论十分热烈，作者认为马斯洛的“自我实现的需要”是体现创造思想的根本点，因为从马斯洛心理学原理看来，人的创造性（创造力）是人自身本质的一个侧面反映。同时，人本主义心理学关于创造性论述的最大特点就是以人的整体为视角来考察创造的主观体验。在方法论上，马斯洛应用整体论、有机论与系统论的方法揭示出创造的复杂性。总之，作者对以人本主义心理学为基础的创造观，给予了极高的评价。

其次，探讨了创造性思维在创造中的核心地位。本质上，思维是创造的必然心理起始点，作者对创造性思维的过程、形式、认知与方法进行了深刻探

① 傅世侠、罗玲玲：《科学创造方法论》，中国经济出版社 2000 年版，第 8—9 页。

究。从方法论层面上，概括了创造性思维最基本的因素，认为思维主体、思维活动与思维成效三个方面是创造性思维的根本表现。因此，作者从思维过程心理、思维对立形式、思维问题认知与思维创造技法四个方面进行了研讨。

一是探讨了“赫尔姆霍兹—彭加勒”与“沃勒斯”关于思维过程自我体验的模式，并从可靠性、有效性及规律性等方面探索了创造性思维过程的运演机制。同时，认为只有想象、直觉与视觉等非逻辑形式的心理因素，构成全脑的意识协调成分时，才能促进创造性思维的迸发。

二是探讨了创造性思维的形式。以“两面神思维”为基点，扩展了创造性思维的多种对立形式，如正向思维与逆向思维、发散思维与收敛思维及横向思维与纵向思维等。

三是探讨了创造性思维的问题认知。以传统心理学解题为切入点，阐述了信息加工的科学认知观，分析了创造性解题的一般模式，明晰了创造性解题训练的重要意义等。

四是探讨了创造技法对促进创造性思维的意义。作者对创造技法进行了历史性的追踪，从联想、类比等方面提出“右脑型创造技法”的认知观，从发散加工、转化等角度剖析了“创造技法转化”的理路。

最后，剖析了创造力结构及创造性人格在创造中的关键作用。创造力是创造学研究的核心范畴（本质上，在西方，创造力就是创造学），因此，创造力的单位元素，以及创造力的结构链态，创造性人格的动态机能等，必然成为创造学研究的关键内容。

一是从创造力结构出发，深入讨论了吉尔福德以“运演、内容与产品”三维度的智力结构模式、阿玛布丽以“领域技能、创造技能与工作动机”为内容的创造力结构模式及斯腾博格以“智力、认知风格与人格/动机”为三侧面的创造力结构模式。

二是重点讨论了创造力分类、创造力测评及针对我国科技人员实际创造力的测评与训练问题。认为创造力应表现出一种前创造力到现实创造力的动静整体观；从创造力测验、产品分析与主观评估等方面剖解了创造力测评的方法；同时针对我国科技人员创造力的现状，从测评对象、手段、结果与环境等方面，探讨了我国科技人员创造力的特点、动机等内容。

三是深入分析了创造力人格在科学创造中的显著地位。认为创造力的内在特质，即“由认知、思维、能力与情感、意志多种因素相交织构成的人格特点”①。由此，作者从脑优势、专业领域及社会化负效应分析了创造性认知风

① 傅世侠、罗玲玲：《科学创造方法论》，中国经济出版社2000年版，第570页。

格；探讨了创造动机、情感智慧与科学创造的关系；剖析了团体氛围、创造主体与心理障碍在创造中的表现及其作用。

要之，心理学理论已经成为我国创造学发展根本的理论基础之一。

（2）马克思主义理论成为中国创造学发展的主旨。中国创造学诞生于20世纪80年代初，马克思主义成为中国创造学理论基础之一，有其客观必然性。虽然中国创造学的诞生源于西方创造学思想，但中国创造学发展应该有自己的独有特色，其中最具时代性的指导思想——马克思主义与中国创造学发展的有机融合，便构成中国创造学理论发展的思想灵魂。即西方创造学思想引进中国，要经过加工改造成为具有马克思主义思想风范的理论形态。事实上，马克思主义理论已经成为中国创造学发展的指导思想，因为马克思主义本身具有伟大的创造、创新精神，具有勇于进取的创造、创新思维，具有扎实的创造、创新作风。可见，马克思主义创造、创新的优秀品格，深深地影响着中国创造学发展。依此，马克思主义理论，无疑为开展创造学研究，打开了一片广阔的视野。

甘自恒教授以马克思主义理论为指导，经过多年研究，很好地将马克思主义思想贯穿于中国创造学理论探讨之中。其认为：

> 在“人类认识”这棵既古老又常青的大树上，创造性思维的主干曾开过无数鲜艳夺目的花朵，曾结下无数令人惊叹的果实……从创造学的意义上说，一个民族要想攀登科学的高峰，就一刻也不能没有创造性思维。创造是马克思主义的根本属性之一，创造是现实人的较高层次的本性，创造是实现人的价值、提高人的价值的重要手段！①

由此可见，作者对创造的热爱，这也正反映出作者以马克思主义理论创造观来探索中国创造学的坚定意志。他把创造置于人类范畴内进行思考，把创造置于民族创新高度进行思考，把创造置于最具有光辉前景的理论内进行思考。从而显达出作者对创造价值真谛的深刻把握。其关于马克思主义创造观的观点集中体现于《创造学原理与方法——广义创造学》一书中。

首先，马克思主义创造观在中国创造学发展中的应用。作者旗帜鲜明地认为：“从基础理论与应用的关系看，创造学是一门以马克思主义哲学为指导的发明创造领域的应用科学。”② 这一对创造学方向的定位，显然是建立于马克

① 甘自恒：《创造学原理和方法——广义创造学》，科学出版社2010年版，前言第1页。

② 同上书，第3页。

思主义理论基础之上的。作者曾发表过一系列关于马克思主义创造、创新观的文章，并出版了相关著作。其在《马克思主义是富有创造性的学科（上、下)》一文中，提出了马克思主义源泉的创造性，及人的最高本质的创造性。尤其是对邓小平理论的创造性进行了广泛而深入的探讨。如《邓小平同志的创造哲学初探》《邓小平创造哲学理论体系初探》《邓小平创造哲学的协调发展论》《邓小平理论的创造性》与《中国化马克思主义创新论》等一系列文章、专著的发表出版，已显明了马克思主义创造观的博大宏旨。

其次，马克思主义创造观在中国创造学发展中的生命力意义。作者认为创造、创新正是马克思主义生命力体现。由此，从马克思主义认识论出发，探讨了创造性活动的规律与过程，创造力主体的模型、开发与训练，创造性人才的培养，创造性思维的应用等；从马克思主义方法论出发，阐述了创造方法与技法的重要性；从实践需要出发，论证了邓小平理论、“三个代表”重要思想与科学发展观的创新理论、制度创新、科技创新、产品创新、教育创新与审美创新活动等重要方面。

要之，以马克思主义理论为基础探索中国创造学发展的方向，已是当代中国经济社会创新进步的根本要求。

（3）中国优秀传统文化成为中国创造学发展的内蕴。中国创造学的发展，需要有广泛的理论基础，需要有广泛的学科视角，立足于创造学学科的交叉性质，形成广博深远的中国创造学特质。由此，以中国优秀传统文化元素为基质，将中国创造学发展融于创新型国家建设的实践中，是中国创造学独有风韵渐长渐进路向的根本选择。尤其是中国传统文化中的优秀品质，深藏着现代中国创造学发展需要的浩瀚精华。刘仲林先生经过多年的探讨，从中国优秀传统文化中挖掘出宏大的创造基因，为中国创造学发展寻得了旷远空间。其关于中国创造的大化思想集中体现在《中国创造学概论》一书中。

《中国创造学概论》一书，以极其缜密的思维探讨了当代中国创造思想的精微大义，从而体现出当代中国教育发展的特殊脉络。作者以中国优秀传统文化为主线，以西方创造技法为切入点，以中西两大基本思维形式为根本，以“成物、成思、成己”为构思框架，将创造技法、创造思维与创造之道逐层展示给读者，体现了“用、思、悟”的完整创造新理念。诚如作者所说：

> 总起来说，中国创造学，亦即中西结合的现代创造学，主要由成物、成思、成己三个层面构成，它们所对应的主要研究内容分别是创造技法、创造思维和创造境界，如图0-1所示。可以把图看作是一个塔形结构的顶视图，越接近圆心，层次越高，离“成己”越近；越远离圆心，实用

性越强，离“成物”越近；作为两者“中介”，把两个层连接在一起的，是“成思”（创造思维）层面。①

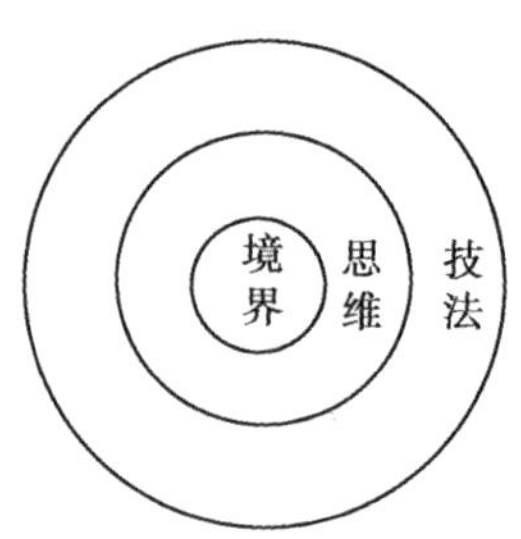

图 0－1 中国创造学的层次

资料来源：刘仲林：《中国创造学概论》，天津人民出版社 2001 年版，第 11 页。

由上可见，刘仲林先生从“综合创新”观出发，为当代中国创造学发展开辟了又一新的方向。依此为逻辑，作者以中国优秀传统文化为底蕴，将全书分为“四象、二仪与太极”三大结构，展开了中国创造学理论阐述。

首先，创造技法的文化姻缘。在四象篇中（创造技法），论述了联想系列技法、组合系列技法、类比系列技法及臻美系列技法。该篇以美国、日本等国家创造技法为典型，同时探讨了具有中国文化特色的创造技法。如“集思广益法”根源于《与群下教》中“夫参署者，集众思，广忠益也”的思想；“信息交合法”根源于《老子·四十二章》中“道生一，一生二，二生三，三生万物，万物负阴而抱阳，冲气以为和”② 的思想；“相似创造律”根源于《易传·系辞上》中“引而申之，触类而长之，天下之能事毕矣”的思想。在创造学发展史上，作者首提“臻美系列技法”，即达到美的境地，并以此为中心的一系列创造技法的集合。达到臻美结果的方法主要有“求奇法”“缺点列举法”“希望点列举法”“技术美学法”等，于此可见，作者关于美与创造关系的认识论与方法论的独到之处。作者以中国优秀传统文化为切入口，对美进行了深刻的追寻，从中国文化经典中挖掘出美与创的相关因素，形成了“创”的臻美境界。正如作者引用杨万里诗句：“万顷湖光一片春，何须割破损天真”所含藏的至境。至此，作者所要表达的臻美得到了本质体现。

其次，创造思维的整合为一。在二仪篇中（创造思维），以概念思维与形式逻辑、意象思维与审美逻辑为主线，深刻论述了人类最基本的两大思维形式

① 刘仲林：《中国创造学概论》，天津人民出版社 2001 年版，第 11 页。

② 李耳：《道德经》，青海人民出版社 2007 年版，第 171 页。

在创造过程中的地位与作用，并给出人类创造思维的完整互补结构图（如下图）①。作者引用《易传》中“《易》者，象也；象也者，像也”。阐明了中国传统思维的本质特征，即象思维或意象思维，探索了意象思维的整体性认识及其规律性，填补了创造思维学说的空白。同时，作者旗帜鲜明地提出了中国传统思维的现代转化思路，即一是补短，补我们的概念思维、形式逻辑之不足；二是扬长，弘扬中华文化意象思维之长。在中华民族伟大创造实践过程中，人类两大最基本思维是创造的基石，缺一不可。

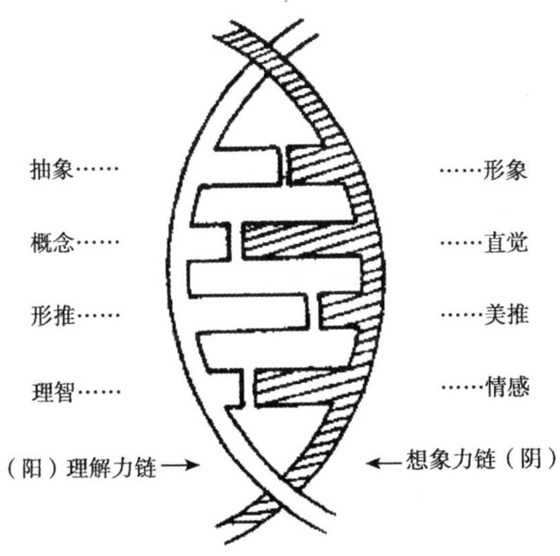

图 3.2　思维的互补链模型

资料来源：刘仲林：《中国创造学概论》，天津人民出版社 2001 年版，第 311 页。

最后，创造境界的降生之道。在太极篇中（创造之道），主要论述了创造之道的文化根源。从中国文化的典型代表易家的日日新、儒家的明明德、道家的法自然、禅家的见心性四个方面，作者对“创造之道”作了史无前例的创造性探讨。作者认为：易家“天行健，君子以自强不息；地势坤，君子以厚德载物”的基本精神、“生生之谓易”的日新力量、“本为物质，至为圆满境界”的知本达致的追求路向；儒家“下学上达”“修德凝道”“贵和持中”的人生社会观；道家“道法自然”“反者道动”“致虚守静”的自然修身观；禅家“缘起缘灭”“无限否定”“明心见性”的空净心地观等，无不深蕴着中华民族至大至刚的创造精魂。尽管四家在道法、道用等方面的观点有所不同，但他们都有着共同的道体，最终都要达到“一”的境界。在当代社会主义新文

① 刘仲林：《中国创造学概论》，天津人民出版社 2001 年版，第 311 页。

化视域下，其中的“一”正显示出社会主义新文化创造的归根。当然，在中国优秀传统文化的惯性作用下，“创”也必然体现出“归元无二道，方便有多门”的特质。作者立于中华文化综合创新之本体角度，认为“创造之道”就是“通过对宇宙人生的整体领悟而在实践上达到的境界。”

总之，《中国创造学概论》在中国创造学发展史中，丰富了中国创造学发展的理论。该书最大的特色，就是将中国优秀传统文化与中国创造学发展有机地结合起来，从中国优秀传统文化中深挖出当代中国创造教育需要的有益因子。对转化中国传统思维与发展当代中国社会主义新文化提出了前瞻性的思路。该书与时俱进的品质，也正顺应了中华民族创新不已的时代风范。

（4）行为创造学展现出中国创造学发展的实践内涵。随着我国各项事业的繁荣发展，建设创新型国家日渐提上日程，依此为背景，中国矿业大学的庄寿强教授从创造、创新的原始形态出发，提出了一系列培养创造性人才的可行性思路。

首先，行为创造学的原创性主旨。作者经过多年的教学与科研实践，深入探索了中国创造学的发展脉络。尤其以实践为根本的创造学原理、概念的理解与认知，成为国内创造学理论的又一特色。作者十分强调创造的原创性，不管是创造性思维，还是创造性成果等，均取自思考与创造实践结合后的产物。认为“创造性思维的特点只能有一个，即思维结果的新颖性”①。同时，从相对与绝对辩证观出发，对创造性思维进行深层次剖解，进一步考察了创造性思维与逻辑思维的交叉性等。以此为出发点，行为创造学自然表达出原创性主旨。

其次，行为创造学的学科相对性主张。作者认为创造学发展涉及多门学科，但创造学亦有其自身的规范与原则，不能将所有与创造相关的观念纳入到创造学门类中，由此，作者在与其他学科划清界限的同时，探讨了创造学本身的规律与方法。从现实需要出发，探讨了创造学在我国创新型国家建设中的作用；在创造力认知基础上，提出了创造能力与创造潜力的概念及其开发原理；在创造性思维方面提出了最小思维过程单元及训练方法；在继承原有创造原理基础上，提出了“聚合、还原、逆反”等八大创造学原理，并将专利纳入到创造学研究之中；在创造性教育方面，提出了创造性教师与创造性管理者的重要作用。

概而言之，行为创造学体现了极强的实践性、原创性要求，其中所阐述的创造学观念、原理及方法等，均立足于我国创新型国家建设需要为本旨。在企事业单位职工的培训中，该教材所阐述的原理与方法产生了显著的经济社会效

① 庄寿强：《普通（行为）创造学》，中国矿业大学出版社2006年版，第137页。

益，在国内同类教材中，具有极强的实用、应用价值。行为创造学尤其注重人的积极性、主动性与创造性的发挥，其最显著的特点就是强调人亲证创造的实践原则，行为创造学所揭示的原理已成为中国创造学理论探讨的原动力之一。

（二）中国创造学学派分析

中国创造学自诞生以来，已走过30多个春秋，其间所形成的观点、理论基本上构筑出中国创造学的派别雏形。尤其自1994年中国创造学会成立以来，我国创造学进入了独立探索阶段。从我国创造学发展的整体而言，“在独立研究创造学方面初步形成了三大学派：创造哲学学派、创造工程学学派和创造教育学学派”①。

（1）创造哲学学派。创造哲学学派主要是从哲学思维的视角，对创造学相关概念、认知观点、方法及规律等进行探索，意在揭示出创造学深层次问题。从目前我国创造学界的学术观点及对创造学考察所运用的思维方法看，代表人物主要有：傅世侠、罗玲玲、甘自恒、刘仲林、王极盛、彭健伯等。傅世侠、罗玲玲的创造哲学思维主要反映在《科学创造方法论》一书，论著主要论述了我国创造学领域中的方法问题，从思辨角度回答了我国创造学发展的方向。甘自恒的创造哲学思想主要反映在20世纪八九十年代发表出版的论文与专著中。在《创造·创造力·创造学》一文中，首次提出创造哲学的发展方向。之后，相继发表了《论创造者的品格》《系统综合创新规律》《邓小平同志的创造哲学初探》《生产力创造功能论》等20多篇创造哲学论文。其代表作《创造学原理——广义创造学》，体现了以马克思主义为轴心的创造哲学观。刘仲林创造学哲学思想更具有中国特色。出版的专著《美与创造》《古道今梦》《文化与创造》及《中国创造学概论》等，深入探讨了中国传统文化中创造哲学问题及向现代转化的创造哲学主张。王极盛的创造哲学思想主要反映在《科学创造心理学》一书。彭健伯的创造哲学思想主要体现在代表作《大思路——迈向二十一世纪的思维方法》与《大创造——跨世纪的创造思维》等专著中。

（2）创造工程学学派。创造工程学学派主要是以技术、工程与创新为基点，探索其中的规律与创造技法等。主要代表人物：袁张度、谢燮正、关原成、黄友直、肖云龙、吴诚等。袁张度自1994年担任中国创造学会会长以来，致力于中国创造学发展事业，尤为注重创造理论与技法的结合应用。出版的创造学著作有：《企业青年的创造教育》《创造的潜能》《创造与技法》《创造学与创新方法》等。在《创造与技法》一书中，其所提出的创造理论与技法在

① 甘自恒：《创造学原理和方法——广义创造学》，科学出版社2010年版，第17页。

企业生产中得到了推广和应用，产生了显著的经济效益。谢燮正在技术发明方面的研究做出了突出的贡献，出版的代表作有：《发明学入门》《发明的措施》《技术发明学》《畅销商品开发：产品开发与商品化》《人类工程学》《发明创造学教程》《科技进步与领导现代化》等。关原成在创造工程学方面进行了深入探索，广泛传播推广创造技法，出版专著《发明与革新技巧》《发明创造的26种思路》等。黄友直、肖云龙在创造学工程领域也开拓出独具特色的创新观。黄友直担任主编的《发明与革新》杂志为我国发明创造爱好者与理论探讨者提供了广阔的舞台。出版《现代发明学导论》，同时与肖云龙共同出版了《发明与革新指南》《创造工程学》等专著。吴诚在创造工程学方面特别注重企业的发明创造，在企业创造性人才培育与开发方面做出了重要贡献，其与马种会共同编著出版了《企业创造力开发教程》，同时出版了《创造——成功的道路》《创新——企业兴旺发达的根本途径》等专著。

（3）创造教育学学派。从根本上看，创造教育是创造学的根本问题，创造教育理念形成及其在实践中产生的效果，尤其是创造性教育方式、创造力开发与创造性人才培养等，对我国创造学发展有着重要意义。因此，以教育为主题，我国创造学者也作了广泛探讨。主要代表人物：刘道玉、庄寿强、李嘉曾、王加微、孟天雄、鲁克诚、徐方瞿等。刘道玉先生自2006年开始，相继出版了《创造教育概论》《创造教育新论》《创造：一流大学之魂》《创造思维方法训练》《大学生自我设计与创造》等创造教育书系。对倡导和实施我国创造教育，对培养我国大学生创造、创新能力等，有着重要的参考价值。庄寿强在我国创造教育中独树一帜，出版了《创造学基础》《推进素质教育与培养创新人才：庄寿强创造学和创造教育文集》《创造学理论研究与实践探索：首届全国高等学校创造教育及创造学研讨会论文集》《普通（行为）创造学》等专著。其中《普通（行为）创造学》所提出的原创性教育思想、理论观点等，在创造学界产生了广泛影响。李嘉曾自20世纪80年代初就开始创造学研究，尤其关注青少年创造教育与高校大学生创造教育。出版了《创造学与创造力开发训练》《创造型人才之路》（与钟锡如合著）《中国少儿心目中的2010年》（与张崇高合编）《创造性思维入门》等。王加微在我国创造教育领域中也做出了重要成绩，其与袁张度共同编著出版《创造与创造力开发》，在我国创造教育中产生了较大影响。孟天雄自担任《创造天地》杂志主编以来，尤为注重创造教育思想、理论的传播。以湖南轻工业高等专科学校为基地，将创造教育思想、理论应用于大学生创造教育的课程中，并鼓励大学生课外小发明、小创新。出版《培养你的创造才能》《创造型人才的培养》等专著。鲁克诚立于创造心理的实践认知观，将创造心理学与创造技法结合进行深入研究。

出版的《创造心理与技法》主要反映了他的创造教育观，并与罗庆生编著出版《创造学教程》。徐方瞿尤为注重我国创造教育实践探索，其创造教育思想主要体现在《创造教育学概论》一书中。

总之，我国创造学学派初步形成，标志着我国创造学发展的良好态势。不仅显现出我国创造学发展理论上的丰富性，而且显示出我国创造学发展正趋于理论的系统性。以上所列各派代表人物只是就创造学界前辈而言，有以偏概全之嫌。由于受搜集材料的限制，关于我国创造学学派的梳理，可能还有其他学派没有提及，今后将继续探索，不断完善。

第四节　中外创造学理论研究差异与启示

一　国内外创造学理论研究差异分析

学科分类的出现，不仅是学科自身发展的需要，而且也是人类社会生产实践的必然结果。因此，创造学学科的出现，以及其内部学派的产生，同样遵循着学科的本有特征，同时，反映出学科的经济、政治、文化、生态等诸多社会因素的根源。鉴于每个民族有其不同的经济、政治、文化、生态等观念与历史，这也必然导致中外创造学理论研究上的差异性。以下就中外创造学理论研究中的核心差异作以简要分析。

（一）创造学研究的历史性差异及其成因分析

国外创造学理论研究早于国内，这是不争之事实。从学科发生学的角度看，19 世纪的心理学研究奠定了创造学早期的心路历程，其中，高尔顿做出了卓越贡献。从现代创造学产生的实践背景看，在 20 世纪 20 年代后期 J. 罗斯曼出版了《发明家心理学》，三四十年代 A. 奥斯本出版了《应用性想象》，及至 50 年代 J. P. 吉尔福德发表创造力演说，至此，现代创造学在美国诞生。国内创造学思想的产生，在民国时期就已出现，其中以陶行知的《创造宣言》为主要标志。及至 20 世纪 60 年代，中国台湾出现了创造学研究，80 年代初期，中国大陆创造学正式诞生。由此可见，国外创造学研究的时间较早，有着雄厚的理论根基。

从时间上看，19 世纪是西方资本主义世界上升时期，经济社会繁荣为学科发展创设了可贵的社会大环境。在一定程度上说，这是工业革命几百年后的成果，也正是这样的成果使西方世界产生了极大的创造冲动。事实上，这一冲动自西方文艺复兴时就已经开始了。而中国创造学理念的诞生，则是在国家积贫积弱的状态下，对极少数仁人志士呼唤的回答。直到20世纪，改革开放后，中国创造学研究才全面展开。可以说自19世纪下半叶到20世纪上半叶的百年间，整个民族经受着外侵外侮，国难民弱。中国特色社会主义建设，才映现出中国创新的亮丽景观。显见，中西社会历史大环境的巨差，成为国内外创造学研究起源迥异的社会历史原因之一。

文化思维观的不同是中外创造学研究历史性差异的根本原因。中外文化思维观的差异集中反映在中西方文化思维观的差异上。西方文化思维特长集中体现为“概念思维与形式逻辑”①；中方文化思维特长集中体现为“意象思维与审美逻辑”②。在中西方文化中都具有创造性思维的因素，但两者呈现出不同的功能。在西方文化思维观念中，如想象等创造性思维因素，与形式逻辑构成了有机的整体。诚如亚里士多德提出的三段论演绎法、培根提出的归纳法及爱因斯坦提出的思维自由创造观等，尽管这三种观点代表了西方不同时代的文化思维形式，但其反映了创造性思维的完整性。在创造实践上，这种文化思维观再现为理性化、具体化。在中国文化思维中，阴阳、五行、八卦都是极具意象思维的思维形式，审美逻辑兴盛，创造的潜力巨大，但在概念思维、形式逻辑方面则不如西方发达。中国的《易传》可为中国文化的典型反映，其中所表现出的意象思维集中体现了中国文化思维形式。在创造实践上，这种思维主要体现为直觉性、想象性和整体性，在严谨推理、系统分析等方面不足。纵观中外文化思维观的历程，可见，正是这种思维方式的差异，带来了中外创造学理论研究的历史性差异。

（二）创造学研究内容的差异及其成因分析

首先，创造力内涵揭示的差异。创造力内涵的揭示是创造学研究的中心议题。从以上的比较中可见，中外关于创造力内涵的本源性揭示有着根本的不同。国外关于创造力的揭示是多维的，在学科领域上，主要体现在心理、社会、生物、文化及管理等方面。尤其是对创造力层次结构的揭示更为深刻。国内关于创造力内涵的揭示，主要沿袭了国外的相关理论与认知。在创造力内涵揭示上并没有形成独特的理论特色。其次，创造技法研究的差异。国外创造技法已形成了独特的体系，如美国的“头脑风暴法”“戈登法”等；日本的“KJ法”“ZK法”与“中山—高桥法”等；苏联的TRIZ方法。国内关于创造技法的研究，一则是对国外技法的借鉴。如形成了“信息交合法”“和田十二法”等。二则借鉴中国传统文化思想而提出。如形成的“集思广益法”“臻美

① 刘仲林：《中国创造学概论》，天津人民出版社2001年版，第248页。

② 同上书，第265页。

法”等。

工业生产的社会背景是中外创造学研究内容差异的实践原因。尽管西方早有人讨论创造学相关的问题，但自西方近代工业生产出现及其以后生产规模化、现代化、一体化等为创造学研究奠定了更为直接的实践基础。从广义视角看，创造无处不在，无时不在，但西方近代产业革命凸显了杰出人物独特的创造魅力。同时，也促使创造成果保护制度的形成。至20世纪50年代以前，虽然心理学家们从心理学角度研究了杰出人物的创造才能，但创造才能必然要从创造载体的隐性心理走向显性的外在世界实践中，这也是现代创造学发端于美国的直接动因。因为“美国正是20世纪上半叶经济、社会以及科学技术发展最快的国家，所以，现代创造学诞生于美国确是有其深刻的历史根源的”[①]。此论肯定了经济、社会与科技发展对创造学产生的正向关系。正是美国科技带来的经济繁荣，工业生产技术发明层出不穷，由此，一些富有发明创造的技术受到专利审查人员的关注。J. 罗杰斯便是突出的代表。其后，20世纪三四十年代奥斯本“头脑风暴法”的问世，更直接体现出创造力研究与工业生产的广泛联系。50年代后，日本、苏联创造技法的发展及其在工业、企业生产中的应用，更增加了创造学研究内容的丰富性。以上深刻的工业社会背景在中国荡然无存，而这正是当代中国创造学研究因袭国外创造理念、借鉴国外创造学理论与创新中国创造学理论的深刻社会根源。

（三）国内外创造学研究方法上的差异及其成因分析

创造力研究方法是创造学研究的重要手段。国外创造学研究的方法主要体现在心理测量、实验、系统分析、传记、统计、历史等方面。具体地说，国外创造学研究方法注重对创造载体的科学计量分析，把创造载体置于各自的多种具体因素条件下，进行量化分析，从而实现对创造载体质的评判；而国内创造学研究方法注重对创造载体的宏观分析，主要是立于创造载体所处的具体环境下，分析有利与不利于其创造性发挥的因素，以此评判创造载体之利弊。同时，国内关于创造学研究的计量方法，基本上是对国外的沿袭。近年，尽管出现了对中国本土创造学研究方法的探索，但尚没有形成具有本土特色的创造学研究方法体系。

从中西方文化思维的差异中可知，中国文化思维侧重强调整体性，而西方文化思维侧重强调分析性。实质上，这一文化思维侧重点的不同，带来了近代以来中西科学发展的不同境遇。正是近代西方科学突飞猛进地发展，科学方洪也得到了前所未有的进步。从方法论角度看，尤其是心理学学科的诞生，及心

① 傅世侠、罗玲玲：《科学创造方法论》，中国经济出版社2000年版，第23页。

理学实验方法的应用，为后来创造学研究做了必要准备。由于科学思维的惯性作用，西方关于创造力的检验，除有实验法外，还编制了大量创造力心理测量表等，以在实践中测验，如托兰斯、韦氏测量量表等。在其他方法的应用上，如系统、传记、统计与历史等，虽具有不完全归纳性，但在对历史性人物、杰出性人物及特殊群体创造力的探讨中，显示出重要的方法论意义。近代以来，由于中国科学发展的滞后性，科学技术没有受应有的关注，从而导致新中国成立前的被动国际局面，由此带来了创造力研究方法同样处于滞后状态。新中国成立后，中国科学技术呈现出新的辉煌，尤其是当前中国特色社会主义科技发展，正亮出创造方法的重要地位与功能。正如傅世侠、罗玲玲在《科学创造方法论》一书中所言，科学创造方法在我国创造学研究中有着重要意义。当前，在我国创造学探讨中，尽管出现了具有中国特色的创造学理论，但总体观之，具有中国特色创造学方法的研究与应用还显得十分单薄。

二 国外创造学理论研究对中国创造学理论研究启示

经过三十多年发展，中国创造学取得了显著成果，这是有目共睹的。但相对于国外创造学发展来说，在研究的深度和广度上还存在着较大差距，这也为今后中国创造学发展提出了新的思考。

（一）增强创造性思维模式的探索与训练

从中外创造学研究的范畴看，创造教育是其重要部分。在创造教育中，如何更好地提升受教育者的创造力，创造性思维的培育处于核心地位。在我国众多创造学专著中，均提及创造性思维培育的重要作用，并给出了诸多创造性思维培育的方法。但在我国各级学校教育实践中，这种创造性思维培育的目的并没有得到有效、普遍的体现。

（1）我国著名科学家钱学森曾提出人的创造性思维包括：“抽象（逻辑）思维、形象（直观）思维和灵感（顿悟）思维。”① 该观点鲜明地指出创造性思维的完整性意义。从创造力发挥的程度看，创造性思维应该是创造力的起点，没有创造性思维，创造力无从谈起，创造性思维是创造力的沃土。因此，创造载体的创造力发挥必然是依存其丰富的创造性思维。由此，在我国各级学校教育实践中，增强受教育者创造性思维培育显得十分必要。

（2）刘仲林从中西方文化思维会通的角度出发，给出了创造性思维的概念思维与意象思维互补结构模式，并提出概念思维遵循形式逻辑规律，基本推理方法为归纳法和演绎法；意象思维遵循审美逻辑规律，基本推理方法为类比

① 山西省思维科学学会：《思维科学探索》，山西人民出版社1985年版，第8—9页。

法和臻美法。其对文化思维的探索，为增进创造载体对创造性思维的整体认知与训练，有着重要启迪。尤其是关于审美逻辑的建构，为我们开展创造性思维教育拓展了广阔思路。

（3）傅世侠、罗玲玲从科学创造方法论的角度，专门就创造思维进行了深刻的研究。探索了创造性思维过程的演进机制，创造性思维的心理表征，视角思维、大脑两半球的功能等。依据“两面神思维”特征，阐发了思维的“正向”与“逆向”、思维的“发散”与“收敛”、思维的“横向”与“纵向”等一系列形态。特别关注了创造性思维与解决问题之间的诸多关系，如传统思维、认知观点、解题模式等与创造性思维之间的关系。这些关于创造性思维的早期研究，已经应用于当前我国教育事业中。

（4）各级学校开设创造性思维训练课程。创造性思维训练在创造力开发中有着重要地位，因此，在我国各级学校中开设创造性思维训练课程是培育创新型人才基础工程的必然要求。在创造性思维训练方面，罗玲玲、李嘉曾等做出了突出贡献。他们结合自己多年的教学实践，编制了相关创造性思维训练课程。他们立足于教育，并依据多年的教学经验，深入切实地探讨了大学生创新能力的开发与训练，把大学生创造力与创意思维紧密地融合在一起。认为人格、情感、动机等方面的障碍，是创造性思维的最大心理障碍。系统地把握了形象思维、抽象思维、灵感思维与创造性思维的内在关系，提出了陌生原理、进攻原理、开放原理与辩证原理等独到的创造性思维方法论。这些思维方法在教育实践中的应用，有效地开拓了学生创造性思维。

（二）加强创造技法研究的本土化与普及

实践性是创造学根本的特征体现，创造技法作为创造学研究的重要内容，其实践功能就是要产生外在的创造成果。创造技法起源于生产实践，经过思维加工，最后还要应用到生产实践中。本质上，创造技法是创造力得以实现的特有桥梁，是创造力在现实中发挥作用不可逾越的手段。因此，加强创造技法的深入研究与普及，已是我国各行业生产实践的现实需要。

（1）创造技法研究的本土化。从目前我国创造技法研究来看，主要还是在介绍国外现有技法。虽然自创造学引入我国内地以来，也出现了诸如“信息交合法”“和田十二法”“集思广益法”“臻美法”“相似法”等打上中国文化烙印的方法，但与日本、苏联相比，这一做法还显得十分薄弱。日本、苏联在创造技法研究上的成功做法，至今对我国仍有很大启示。尤其是“日本引入西方创造技法注重与本国文化的融合”①，从而形成了独特的民族创造技法。

---

① 张晶、罗玲玲：《日本创造技法从引入到原创的文化融合之路》，《理论界》2011 年第 9 期。

如KJ法、NM法、SKS法、KPS法等。因此，我国创造技法的研究，亦应发挥我国文化意象思维的优长之势，创造更多本民族特色的创造技法。

（2）普及创造技法。从创新型国家角度看，创造民族财富是众人之事，不是少数人的几项发明就创造出来的。一个民族创造、创新力不是某一个领域的展示，而是在众多领域或行业综合实力的体现。美国、日本等发达国家表现出强大的民族创造、创新力，不是某个或某几个科学家的事，也不是某个或某几个领域处于强势地位，而是民族整体创造、创新意识及踏实的创造、创新作风。在以科技、工业为主体处于领跑地位的态势下，创造、创新技法与方法的普及受到重视，已成为其民族创造、创新力不竭的源泉。如美国自“头脑风暴法”问世以来，便在工业、企业、管理、商业等行业普遍开展创造技法的培训。日本在引入创造技法的基础上，便形成了“一日一创”“发明星期天”等实践行为。同时，在工业、企业中，尤为关注职工创造技法的培训，以生产促进创造技法不断创新。发达国家的这些踏实做法无疑对我国创造学发展产生着重要启示。由此，在建设创新型国家的目标下，注重创造技法的普及，形成全民族共同创造、创新的大环境已十分必要。从科技推动经济增长角度看，加强工业、企业职工创造技法培训与普及有着重要的现实意义。

（三）重视创造学研究方法的拓展与深化

创造学不同的研究视角，不但丰富了创造学研究的内容，而且为系统、全面探究创造规律提供了可能。创造学研究的最终目的，就是要揭示创造的内在规律，解放人的创造潜能，以培育出更多的创造型人才。因此，多视角、多路径探索创造规律是创造学研究必不可少的内容。

（1）拓展创造学研究方法的广度。从当前我国创造学研究方法上看，主要还是承袭了国外的创造学研究方法，如心理测量法、实验法、传记法、个案分析法、历史法、生物法及系统法等得到了广泛的应用。在这些方法中，有些方法研究出的结果不具有普适性，如传记法主要是研究杰出人物的创造性才能，杰出人物成长的轨迹不可能反复出现在大多数人的成长过程中，因此，这种研究方法具有一定的局限性。当然，这种研究方法对如何培养出杰出人物有一定启示。因为创造群体是多层次的，所以就传记、个案等方法来看，应该有更为广泛的研究对象。从年龄层次看，对杰出青少年的研究、对杰出中年人的研究、对杰出老年人的研究等。从性别看，对杰出女性的研究、对杰出男性的研究；对青少年杰出女性的研究、对青少年杰出男性的研究；对中年杰出女性的研究、对中年杰出男性的研究；对老年杰出女性的研究、对老年杰出男性的研究等。由此可见，创造学研究方法越精细，所建构的创造型人才培养的规律与评价体系，定然表现出更强的针对性与稳定性。

（2）深化创造学研究方法的理论内涵。哲学的世界观、认识论与方法论具有高度的统一性。因此，创造学方法的运用应具有深刻的理论内涵。诚然创造学方法的哲学意蕴应成为其根本的理论基源。诚如傅世侠、罗玲玲早期关于科学创造方法的论述，深刻地指出创造学方法的辩证性。他们相关科学创造方法认知的思辨、心理等理论基础，为进一步理解、认识与运用创造学方法拓宽了深邃的哲学视野。创造学的学科性质，在一定层面上，必然透视出学科的哲学机理。它是包括自然哲学、人生哲学、社会哲学等在内的整体系统。由此可见，创造学研究方法的理论内涵与哲学有着内在的一致性。不管心理测量法、实验法、系统法等计量方法的应用，还是文化、社会、政治、经济等定性方法的应用，无一不是从哲学的大厦中脱胎而出。因此，从马克思主义哲学与中国哲学出发，把“个人与社会”“人生与理想”等原理内涵，深刻融入中国创造学研究中，更是凸显中国创造学研究方法特色的要求。

第四章

中外发明创造比较分析

——以中日发明创造为例

发明、创造的本身，并无任何成见，它愿意向每一个勤奋的人，也向敢说敢干的人招手。

——马铁丁

发明创造是现代创造学研究的重要领域之一，发明创造进步程度是创造学发展程度的实践性标志之一。自从人类开始，发明创造便应运而生，发明创造随着人类历史的进步，为人类社会增添了众多辉煌成果。发明创造的领域很广泛，内容很丰富，在人类社会许多生产、生活空间，都体现着发明创造的印记。自西方近代科学技术发展以来，发明创造犹如春芽破土，更显示出其推动人类社会不断进步的坚挺力量。特别是发明创造成果被纳入到法律视野，使发明创造获得了法权地位，受到社会的广泛认可与保护。由此，更加激发了人类发明创造的内生冲力，增进了人类经济社会的发展。

可见，发明创造作为人类社会现象，作为人类生产实践工具，作为创造学的重要内容之一，就必然将法权机制引入其中，实现发明创造成果与法权互动的良态局面。事实上，这一法权机制的引入也必然推动创造学更好地发展。从国外现代创造学诞生的背景看，发明创造是创造学产生的直接社会动因。从国内外发明创造与法权机制结合的现实看，在法权框架下，发明创造为人类经济社会发展带来诸多生机。依此认知逻辑，创造学与法权机制的结合，体现出人类经济社会发展基于主客融合的必然性。本章主要通过对中日发明创造保障制度及发明创造成果等相关情况比较，分析专利制度下发明创造的进步对创造学发展的促进作用，以及中日发明创造认知观与实践观差异是造成两国创造学发展差距的根本原因，为寻求今后中国创造学发展提供微薄之见。

第一节　中日发明创造与专利制度关系比较

专利制度与发明创造都是人类社会发展的必然产物，更确切地说，两者在西方工业社会出现以来，更加日益走向结合。专利制度与发明创造有机结合体现了社会机制对人的劳动成果尊重与保护，也体现了个人财产免受不法侵权的正义观，有效地改善了生产关系，有力地推动了生产力发展与科技进步。尽管发明创造有其自身的历史进程，发明创造的阶段、领域各不相同，但专利制度与发明创造的融合关系为每个民族发明创造智慧成果，找到了最终的实践与逻辑归宿。从世界范围看，自 14 世纪起，西方工业社会的兴起与发展要求生产技术应受到保护，在这个意义上说，专利制度与发明创造的结合，便是工业生产的直接产物。当今，尤其是工业发达国家，更加注重两者紧密结合，因为在一定程度上，专利制度可以为发明创造起到保驾护航的作用，从而实现发明创造有效推动经济社会繁荣的重要功能。本节通过对中日发明创造与专利制度关系的历史背景、完善进程及相关成果考察比较，以期对中国发明创造提供些许启示。

一　专利制度与发明创造关系

从西方对发明创造技术保护的历史看，"专利"起于 14 世纪，"1331 年，英王爱德华三世曾授予佛兰德的工艺师约翰·卡姆比（Jonh Kempe）在缝纫与染织技术方面'独专其利'"①。这一事例说明，一是"专利"一开始就受到国家的高度重视；二是"专利"属于发明创造者的专有，不允许别人侵犯；三是在一定意义上，国家护佑的不仅是发明创造者的个人财产，而且也是确保国家财富滋生不竭的基因。从专利制度是将发明创造技术成果赋予发明创造者个人财产权利角度看，专利内含便显示出其独特的现实意义。

直到 17 世纪，1624 年英国实施了垄断法规（The Statute of Monopolies），实际上，这是一部体现了现代意义的专利法，同时，也被赋予为世界首部专利法，为现代专利法研究提供了有益的参考，具有重要的历史意义。该法的颁布与实施，为当时英国发明创造确立了保护机制。可以自信地说，专利制度对发明创造的利益肯定，为其后西方世界近代产业、科学技术发展，注入了生动的机能。自 19 世纪"工业革命"以来，专利制度开始在世界范围内对发明创造

① 郑成思：《知识产权法》，法律出版社 2003 年第 2 版，第 205 页。

产生了广泛的保护与激励作用。“美国于1790年、法国于1791年、荷兰于1817年、德国于1877年、日本于1885年都先后颁布了自己的专利法。”① 可见，发达国家早期就已经十分注重专利制度的社会动力机制。资本主义世界专利制度的建立，成为他们发明创造不断进步的重要依托，也受到其他国家的借鉴。有关资料显示，世界上已有170多个国家与地区确立了专利制度。由于我国在当时世界的特殊历史境遇，于1898年在“戊戌变法”中，“光绪皇帝颁布《振兴工艺给奖章程》（以下简称《章程》）”②。然而，《章程》没能呵护刚刚觉醒的民族工业。尽管该法未得到实施，但也表明专利制度与发明创造之间的有关理念已在中国出现。

当前，发达国家科技发展的现状进一步证明，专利制度是发明创造的“守护神”。专利制度与发明创造之间的有机结合，有力地推动着人类经济社会的发展。同时，两者结合的实践结果也不断地丰富着法学与创造学的理论建设。

从学科上看，有学者将发明创造视为创造学学科，虽然这种认识有待商榷，但为认识创造学与专利制度之间存有的关系提供了有益的参考。因为专利制度所涉及的发明创造，必然引起创造学与专利制度之间的含蕴关系。“发明创造的学科，在西方国家称为创造科学或创造学（Creative Study），因多以实用技术为中心，又称为创造工程（Creative Engineering）”。③ 这里点明了创造学与发明创造的根本关系，而且突出了发明创造的技术层面意义。以此，发明创造或技术创造就构成了创造学的重要实践基础。

实际上，至19世纪70年代，关于创造的哲学思辨研究才告一段落，此后，较注重对创造的经验研究。而作为研究技术发明规律与方法的“发明学”④（从目前学科发展来看，并没有“发明学”这一称谓，严格来说，应该是创造学的重要内容），自19世纪末开始，许多国家不同学科领域的学者给予了相应关注，对原有的理论不断修改与完善。20世纪40年代以来，作为创造学重要实践体现的发明创造进入迅速发展阶段，多学科交叉渗透形成了发明创造广泛的理论依据。在借鉴与综合其他学科研究方法的同时，发明创造为创造学发展有效地形成了其独特的思维方法。自此，创造学形成了自己的领域空间。但在创造学形成学科以前，为了保护发明创造技术的各项权利，就已经出

---

① 郑成思：《知识产权法》，法律出版社2003年第2版，第207页。

② 刘春田：《知识产权法》，高等教育出版社，北京大学出版社2003年版，第143页。

③ 高卢麟、林声：《当代中国发明》，辽宁科学技术出版社1993年版，第10页。

④ 同上书，第16页。

现了法律的特别规制，以赋予发明创造技术的专利权，即专利法对发明创造成果保护的各项相关规定。专利法使发明创造的各种行为规范化、制度化，不仅促进了发明创造成果的产生，保护了发明创造者的智力成果，而且奠定了创造学诞生的必要社会实践保障环境，进一步激发了发明创造的热情。

要之，发明创造的成果被赋予法律权利，是国家对劳动者辛勤劳动的肯定，是个人与国家意志的双重体现，是人类经济社会进步的重要标志之一。发明创造成果的法律化与制度化，不仅为创造学诞生创设了有利的法制环境，而且推进了其他学科的跃进。从历史脉络看，发明创造是创造学产生的实践源泉，专利制度则为发明创造扮演着重要的“守夜人”角色。发明创造、专利制度与创造学三者之间历史的具体的内在逻辑关系，正是社会机制良态发展的印证。从学科交叉层面看，创造学的诞生，从一个侧面反映出专利制度与发明创造联姻机制所形成的实践与理论成果。

二　日本专利制度对发明创造影响

在专利思想传入日本之前，日本实行闭关锁国政策。尤其是德川幕府时期，视新生事物为毒瘤，专利思想受到严加禁入，在其观念影响下的发明创造行为受到种种非难。因为“德川幕府时期实施的锁国政策以及以农业为根基的封建经济，不仅杜绝外国发明技术的传入，甚至连本国人的发明活动也进行抑制”①。在这一背景下，日本发明创造受到极大压抑。德川幕府的专制独裁，给日本这一时期的经济社会带来巨大不幸。同时，也正是在如此的氛围中，更加激发了日本人民发明创造的好奇心与斗志。随着西方思想传入，1867 年福泽谕吉在《西洋事情》一书、1868 年神田孝平在《西洋杂志》第 4 期分别介绍了西方专利制度，为后来日本专利法出台奠定了不可磨灭的思想基础。

专利制度根本目的就是要让行业创造者的合法权益受到保护，有效地推动不同行业的发展。基于此种认识，“促进产业发展”是日本专利制度开始实施的初衷，这一宗旨正符合日本明治政府“富国强兵”的根本要求。依此，日本为激励国民发明创造的积极性，于 1871 年 4 月 7 日颁布了《专卖简则》。其中特别强调了专利授权的条件，即：实用性与新颖性必须同时具备，否则不能取得专利。同时规定，对获取专利权的产品，必须由民部省以布告公告。获专利权的产品保护期限，依据发明的产品质量优劣程度，分为一、二、三等，分别为 15 年、10 年、7 年，并规定可以延长期限。在产品专利期限内，发明人可以开店、传授发明技术等，但必须在产品上标出发明人的姓名。在当时的历

① 张玲：《日本专利法的历史考察及制度分析》，人民出版社 2010 年版，第 1 页。

史条件下，尽管简则较为简明，只有 19 条规定，但显示出规则的严谨性与要求的严格性，是日本法权的巨大进步。《专卖简则》作为日本第一部专利法，虽然实施较短，但其专利思想对日本科技人员及专利制度的最终确立与不断完善产生了重要影响。

近代日本专利制度开始确立。1871 年 11 月，以右大臣岩仓具视为首组建了 48 人的大型使节团。为进一步了解欧美专利制度，岩仓具视于 1872 年 2 月率团访问了美国专利局，并从国外带回丰富专利资料。之后，日本以“殖产兴业”为出发点，发展工业与其他类型企业，一时间激起了当时日本民族发明创造热情。但由于制度不完善，给发明创造者的利益带来了诸多不利因素，让一些发明家感到困惑。因此，自 1879 年日本政府再次将建立专利制度提上日程。在高桥是清的努力下，1885 年 4 月 18 日，终于颁布了日本历史上具有真正意义的专利法《专卖专利条例》，4 月 18 日定为日本的“发明节”。同年政府还颁发了《专卖专利程序》《关于发明产品的专利标记》《专利费用缴纳程序》等。为了尽快扭转日本在工业产权上的不利地位，满足发明创造者的专利申请要求，日本政府于 1888 年 12 月将《专卖专利条例》修改为《专利条例》，并于 1889 年 2 月 1 日正式实施。两个条例的公布与实施，极大地鼓舞了日本各界人士发明创造的积极性，为日本经济社会带来了宝贵财富。

至明治政府后期，日本非常注重国内发展与外面世界的关系。为获得更多的国际利益，日本不断修订已有的专利法，并积极参与国际法权议事，专利制度得到了进一步完善。随着日本对外国人工业产权保护的提升，日本确立了在欧美国家中的地位。为适应《巴黎公约》的需要，于 1899 年 3 月 1 日，日本政府正式颁布《专利法》，同年 7 月 1 日开始实施，同年 7 月 15 日，日本加入了《巴黎公约》。1905 年 7 月，日本开始实施《实用新型法》。依照此法，1905—1908 年期间，织物、建材、灯具、文具、家具、鞋等日常用品均在实用新型授权之中。为将发明创造的权利与社会利益结合在一起，1909 年再次修改了《专利法》，在专利申请主体、授权条件与专利权效力等方面都做了相应的修正与增补。是年 10 月颁布了《关于涉及军事秘密和发明专利的规定》。由此可见，此一时期，日本政府已经将专利制度视角转向国际空间。日本跻身于欧美国家之列，为其国内日用商品专利权的国际化，构筑了重要平台，打开了远景的国际市场。尤其是参与国际专利法权的制定，让日本有了空前的发展机遇。当然，日本参与国际法权制定的地位，为其后来军国主义的疯狂扩张铺垫了重罪之路。

第二次世界大战期间，日本专利法几经周折，法心无端，严重损害了日本民族的正常发展。为适应第一次世界大战的需要，日本政府于 1917 年 7 月 12

日颁布了《工业所有权战时法》，同年9月颁布了《工业所有权战时法施行令》与《工业所有权战时法登记令》，农商务省颁布了《工业所有权战时法施行规则》《工业所有权战时法登记令施行规则》等。1918年12月28日，日本政府公布了《关于实施工业所有权战时法专利局增员的规定》。1920年11月27日，日本参加了《关于保护或恢复受世界大战影响工业所有权的协议》[①]。为适应第一次世界大战后日本经济社会发展的需要，同时与专利制度国际化相协调，1921年，对《专利法》进行了六个方面的修改，内容主要涉及专利申请的原则、发明的授权、专利效用时间的规定与许可制度等。第二次世界大战中，日本主要实行专利的秘密与征用制度。

第二次世界大战结束，日本国力处于低潮时期，为能快速有效地促进民族工业重新走上正轨，日本政府废除并修改了第二次世界大战期间的专利制度。为应对战后引起的通货膨胀，1947年修改专利法，提升了专利费缴纳的额度。事实上，这一做法体现了对专利产品质量的高要求。同时，为能从根本上体现保护发明创造者的合法权益，作为战后新宪法的组成部分，1948年7月15日修改专利法。为扩大对外国人的专利保护，1952年4月28日修改专利法。这一做法又说明日本已经把国内专利与国际专利视为同等地位。从民族发展环境看，对外国人在日本的专利保护，实则是为日本更好地储备了发明创造的智慧。战后日本政府几次专利法的修改，为其发明创造的重新振兴创设了必要机制。

1959年，日本对专利法进行了全面修改，修改的主要内容包括：保护对象、专利申请和授权条件、专利权主体、专利权效力、专利权保护五大方面，从法权角度对发明创造的具体细节作了较为详细的说明与规定。这次专利法的修改为确立现行专利制度做了充分的准备。为让专利制度发挥更大作用，日本采取了积极应对策略，于1970年对现行专利法进行了实质性修改。1975年又对现行专利法修改，增加了“物质发明专利制度和多项制度”等内容。1978年，为加入《专利合作条约》，对现行专利法进行了局部修改。

进入20世纪八九十年代，国际新环境再次让日本感到民族科技创新的重大意义。然而，发明创造作为科技创新的直接抓手，成为日本坚信理念。为进一步增强从“技术立国”到“技术强国”的保障，形成国内外发明创造有利机制，日本专利法修改更加频繁。80年代，除1986年、1989年两年外，其他年份，日本均对专利法有关规定进行了修改。其中最为有效的修改是1985年

---

① 该处所述几项资料根据张玲《日本专利法的历史考察及制度分析》，人民出版社2010年版，第26—28页整理。

与1987年。90年代，日本为了适应知识经济的需要，应对加入关贸总协定的需要，以及摆脱经济萧条期的困境等，于1990年、1994年、1998年、1999年先后局部或较全面地修改专利法。从日本修改专利法历程看，它不是要改变世界，而是要适应世界。只有不断适应世界新变化，才能更好地立民族生存之碑。要之，这些专利法修改，一则吸引了大批国外发明创造的专利申请；二则保护了国内发明创造者的权利；三则有效地拓展了日本国际发展空间。

2000年以来，日本认为在知识经济时期，其制造业优势已成为过去，重点主攻民族工业技术发明创新领域，从而显示出知识产权在国际竞争中的有利地位。同时，日本看到技术革新与发明创造在发达国家经济增长中产生了重大效应。因此，为能抢占国际经济发展有利地势，日本把技术革新与发明创造提到国家政治高度，于2002年、2003年、2004年对专利法及相关法律作了全面修正。2004年专利法修改中对“职务发明”作了更为具体的规定。此一修订，更加突出了日本企业发明创造在国际上的重要地位与作用。因为从处于世界先进水平的角度看，日本企业研发的高新技术领域中的发明创造，特别需要专利方式的介入，以维护其专利的国际合法地位。由此，日本于2006年、2008年又先后两次进行了专利法修改。

随着民族创新、科技创新等诸多观念的深化，日本也面临着“职务发明”与“员工权利”之间的矛盾冲突。针对这一现象，2014年日本特许厅的专利制度小委员会起草了《专利法》修订案。拟将现行制度中专利权归“员工所有”转移归“企业所有”。从日本《专利法》沿革看，自1909年日本《专利法》就已经规定了“职务发明”归企业所有，但到2004年修改《专利法》时，将“职务发明”归“员工所有”。然而，在实际操作中，这一持续了10年的修订，并没有得到全面实施，多数企业仍规定了“职务发明”归企业所有。虽然企业从多方面对发明创造者给予一定的制度奖励，但在根本上，员工发明创造的积极性仍受到不同程度的抑制。

总之，从日本专利法沿革脉络可见，尽管期间有军国主义的狂掠行径，但就其整个法制建设来看，始终没有放弃创新的宗旨。事实上，日本民族关于专利制度的建设，不仅反映出“物竞天择，适者生存”的自然法则，而且反映出“革故鼎新”的人类社会发展观。日本专利法对发明创造的权利保护，有力地激发了日本国民发明创造积极性，并促进了日本经济社会快速发展。对发明创造专利的严格规定，高标准准入，体现出日本民族深远的创新思维。

三　中国专利制度对发明创造影响

在中国“专利”一词早已存在，但其内含与现代意义有些不同。现代意义的“专利”是法律术语及其内涵，来自西方，是在一定的法权条件内，对发明创造者的发明创造的产品权益的保护。在西方专利思想传入中国之前，闭关锁国的现状已被打开，中国处于内忧外患的时局。在如此时代格局下，专利作为一种新生事物，呼之而入。尽管专利还不能成为当时中国腾跃起飞的利器，但官方与民间均出现了专利思想。

从现有资料可知，最早提出建立专利制度是在太平天国时期。1859 年，洪仁玕在其《资政新篇》中，提出许多建立专利制度思想与具体措施。在经济建设方面，提出了包括“奖励发明创造，鼓励科学技术的发展”[①] 的几十项措施。特别强调要保护私人资本的权益，反对他人仿造，“不仅鼓励私人营造机械、仪器，而且从法律上保障发明和生产的专利权”[②]。可见，在当时的社会背景下，专利思想在中国已经受到一定程度的认同与重视，发明创造与专利法权之间的关系，有了初步融合，但终因太平天国的失败而没能执行。

“洋务运动”中所进行的各项开办工厂活动，从形式上看，是学习国外近代先进的工业生产方式。从实质上看，部分清廷官员似乎已经认识到，如果没有发明创造的科技成果，民族繁荣终将不会成其可能。他们无疑感到发明创造的重要性，认为只有发明创造出“坚船利炮”，才能富国强民，抵御外侵。1873 年（又说 1862 年），郑观应在《救时揭要》与后来的《易言》两书中，就“专利”制度作了论述，并介绍了西方的专利制度。1881 年，郑观应为上海机器织布局申请了机器织布的专利技术，1882 年经光绪帝授权批准为 10 年专利权的期限。

随着西方思想不断传入，洋务运动不断深入，一些启蒙思想家要求变法的呼声越发高涨。至 1898 年，由于受到启蒙思想与洋务活动的影响，光绪帝颁布了《振兴工艺给奖章程》，并颁布了兵工、造船、纺织等少数行业的专利。这一法权的设置，是中国法制思想历史的一个巨大进步。虽然作为中国历史上具有第一部专利法称谓的《振兴工艺给奖章程》没有得到具体实施，但专利制度观念毕竟已步入官方思维，为后期中国专利法权规制不断完善，为发明创造不断受到尊重，奠定了必要思想基础。

民国时期我国专利制度得到初步发展。由于受西方专利思想的影响，当时

---

① 邵德门：《中国近代政治思想史》，法律出版社 1983 年版，第 86 页。

② 同上书，第 89 页。

的北洋政府工商部于1912年，根据时局的需要颁定了《奖励工艺品暂行章程》(以下简称《章程》)。《章程》就有关发明或改良产品的申请、奖励、执照期限与法律责任等作了相关规定。《章程》的公布与实施，为以后中国专利制度的发展作了必要的尝试。在一定范围内，客观地刺激了当时我国发明创造的积极性。1923年，对《奖励工艺品暂行章程》中产品发明方法、褒奖、普及、期限与国民权利等方面作了适当修订。“1928年2月，农工商部公布了《工艺品发明审查鉴定条例》《专卖特许条例》和《工艺品褒奖条例》”①。1928年6月，国民政府重新颁布《奖励工业品暂行条例》，同时废止了以前的《奖励章程》。1932年又颁布了《奖励工业技术暂行条例》，并于1939年、1941年两次修订。一则扩大了发明创造的奖励范围；二则对清贫发明创造者提出申请作了适当的优惠规定。1944年，国民政府颁布了中国具有现代意义的《专利法》。该法从起草到公布用时4年，在内容上，除继承了以前章程中合理成分，而且吸收了当时世界上较先进的规制。但由于国内战乱，几无发明创造的环境，国民政府亦无暇顾及该法全面实施，直到1949年败退台湾。

1949年新中国成立，百废待兴的局面将发明创造提上日程。1950年，政务院颁布《保障发明权和专利权暂行条例》（以下简称《条例》)，但在《条例》中所规定的发明权与专利权有很多附加的限制性条件。其中，申请人对发明创造只能在发明权与专利权中选择其一，公众福利的发明创造、职务发明创造与委托发明创造等，只授予发明证书，不授专利权。严格地说，这一规制，在法权上有损发明创造者合法权益的取得，是发明创造者合法行为与合法权益的分离，即在这一合法行为下，发明创造者所产生的物权，不能归属于发明创造者本人。可见，这种法权设计，显然没能充分权衡发明者与发明物之间的周全关系，必然造成发明创造者主观能动性的减弱。

从专利法对发明创造者权益保护角度看，发明创造者只能在发明权与专利权作一选择，是对发明创造的偏见，或对发明创造认知的模糊。当然，这是社会发展的阶段性必然产物。《条例》中的这些规定是当时社会对专利与发明创造的局限反映，在一定程度上阻碍了大众发明创造者的积极性。尽管如此，1954年，其被颁布的《有关生产的发明、技术改进及合理化建议的奖励暂行条例》取而代之。这一时期，为表彰自然科学中的发明创造事迹，“1956年中国科学院发布了《中国科学奖金条例》”②。20世纪50年代，新中国所颁发的一系列专利条例，虽然有不完善之处，但也极大地促进了我国发明创造氛围的形成。

---

① 许立言：《我国专利制度的沿革（1911—1949)》，《中国科技史杂志》1982年第4期。

② 许立言：《我国专利制度的沿革与发展》，《技术与市场》1983年第3期。

1963 年 11 月，国务院颁布了《发明奖励条例》和《技术改进条例》，但由于多种原因没有及时实施，“文化大革命”开始后，导致发明创造 15 年的萧条期。

改革开放，世界先进科技让我国再次认识到发明创造的重要性。“落后就要挨打”的真理再次告诉国人，科技进步是民族昌盛的必然要素，科技中的发明创造更是成为国力强弱的硬指标。尤其是随着我国在国际经贸中的频繁活动，让中国政府清醒地看到，尖端科学技术的发明创造，商品技术含量的高新，是立足国际舞台的根本保障。由此，重发明创造，重成果获得专利权被再次提上日程。

在这一背景下，我国政府开始认识并研究确立专利制度是国际经贸发展的现实需要，具有极强的必要性，于 1980 年成立了新中国专利局。但改革开放刚起步，敢于创新、敢于发明创造的意识较为淡薄，这也是我国《专利法》出台较慢的社会因素之一。1981 年 3 月，《专利法（草案）》第 11 稿遭遇反对意见而被搁置一年之久。1982 年，由于国际形势与我国国际经济活动的需要，《专利法》制定势在必行。历尽千辛万苦，1984 年 3 月 12 日，我国具有现代意义的《专利法》最后获得通过，并于 1985 年 4 月 1 日正式实施。

新中国第一部《专利法》的颁布与实施受到世界其他国家的欢迎，因为它是世界《专利法》的重要组成部分之一；同时，也受到我国广大发明创造者的支持，因为它为这些发明人提供了有利的保护机制。《专利法》在专利范围、申请先后、审查制度、优先权制度及国民待遇等方面均作了具体规定。

随着我国改革开放经验的不断积累，1992 年对《专利法》进行了修订。与以前相比，拓展了专利权保护范围、增强了专利权效力、延长了专利保护期与引入本国优先权制度。专利法的修订对提高发明创造的保护水平发挥了重要作用。为适应中国加入世界贸易组织的最低规定，2000 年对《专利法》进行大幅度修订，其中主要涉及“专利权的效力、司法监督与诉讼保全制度”等方面。这次修订使我国《专利法》与国际 TRIPS 进行了接轨。为进一步加强对发明创造者利益保护，“2008 年 12 月 27 日，中华人民共和国主席胡锦涛签署第 8 号主席令，公布《全国人民代表大会常务委员会关于修改〈中华人民共和国专利法〉的决定》，自 2009 年 10 月 1 日起施行”①。修订的主要内容是“加大对专利侵权的打击力度”。这次修订是在建设创新型国家背景下进行的，因此，对我国各界发明创造者产生了极大的激励作用。

---

① 中华人民共和国国家知识产权局：《专利法及其实施细则第三次修改》，http://www.sipo.gov.cn/ztzl/ywzt/zlfjqssxzdscxg/，2008 年 12 月 29 日。

为适应国内国际新形势，我国于2010年初修订了《中华人民共和国专利法实施细则》（以下简称《细则》）。《细则》的修订，体现了我国对发明创造及其专利申请的科学化、具体化、严谨化、国际化及与时俱进化。因为发明创造专利不仅涉及发明创造者个人的权益，而且也涉及企事业单位与国家的重大权益，所以修订《细则》，更进一步规范不断变化的专利要求。同时，也体现出我国专利不仅要取得数量的积累，而且要取得质量的突破，呈现出从重数量到重质量的转折趋向。

从根本上看，中国专利法的演进，不是简单的个人权益要求，而是立于民族兴旺繁荣的态势。“鸦片战争”给中国带来的是近代科技落伍，发明创造无存，国力式微。国民党反动政府专横独裁，民不聊生，发明创造势单力薄，民族受制于外。“文化大革命”阶级斗争疯狂，生产力遭到巨大破坏，经济社会止步不前。“春天的科学”犹如一声惊雷，让国人重新看到发明创造的重大责任，从此新中国专利制度诞生便有了它的崭新航向。中国创造学也正是在这样的芽床中，孕育出它渴望的种子。

四 中日发明创造与专利制度关系评价

专利制度是从法的角度确立发明创造者的发明产品权益。这一法权制度的确立，有力地促进了发明创造的进步。专利制度的确立与发展不仅奠定了发明创造良好制度机制，而且为创造学发展开拓了深远空间。特别是以实用技术为核心的创造工程更体现出与专利制度的密切关系。

14世纪西方出现的专利思想及其所形成的专利制度，随着东西文化交流，对东方产生了重要影响，尤以日本为甚。但在日本明治维新之前的德川幕府是一个极端封建王朝，对外采取闭关锁国政策，对内极端压制发明创造。其所出台的《新御法度》是对发明创造打压的典型代表。而这时的中国正处于明王朝时期，可以说是天朝大国呈现出繁荣之景象，尤其是造船技术堪称世界之最。然而，总体看，进入清王朝之后则处于闭关锁国之状态（1840年之前）。清王朝采取的诸多政策对发明创造形成了重压，一时间，国内几无耀眼世界的技术成果。可见，共同的封建专制严重抑制着中日两国人民发明创造的心灵。特别是闭关锁国政策，对发明创造与专利制度确立造成了极大阻碍。但自近代社会19世纪80年代中期以来，专利制度在中日两国所呈现的历史轨迹，鲜明地折射出中日两国对专利制度不同的观念与重视程度，最终造成两国发明创造在认知观、教育观与价值观等方面的差异。

（一）专利制度是否成功确立，反映出中日两国发明创造认知观的差异

从近代中日专利制度的历史沿革中（1860—1899）显见，19世纪60年

代，西方思想在东方的传播已相当活跃。受西方文化思想影响，日本的福泽谕吉认识到发明创造的重要性，他在1867年出版的《西洋事情》一书中认为，所谓专利权，是就发明创造新事物的人而言的，为了让其发明创造成果受到社会承认与享受发明创造成果的利益，依据法律的相关规定，政府授予发明创造者对发明创造成果具有一定期限的独占权。这一发明创造的专利思想受到1868年明治政府的重视，1871年明治政府出台了《专卖简则》。之后，在明治政府一系列改革中，于1885年颁布了《专卖专利条例》。从此，日本确立了具有资产阶级性质的专利法权制度。为配合该法的实施，日本有关部门还出台了相应的配套专利法实施细则。自1888—1909年，三次对专利法进行了修订，并不断补充专利法的完整性。一系列专利措施极大地刺激了日本发明创造的积极性。

实际上，中国的洪仁玕，受西方资产阶级财权制度的影响，1859年在《资政新编》里阐述了发明创造与专利制度的重要性，依据对当时中国社会的认知，提出了一系列具有进步意义的保护发明创造的措施。同时，“洋务运动”的出现也标志着部分清朝官员对发明创造的渴求。但专利制度与发明创造并没有得到当时中国社会各方认可。专利制度没有成为中国法权的重要内容，发明创造没有成为中国社会强国富民的重要法器。直到1873年郑观应在《救时揭要》中提出了具有明显代表性的专利权主张。然而，由于内忧外患的清王朝没有摆正发明创造位置，专利思想并没有受到官方真正重视。1898年，在不违背清王朝封建统治意旨条件下，光绪帝才颁布了《振兴工艺给奖章程》，但由于受封建思想的禁锢，以及对专利制度的深层认识不足，终致《章程》没能很好实施，专利制度没有在中国确立，中国民众发明创造的心灵受到阻碍。

从中日两国提出专利思想的时间上看，中国早于日本。但日本通过对封建制度的彻底改革，确立了近代专利制度的地位，促进了发明创造的发展；而处在同一历史阶段的中国，虽然提出了建设专利制度的方向，但它是不成熟的，是民间的。更准确地说，是农民先进小资产阶级的主张。既没有受到民间大众普遍认可与支持，也没有受到清廷官方承认与帮扶。专利法权意识与思想处于空中悬浮状态，即便洪仁玕规制了专利法权的具体措施，但终因太平天国的失败而成为一纸空文。尽管后期，清廷部分官僚极力主张专利法权制度的建设，但并没有取得封建国家改革的成功，专利制度最终化为泡影，没有形成发明创造的有利环境。

本质上看，清廷后期，皇室专权，阴贼暗计，内外勾结，反动势力对劳动大众的镇压，无形地戕杀了他们的创造力。严格地说，反动势力害怕劳动大众的发明创造智慧会倾覆清廷，因此，试图从各方防范劳动大众的聪明才智。对太平天国的绞杀，对义和团的屠灭，对戊戌变法的残害等，都是镇压中国劳动大众创新智慧的典型反映。与之相反，同一时期，日本官方不但没有反对发明创造，而且更加钟爱发明创造，积极制定措施，鼓励民众发明创造。从表4.1所列专利法制度建设的实况显见，中日两国政府对发明创造重视程度，有着极大的差异性。

表4.1 近代中日主要专利制度相关情况比较

项目	时间（年）	代表人物及专著	制定修订情况	结果
日本	1867	福泽谕吉《西洋事情》		成功
	1871		《专卖简则》	
	1885	高桥是清	《专卖专利条例》	
	1888	高桥是清	《专利条例》	
	1899		《专利法》	
	1909		《专利法修正案》	
中国	1859	洪仁玕《资政新编》		失败
	1873	郑观应《救时揭要》		
	1898	光绪皇帝	《振兴工艺给奖章程》	

从表4.1中专利制度主要事件可知，近代日本专利制度成功确立及其出台的几部实质性专利法，极大地激发了当时日本社会发明创造的积极性，为现代日本成为发明创造与科技强国奠定了良好开端。相反，清王朝的封建专制及其他不利因素阻碍了近代中国专利制度成长的步伐，严重压抑了当时中国社会民众的发明创造热情与发明创造智慧。

（二）专利制度与创造教育是否成功结合，反映出中日两国发明创造教育观的差异

从1910—1945年近40年时间里，中国与日本均处于两次世界大战之中。不同之处，中国处于被侵略地位，而日本处于侵略地位。这时日本军国主义气焰嚣张，一改以前“富国强民与发展工业”是发明创造的宗旨，而将发明创造的成果应用在军事扩张上。此时，日本专利法与发明创造走上了畸形发展的道路。自1914年第一次世界大战爆发以后，先后出台了具有军国主义的专利法。从1917—1921年，所出台的专利法完全是为着侵略战争服务的。

然而，这一时期日本创造教育思想也开始得到发展，创造教育的发展也增进了日本发明创造的积极性。创造教育者们翻译了大量国外创造力著作，如弗洛伊德的《梦的解析》、里鲍尔的《创造的想象》等；同时也著述了创造教育

的专著，如园赖三编出版《艺术创作的心理》，稻毛金七（稻毛祖风）出版《创造教育论》，教育家千叶命古出版《创造教育的理论与实践》，九息周造出版《梦的结构》，波多野完治出版《创作心理学》等，这些翻译与出版的创造学著作，有力地促进了日本发明创造的热潮。同时，创造教育也促使日本发明创造开始走向经济领域。1944 年，市川龟久弥出版《创造性研究的方法》一书，是对日本发明创造取得成果的总结，是对日本发明创造教育成效的反映，具有显著的本土色彩。从历史的角度看，日本军国主义时期的专利制度具有特殊的规制对象，但其专利制度与创造教育进行了结合，创造教育所带来的发明创造成果，客观上，是为日本军国主义服务的，同时也刺激了日本尖端领域发明创造的产生。

在中国，1911 年辛亥革命推翻了中国封建王朝，由于受西方资本主义思想影响，北洋政府颁布了一系列保护与奖励工商业的措施。1912 年北洋政府制定了《奖励工艺品暂行章程》，对我国近代专利制度发展产生了重要影响。1923 年对《奖励工艺品暂行章程》进行了修订，并颁布了我国第一部专利法实施细则。之后，国民政府几次修订该实施细则，并颁布了与发明创造专利相关的法规，在一定程度上提高了当时国人的发明创造积极性。直到 1944 年国民政府出台《中华民国专利法》，其是反映当时我国发明创造专利申请、审查、实施与保护较完备的专利制度。这一时期，创造教育思想也已初见端倪，翻译的著作有稻毛金七的《创造教育论》、伯格森的《创造进化论》等，发表创造教育的文章有“虞箴的《论创造力》、太玄的《创造教育之方法》、静庵的《儿童创造力养成之研究》”[①]等。同时，在 20 世纪三四十年代，我国教育家陶行知也开展了相关创造教育活动，其所发表的《创造宣言》一文，可谓令创造者振奋，至今仍有重要的意义与参考价值。陶行知先生列举并批判了几种典型的脱离创造的言行：

> 有人说：环境太平凡了，不能创造……有人说：生活太单调了，不能创造……有人说：年纪太小，不能创造，见着幼年研究生之名而哈哈大笑……有人说：我太无能了，不能创造……有人说，山穷水尽，走投无路，陷入绝境，等死而已，不能创造……[②]

---

① 王伦信：《创造教育理论研究回溯——以民国时期为例》，《南京师大学报》（社会科学版）2007 年第 4 期。

② 转引自刘仲林《中国创造学概论》，天津人民出版社 2001 年版，第 36—37 页。

针对上述几种错误的创造认知观，陶行知给出了回答。他认为，再平凡的东西，莫过于一张白纸与一块石头。一张白纸在八大山人的手中，便能绣出一幅名贵华章。一块石头，在菲狄亚斯与米开朗基罗的手中，便能镌刻为一尊不朽的浮雕。再单调的事，莫过于坐牢与沙漠。《易传》之卦辞、《正气歌》、苏联的国歌、尼赫鲁自传，哪一件不是在牢中产生；而苏伊士运河，又何尝不是雷赛布在沙漠中的伟大杰作，更是打通了地中海与红海的航道。再年幼的人，同样存有创造的智慧。莫扎特、爱迪生、帕斯卡尔，哪一位不是在青春正当时，挥写出人生的创举。再鲁钝的人，目不识丁的人，同样存有创造的精微。曾参对孔子道统的传承；惠能对黄梅教义的传承，且有“下下人有上上智”的经典名句。再身处绝境的人，莫过于玄奘、哥伦布。历经八十一难，玄奘取得了佛经，弘扬了世界文化经典；众叛亲离，断水绝粮的境况下，哥伦布找到了美洲。如此一串串惊天地、泣鬼神的创造精魂与赞歌，深令陶先生敬畏。正是基于这一创造教育观念，陶先生在空间、时间与创造主体方面，提出了著名的“三创”观。

中国创造教育观的产生，客观上，反映出中国要求走发明创造之道、强国富民的渴望。然而，当时的中国正处于国内战乱与国外入侵状态，发明创造环境极差，《中华民国专利法》并没能实施。虽然诸如陶行知先生提出了极具时代意义的创造观念，但当时中国时局更迭不定，创造教育无从起步，专利制度与创造教育没有形成有利的结合机制。尽管零散的创造教育呼声反映出当时中国积贫积弱之根源，但无法唤醒中国民众发明创造的热情和潜能。

表 4.2　　第二次世界大战期间中日主要专利制度及其相关情况比较

项目	时间（年）	制定或修订的专利法	产生的新思想	结果
日本	1917	《工业所有权战时法》 《工业所有权战时法施行令》 《工业所有权战时法登记令》 《工业所有权战时法施行规则》 《工业所有权战时法登记令施行规则》	创造教育	一则发明创造服务于战争 二则发明创造促进了日本战后的经济发展
	1918	《关于实施工业所有权战时法专利局增员的规定》		
	1921	修订《专利法》		
	1923—1931	增加秘密专利权		
	1937	《军需工业动员法》		
	1938	《专利征收令》《国家总动员法》		
	1941	《国家总动员法》修正案《敌产管理法》		
	1943	《发明专利等实施令》		

续表

项目	时间（年）	制定或修订的专利法	产生的新思想	结果
中国	1912	《奖励工艺品暂行章程》	创造教育	发明创造没有形成民族氛围
	1923	修订《奖励工艺品暂行章程》		
	1928	《工艺品发明审查鉴定条例》《专卖特许条例》《工艺品褒奖条例》《奖励工业品暂行条例》		
	1932	《奖励工业技术暂行条例》		
	1939	修订《奖励工业技术暂行条例》		
	1941	修订《奖励工业技术暂行条例》		
	1944	《专利法》		

如表4.2所示，两次世界大战期间，日本专利法的特殊规定扭曲了发明创造的目的与用途。然而，日本专利制度与创造教育的结合客观上促进了发明创造的发展，以至于其在战后仍能迅速振兴民族经济。反之，由于中国当时的历史境况，专利制度与创造教育更无机缘结合。总体看，专利制度没有真正促进发明创造的进步，当时中国民众发明创造的智慧仍处于沉寂状态。

（三）专利制度是否不断完善，反映出中日两国发明创造价值观的差异

自第二次世界大战结束以来，日本专利制度完善得极快，发明创造呈现飞跃发展。从日本所制定、修订的专利法可见，其对发明创造的教育、普及与深度认识非同一般。从一般日常生活所需到现代高科技的多个领域均涉及发明创造，由此，发明创造通过专利制度受到日本各界的高度重视。从1947—1959年，日本先后废除了第二次世界大战期间制定的专利法，并进行了四次修改。修改后的专利法为日本迅速复兴发挥了重要作用。尤其是1959年全面修订的专利法，为日本形成现行专利法奠定了基础，明确提出“增加创造性授权条件”。通过修改专利法，日本人在国际上的专利申请量与外国人在日本的专利申请量，逐年成倍增长。

50年代中期，创造学由美国传到日本，出现了一大批专门从事创造学研究的学者。他们将西方创造学思想与本土结合起来，从而形成了日本创造学特色。客观上，刺激了日本发明创造的热情，推动了日本经济社会迅猛发展。为赶超欧美，1970—1999年，日本相继14次局部或全面修订专利法，为科技发明创造铺设了有利条件。反之，科技方面的发明创造，有效地巩固了日本经济地位。

到20世纪80年代中期，日本人口已超过1.2亿，国内市场狭小、资源短缺、国民生产总值较高，为世界十大发达国家之一。这一现状要求“日本市场在规模和消费能力方面具有非常吸引力，因此，吸引外国公司的专利，以期保护增加国内产品附加值的发明创造”①。由于发明创造刺激了日本经济快速

① Caviggioli, F. Foreign Applications at the Japan Patent Office – An Empirical Analysis of Selected Growth Factors. *World Patent Information*, Volume 33, Issue 2, June 2011, pp. 157 – 167.

增长，至20世纪80年代末期，日本取得了世界经济支配地位。进入21世纪，在知识经济背景下，2002—2008年日本相继进行了5次专利法修订，日本现代专利制度在发明创造与经济发展中的功效显著增强。相比之下，“二战”后，国民政府于1947年所颁布的《专利法实施细则》并没有得到贯彻实施，没有激发当时国人发明创造热情与推动经济社会发展。

新中国成立后，开始着手专利制度的建设。50年代，新中国共颁布了三部具有专利法性质的《条例》，在新中国成立初期对发明创造产生了一定作用，刺激了新中国成立初期经济增长。60年代所颁布的两个《条例》，因爆发“文化大革命”，最终成为一纸空文。自1978年，经过多次曲折，到1985年诞生了具有现代意义的新中国《专利法》。该法的颁布与实施，绽放了久已沉睡的发明创造之光。在改革开放的大潮中，催生了众多新的经济增长领域。值得一提的是，1980年前后创造学被引入内地，30多年来，我国创造学由举步维艰到蓬勃发展，为我国发明创造注入新的生机。随着我国国际地位提升、国际经贸交往日益频繁及建设创新型国家的迫切要求，1992—2008年，我国对现行专利法进行了三次较全面的修订，从制度上确保了我国多领域发明创造的积极性。但这一举措与日本相比显得还较为单薄。如表4.3所示。

由表4.3可知，日本自“二战”后1947—2008年的60年间，共修订《专利法》24次。专利法的不断完善促进了发明创造的进步，日本于20世纪50年代诞生了创造学。从而日本适应了高科技发展的需要，增强了发明创造的国际理念，提升了国民发明创造的素质，促进了现代产业发展。而中国在1950—2008年的近60年间，共修订《专利法》3次。专利法的修订主要还停留在增强国民发明创造意识，及对国内发明创造申请的保护方面。专利制度还没有将国民发明创造观念引入产业发展的深层领域。同时，20世纪80年代初期才诞生创造学，比日本晚了30年。中日两国发明创造价值观的巨大差异，也为当代中国创造学发展提出了严峻考验。

综上所述，专利制度下中日发明创造呈现的差距是历史与现实的客观反映，面对当前法制国际化、科技全球化与生产一体化趋势，发明创造更显一国综合实力的要旨。建设创新型国家，更需发明创造成果的不断涌现，尤其是科技前沿领域中发明创造所获得专利权的数量增加与质量提高，更能体现我国自身强力与领先的国际地位。由此，立足世界“知识产权信息传播”① 的有利环境，不断吸收国外发达国家先进的专利制度理念，加强我国专利法制度建设，

① Michael Blackman. “*World patent information—the first* 25 *year*” World Patent Information 26 (2004) 13 - 24, p. 17.

不断完善我国发明创造机制，将发明创造成果纳入到专利法制建设的良态轨道，也是我国创造学不断向纵深发展的制度保障。

表 4.3　第二次世界大战结束至今中日主要专利制度及相关情况比较

项目	时间（年）	制定或修订的专利法	目的	产生的新学科	作用
日本	1947	修订《专利法》	提升专利费缴纳额度	20 世纪 50 年代中期创造学诞生	适应了高科技发展的需要 增强了发明创造的国际理念 提升了日本国民的发明创造素质 促进了日本现代产业发展
	1948	修订《专利法》	适应新宪法制定的需要		
	1952	修订《专利法》	扩大对外国人保护		
	1959	修订《专利法》	奠定现行法基础		
	1970	修订《专利法》	更好利用专利制度		
	1975	修订《专利法》	增加物质发明专利和多项制度		
	1978	修订《专利法》	批准加入《专利合作条约》		
	1981—1988	修订《专利法》	1985 年设定国内优先权规则 1987 年进一步改善多项制度		
	1990	修订《专利法》	专利事务无纸化操作		
	1994	修订《专利法》	加入关贸协定与日美协议实施		
	1998—1999	修订《专利法》	规定专利授权条件等		
	2002	修订《专利法》	与网络化发展相适应		
	2003	修订《专利法》	实施《知识产权战略大纲》		
	2004	修订《专利法》	实施《知识产权的创造、保护及运用的推进计划》		
	2006	修订《专利法》	提升日本产业国际竞争力		
	2008	修订《专利法》	普通实施权等的登记制度等		
中国	1950	颁布《保障发明权和专利权暂行条例》	自由申请发明权或专利权	20 世纪 80 年代初期创造学诞生	增强了国民发明创造意识 达到了国际专利最低标准
	1954	颁布《有关生产的发明、技术改进及合理化建议的奖励暂行条例》	适应经济体制需要		
	1963	颁布《发明奖励条例》	奖励技术发明		
	1985	制定《专利法》	经济发展和对外开放的需要		
	1992	修订《专利法》	提高对发明创造的保护水平		
	2000	修订《专利法》	适应经体改革和技术发展需要		
	2008	修订《专利法》	迎接新的科技挑战		

第二节 中日发明创造成果及主要技术指标比较

发明创造成果反映出社会的进步，而专利权的获取则是一国发明创造得到社会承认的重要标尺。一个国家拥有发明创造专利的数量越多，且处于学科前沿领域，科技含量很高，就会在世界上拥有更好更多的发展资源，就容易占领广泛的市场，这是社会认可度的重要表现。从科技强国角度看，发明创造专利申请与授权量及两者间的比例构成，尤其是前沿科技领域中发明创造专利权的获得（虽然一些发明创造还没有物化为现存的技术成品），为支撑一国国际地位发挥着重要作用。

一 中日发明创造成果整体分析

在1885年日本近代专利制度确立以前，尽管实施的《专卖简则》时间较短，所获得的专利权不具有私人财产，但其作为一种新生事物，而且对私人发明创造给出了一定的保护规制，这在客观上必然激发当时日本国民发明创造热情。其中，1877年，在日本东京举办的第一次博览会上，参展品达84353件，参展人数更达454668人，展品的丰富性，人流的涌动性，均体现出规模之大，这在日本的历史上可谓前所未有。

1885年颁布了《专卖专利条例》，确立了日本近代以来的专利制度基础，同时制定了一系列专利法实施的配套程序。由于政府重视，民众参与，据统计“从条例7月1日生效起到10日止，通过各地方厅向农商务省提交的专利申请：东京46件、神奈川3件、埼玉2件、千叶3件、群马1件、静冈1件、长野1件、福井2件。”[①] 从1885—1910年，专利申请60474件，授权19781件[②]。第一次世界大战爆发，为适应战争的需要，日本改变了以前专利申请条件，于1917年颁布了《工业所有权战时法》，导致日本发明创造畸形发展。自1911—1945年，专利申请431983件，授权138906件[③]，秘密专利授权1547件。

第二次世界大战结束后，日本国力受到严重创伤。为快速脱离战争的阴

① ［日］特许厅：《特许制度70年史》，发明协会1955年版，第47页。

② 该两项数据根据张玲《日本专利法的历史考察及制度分析》，人民出版社2010年版，第325—329页整理。

③ 同上。

影，振兴国家经济，日本政府认识到，只有走技术革新之路。由此，日本政府及相关部门迅速调整专利法方向，赢得了快速发展机遇。1948 年为适应战后日本新宪法需要，修订了《专利法》。自 1946—1949 年，专利申请 43244 件，授权 9285 件①。1950 年以来，日本专利制度日益完善，已形成别具一格的特色，发明创造在国际上处于领先位次。1959 年全面修订《专利法》，确立了现行专利法的基础。自 1950—2008 年，专利申请 12899547 件，授权 3603158 件②。总观可见，日本专利申请与授权状况充分显示出日本发明创造的强劲力量。

1898 年光绪帝颁布了中国历史上具有第一部专利法称谓的《振兴工艺给奖章程》，在此之前，虽然西方专利思想在中国已开始传播，并受到当时有志之士的赞同，但未能形成官民共识。因此，尽管光绪帝也授权了几项专利，由于民族处于水深火热之中，发明创造的专利观念并没有受到应有重视，《振兴工艺给奖章程》也只能在没落的封建专制中销声匿迹。可见，没落的封建地主阶级根本不可能将民族与人民的发明创新智慧置于首要地位。

1911 年中国爆发了辛亥革命，建立了资产阶级政权，于 1912 年颁布了《奖励工艺品暂行章程》（以下简称《章程》），据有关资料显示，到 1930 年前，根据《章程》批准的专利数量相当少，仅有 135 件。为奖励工商等生产事迹，国民政府相继制定或修订了一系列有关专利法规，于 1944 年制定了具有现代意义的《专利法》。据不完全统计，自 1911—1945 年，批准“专利约 692 项，褒奖 175 项”③。第二次世界大战结束后，国民政府于 1947 年修订了《专利法》，但直到新中国成立并未实施。自 1946—1949 年，专利核准“102 件”④，该数据只反映 1946 年与 1947 年专利核准情况。同样可见，反动的大官僚、大资产阶级仍不能视发明创造为国之动力。他们专横野蛮，严重地淹灭了民族的创造、创新力。

1950 年，为奖励我国各界发明创造成果，新中国相继制定或修订了相关《条例》，历尽波折磨难，并于 1985 年正式制定了新中国《专利法》。1979—1981 年，批准发明奖“268 项”⑤。自 1985 年 4 月至 2008 年 12 月，专利申请

---

① 该两项数据根据张玲《日本专利法的历史考察及制度分析》，人民出版社 2010 年版，第 325—329 页整理。

② 同上。

③ 许立言：《我国专利制度的沿革与发展》，《技术与市场》1983 年第 3 期。

④ 徐海燕：《中国近现代专利制度研究》，知识产权出版社 2010 年版，第 192 页。

⑤ 同上书，第 84 页。

4853506件、授权2501268件、有效量1195196件①。新中国成立后，中华民族深刻地认识到，没有科技发明创造，民族难以振兴。由此制定与修订了一系列保护我国发明创造的专利条例。尽管这些条例还有不完善之处，但它是中华民族发展、创新与进步的现实反映。

总之，从中国专利申请与授权数量可见，由于受西方法权制度的影响，自近代以来发明创造的法权观念在中国开始出现，同时在官方与民间一定阶层中，受到不同程度的重视。专利法权制度在中国的出现，足以说明，中国近代社会制度观念上的飞跃。新中国专利观念在制度上的体现，奠定了后期社会主义专利法权制度的根基。当前发明创造亦为中国经济社会的发展产生了显著效益。为进一步透视中日发明创造，尤其是发明专利申请、授权的相关情况，对1885—2008年的相关情况进行了比较分析。如表4.4所示：

表4.4　　1885—2008年中日发明专利申请、授权及相关情况比较

项目	日本		历史背景	中国		历史背景
时间（年）	申请量（件）	授权量（件）		申请量（件）	授权量（件）	
1885—1910	60474	19781	资本主义制度确立与上升时期	未统计	未统计	内忧外患军阀混战时期
1911—1945	431983	138906	两次世界大战	未统计	692	两次世界大战
1946—1949	43244	9285	战后调整时期	未统计	102	国内战争时期
1950—1965	671117	198652	经济发展面向国际	未统计	未统计	社会主义制度确立与建设时期
1966—1976	1355692	380496	经贸国际化增强	未统计	未统计	“文化大革命”时期
1977—1984	1688184	406328	形成经济大国地位	未统计	268	社会主义体制改革起步与调整时期
1985—2008	9184743	2633385	知识经济大发展时期	1623248	458157	社会主义市场经济
合计	13425437	3786833		1623248	458951	

注：1. 日本专利数据根据张玲《日本专利法的历史考察及制度分析》，人民出版社2010年版，第325—329页整理。

2. 数据268是1979—1981年批准的发明奖项，未计入最后合计项。

由表4.4可知，从1885—2008年的123年中，中国与日本在专利制度方面形成了鲜明的历史特征。一是从专利制度确立与专利成果看，日本发明创造自1885年就呈现出主流氛围；而新中国于1985年才将发明创造上升到制度层面，比日本晚100年，这说明在近代日本发明创造观念远胜于中国。二是自

① 数据来源于中国国家知识产权局2008年统计年报，http：//www. sipo. gov. cn/tjxx/2008. pdf。

1885—1984年，与日本相比，中国在专利申请与授权方面均处于极为弱势地位。同时，日本已面向国际市场发展民族经济，中国则处于积弱贫穷时期，毫无国际地位。三是从1885—1984年日本申请、授权专利的数量看，日本很重视发明创造，相比之下，中国则没有意识到发明创造的重要性，在这100年期间的相关数据没有系统记载，实难收集。四是自1985—2008年，中国与日本的专利申请与授权均有很大增长。在短短的23年时间里，中国专利申请与授权量发生了突飞猛进的变化，这也反映了当代中国发明创造的意识提高，发明创造的能力增强。虽然中国发明专利申请与授权数量与日本缩小了差距，但日本发明专利申请与授权总量仍远远高于中国。

二　中日发明创造成果量化分析

自19世纪五六十年代至20世纪80年代中期，中国发明创造较日本相对落后。1985年以后，中国发明创造的浓厚氛围日渐形成。特别是改革开放后，中国对现代发明创造有了新认识。这不仅是对中国历史上落后就要挨打的教训吸取，而且是对当代中国伟大民族复兴的责任。从近年中日发明创造专利申请与授权总体情况看，两国差距已越来越小，但在发明专利技术领域分布方面，两国还是存在着较大距离。

（一）中日发明专利申请与授权及其在世界中的地位

根据世界知识产权组织2010年7月发布的相关统计数据（由于受网络限制，此数据仍是以前的搜集，没有更新。当前，数据可能有了不同的变化），2008年世界发明专利申请量与授权量分别为“1907915件、777556件”①，授权量约占申请量的40.75%。其中，2008年日本发明专利申请量与授权量分别为“391002件、176950件”②，授权量约占申请量的45.3%。2008年我国发明专利申请量与授权量分别为“289838件、93706件”③，授权量约占申请量的32.33%。从世界范围看，“数据显示，中低收入国家专利机构的专利申请受理量在全球经济下滑初期受影响较小，且多数专利机构的专利申请受理情况在2008年有所增长”④。纵向比较，从全球创新机制整体境况看，我国专利机

① Wipo. Total number of patent applications by resident and non – resident (1985 – 2008), http://www.wipo.int/export/sites/www/ipstats/en/statistics/patents/xls/wipo_ pat_ grant_ total_ from_ 1985.xls.

② Jpo. The Number of Applications and Registrations in 2010 [Last updated 20 May 2011], http://www.jpo.go.jp/cgi/linke.cgi? url =/torikumi_ e/hiroba_ e/e_ 2010tourokukensuu.htm.

③ 中国国家知识产权局：《2008国家知识产权局统计年报》，http://www.sipo.gov.cn/tjxx/。

④ 任晓玲：《全球创新活动受到抑制　中国专利申请逆势增长——世界知识产权组织发布〈2010年世界知识产权指标〉报告》，《中国发明与专利》2010年第11期。

构的专利申请受理呈现增幅较大势头。但横向与日本相比，2008 年中国专利申请量与授权量均远远小于日本，且授权量比日本少了近一半。同时，日本授权量占申请量的百分比高出世界知识产权组织近 5 个百分点，而中国则远远小于世界知识产权组织与日本的百分比。这一现状势必引起中国政府的关注。如表 4.5 所示。

表 4.5　2008 年世界知识产权组织、中国、日本发明专利相关情况比较

项目	申请量（件）	授权量（件）	授权量占申请量（%）
世界	1907915	777556	40.75
日本	391002	176950	45.3
中国	289838	93706	32.3

对表 4.5 三组数据进一步考察可知，日本发明专利申请量与授权量约占世界发明专利申请量与授权量的 20.49%、22.76%。中国发明专利申请量与授权量约占世界发明专利申请量与授权量的 15.19%、12.05%。从中可见，中日发明创造存在着较大的量上差距。同时，数据表明，与中国相比，日本发明创造不仅数量大，而且质量较高。仅从发明创造专利量上而言，这一时期，日本发明创造的社会认可度远高于中国。

（二）近年中日发明专利申请与授权变化趋势分析

日本专利局 2011 年 5 月发布专利统计数据，2010 年日本发明专利申请量与授权量分别为“344598 件、222693 件”①，授权量约占申请量的 64.6%。中国国家知识产权局 2011 年 1 月发布统计数据，2010 年中国发明专利申请量与授权量分别为“391177 件、135110 件”，授权量约占申请量的 34.54%。如表 4.6 所示：

表 4.6　2010 年中日发明专利相关情况比较

项目	申请量（件）	授权量（件）	授权量占申请量（%）
日本	344598	222693	64.6
中国	391177	135110	34.54

仅仅从数量上看，2010 年中国发明专利申请与授权量呈现飞跃发展，且申请量首次超越了日本。但与日本相比，授权量仍处于较低位次，且远远小于

① 日本特许厅：《日本特许厅发布 2011 年度报告》，http://www.jpo.go.jp/cgi/linke.cgi?url=/torikumi_e/hiroba_e/e_2010tourokukensuu.htm。

日本。同时还发现，日本发明专利授权量占申请量的百分比远远高于中国。2008 年日本发明专利授权量占专利申请量百分比高出中国的 12.97%，而至 2010 年时，日本发明专利授权量占专利申请量百分比则高出中国的 30.06%。同时，2010 年中国向日本特许厅提交的发明专利申请与所获专利授权量分别为 1063 件、255 件[①]，而日本向中国提交的专利申请与所获专利授权量分别为 33882 件、23890 件[②]。客观上，这一现象显示出日本发明创造成果在科技含量与社会认可度方面的双高效应。

如图 4.1 所示，为进一步了解中日发明创造的态势，现以 2006—2010 年为时间段，对中日发明专利进行比较。当然，这一比较只能说明该时期存在的问题。根据日本专利局 2011 年 5 月发布的数据统计，自 2000—2006 年，每年日本发明专利申请均在 40 万件以上，而从 2007—2010 年，每年日本发明专利申请逐年减少，以菱形折线表示，到 2008 年发明专利申请明显减少。但自 2000—2010 年，发明专利授权量却一直处于平稳上升趋势，以正方形折线表示。这一现状表明日本“重视质量胜于重视数量”[③]。

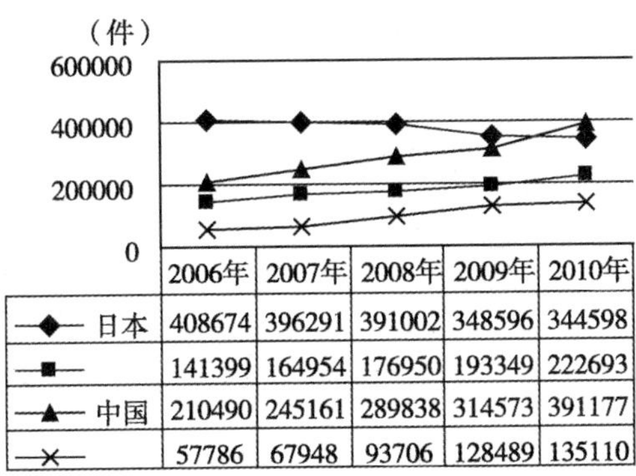

	2006年	2007年	2008年	2009年	2010年
—◆— 日本	408674	396291	391002	348596	344598
—■—	141399	164954	176950	193349	222693
—▲— 中国	210490	245161	289838	314573	391177
—×—	57786	67948	93706	128489	135110

图 4.1　2006—2010 年中日发明专利相关情况比较

根据中国国家知识产权局发布的统计，自 2000—2010 年，每年中国发明专利申请逐年上升，以三角形折线表示；专利授权量逐年上升，以梅花形折线表示。自 2006—2010 年，日本发明专利申请折线与授权折线逐渐接近；而中国发明专利申请折线与授权折线逐渐拉大；且日本发明专利授权量占申请量百分比一直高于中国发明专利授权量占申请量百分比，且差距越来越大。产生这

① 中国国家知识产权局：《日本特许厅发布 2011 年度报告——国家知识产权局》，http：//www.sipo.gov.cn/ dtxx/gw/2011/201108/t20110829_ 618072.html。

② 同上。

③ 韩晓春：《日本近年申请量的授权量的变化及其原因》，《中国发明与专利》2004 年第 8 期。

种差异境况的根本原因，就是日本较注重发明创造的质量优势，强调科技以质取胜。当然，此一时期，中国发明专利申请量与授权量的增长，也足以见证发明创造的热潮，但与日本相比，拥有自主知识产权创新能力明显不足。

在发明、实用新型与外观设计三种类型专利申请与授权中，发明专利最能反映一国科技实力。尤其是前沿领域中的发明创造专利的取得，更能标明一国的科技国际地位。总体比较可知，日本与中国三种专利类型结构比例呈现显著差异。日本注重发明专利的申请与授权，实用新型与外观设计次之，而在中国发明、实用新型与外观设计三种专利申请与授权相较均衡，且发明专利不占主导位次。这种专利类型格局，不仅体现出两国创造观的整体差异，而且体现出两国创造观思维结构的差异。从以上各表中数据可见，两国三种类型专利申请与授权状况，明显体现了专利类型格局的不同。如图 4.2 所示：

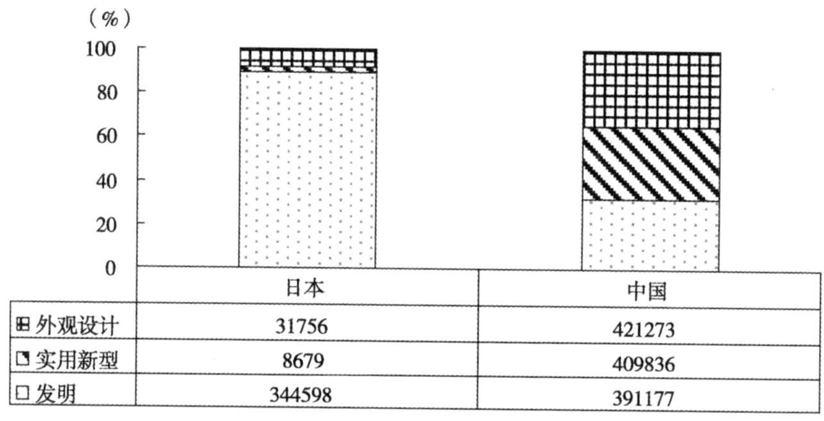

	日本	中国
外观设计	31756	421273
实用新型	8679	409836
发明	344598	391177

图 4.2　2010 年中日发明创造三种类型专利申请量比较

从图 4.2 可见，日本重视发明专利比例，实用新型与外观设计均处于次要地位。这样日本可以拿出较多的资金投入发明专利事务中，不但增长了发明专利申请数量，而且还能提升发明专利质量。相对中国，较注重三种类型专利平均用力，因此，用于发明专利方面的资金服务就显得过于薄弱。从当前中国三种类型专利申请与授权事务中，可知实用新型与外观设计科技含量较低，同时又耗费较多的人力与物力资源。客观上，挤占了发明专利的有效资源。实际上，2010 年中国发明专利申请 391177 件，其中国内发明专利申请为 293066 件，还没有达到日本 2009 年国内发明专利申请量 295315 件数。因此改变我国三种类型专利的结构现状已成为必然。

从以上对中日发明专利相关具体数据分析中可知，此一阶段，尽管中国发明专利申请与授权量增长幅度较大，但与日本相比还存在一定差距，尤其是发明专利的质量方面，日本仍走在中国前头。虽然中国发明专利申请与授权量一路攀升，但质量上提高才是科技实力体现，也是创新强国之路的必然法则，唯此才能最终赢得广泛的社会认可度。

目前，中国发明创造已经出现了前所未有的跨越，在大国崛起的感召下，中国发明创造再次亮出亘古劲风。近年来，航天事业的发展，海洋探险的成功，军营声威的提升，农业科技的凸显，一首首发明创造的凯歌，一曲曲发明创造的乐章，正显示出大国工匠的雄劲内功。实际上，如何提升我国发明创造的内生力，特别是获得发明专利的创造、创新能力，不仅是个实践问题，而且也是个理论问题。因此，中国创造学的发展，就必然要承担起这一伟大使命，不断探索中国创新人才的培养规律，把中国发明创造推向纵深。

三　中日发明创造主要技术领域分布比较

发明创造具有极强的技术含量，发明专利申请具有极高的标准要求。自专利法问世以来，各类专利规制的条件都在随人类社会发展而不断完善与提升。尽管在此之前，没有专利法出现，但发明创造的历史轨迹，无不展示出科技在民族进程中的重要地位。不管是古中国的四大发明，抑或是古希腊建筑的梁柱结构，显明了东西民族的繁盛之貌。在当今日新月异的科技发展中，前沿科技的发明创造更具有领先地位，也更具有权威性。与中国相比而言，日本是技术含量高的国家，从以上发明专利授权量占申请量百分比就足以见知。以下从两国发明专利技术分布领域作以具体分析，为今后中国创造学在“创造工程”领域中的研究提供借鉴。

目前国际专利分类较为系统完整，从技术内部结构分类，以等级形成大小分类组，共八个大部，每个部下面又逐级细分。大部以拉丁字母为序表示，A：生活必需品；B：操作与运输；C：化学与冶金；D：纺织与造纸；E：永久性构筑物；F：机械工程、照明、加热、武器、爆破；G：物理学；H：电学。在这些技术领域中的发明专利申请与授权，具有显著的话语权。其中，所规制的各种技术指标，是衡量技术含量高低的唯一杠杆。不仅体现出“技术变革对许多行业的竞争结构有着决定性的影响”①，而且能直接反映出一国发明创造水平的高低。尤其是在前沿技术领域中的发明创造，更体现出一国科技实力的强弱。

（一）日本发明专利技术领域分析

当前，就世界范围看，日本在技术创新方面堪称领先地位，仅从发明专利

① Holger Ernst, Patent Information for Strategic Technology Management, *World Patent Information*, Volume 25, Issue 3, September 2003, p. 233.

申请的技术领域就反映出这一不争之事实。

首先，日本国内发明专利申请的重点技术领域，也是日本创新最活跃的领域，成为日本多年来创新的有力支撑。“在日本国内发明专利申请中，2001—2006 年发明专利申请量每年始终处于前七位的技术领域依次是基本电器元件（H01），电通信技术（H04），计算、推算、推数（G06），测量、测试（G01），摄影术、电影术、利用了光波以外其他波的类似技术、电记录术、全息摄影术（G03），医学、兽医学、卫生学（A61）和光学（G02），上述领域每年的申请量均超过 1 万件。”① 如图 4. 3 所示：

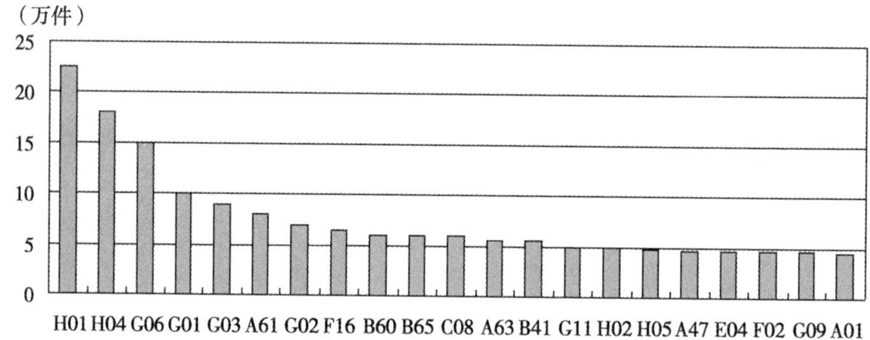

图 4. 3　2001—2006 年日本发明专利申请的技术创新重要领域

注：1. 此图参照规划《日本发明专利技术发展动态及来华申请特点》，《中国发明与专利》2008 年第 7 期。

2. 此图根据 IPC 大类技术领域分类。

据有关统计，日本发明专利申请技术领域主要分布在电学、物理学，其次是操作与运输、人类生活必需品、化学与冶金。“2001—2006 年，日本专利申请的 25% 来自物理领域，大约 24% 来自电学领域……每年作业、运输申请所占比例基本保持在 16% 左右，人类生活必需，以及化学、冶金专利申请所占比例各在一成左右；机械工程、照明、加热、武器、爆破专利申请所占比例每年都超过 8% 。”② 虽然作业、运输，人类生活必需品，化学、冶金，机械工程、照明、加热、武器、爆破不占发明专利申请主要部分，但日本为了有效保护本国在这些技术领域的地位，在发明专利申请数量方面，始终占据绝对优势。其中，国内固定建筑物申请数量是国外的 26 倍；化学、冶金是国外的 3—5 倍；其他领域是国外的 7—9 倍。

由此可见，日本国内发明专利申请技术领域的战略举措，不仅有效地扩充

① 规划：《日本发明专利技术发展动态及来华申请特点》，《中国发明与专利》2008 年第 7 期。

② 同上。

了日本发明专利的生存空间，而且为国外在这些领域发明专利申请设置了高技术障碍。一则反映出日本国内发明专利技术创新水平较高；二则反映出日本高技术门槛对国外高新技术的吸纳。日本国内发明专利申请技术领域的分布状况，为布局我国发明专利申请技术创新领域提供了参考视野。

其次，外国发明专利申请技术领域布局，为日本创新能力提供了积极的有利因素。日本创新能力形成了内外互补机制，尤其是日本国内发明专利申请技术领域条件较高，不但促使外国发明专利申请技术含量提升，而且致使外国发明专利避开了日本国内较成熟的发明技术领域进行申请，瞄准了日本发明专利技术领域中的薄弱环节。如此的战略布局，从而为日本整体创新能力提高注入了不可多得的外在因素。“在国外发明专利申请中，2001—2006 年申请量累计超过 1 万件的技术领域是医学、兽医学、卫生学（A61），基本电器元件（H01），电通信技术（H04），有机化学（C07），计算、推算、推数（G06），测量、测试（G01），生物化学、酒、醋、微生物、酶、突变或遗传工程（C12），有机高分子（C08）。”① 生活必需品居于最高位次，其次是电学、化学、物理学、作业、机械等。可见，此一阶段，国外在日本发明专利申请的技术领域，活跃了日本的创新需求，为日本创新积淀了有利的技术市场。如图 4.4 所示：

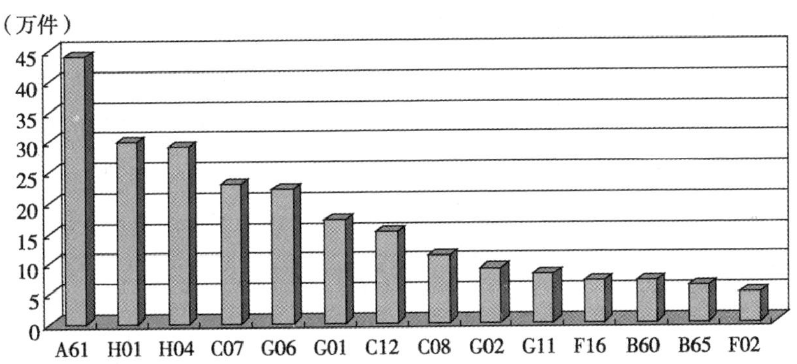

图 4.4　2001—2006 年外国在日本发明专利申请技术布局的重点领域

注：此图参照规划《日本发明专利技术发展动态及来华申请特点》，《中国发明与专利》2008 年第 7 期。

再次，日本在国外的发明专利申请也突出了强有力的技术领域，显示了日本创新能力在国外的延伸。鉴于日本国土面积等诸多自然资源的限制，日本必须向国外拓展生存与发展空间。日本在国外发明专利申请的技术强势，一则扩展了日本创新领域的空间，二则为日本争得了更多的创新能源与资源。为集中

① 规划：《日本发明专利技术发展动态及来华申请特点》，《中国发明与专利》2008 年第 7 期。

说明问题，现仅以日本在中国的发明专利申请为例。

中国是日本发明专利申请的主要市场之一，2009 年中国成为日本对外申请发明专利数量十强之一，中国为日本提供了广泛的创新成果应用场所。尤其是日本在中国的投资设厂，并利用中国大批低廉劳动力，为日本不断改进更新技术储备了重要资源。从 2001 年到 2003 年，日本在华职务发明专利申请优势技术为：电气设备、工程，声像技术，半导体，光学，表面加工、涂层，材料加工，机床，发动机泵叶轮机，机械零件，搬运、印刷，运输 11 个领域。为了有效提升日本在中国市场的位次，该阶段，日本积极寻求在中国的技术市场，特别关注中国大众日常生活需求，日本在中国发明专利申请中体现了强有力的重点技术布局。据统计，2003 年，在日本来华的发明专利申请中，基本电器元件等 14 个具体领域所占比例为 59.9%；而在 2007 年的比例已达 63.8%。

在来华发明专利申请中，电学、物理学等技术领域仍是发明专利申请的重点技术领域，而日本在这些技术领域中的发明专利申请处于遥遥领先地位。“2003—2007 年，日本来华年均申请量大约在 600 件以上的技术领域按数量依次为基本电器元件（H01），电通信技术（H04），计算、推算、推数（G06），信息存储（G11），光学（G02），摄影术、电影术、电记录术、全自摄影术或其他类似技术（G03），测量、测试（G01），医学、兽医学、卫生学（A61），有机高分子（C08），基本电气元件、发电、基本电子电路、电通信以外的电技术（H05），发电、变电或配电（H02），印刷、排版机、打字机、模印机（B41），工程元件或配件（F16），和一般车辆（B60）。”① 如图 4.5 所示：

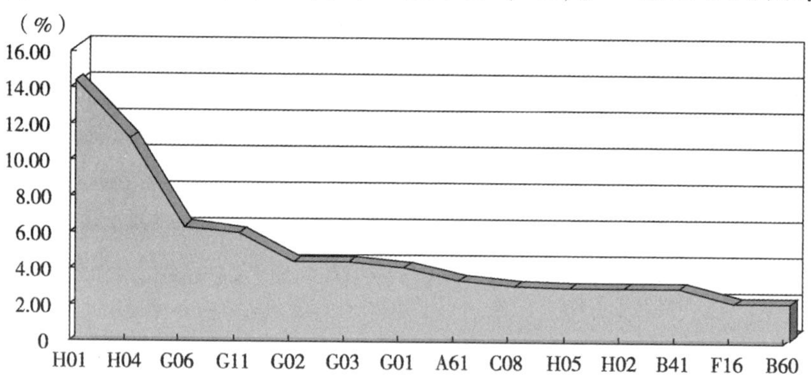

图 4.5 2003—2007 年日本部分技术领域占来华发明专利申请总量百分比

注：此图参照规划《日本发明专利技术发展动态及来华申请特点》，《中国发明与专利》2008 年第 7 期。

① 规划：《日本发明专利技术发展动态及来华申请特点》，《中国发明与专利》2008 年第 7 期。

可见，日本在中国发明专利申请重点技术领域的布局，一则表明日本积极寻求国外市场销售技术的主动性；二则表明日本技术创新的世界大市场认知观；三则表明日本技术创新的内外互动有利机制；四则表明日本技术创新的兼收并蓄品质。日本发明专利技术在中国的布局，为形成中国发明专利市场强竞争力创设了重要因素，客观上，也推动了中国发明专利技术含量的提升。

最后，超前的创造、创新理念是日本发明专利技术领先世界地位的根本原因。日本发明创造处于世界领先地位，创新能力已得到世界认同。除了日本本身自然条件的原因外，日本民族还有着超前的创造、创新观念。事实上，也正是日本民族自然条件的劣势，为日本民族创造、创新设定了必然方向。尤其是近代幕府专制的困境，西方世界科技创新的热潮，让日本民族感到“居安思危”的重要意义，从而增进了外向发展的冲动。突出表现在专利法的引进与创造学发展两个方面。

日本专利法是在极端封建统治背景下产生的。受西方文化的影响，日本大臣福泽谕吉认识到发明创造的重要意义。1867 年其在《西洋事情》一书中就明确提出了专利权这一概念。发明创造的专利思想受到明治政府的高度重视，1871 年出台了《专卖简则》。后来在明治政府一系列改革中，日本确立了专利法制度。日本专利法的制定与不断完善极大地刺激了日本发明创造的积极性。1888—2008 年，共修订专利法 27 次。尤其是自“二战”后，日本专利法修订适应了高科技发展的要求，增强了发明创造国际理念，提升了国民发明创造的整体素质，促进了现代产业的发展。同时，日本于 20 世纪三四十年代就开始引进了西方创造学观念，从本国的文化特征出发，并对所引入的创造技法加以改造，应用于企业发明创造中。由于专利法的保护，创造技法的普及，形成了发明创造的有利环境，从而进一步激发了日本国民发明创造的热情。由此可见，超前的创造、创新理念正是日本发明专利技术领先世界地位的根本原因。

（二）中国发明专利技术领域分析

目前，从我国发明创造自身历史看，发明专利技术已经取得了巨大进步，但与世界发达国家相比，发明专利技术显得较为薄弱。

首先，中国发明专利技术领域分布现状。我国在 2000 年《专利法》修订之前，发明专利技术领域分布远远低于世界发达国家。1992 年，所有发明专利申请数量，A 部占 20%、B 部占 17%、C 部占 28%、D 部占 3%、E 部占 4%、F 部占 9%、G 部占 10%、H 部占 9%。为加入世贸组织，2000 年，我国修订了《专利法》，专利法的修订促使我国发明专利技术领域发生了很大变化。2003 年，我国所有发明专利数量，A 部占 19.14%、B 部占 11.95%、C 部占 22.66%、D 部占 2.38%、E 部占 2.83%、F 部占 7.51%、G 部占

15.41%、H 部占 18.12%。这一变化说明我国发明专利开始走向国际化，并注重发明专利技术含量的世界标准。随着我国加入世贸组织，国际活动范围扩大，商品质量提高。自 2004 年，我国发明专利技术领域比例结构发生了巨大变化。一则说明我国专利技术比例结构得到了优化；二则说明我国发明专利国际化水准的显著攀升。在发明专利申请技术领域分布中，A 部占 15.1%、B 部占 11.8%、C 部占 15.1%、D 部占 2.2%、E 部占 2.6%、F 部占 7.8%、G 部占 20.9%、H 部占 24.6%。如表 4.7 所示：

表 4.7　　我国部分年份发明专利申请技术领域分布情况比较　　单位:%

项目 年份	人类生活必需品	操作与运输	化学与冶金	纺织与造纸	固定建筑物	机械工程、照明、加热、武器、爆破	物理学	电学
1992	20	17	28	3	4	9	10	9
2003	19.14	11.9	22.66	2.38	2.83	7.51	15.41	18.12
2004	15.1	11.8	15.1	2.2	2.6	7.8	20.9	24.6

由表 4.7 可见，1992—2004 年的 12 年，我国发明专利申请技术领域比例结构的调整，体现了我国发明专利技术已经转向注重基础学科。人类生活必需品、操作与运输、化学与冶金降幅较大，降幅范围在 4.9%—12.9%；纺织与造纸，固定建筑物，机械工程、照明、加热、武器与爆破降幅较小，降幅范围在 0.8%—1.2%；物理学、电学领域增幅较大，增幅范围在 10.9%—15.6%。可见，我国发明专利申请技术领域变化，及发明专利产品技术结构变化，标志着我国发明创造的前沿化。同时，我国发明专利技术领域中的这一变化，也呈现出追赶世界先进技术的目标与方向，但在保持原有发明专利技术领域中的优势不足。在人类生活必需品、操作运输与化学冶金等发明专利技术领域中，大比例降幅，从一个侧面说明我国传统发明技术的创新薄弱。因此，应在加强原有发明专利技术领域优势的基础上，瞄准世界发明专利技术前沿领域，从而达到发明专利技术合理的布局结构。

虽然我国近年发明专利取得了可喜成果，但这些发明专利技术优势仅反映了其在国内申请的情况，并没能说明在国外申请的情况。因此，为进一步考察我国发明专利技术在世界其他国家申请的状况，现以中国在日本特许厅提交发明专利申请为例。2010 年中国向日本特许厅提交发明专利申请量为 1063 件，而日本向中国提交的专利申请为 33882 件，两者形成了明显的差距，相差近 32 倍。仅从这一点可见，一是我国发明专利技术含量低，国际市场占有量不足；二是在我国发明创造专利整体结构中存在着不合理的布局，对发明专利技术重视不够。实质上，这是对发明创造核心问题的忽视，应引起相关部门的关注。

从世界范围看，“日本和美国仍然是主要的有效专利持有国，拥有全球47.5%的有效专利”①。日本与美国在世界有效专利技术的优势地位，再一次说明，世界发达国家对专利核心技术的重视。它们之所以在世界科技竞争中有明显的话语权，之所以有规制较高的技术准则，这是不言而喻的。当然，这一数据只能反映出日本与美国在此一阶段专利核心技术的情况，然而，对我国跻身于世界具有竞争性的核心技术行列，出示了努力的方向。

实际上，日本在国内外申请的发明专利占据绝对优势。我国自1985《专利法》实施至2006年年底，“共受理来自日本的3种专利申请223545件，占国外在华专利申请总量的36.9%，排名第一……发明专利申请量为189609件，占到84.4%，比重远远高于仅占1.6%的实用新型和占13.6%的外观设计专利。”② 至2010年年底，在国外有效发明专利中，“日本以135751件排名第一。”③ 可见，日本在中国发明专利申请技术布局具有相当的潜在力量。

随着我国与世界其他国家经贸交流的增强，建设创新型国家战略的提出，我国相关部门开始注意发明专利技术的重要意义，由此，出台了许多发明创造的相关政策，并对发明专利在整个发明创造中的地位有了深入认识，发明专利申请技术领域结构也发生了显著变化。根据WIPO最新发明专利技术领域分类标准，截至2010年年底，我国在39项发明专利技术领域中，国内有效发明专利15项领域处于优势地位，国外有效发明专利24项处于优势地位。这一情况说明，我国有效发明专利技术有待提升。从优势技术领域看，国外在中国发明专利申请技术领域较全面，从生活到生产多个领域均有发明专利申请，比中国多出9项领域，且与所列国内优势技术领域并无重叠项。如表4.8所示：

表4.8 2010年我国国内外有效发明专利优势技术领域相关情况比较

国内优势技术领域	占有效量比例（%）	国外优势技术领域	占有效量比例（%）
数字通信	62.4	电机、电气装置、电能	64.0
测量	58.8	音像技术	75.8
生物材料分析	52.6	电信	54.8
生物技术	64.8	基础通信程序	70.1
药品（含中药）	72.7	计算机技术	58.1

① 任晓玲：《全球创新活动受到抑制 中国专利申请逆势增长——世界知识产权组织发布〈2010年世界知识产权指标〉报告》，《中国发明与专利》2010年第11期。

② 毛昊：《日本在华专利技术布局结构情况及比较优势研究》，《中国软科学》2008年第11期。

③ 国家知识产权局规划发展司：《我国每万人口发明专利拥有量达到2.0件》，《专利统计简报》2011年第6期，http：//www.sipo.gov.cn/ghfzs/zltjjb/201104/t20110422_600232.html。

续表

国内优势技术领域	占有效量比例（%）	国外优势技术领域	占有效量比例（%）
食品化学	78.5	计算机技术管理方法	57.5
基础材料化学	60.1	半导体	69.0
材料、冶金	69.4	光学	72.1
显微结构和纳米技术	66.4	控制	50.5
化学工程	57.2	医学技术	64.8
环境技术	67.2	有机精细化学	54.9
机器工具	50.9	高分子化学、聚合物	57.7
土木工程	68.7	表面加工技术、涂层	52.2
地热能	80.3	装卸	70.7
风能技术	53.2	发动机、泵、涡轮机	73.2
		纺织和造纸机器	66.5
		其他特殊机械	50.8
		热工过程和器具	51.8
		机器零件	64.5
		运输	73.1
		家具、游戏	63.1
		其他消费品	63.7
		燃料电池技术	70.8
		太阳能	55.0

注：此表根据我国《专利统计简报》2011 年第 6 期表 2 整理。

通过对中国发明专利技术领域现状分析，可知近年中国发明专利技术领域布局有了较大进展，在迎接世界科技进步的规程中，拥有了自己的优势技术，彰显了发明创造的个性。但与国外发明专利优势技术相比，还存在着较大差距。因此，积极探索与调整发明创造技术领域新格局，是我国发明创造的现实要求。

其次，中国发明专利技术相对滞后的成因分析。我国发明专利技术相对滞后，不仅有着深远的社会历史根源，而且也有着步履维艰的学理障碍。在具体的法权规制与学科建设方面，主要体现在专利法权与创造学学科的艰难历程。

1859 年太平天国的洪仁玕就已在《资政新编》里提出了发明创造与专利思想的重要性。但国内各阶级之间的矛盾、民族矛盾，致使农民小资产阶级思想的先进性，没有受到当时社会的重视，民间专利法权思想彻底流产。

“洋务运动”的出现也标志着部分清朝官员渴求发明创造的愿望。但鉴于当时中国的混乱局面，发明创造与专利思想只停留在少数官员行为与认识中，并没有得到中国官方的认可，专利思想没有形成法权措施，发明创造没有形成民众的目标。虽然郑观应于 1873 年在《救时揭要》中提出专利权主张，光绪帝于1898年颁布了《振兴工艺给奖章程》，但由于受封建思想的禁锢，以及对专利制度的认识不足，发明创造最终没有构成当时中国社会发展的核心动力。中国民众发明创造的心灵受到阻碍。

同样，民国时期虽颁布了专利法，但此时中国正处于国内战乱与国外入侵状态，发明创造环境极差，官方与民间发明创造处于积弱积微之状，专利制度并没有得到有效实施。尽管民族创造、创新之萌动已经在部分民主人士的言行中有所体现，然而，由于时局的涌动不稳，民众创造、创新之心有余而力不足。诚如陶行知等提出的创造教育方案，最终也没有唤醒中国民众发明创造的智慧之光，创造学学理之雏形被淹没。

新中国成立后，于50年代颁布了三部具有专利法性质的《条例》，对发明创造起到了重要作用。经过多次曲折，1985年才诞生了具有现代意义的新中国《专利法》。随着我国国际地位提高，建设创新型国家的提出，1992—2008年，我国三次较全面地修订了专利法，从制度上初步确保了发明创造的积极性，为“大众创业，万众创新”提供了必要的制度保障。为适应改革开放的新局面，多方建设中国特色社会主义新事业，1980年前后创造学被引入大陆。虽然30多年来，我国创造学得到较快发展，但创造学学科并没有形成。创造学学科地位的缺失在一定范围内，影响着我国发明创造的总体环境生成，尤其是创造技法并没有得到普及。由此可见，我国专利法历史原因与创造学发展的滞后性，在一定程度上阻碍了我国发明专利技术领域的全面提升。

四　中日企业发明创造比较分析

企业专利战略已成为当今世界各国经济社会发展的重要组成部分，因为企业发明专利申请与授权量反映着国家的创新能力与地位，企业是创新的核心力量。然而，“依据专利法，专利权具有特许性，发明创造只有在经过申请、审批程序，被认定符合专利授权条件，才能取得专利权，受法律保护”①。由此，企业作为发明创造产生、应用的主要场所之一，其发明创造成果只有获得了专利，才能自由地向经济领域转化。从中外发明专利申请与授权的主体看，职务发明占比例较大，非职务发明占比例较小。而在职务发明中，企业又是其中最主要部分。因此，本节通过对中日主要企业发明专利情况进行比较分析，进一步厘清中国创造学发展的实践理路。

（一）日本企业发明创造现况

自近代以来，日本企业发明创造经受了多种考验。从发明专利意识淡薄到

① 张玲：《日本专利法的历史考察及制度分析》，人民出版社2010年版，第86页。

意识增强，是日本企业成长壮大的历程反映。日本经济高速发展，增强了企业技术研发的自主性。同时企业将发明创造与法律结合起来，形成极强的专利意识。企业在经济社会发展中的显著意义，让日本十分注重对企业的投入。资金的多渠道引入，政策明朗的护佑，法权制度的适时变更，强固的创新思维空间等，使企业增强了国内国际两个市场的创新力。尤其是企业职务发明创造的成果数量与质量，反映着企业竞争力的强弱，因此，在企业内部实行奖励机制，有效地激发了企业职工发明创造的积极性，增强了企业竞争力。

随着知识经济不断深入发展，专利技术成为日本经济社会发展的核心要素之一。因此，对于日本企业来说，在这样的定位转型下，专利技术必然成为其竞争生存的重要砝码，“发明专利的数量成为衡量一个企业发明创造活跃程度和技术水平的重要标志”①。从中显见，日本企业对发明专利的偏爱与重视程度。尽管发明专利数量不能从根本上说明专利技术的质量，以及日本企业的核心实力，但这种倾向与行为，在一定程度上，反映出日本企业科技创新的重心所在。更引人深思的是，日本自 2001 年以来规制了生命科学、情报通信、环境、纳米材料、能源、制造技术、社会基础与宇宙海洋八项重点领域②，作为日本企业发明专利研发的主要领域。事实上，此八大领域已经成为日本在新世纪里的创新技术主攻方向。如表 4.9 所示。

表 4.9 2001—2008 年日本重点八领域专利申请公布表

重点领域	2001 年	2002 年	2003 年	2004 年	2005 年	2006 年	2007 年	2008 年	与 2007 年比/件数（件）	与 2007 年比/比例（%）
生命科学	23266	31354	28129	30634	31818	28634	2985	133167	△33 16	△11
情报通信	53010	58970	59420	63299	61384	64812	64375	61704	▲2671	▲4
环境	3616	3879	3789	4458	4253	4000	4186	4080	▲106	▲3
纳米材料	19696	25096	25044	28943	30275	27865	29144	28756	▲388	▲1
能源	4413	5516	5637	7082	7954	7590	7957	7721	▲236	▲3
制造技术	9203	10810	10473	11146	10897	9909	10088	9971	▲117	▲1
社会基础	2433	2858	2898	3139	3271	2958	3291	3419	△128	△4
宇宙海洋	410	464	368	273	289	175	284	264	▲20	▲7

注：此表数据来源［日］特许厅『重点 8 分野の特許出願状况』、http：//www. jpo. go. jp/cgi/link. cgi？url =/shiryou/toukei/1402 -027. html、更新日期 2011 年 3 月 8 日。

① 张玲：《日本专利法的历史考察及制度分析》，人民出版社 2010 年版，第 87 页。

② ［日］特许『重点 8 分野の特許出願状况』、http：//www. jpo. go. jp/cgi/link. cgi？url =/shiryou/toukei/1402 -027、html，2011 年 3 月 8 日。

表4.9中数据反映日本企业在这些领域中的发明专利占有相当比例。尤其是情报通信，在2001—2008年中，所居位置最为突出，在所公布的重点领域中遥遥领先，仅从这一点足以说明，日本企业不但善于捕捉信息，而且还善于应用信息为其经济社会服务。特别是在国际市场中，对处于科技创新前沿的信息追踪，是日本企业技术创新不可或缺的前位手段。可见，日本企业生命与发明专利技术已紧密地联系在一起，企业已成为日本经济增长点的显著杠杆。

从法律层面上看，企业的职务发明创造多于非职务发明创造，企业更具有竞争力，日本正是基于此种战略机制，赢得了创新跟进的有利格局。在日本企业中，其民间企业是科技力量的主要领地，因此，日本将企业职务发明与科技资源进行合理分配，有效地促进了企业技术创新。由于日本企业中科技力量与资源的合理配置，每年日本企业职务发明申请均占绝对优势。自1997—2006年，日本职务发明申请比例占95.6%—97.6%①，其中进入21世纪后，职务发明申请比例均在97%以上。根据2009年国家知识产权局统计年报，1985年4月至2009年12月，共受理国外来华职务发明专利申请“769209”件，其中受理日本“282198”件，约占“36.7%”②；共授权来华职务发明专利申请“319840”件，其中授权日本“136117”件，约占“42.6%”③。这一状况表明日本非常注重企业职务发明的重要性。美国专利局网站数据显示了1982—2006年日本企业在美国所获专利情况。如表4.10所示：

表4.10　　1982—2006年日本获美国专利授权的企业排行榜

项目 / 年份	第一名	第二名	第三名	第四名	第五名
1982		日立			
1983					日立
1984			日立	东芝	
1985		日立	东芝		
1986	日立		东芝		佳能
1987	佳能	日立	东芝		

① ［日］特许厅：《特许行政年次报告书2007年版（统计资料篇）》，根据前述报告书中的数据整理。

② 中国国家知识产权局：《国家知识产权局统计年报》（2009），http：//www.sipo.gov.cn/tjxx/2009.pdf。

③ 同上。

续表

年份＼项目	第一名	第二名	第三名	第四名	第五名
1988	日立	东芝	佳能		
1989	日立	东芝	佳能		
1990	日立	东芝	佳能	三菱	
1991	东芝	三菱	日立		佳能
1992	佳能	东芝	三菱	日立	
1993			东芝	佳能	
1994			佳能	日立	
1995		佳能			
1996		佳能			日立
1997		佳能	NEC		
1998		佳能	NEC		索尼
1999		NEC	佳能		索尼
2000		NEC	佳能		
2001		NEC	佳能		
2002		佳能		NEC	日立
2003		佳能	日立	松下	
2004		松下	佳能		
2005		佳能		松下	
2006			佳能	松下	

注：根据美国专利商标局网站公布的数据编制。www. uspo. gov。

表4. 10数据显示，日立、东芝、佳能、三菱、NEC、索尼与松下等日本企业自20世纪80年代以来，一直处于美国专利授权的前五名。这些日本企业成为世界强大跨国公司的根本原因，发明专利技术处于领先地位。“索尼公司执行副总裁米泽健一郎在北京大学讲演时的题目：‘索尼成功经验：没有知识产权战略，不可能运作全球规模的企业’。他讲公司对知识产权十分重视，在过去的十年内，公司在日本申请了约8000项专利，在海外每年大约要申请5000—6000项专利，并与全世界众多的公司签订了专利合同。为了实施知识产权战略，索尼公司在全球有400多名员工在此领域工作。他们都直接为公司

的高层领导工作。”① 由此可知，日本企业发明创造融高技术性与专利性于一体，领先技术是日本企业发明创造的物质支撑，法制保障是日本企业发明创造的灵魂平台。

（二）中国企业发明创造现况

随着我国改革开放进一步深入，我国企业发展呈现繁盛局面。其中表现最为明显的就是企业发明创造为我国经济社会发展注入了强劲动力，在不同时期世界金融风暴的影响中，我国企业坚定地向前迈进。自1985年，我国开始实施《专利法》以来，我国企业专利申请逐步提升，尤其是发明专利申请与授权正在向高技术领域挺进。职务发明的热烈氛围，一则体现出企业自身对发明创造的钟爱与投入；二则体现出职工对发明创造的青睐与智慧。职务发明申请与授权量是体现企业发明创造实力的主要指标。从数量上看，我国从1985年4月至2010年12月，国内职务发明专利申请总量“1429648”件，占发明申请的“67.2%”②，其中2010年国内职务发明专利申请“223754”件，占发明申请的“76.3%”③；国内职务发明专利授权总量“253325”件，占发明授权的“75.4%”④，其中2010年国内职务发明专利授权量“66149”件，占发明授权的“82.9%”⑤。这些数据有力地体现出我国发明创新核心技术有了较大提升。如表4.11所示：

表4.11　　1985年4月至2010年12月国内职务发明相关情况比较

项目	申请量（件）	占发明申请比例（%）	授权量（件）	占发明授权比例（%）
1985—2010年	1429648	67.2	253325	75.4
2010年	223754	76.3	66149	82.9

注：此表根据国家知识产权局统计信息数据制作。

从表4.11中的数据可知，我国企业职务发明专利在申请与授权数量上都占有绝对优势，从一个侧面反映出我国企业创新已呈现良态趋势。事实上，表中数据表明，国家创新战略已经开始转向创新集成方向。即从原来以创新个体为主到创新团队的跨越转型。这一创新战略思维，凸显出国家创新力量的聚合意义。2006—2010年我国国内外有效发明专利中，国内职务发明有效专利

① 转引自张玲《日本专利法的历史考察及制度分析》，人民出版社2010年版，第121页。

② 中国国家知识产权局：《国内外三种专利申请受理状况总累计表》（2010），http://www.sipo.gov.cn/tjxx/。

③ 同上。

④ 同上。

⑤ 同上。

“从2006年的70.1%稳步上升到2010年的81.3%”①，这一数据也反映出我国企业职务发明专利的进步。“2010年，国内有效发明专利中，企业拥有量为13.2万件，占51.1%，超过半数。”② 可见，企业在国内有效发明的数量，在一定程度上，构筑了其在创新型国家中的重要地位。

根据国家知识产权局统计，至2011年6月，“国内有效发明专利中，企业拥有15.7万件，比2010年底增长了18.9%”③。企业有效发明创造取得了阶段性飞跃。“企业成为拥有发明专利的主力军。国内发明专利拥有量中，企业所占比例攀升至52.0%，发明专利拥有的主体地位进一步彰显。”④ 企业在推进国民经济社会发展中，呈现出排头兵的作用。“企业成为受理量增长的有力推手。上半年国内企业申请接近31万件，占国内职务发明的比例超过八成，同比增长59.1%，增速比非职务发明高20个百分点，其中发明、实用新型和外观设计专利申请同比增长依次为45.7%、62.0%和69.7%。职务发明比例不断提高、企业申请量快速增长显示我国专利申请质量在逐渐提升。”⑤ 可见，此一阶段，我国企业发明创造出现了重大突破。

以上数据有力地说明了我国企业发明创造的重要贡献，在我国发明创造中占有主要地位。虽然企业发明创造结构比例上有了历史性的调整，但发明专利申请与授权数量，相较实用新型和外观设计的申请与授权数量而言，还显得较低。因此，我国今后应提升发明专利质与量的双重效应。

企业是衡量一个国家创造、创新能力的重要杠杆，国家创新最有力的砝码就是看一个国家拥有多少具有世界领先地位的重量级企业，以及这些企业年获得发明专利的数量与质量。“在市场经济环境下，企业会在市场机制的激励下从事技术创新，企业家能够通过市场来实现生产要素的重新组合，发挥其他组织和个人无法替代的重要作用。”⑥ 这里“市场机制的激励”与“企业家的主观能动性”便构成了企业发明创造的内外两大根本要素，也正是在这两大根本要素

① 中国国家知识产权局规划发展司：《2010年中国有效专利年度报告（一）》，《专利统计简报》2011年第6期，http：//www. sipo. gov. cn/ghfzs/zltjjb/201104/P020110422601789993288. pdf。

② 同上。

③ 中国国家知识产权局规划发展司：《我国每万人口发明专利拥有量达到2.0件》，《专利统计简报》2011年第11期，http：//www. sipo. gov. cn/ghfzs/zltjjb/201107/P020110718351213591178. pdf。

④ 同上书，第2页。

⑤ 中国国家知识产权局规划发展司：《上半年我国专利申请受理量与授权量双双实现快速增长》，《专利统计简报》2011年第10期，http：//www. sipo. gov. cn/ghfzs/zltjjb/201107/P020110718351213591178. pdf。

⑥ 马光远：《中国创造力报告》，社会科学文献出版社2013年版，第67页。

作用下，才能形成创新驱动机制，从而实现企业发明专利数量与质量的双赢。

我国自改革开放以来，随着经济建设各项事业的不断进步，企业呈现出蒸蒸日上的景象。企业发明创造的步伐与力度不断加大，尤其是发明创造的理念与专利的结合，进一步增强了我国企业发明创造的积极性，这一点主要体现在企业职务发明方面。而企业的有效发明专利更能体现企业职务发明的质量。对一个国家来说，在一定程度上，企业有效发明专利申请与授权的数量就足以表明这个国家的创新能力，特别是有效发明专利占国际有效发明专利的比例，更能展示出一个国家创造、创新的国际地位。根据国家知识产权局的有关统计，至2010年年底，我国国内企业有效发明专利量排在前十位的如图4.6所示。

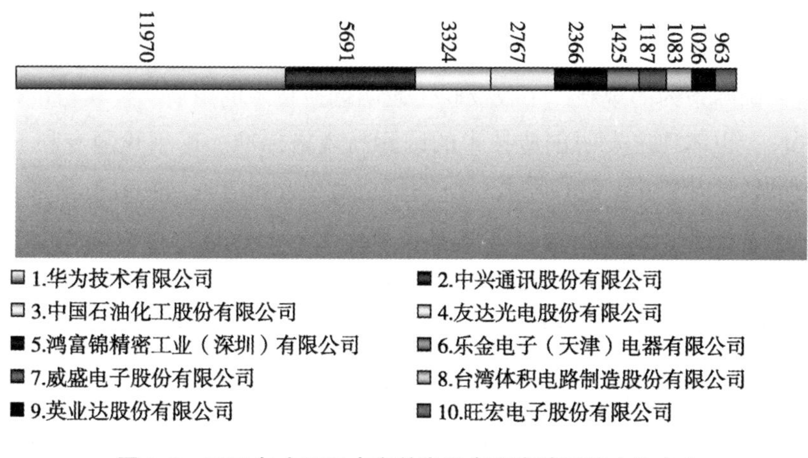

图4.6　2010年中国国内有效发明专利申请量前十位企业

注：此图根据国家知识产权局规划司《专利统计简报》2011年第6期，第9页数据制作。图中数据单位以件计，http：//www. sipo. gov. cn/ghfzs/zltjjb/201104/P020110422601789993288. pdf。

由图4.6可知，在我国国内这些企业中，只有华为、中兴等极少数企业才能跻身于世界市场。与日本的佳能、松下、索尼等一批国际市场力极强的企业相比，我国企业创新力显得十分薄弱。产生这一差距的根本原因何在？客观地说，就是创造力开发十分缺乏。从目前我国企业职工创造力开发现状看，虽然与历史相比，有了较大的改观，但大多数企业还没有十分关注职工的创造力提升。在一定层面上，没有创设职工发挥创造力的有利环境。从而造成职工没有全身心地投入设计合理的工作思路，还不能全力为企业创新发展建言献策。

从全面发展角度看，企业发展，尤其是创新性地发展，更需要职工视企业为生存之本。由此生发出职工爱厂如家的情感，是企业创新不断的根本。因为企业发展不是仅仅停留在技术层面上，而是在以技术创新为主攻方向的认知下，包括管理手段、资金流向、外围环境的打造、向心力的聚合、关爱职工程度等，都应成为企业创新发展不可或缺的要素。企业创新发展是一个以情感为基础，以技术为核心的有序系统。管理手段的创新、资金流向的创新、聚合人才的创新等，都会在一定程度上，构筑企业技术创新的根基。

一个十分具有创新观念的企业，就必然对职工既得合法利益有着高度的关注视野，这是铸成职工企业情感的法宝，也是无形促发职工从根本上觉悟创造、创新意识的微妙心法。当前我国绝大部分企业生产发展，仍囿于“制造产品”观的窠臼，而没有从根本上摆脱制造业的大国观念。这在一定程度上，也必然阻滞企业职工创新思维的萌动，企业职工的“创造产品”观仍处于浅表化状态，并没有形成创新有理的普遍认知。因此，这在深层上，抑制了我国企业发明专利申请与授权量，使其不仅数量少，而且质量也较低。

PCT 申请也是反映一个国家发明创造在国际上实力与地位的重要砝码之一，这一国际条约的规制，不仅反映出发明创造技术的申请、检索与审查的国际便利性，也体现出发明创造技术的国际高规格标准。近年我国专利 PCT 申请出现迅猛攀升势头，这说明我国发明创造已经开始进入国际前沿领域。我国企业是 PCT 申请的主要群体，企业通过 PCT 申请与授权的发明创造的数量是反映我国创新能力的标尺。尤其是通过 PCT 专利申请的世界 500 强企业，更能代表一个国家创造、创新实力。根据国家知识产权局相关数据统计，2010 年我国通过 PCT 申请专利的 500 强企业如表 4. 12 所示：

表 4. 12　　2010 年 PCT 申请 500 强中的中国企业

名次	名次变化	申请人	2010 年公布申请量（件）
2	20	中兴通讯股份有限公司	1863
4	-2	华为技术有限公司	1528
88	n/a	华为终端有限公司	164
148	67	上海贝尔阿尔卡特股份有限公司	104
158	33	大唐移动通信设备有限公司	97
200	249	比亚迪股份有限公司	81
206	-7	腾讯科技（深圳）有限公司	79
276	4	深圳华为电讯技术有限公司	62
357	502	成都市华为赛门铁克科技有限公司	49
443	46	中国移动通信集团公司	40
448	68	西电捷通无线网络通信股份有限公司	39
497	294	联发科技股份有限公司	36

注：此表数据来自国家知识产权局规划司《专利统计简报》2011 年第 3 期，http：//www. sipo. gov. cn/ghfzs/zltjjb/201104/P020110422597759219332. pdf。

从表4.12中数据可知，在PCT申请500强中的中国企业，只有中兴、华为少数企业名次靠前，其余则较靠后。“尽管我国PCT国际专利申请增长迅速，年度申请量已经从2006年的世界第八上升到2010年的世界第四。但是，就数量来说，2010年我国PCT国际专利申请数为12337件，占世界总量的7.6%，仅为美国年度申请量的27.5%，是日本的38.4%。可见，我国PCT专利申请数量上同世界主要发达国家也存在不小差距。”① 实际上，通过PCT进行的专利申请，需要企业具有更强的竞争力。尤其是在技术上，要体现极强的竞争性，唯此，企业才能有技术上的话语权。因为PCT专利申请本身就体现出完备的技术要求，一个企业只有在技术上具有高科技含量，才能体现出它的创造、创新性，也才能在PCT专利申请中获得成功。因此，进一步加大我国企业创造力开发显得尤为重要，这也为我国创造学发展提出了深刻的实践性课题。

（三）中日企业发明创造评析

从以上日本与中国企业发明专利申请与授权现况中可以看到，日本企业具有极强的创造力，尤其是发明专利申请、授权的数量与质量，体现出日本企业具有核心创造力。根据国家知识产权局统计，“2010年，国内企业有效专利中，发明专利所占比重为14.9%，比‘十一五’初期提高不到2个百分点。在家用电器领域，松下、西门子在华有效专利八成以上是发明专利；而在海尔集团拥有的专利中，发明专利比重是15.6%，美的集团仅为1.6%。在专利拥有量过千件的汽车制造企业中，通用汽车发明专利所占比重是98%，丰田是66%，而奇瑞不到8%，长安汽车仅有3.4%。这说明，国内企业在外围创新领域表现活跃，但在核心创新领域的能力积累缓慢”。② 从中可见，中国企业不仅在家用电器等生活产品上的发明创造处于后发地位，而且在电子、汽车等重工业制造领域也处于弱相态势。中国企业核心创新力与日本相去甚远。

企业是一个国家创新核心竞争力的集中体现，尤其是企业在国际上所具有的发明创造力，而最能表明企业发明创造力的重要标志就是通过PCT的申请量。在一定程度上，PCT的申请量就蕴含着一国之核心创造力。当前，通过PCT申请量可见，中国企业与日本企业相较存在较大差距，这一差距也客观地反映出两国创造力的差距。2010年，在世界十五大PCT申请来源国中，日本

---

① 中国国家知识产权局规划发展司：《2010年PCT国际专利世界发展态势及中国特点分析》，《专利统计简报》2011年第3期，http://www.sipo.gov.cn/ghfzs/zltjjb/201104/P020110422597759219332.pdf。

② 中国国家知识产权局规划发展司：《2010年中国有效专利年度报告（一）》，《专利统计简报》2011年第6期，http://www.sipo.gov.cn/ghfzs/zltjjb/201104/P020110422601789993288.pdf。

为32156件，中国为12337件。这一数据显示出中国PCT申请量约占日本的1/3。两国极具创造力的核心企业PCT申请量则更能说明这一问题。如表4.13所示。

表4.13 2010年PCT专利申请1000件以上的国家及企业

排名	名次变化	申请人名称	来源国	PCT申请量（件）	较上年增长量（件）
1	0	松下公司	日本	2154	263
2	20	中兴公司	中国	1863	1346
3	2	高通公司	美国	1677	397
4	-2	华为公司	中国	1528	-319
5	-1	飞利浦公司	荷兰	1435	140
6	-3	罗伯特·博世公司	德国	1301	-287
7	0	LG电子公司	韩国	1298	208
8	2	夏普株式会社	日本	1286	289
9	-3	爱立信公司	瑞典	1149	-92
10	-2	NEC公司	日本	1106	3
11	-2	丰田汽车公司	日本	1095	27

注：此表根据国家知识产权局规划发展司《专利统计简报》2011年第3期，第4页整理，http://www.sipo.gov.cn/ghfzs/zltjjb/201104/P020110422597759219332.pdf。

由表4.13可知，2010年处于世界PCT申请量首位的是日本，且其有四个核心企业申请量达1000件以上，而中国则只有中兴与华为两家企业申请量达1000件以上。从世界范围看，日本在PCT申请量与企业数均居于榜首。在PCT申请中，日本主攻电器、通信与汽车工程领域，而中国则仅仅以电信为主攻领域。由此可见，中日企业发明创造主攻领域的差距，一则要求中国创造学发展应进一步传播创造、创新理念，以市场为主导的企业发明创造，更需要深层次认识创造、创新的真正意义；二则要求中国创造学发展应与生产实践紧密结合起来，尤其是在以企业为市场主体的情形下，创造学理论成果转化为企业创造、创新的有力武器，才能体现创造学发展的重大意义。

第三节 中日发明创造差异与启示

纵观中国发明创造，单从发明创造的专利方面看，已呈现出巨大的历史进步性。但横向与其他国家比较，相对于世界发达国家而言，中国发明创造亦显出许多不足之处。从以上对中日发明创造相关论述中可见，差异既有外在的，也有内在的；既有历史性的，也有现实性的。以下通过对中日发明创造差异成因的简要分析，以期对中国发明创造产生点滴启示，为中国创造学发展开拓广深思路。

一　中日发明创造差异分析

中日发明创造差异是多方面的，其中有发明创造实践行为方面，专利法权制度方面，创造学学理发展方面，创造与民族文化融合方面，创新机制与发明创造优化布局方面，优势企业与企业优势发明创造不力方面等，现主要分析如下：

（一）发明创造、专利制度、创造学三者关系差异的成因分析

从前文所论日本专利制度的制定、修改完善与发明创造之关系，可见，发明创造成果是发明创造者的智慧结晶，专利制度有力地促进了发明创造成果的积累。专利制度从财产上保护了发明创造者的权利，但发明创造实践需要理论上指导，创造学的诞生正顺应了发明创造的实践要求。专利制度解决了发明创造的财产保护问题，在法权上肯定了发明创造者创造有理的地位，为发明创造构建了有利的外围环境。创造学解决了发明创造实践理论问题，为发明创造提供了一定的理论支撑，为发明创造储蓄了必要的智慧。外在的法权规制建设与内在的创造学学理发展，构成日本发明创造稳步跨越的双重互渗机制。

专利制度、发明创造与创造学三者之间的互补机制，为日本科技创新奠定了永恒的主题。特别是发明创造成果的申请与授权，一则体现了发明创造获得了法律地位，发明创造者心智劳动成果受到社会承认；二则体现了创造学与法律机制的结合，在学科发展外延层面上，创造学发展取得了制度保障，同时，专利法权机制在发明创造中也得到了实践检验。

相较之下，自近代至民国时期，虽然中国几度亦出现过发明创造思潮，但由于清朝政府、北洋政府与国民党官僚政府没能给中国发明创造提供有利空间，他们所制定的发明创造的专利条例与法权规制，实质上就是一纸空文，最终导致发明创造与专利制度在中国近代社会没有形成姻缘关系。虽然创造思想崭露嫩芽，但终因国力衰微而没能形成气候。当时的中国社会及其劳动大众仍承受着创造力无法释放的苦楚，中华民族的创造力被深埋于外患内乱的国难中。

新中国的成立，为中国发明创造开辟了新契机。尤其是20世纪60年代，新中国多项重大科技成果的取得，不仅展示了中国发明创造的新景致，而且开启了中华民族创新不已的新时代。然而，由于受国内外政治思潮的干扰，十年“文化大革命”为新中国刚起步的发明创造势头，重重地泼了一盆冷水。不仅

发明创造的行为受到遏制，而且颁布的相关发明创造专利条例也销声匿迹。

直到1985年，中国现代专利法方才诞生，从此，中国发明创造找到了应有的制度归属，发明创造呈现空前热潮。然而，由于历史的原因，与日本相比，中国专利法的修订相当缓慢，不能及时追踪世界先进理念，发明创造仍显步履艰难。虽然改革开放，引进了创造学思想，并且中国创造学发展取得了很大进步，但与日本相比，创造学并没有与发明创造形成真正的互动关系。创造学理论与发明创造实践脱节较大，处于似合而离的二分状态。同时，在中国创造学著作研究中，对专利制度探讨的不多，只有少部分探讨专利法对发明创造的影响。总体观之，中国创造学与发明创造、专利制度的关系仍处于松散状态。

（二）创造技法开发、利用及其与民族文化融合差异的成因分析

中日发明创造的差异，除具有历史性原因外，还有现实原因，其中最突出的表现就是创造技法开发、利用及其民族化。日本相当注重创造技法的引入、开发与利用，在引进国外创造技法的基础上，不断地改进完善，形成日本民族独有的创造技法。

至20世纪40年代，日本有了自己的创造技法。1944年，市川龟久弥出版了《创造性研究的方法》一书，其中所述创造技法具有鲜明的日本特色。其在50年代又提出了“等价变换法”。70年代，以此为中心，又不断改进，从而形成了一套创造技法体系。同样，20世纪60年代，川喜田二郎制定了“KJ法”、片山善治制定了“ZK法”；70年代，中山正和以综摄法为基础，提出了“NM法”，高桥浩、小林末男、梅棹忠夫与今一三男等分别提出了“OCU法”“SKS法”“小纸片法”与“KPS法”等。这些创造技法的最终目的就是要达到实用，即应用到企业生产当中，以求得客观的经济效益。日本广播公司所开发的“NBS法”、三菱树脂公司开发的“MBS法”等，为增强公司竞争力、增加公司经济总量发挥了重要作用。

更让人深思的是，日本能将所引进的创造技法与民族的文化有机地融合在一起。不是单纯地引进利用，而是巧妙地对所引技法进行民族思维的改造，让这些技法蕴藏了日本文化的因素。“ZK法”以“起、承、转、合”为线索，将信息进行整合，不断完善所提方案。实质上，这一方法亦体现了日本“默想”的文化思维，当然，这也是东方文化思维方式之一。

与日本相比，中国在引进创造技法后，除直接利用之外，对引进创造技法进行大胆改造、融中国文化理念于技法之中的例子很少。同时，中国独立提出的创造技法也很少。在创造学领域中，理论研究与成果已较丰富，而创造技法创新研究则显得较为薄弱。尤其是从实用角度自主提出的创造技法则更少。

从目前我国创造学界探讨创造技法情况看，其中典型代表有：袁张度引用诸葛亮言论提出的“集思广益法”，许立言、张福奎以检核表法为基础提出的“和田十二法”，许国泰以组合技法为基础提出的“信息交合法”，张光鉴提出的“相似法”以及刘仲林提出的“臻美法”等。这些创造技法的提出，从一个侧面说明我国创造学发展的成就，但也反映出我国创造技法创新的薄弱性。同时，我国创造技法仍停留于理论层面，与企业生产实践相结合较少，也体现出我国创造学发展实践应用的不足。可见，我国现有创造技法开发及其在企业生产中的应用状况，显示了我国创造学发展仍有十分广阔的空间。

（三）发明专利核心机制、优化专利技术领域布局与优势企业差异的成因分析

发明专利是创造、创新的核心层面，最能体现一国创造、创新能力。这里所说发明专利是国家创新的核心层面，不仅体现在发明专利数量的优势上，而且也体现在发明专利质量的优势上，是发明专利数量与质量的正比例同步增长要求。尤其是在前沿技术领域中，更多数量的发明专利则无疑显示出一国创造、创新的实力。

从世界范围看，至2010年年底，中国发明创造的专利申请总量已超过日本，但国内发明专利申请量则远远小于日本，且发明专利授权量与日本相比落差更大。这一现象足以说明中国科技核心技术仍有待于进一步提升。以人口作为衡量单位，中日人均发明专利拥有量更显间距。2010年在国内发明专利拥有量中，中国拥有229855件发明专利，日本拥有1255359件发明专利。日本发明专利的数量是中国的5倍多，处于世界首位。以万人口进行比较，中国每万人拥有1.7件发明专利，而日本每万人拥有98.3件发明专利，是中国的近58倍。这样的差距应引以足够的深思。如表4.14所示。

表4.14　截至2010年年底中美日韩四国国内发明专利拥有量情况

项目	国内发明专利拥有量（件）	每万人口发明专利拥有量（件）
韩国	461602	191.9
日本	1255359	98.3
美国	1015879	32.9
中国（不含港澳台）	229855	1.7

注：此表根据国家知识产权局规划发展司《专利统计简报》2011年第8期，第6页制作，http://www.sipo.gov.cn/ghfzs/zltjjb/201107/P020110718347660000377.pdf。

从根本上看，出现这样巨差的深层次原因，是对发明专利核心机制地位的清晰认知、确立与否所致。一是日本从专利思想出现时就认识到发明专利重大

的经济社会功能，构建了较为合理的发明专利核心机制，而在中国没有认识到发明专利这一要义，从而带来后期发明创造三种专利结构比例不当，致使发明专利核心机制处于较长时期的偏远地位；二是日本十分注重对核心技术发明专利的理论建构，奠定了发明专利核心机制的理论基础，而中国则缺乏深厚的核心技术发明专利的理论根基，发明专利核心机制观念很长时期处于淡漠化状态；三是日本尤其注重建立合适的激励发明专利技术创新的驱动机制，为形成发明专利核心机制注入了生动的力量源泉，而中国在这一方面则尤显不足，只是到近年才认识到创新驱动机制的重要性。

发明专利是体现一个国家核心技术创造力的重要方面。从世界五个专利申请局所登记的情况看，截至2010年年底各局有效发明专利来源地分布也体现了中日的差距。2010年年底，中国在日本、韩国、美国等局的有效发明专利分别为695件、779件、5747件，日本在中国、韩国、美国等局的有效发明专利分别为135710件、100733件、423303件。日本在韩国、美国有效发明专利分别约为中国的129倍、74倍。中国在日本特许厅的有效发明专利为695件，日本在中国国家知识产权局的有效发明专利为135710件，是中国在日本的195倍多。见表4.15数据①。

表4.15　截至2010年年底各局有效发明专利按来源地分布状况　单位：件

来源地	JPO	KIPO	SIPO	USPTO	EPO
EPC成员国	70869	36082	78250	291985	N/A
日本	1255359	100733	135710	423303	N/A
韩国	18171	461602	26583	58243	N/A
中国	695	779	257893	5747	N/A
美国	68209	40693	58053	1015879	N/A
其他	10113	5910	8271	135474	N/A
合计	1423416	645799	564760	1930631	N/A

从表4.15中数据可见，日本创新能力远远高于中国。本质上，表中数据在一定程度上显示了创造学发展的核心价值，是创造学发展的直接映射。当前，美国、日本、韩国等发达国家在创造学理论研究与实践上均给予了高度关注，创造学理念已广泛融入国民的创造思维中，创造、创新已融入发达国家民众的日常生活之中。可见，一个国家或民族创造、创新，不仅反映在发明创造

① 中国国家知识产权局规划发展司：《我国发明专利申请受理量跃居世界第二》，《专利统计简报》2011年第8期，http://www.sipo.gov.cn/ghfzs/zltjjb/201107/P020110718347660000377.pdf。

的技术与成果层面，而且也反映在国民对创造、创新理念的深入认知、理解、融入层面。

根据国家知识产权局统计，截至2011年6月底，日本在华有效发明专利达“144055件”[①]。2010年国外有效发明专利前30名的企业中，日本就有17家企业，且有效发明专利均超过千件以上。从2010年我国有效发明专利分布看，企业占“51.1%”[②]，虽然这一比例已超过了半数，但我国企业有效发明专利总体实力在国际上还显得相当薄弱，只有中兴、华为等少数几家企业进入国际前沿领域中的领先地位。从中日企业有效发明专利情况看，中国企业核心技术的创造、创新理念相当缺乏。尽管我国企业也引进了国外企业先进的管理经验与方法，但唯利是图、急功近利的短平快思维严重制约着我国企业核心技术创新力的彰显。在一定程度上，从而带来中国创造力发展的不足，主要表现如下：

> 核心创新能力仍然缺乏，导致企业创造力不强……当前尚未形成以企业为主体的创新机制……尚未形成企业创新的激励机制……体制和机制改革相对滞后，导致中国企业创造力和创新力不足……系统性创新政策体系的缺位，是造成企业创造力和创新力不足的重要障碍……知识产权保护制度的缺位，严重制约中国企业创造、创新的动力……金融体系发展不足，阻碍了中国企业创造、创新能力的培育和提升……人才资源不足已经成为企业创造创新能力提升的重要制约……现阶段收入不平等持续扩大所导致的内需不足，已经成为制约企业创造创新能力提升的重要因素。[③]

以上分别从核心创造能力、创新机制、创新激励机制、体制机制、创新政策体系、知识产权、金融体系、人才资源、收入失衡9个方面，深入剖析了当前中国企业创造、创新能力缺乏的广泛而又深刻的因素。既有企业创造、创新能力不足的自身因素，又有企业创造、创新能力不足的外在因素。事实上，这些长期的动态的制约因素，也是我国创造学理念、创造技法不能在企业中得到应有普及的根本原因，进而导致我国企业创造力深度开发普遍欠缺。因此，这

---

① 中国国家知识产权局规划发展司：《我国每万人口发明专利拥有量达到2.0件》，《专利统计简报》2011年第11期，http://www.sipo.gov.cn/ghfzs/zltjjb/201107/P020110718351213591178.pdf。

② 中国国家知识产权局规划发展司：《2010年中国有效专利年度报告（一）》，《专利统计简报》2011年第6期，http://www.sipo.gov.cn/ghfzs/zltjjb/201104/P020110422601789993288.pdf。

③ 马光远、李勇强、骆国俊等：《中国创造力报告（2012—2013）》，社会科学文献出版社2013年版，第30—43页。

就必然要求每个企业结合自身的发展态势，形成大思维、大视域的创造、创新战略目标，规划系统的、量质并进的创造、创新方案。

总之，中日发明创造差异的成因是多维的，发明创造作为创造学价值观体现，为今后中国创造学发展提出了深层次的课题。

二 日本发明创造对中国发明创造启示

通过以上中日发明创造相关情况比较，可见，日本专利制度对发明创造行为及其成果的保护与促进作用，日本发明创造中技术领域结构合理布局的有效机制，以及创造技法在企业生产中的开发与应用等，有力地提升了日本整体创造、创新能力。由此，为我国发明创造与今后中国创造学发展提供可鉴之处。

（1）在科技创新中，构建以发明创造为中轴的科学系统的多种体制机制互渗互补模式，注重创新教育观的普及，形成发明创造的核心地位，突出发明专利创新的引领功能。

当前，“两个一百年”的伟大目标在即，要实现它，要成就它，不是仅靠一些规制就能做到的，而是要在规制的宏观视野下，实抓实干。创新型国家建设、社会主义新农村构建、小康社会建成等阶段性战略目标，无不在朝着这个宏伟目标进发。圆梦伟大目标，不仅需要稳定的政治环境，而且需要强劲的科技创新能力。因为科技创新能力是中国创造力的核心体现，是实现百年目标的促发器。由此，注重科技创新中的发明创造环节，积极建构发明创造的动力机制、评价机制、激励机制、保护机制、投入机制、结构机制、学科机制等，就必然成为中国科技创新的深厚渊源，是中国创造力系统观、科学观的必然要求。

专利法、发明创造与创造学三者之间协调互动的关系，更体现出制度保障的首要性、科技创新的关键性、人才建设的核心性与创新教育的基础性。而日本在专利法、发明创造与创造教育三者的实践中，表现出较为鲜明的社会效应，即技术创新为日本带来了强大的经济力量。在技术创新方面，其真正实现了“引进消化吸收再创新”的根本目的。由此，日本前瞻性做法为我国发明创造提供了有益的历史借鉴，对我国建设创新型国家有着现实的启示意义。

首先，发明创造需要思想自由，彻底革旧立新，不断适时改革，不断完善法制，形成崇尚创造、兼容并包的社会发展环境，这是确保激发民族发明创造的必要条件，也是创造学发展对社会创新机制因素的客观要求。因此，当前我国立足创新，更应解放思想，尽量消除陈规陋习等制约自由发明创造的不利因素。

虽然我国在创新思维与认知上有了重大突破，但在创新实践上，仍有诸多掣肘创造性与创新性发展的不良因素。诸如对于创造、创新载体而言，过于强调资金投入的效益性、对一般大众创造创新的漠视性、对创造创新评价体系的盲目性随意性与非科学性、对创造创新载体心智历程的忽略性等。这些看似简单，而实质上却严重地刺伤着创造创新载体的创造心智与创新行为，无形中囚禁了创造创新载体的自由创造灵魂。

由此，在科技创新的主旋律下，构筑创造性主体的系统观，形成创造性主体立体架构，即紧紧围绕理想、信念、爱心、合作、批判、继承、质疑、勇气、开拓、敬业、自强、人道等要素，迸发创造性人格，从而实现创造创新主体的自由空间。因为这是增强自主创新能力，实现科技跨越发展目标的首要的根本条件。同时，适时改革完善专利法，既要看清国外发明创造的机遇趋势，又要厘清国内发明创造的潜藏能量，形成发明创造有效的法权机制。尤其要将专利法对发明创造保护的各项措施落到实处，积极酿造大众发明创造的普遍自觉，为形成整个民族“自主创新”的踏实作风创设有利环境。

其次，发明创造需要形成普遍的专利领先意识与创造教育观念，将专利与创造观念融入日常生活之中，形成持久不断的发明创造法权意识与发明创造习惯。在科技创新中，树立发明创造核心观，让发明创造成为企业生产的创新驱动内力。在个人与职务发明创造中，形成普遍专利法权意识，把发明创造法权观与发明创造实践观有机地结合在一起，让发明创造的法权机制真正在发明创造实践中起到引导与护驾作用。同时，扎实做好创造教育从观念形态到技术形态的创造性转变。一是注重创造教育的合法性，即在法权体制机制的框架下运行，超越法权界限的创造教育观都必然要受到法权的规制。二是在前者的基础上，创造教育本着发明创造的核心观念，不断构筑发明创造载体从思维构想、方案设计、实践实施、结果验证等一系列科学行为活动，实现发明创造观念到技术物化形态的转型。

正是基于上述观点，我国需要加强专利法权观念、创造教育与创造技法的普及，三者的普及不能仅局限于狭隘的校园教育，而应形成大校园观。由此，深入领会陶行知先生的“生活即教育，社会即学校”的大视野。把专利法权观、创造教育观与创造实践观引入生活、引向社会。将专利法权观、创造教育观与创造实践观切实渗入到科技、企业生产及大众生活之中。其中，创造教育观念要贯穿到现代化建设的各个方面，形成多行业创新互动局面，激发全民族创新精神，真正形成全民族发明创造大环境。

最后，发明创造需要形成发明专利创新引领的核心价值观，其是整个发明创造价值观的中枢。尤其形成以发明专利为支撑的技术体系，是确保发明创造产生经济效益，达到世界一流水平的根本保证。一是做好民间发明创造的普遍宣传示范工程。主动调动广大民众发明创造的热情，形成全民族创新的激情。各级各类基层组织、自治组织与民间团体等，要勇于创新、敢于创新、善于创新，主动引导周围民众形成自觉创新生活、创新技术、创新生产的良好氛围。二是做强做大企业发明创造根基。从根本上看，企业创新是技术市场的主动力。尤其是以科学研究、技术开发、产品制造为主攻项目的企业，更应夯实发明专利技术的提升。不管是国有企业，还是私营企业；不管是独资企业，还是合资企业；不管是大型企业，还是小型企业。及时扫描发明专利创新前沿领域，适时跟进发明专利的创新动态，与时突破现有技术屏障，是其创新引领市场的根本法宝。

因此，我国各级专利相关部门应深入了解分析世界发明专利态势，认真研究和借鉴欧洲专利局、美国专利局与日本专利局等所形成的发明专利法体系，根据我国创新型国家建设实际，不断加强我国发明专利法体系和制度建设，促进我国经济社会全面进步。在巩固我国现有优势企业发明专利技术基础的同时，形成我国新的企业发明专利技术优势。尤其是“生物技术、信息技术、新材料技术、先进制造技术、先进能源技术、海洋技术、激光技术与空天技术”① 八大前沿技术领域中的发明专利，是我国创新型国家建设与未来发展的重要技术支撑。

（2）在科技发明创造中，合理建构三种专利的布局结构，切实制订质胜品优的评价体系，加大发明专利的申请与授权比例。抢抓国内外发明专利重点领域，实施优势突破，后发跃迁的创新格局。积极引入国外发明专利的高新尖技术，增强国内职务发明的内涵。

发明专利具有极强的科技含量，最能体现一个国家的创造、创新力，因此，日本很注重发明专利技术领域布局，发明专利高居日本所有专利申请与授权的首位。从以上日本在国内外发明专利申请技术领域分布现状可知，日本发明专利重点领域是在电学、物理学方面，这是日本国内外发明专利申请的前沿领地。同时，在医学、工程、车辆等方面也处于相对优势。日本发明专利技术领域分布标志着日本创造、创新能力的强势，对我国发明创造技术领域布局亦有着现实的启示意义。

一是改变我国三种专利申请与授权的结构布局模式，注重提升发明专利申请与授权的比重。从日本的“发明、实用新型与外观设计”三种类型专利结构布局来看，发明专利已成为其科技创新的主要阵地；而我国发明创造主要集

---

① 国家行政学院：《推进自主创新 建设创新型国家文件汇编》，国家行政学院出版社 2006 年版，第 12—13 页。

中在“实用新型与外观设计”领域，发明专利处于弱势地位。与国外相比，“国外发明专利主要集中在高新技术领域，而国内发明专利主要集中在传统技术领域，在一定程度上说明国外发明的焦点已经从传统行业向影响未来全球技术格局的技术制高点转移，而国内发明专利还处在传统行业的应用层次”①。从中可见，发明专利已经成为国外科技创新的聚焦点，同时，集中于高新技术领域。在如此的科技创新境遇下，我国发明创造如何突破自身困境，是显而易见的。即跨越原有发明创造的体制机制模式，勇敢登陆高新尖技术领域峰巅，实现从传统技术领域到现代技术制高点的根本转移。这也是改变我国现有专利布局类型的不二取向。虽然我国近年来专利申请量出现迅猛攀升的势头，至2015年我国发明专利申请受理量连续5年位居世界榜首，但在我国三种类型专利申请与授权中，发明专利申请与授权处于劣势。发明、实用新型、外观设计三种专利申请受理量分别为：968851件、1119714件、551481件；三种专利授权量分别为：263436件、868734件、464807件②。因此，提升我国发明专利在三种专利类型中的比重位次仍很艰巨。

二是瞄准国际发明专利重点领域，有针对性地加强发明专利优势领域技术布局，形成发明专利具有国际化创新产业。从2015年我国国内外有效发明专利优势技术领域分布来看，国外发明专利技术优势较全面，相比之下，我国发明专利优势仍有一定差距。在世界知识产权组织35个技术领域中，我国在“光学、发动机、运输、半导体、基础通信程序、音像技术、医学技术等7个领域与国外仍存在差距，特别是在光学和发动机领域，国外拥有的发明专利数量为国内的1.6倍和1.5倍”③。因此，从长期竞争优势出发，国家知识产权战略除积极鼓励发明专利优势领域技术外，同时应增强企业发明专利优势观念，形成持久的发明专利创造热情。针对我国企业发明专利现状，力促企业职工在创造技法方面的培训，提升企业转化专利成果、创造财富的潜能，“找到从技术到工业生产转移的连接，”④ 逐步形成以企业为核心、产学研一体化的发明专利技术产业基地建设的有效机制，从而实现国际化创新产业的目标。

---

① 乔永忠、赵家春：《国内外发明专利维持状况比较研究》，《科学学与科学技术管理》2009年第6期。

② 国家知识产权局规划发展司：《2015年我国发明专利年度申请受理量首次突破100万件》，《专利统计简报》2016年第1期，http：//www.sipo.gov.cn/tjxx/zltjjb/201601/P020160122404593275916.pdf。

③ 同上书，第4页。

④ William R. Kerr. Breakthrough Inventions and Migrating Clusters of Innovation *Journal of Urban Economics*, Volume 67, Issue 1, January 2010, p. 57.

三是立足国内现有发明专利优势领域技术，积极引进国外优势技术，突破国外职务发明专利对我国发明专利的抑制障碍。保持我国发明专利现有优势，是保证我国发明专利技术领域全面升级的重要依托，为此，加强现有发明专利优势领域的研发力度。鉴于当前我国部分企业技术创新能力不足，必须引进国外优势技术，消化、吸收、学以致用，努力实现自主创新的阶段性任务，“以适应经济增长步伐对技术的强劲需求”①。同时，发挥团队内外合作创造创新精神，有机协调个人创造力与组织创造力的关系，形成职务发明专利的合力，突破国外职务发明专利在高新技术领域对我国的瓶颈制约。

总之，通过中日发明创造专利相关情况比较，相对中国来说，日本在四个方面做到了根本性的保证：其一，注重发明创造的法律制度修改完善；其二，注重创造教育观念的转变；其三，注重发明创造的前沿核心技术领域攻关；其四，注重发明专利的核心地位。客观上，这四点反映出日本在国民的创造力开发、保护、应用方面做得相当普遍和深入。简言之，专利法体系完善和创造学应用相结合，是日本的发明创造在世界领先的重要因素。当前，中国发明创造的法律制度不断完善，发明创造的成果在数量上渐入世界前列，但相对发达国家而言，发明创造的核心技术成果薄弱，发明专利的核心地位尚未确立，有效发明专利量与国外发明专利授权量相对较少。尤其是作为国家核心创新依托的企业，不仅处于国际领先地位的数量少，而且有效发明专利量与 PCT 专利量更显弱势，所有这些都为中国专利法体系完善和创造学应用相结合的发展道路提出了严峻挑战。

---

① Antonio Hidalgo，José Molero. Technology and Growth in Spain（1950 – 1960）：An Evidence of Schumpeterian Pattern of Innovation Based on Patents *World Patent Information*，Volume 31，Issue 3，September 2009，p. 205.

第五章

中外创造教育比较分析

——以中美高校创造学课程为例

如果学生在学校里学习的结果是使自己什么也不会创造，那他的一生将永远是模仿和抄袭。

——［俄］列夫·托尔斯泰

创造学起源于西方，虽然日本、中国、韩国、新加坡等亚洲国家较早引入了创造学思想，且创造学在这些国家也得到了相当程度发展，但综合考察东西方创造学实践与理念，西方创造学发展在总体上优于东方。在西方国家中，尤其在美国、英国、法国、德国等发达国家中，创造学观念、意识及其实践运用已达成社会共识，创造之行为已渗透到日常生活中。特别是在大学中设立了多种主题各异的创造力开发研究中心，最为重视不同层次、不同类型群体的创造力开发。从现代教育观看，高校是一国教育的核心层面，是一国经济、政治、文化、科技、社会等稳步营运的思维根基，是体现一国综合实力的一面镜子，其对受教育者创造力的培育，是一国拥有综合实力的根本要求。因此，高校创造学课程的设置，是创造教育观念与行为的切实反映，不仅是创造学发展的需要，而且是国家综合创新的需要。本章主要考察中美两国大学创造学课程设置的相关情况，以透视中外创造教育之差距，为我国创造学发展及其在创新实践中的应用提供些许启示。

第一节　美国高校创造学课程设置现状

美国是现代创造学的起源地，自 20 世纪三四十年代创造学形成以来，美国创造教育思想开始走进学校，创造理论与教育实践有机结合起来。最为凸显的就是在美国大学出现了创造力开发研究中心，并逐步形成了将创造力开发与教育的联姻，即在大学中开设创造力教育课程。

一 美国高校创造学课程概况

在20世纪初，美国大学中就出现了对创造力的专门研究。自1921—1923年，斯坦福大学设置了创造力教学课程，特曼（Lewis Mcadison Terman）教授在这方面做出了突出贡献，其对1500名智商在130以上的学生进行了跟踪研究，意在找出智力与创造力之间的关系。在其后50年的探讨中，得出了“创造力与智力并非呈正比例关系”的结论，为创造力的普遍性奠定了理论来源。美国麻省理工学院于1948年正式开设了“创造性开发”课程。随着创造力研究不断深入，美国创造力开发形成热潮。至此，美国创造力研究与实验课程在美国大学渐成共识。20世纪60年代，以华裔教授李跃磁为首，在美国麻省理工学院建立了“创新中心”，将创造力开发融入教学过程中，研究如何培养大学生创新能力，从而增强了教学的深厚内涵。

布法罗学院于1967年开设了研究生创造学课程，这一举措实际上显明了创造学的重要地位，为深化该校创造学研究与教学提出了更高要求。为进一步完善创造学课程设置，该院于1974年又开设了本科生创造学课程，全面提升对学生创造力培养。“1975年正式获准设立了美国乃至世界上的第一个创造学硕士学位授予点”①。实际上，这一时期创造力开发已引起美国各大学的关注，尤其是美国著名大学的关注，为大学创造学课程设置注入了强大的推动力。美国哈佛大学前校长普西（Nathan Pusey，1907—2001年）曾呼吁全美各大专院校应加强培养学生的创造才能。这一呼吁引起了强烈反响，于是，普渡大学、明尼苏达大学等20多所大学相继开展了创造性能力的训练，创造学课程实实在在地走进了大学。“截止到1979年，美国已有53所大学和10个研究所设立了专门的创造学研究机构，有力地促进了创造学发展。”② 进入20世纪80年代以后，“美国大学中开设创造学课程的院系不断增加，水平也有了显著的提高”③。与此同时，美国大学创造学课程开设情况也影响到日本、英国等东西方发达国家。

目前，美国大多数高校都开设了创造力课程，创造力教育已成为美国高校的显著特色。创造力研究与开发是美国高校主攻领域之一，尤其是在美国高校中成立了创造力开发研究中心，创造力开发研究专门机构的成立，增强了创造力课程在美国高校中的地位。“美国许多大学设立创造力研究中心，多设立于

① 庄寿强：《普通（行为）创造学》，中国矿业大学出版社2006年版，第7页。

② 同上书，第6页。

③ 徐方启：《美国著名大学里的创造学课程》，《中国交叉科学》2008年第2卷，第90页。

教育学院之下，从事创造力教学、研究，并协助一般民间组织及学校的创新工作，创造力课程、工作坊及研讨会是常见的形式”①。水牛城州立大学的创造力研究中心（Center for Studies in Creativity），融研究与教学于一体，不但进行创造力研究，而且还为大学部与研究所学生提供创造力理论及实践相关课程。在创造力研究中心，为大学与研究所开设的课程分别为：最优的理学硕士学位创意研究（The First and Oldest Master of Science Degree in Creative Studies）、学位证书的创意研究（The Graduate Certificate in Creative Studies）、小程序的创意研究（The Creative Studies Minor Program）等，同时研究中心还提供远距离创造力课程教学。佐治亚大学的托兰斯创造力研究中心（Torrance Center for Creativity Studies），更是兼顾创造力开发的整体情况，其宗旨是研究、发展、评监创意思考与潜能、奖励国内外支持创意发展的组织，并设立相关研究规划。同时，通过创造力测试进行创造力教研活动，并设有“未来问题解决程序”（Future Problem Solving Program）课程。马萨诸塞州教育学院（College of Education University of Massachusetts）开设了“研究生创新思维能力”（Graduate Program in Critical and Creative Thinking）课程。杜克大学（Duke University）的行政教育商学院（the Fuqua School of Business Executive Education）开设了“创意领导”（Creative Leadership）课程。加州大学圣塔芭芭拉分校（University of California Santa Barbara）还设立创造力研究学院（College of Creative Studies），对毕业学生颁发学位或证书等。在美国还有像Harvard、YALE、MIT等著名大学创造力研究团队，专门从事创造力教学研究②。

二　美国著名高校开设创造学课程分析

“二战”以来，美国之所以能迅速强大，不仅是其没有受到战争的创伤，更为重要的因素应是其对创造的重视，创造的观念已深深地扎根于美国民众的心灵中。2001年吴静吉主持的《创造力教育政策白皮书》对世界主要国家创造学发展情况进行了梳理，其中《子计划（六）国际创造力教育发展趋势专案》对美国创造力现况作了较为详细的介绍。在美国，从中央政府到地方政府，从教育部门到非教育部门，从正式团体到民间组织，从企业到军队等，无不视创造力开发为必要之职责。在美国许多领域中，创造力开发已达到了相当

① 吴静吉：《子计划（六）国际创造力教育发展趋势专案》，《创造力教育政策白皮书》，http：//www.3722.cn，2001年12月15日。

② 本段所引相关资料来源主要依据吴静吉主持的《创造力教育政策白皮书》，《子计划（六）国际创造力教育发展趋势专案》，http：//www.3722.cn，2001年12月15日。

成熟的地步。在这样一个蕴藏着极强创造力的国度，创造力开发最突出的成果就是发明创造的专利居于世界的霸主地位。每年美国国内发明创造专利的申请、授权与有效数量，就足以表明美国对创造力开发的重视程度及其所产生的绩效性。正是这种创造氛围为美国大学开设创造学课程奠定了必要的社会基础，反之，大学中创造学课程的开设又为美国各领域培养了大批具有创造力的人才。根据徐方启教授对美国创造学研究的相关资料，在美国大学中普遍开设了创造学课程，以下选取其中最为突出的几所著名大学综述如下①。

（一）麻省理工学院创造教育的理念与实践

麻省理工学院于1940年前后，就将创造力研究与高等教育结合起来，并开设了相应的创造学课程。100多年来，麻省理工学院以创新教育为根基，形成了优良的、长期的、广泛的国际交叉学科探索的创新教育精神，广阔的宇宙观与创造学教育理念。

在新的历史时期，麻省理工学院的使命就是，21世纪，在科学、技术与其他前沿领域内，超越现有知识与培育学生，更好地服务于国家与世界。由此，为人类更加美好的生活，他们在极力寻求打造麻省理工学院每个成员的团队合作能力，锻造睿智的创造性的成效性的工作激情。可见，正是这种创新不止的认知，不断提升麻省理工创造主体的内在智慧。典型代表就是机械工程系的约翰·阿诺德教授，其从创造思维与机械设计的密切关系出发，开创了“创造工程”领域。与此同时，他还创建了“创造工程实验室”，于1944年组织和策划了美国机械工程师协会年会并出版了会议论文集《创造工程》。直到1950年，赴斯坦福大学任教。阿诺德教授在创造学领域的贡献对麻省理工学院产生了重要影响。

当前，麻省理工学院的斯隆管理学院开设的有关创造学课程最具特色，其中开设的创造学课程有“‘商务创新与技术突破’‘创新过程管理’‘创新管理：正在出现的新倾向’”② 等，这些课程分别有约翰·艾库拉高级讲师、乔纳桑·丘明格教授、艾利克·冯·海佩尔教授等主讲。同时，斯隆管理学院还开设了创造学短期培训班课程，主要有“创新组织的建立、领先与发展”与“战略创新”等。从培养创新型管理人才队伍看，管理学院创造学课程的开设，有助于增强创新型管理人才对科学管理的深度认知，即管理不是对已有管理的经验、规则、方案等直接拿来与套用，而是依据管理对象的

---

① 本节内容主要参考徐方启《关于欧美日大学创造学课程设置情况的考察》《美国著名大学里的创造学课程》等文章。

② 徐方启：《美国著名大学里的创造学课程》，《中国交叉科学》2008年第2卷，第94页。

不同，对新旧要素不断进行选择与组合后，而形成行之有效的新的管理思维、手段与方法。从学科建设与发展看，创造学课程的开设，在一定层面上，必然推进麻省理工学院多学科交叉的普遍认识，有助于学校建构普适的创新发展思维。

麻省理工学院在其他院系也开设了相关的创造学课程。语言与哲学系，欧文·辛格教授开设的“创造力的本质”，主要从人的活动上阐释创造力的本质。传媒技术与科学系，米切尔·雷斯尼克教授开设了“创造性学习的技术”，他的教学方法主要是培养学生动手能力。在写作与人文科学系，凯伦·鲍伊科教授开设了“创造的火花”，从创造活动的过程来揭示人的创造本质。从学科领域所开设的创造学课程看，创造学应用的广泛性、语言与哲学的创造性，可谓是思维层次的深度创造，反映出人的创造力的独特魅力。本质上，语言与哲学思维的创造性开发，更有助于提升人的创造力的潜在性。因为，它所反映的是人的思维深层次创造性活动。不管是语言表达，抑或是哲学思考，都需要极具逻辑的严密性，而此正是人的创造性智慧的展示。当然，人的创造性智慧不是一个方面的，是多面的、立体的，因此，麻省理工学院在其他院系所开设的创造学课程，对被授课者同样体现出创造力开发的功效。

从麻省理工学院所开设的创造学课程内容看，尽管课程名称、所选择讲授的对象与形式等有所不同，但其最终的共同目标是研究与开发人的创造力。同时，从一个侧面反映出创造学的原理与思维方式，不是仅局限于自然科学领域中，而且还可以涉足于其他学科的腹地。一则体现出其他学科也需要创造性的观念与应用；二则体现出创造学原理与思维方式应用的多领域性与多学科性。麻省理工学院近年开设的一门公开课：《艺术和科技中的感觉与想象》，分为1—4集，是关于“艺术和科技中的创造力”[①] 的课程，在授课形式上，主要是以讨论的方式进行，在课程内容上，主要体现为如何认识、开发与培育人在艺术与科技中的创造力。从中可见，对人的创造力开发，是立体的，而不是平面的。不管采用何种方式，都体现出创造力开发异曲同工之效。

（二）斯坦福大学创造教育的工程特色

斯坦福大学的创造教育，不是随心所欲的事情。它身处浓厚的创新环境，且有着深远的历史积淀。斯坦福大学至今已有 125 年的发展历程，100 多年

---

① VOA 英语网：《麻省理工学院：艺术和科技中的感觉与想象》，http：//www. tingvoa. com/mingxiaogongkaike/yishuhekejizhongdeganjueyuxiangxiang/。

来，为致力于打造世界顶尖级大学而努力。在教学与科研方面处于世界领先地位之一。一是斯坦福大学位于加利福尼亚硅谷腹地。这一特殊的地理环境优势，给斯坦福大学输入了难得的创造、创新意识，也正是在这一意识基础上，斯坦福大学内生出无限的创造、创新能量。二是面对错综复杂的世界，斯坦福大学致力于寻找挑战极限的方法，同时，积极储备雄厚的领军人才素养。事实上，这两个方面构成了斯坦福大学创造、创新的坚实两翼。由此，生发出斯坦福大学创造教育工程的主旋律。

斯坦福大学创新教育，不是支离破碎的，而是整体的。从诺贝尔奖得主到本科生，斯坦福大学团队内所有成员都参与创造新知识。在创造新知识方面，斯坦福大学注入了创新与进取的精神。斯坦福人呈现出极强的面对问题意识，用富有想象力的新方法来解决这些问题，并协同工作推动知识进步，以对世界做出有意义的贡献。斯坦福大学整体文化协作意识，驱动世界、健康与精神生活的重大发现。可见，整体创新教育观，是斯坦福大学根基。由此成长出多学科交叉互渗的学科体系创新局面。

在斯坦福大学交叉学科体系规划中，共 16 项大的学科体系。①非洲和非裔美国人研究、非洲研究、美国研究、考古学研究、亚裔美国人研究、天文学计划；②生物医学信息、生物物理学计划；③癌症生物学计划、Chicana/ O 研究、种族和民族比较研究、计算与数学工程研究、创意写作；④地球系统计划、东亚研究、环境和资源中的埃米特跨学科计划；⑤女性主义，性别和性研究；⑥全球区划研究；⑦历史和科学技术哲学、人类生物学、人机交互计划；⑧免疫计划、国际政策研究、国际关系、伊斯兰研究、阿巴斯计划；⑨拉丁美洲研究；⑩文科硕士课程、数学和计算科学计划、现代思想和文学计划；⑪美国土著居民研究、神经科学计划；⑫公共政策计划；⑬俄罗斯，东欧及欧亚研究；⑭科学，技术与社会计划、干细胞生物学和再生医学、结构化博雅教育、符号系统项目；⑮陶伯中心犹太研究；⑯城市研究项目。

从以上斯坦福大学建构的学科体系看，就已经为其铺垫了坚实的创新内涵。斯坦福大学创新观，不仅体现了自然学科内部交互性，而且体现了自然科学与社会科学的交融性。斯坦福大学学科体系的立体性，进一步展示了其创新教育工程的特色。

自阿诺德教授到该校任教以后，斯坦福大学更加注重创造学教学，特别是工学院对开设创造学课程情有独钟。在阿诺德教授走完了教学生涯后，该学院于 1966 年聘请了詹姆斯・亚当斯讲授创造学课程，他是阿诺德的学生。“亚当斯教授先后在机械工程系、工业工程和工程管理系、研究生院价值・技术・社会专业开设了‘创造工程’‘设计中的创造性’‘组织的变化与创造力’等课程，他的专著《创意导论》《激发创造力》等，也一直是斯坦福大学书店的畅销书”[①] 亚当斯教授所讲授的创造学课程受到学生的极大欢迎。

由于受阿诺德的影响，罗伯特·麦金教授对创造学也产生了浓厚的情趣，因此，与亚当斯教授同时讲授创造课程。他所开设的创造学课程完全体现了创造思维的深层结构，把创造思维引入哲学视域。“设计工程哲学”“视觉思维”等课程有力地促进了学生的创造思维培养，生动地体现出多维度培育学生创造性思维的启迪。同时，麦金教授也很注重学生的实际训练，在 1968 年，麦金教授做了一次创造性的实践活动，他让学生设计并制作了一种船，只能靠机械运动来作为动力，并进行实际演示，看谁制作的船能首先到达对岸。作业一布置，学生们就八仙过海，各显神通，充分应用想象力来进行创造性活动，自行车构造、杠杆原理，甚至中国农村的水车也受到联想。麦金教授的创造学课程，不仅有深度，而且有极强的实际操作性。由此可见，创造力培育、创造性思维训练不是单纯的理性教育与现有经验方法的灌输，而是要立于生活实践，把创造性思维、创造性心理、创造性构思、创造性方案与创造实践活动紧密结合起来的，从而实现创造学理论与创造实践的完整统一，体现创新的终极使命。

亚当斯教授与麦金教授培养了许多热爱创造学事业的学生，他们成为斯坦福大学创造学课程的主要承担者。目前，在斯坦福大学的机械工程系开设了较多创造学课程。其中，主要有“设计专业开设的是‘组织中的创造力与创新’‘视觉思维’为工业工程专业开设的是‘创造力与创新’，还有跨专业的‘高级创造学’和‘操作思维’”[②]。在管理科学与工程系，“组织中的创造力与创新”课程也受到重视。另外，自 20 世纪 60 年代，管理学院的麦克尔·雷伊教授就致力于“商务活动中的创造力”课程的教学。后来该课程成为学院的精品课程，所制作的有关资料为 MBA 与 EMBA 函授班的必修课。当雷伊教授退休后，罗娜·卡特福特博士接任了他的课程，为突出课程的专业特色与创造力的关系，其把课程名称改为“商务活动中个人的创造力”[③]。从以上所开设的创造学课程及其内容看，体现了创造学的学科交叉性。

当然，在斯坦福大学开展了许多公开课程讲座，其中，创意与艺术协会所开展的有关创造力连续讲座十分突出，主要是培育学生创造力的自发性。

---

① James L. Adams, The Care & Feeding of Ideas, Massachusetts: Addison Wesley. 1986.

② 徐方启：《美国著名大学里的创造学课程》，《中国交叉科学》2008 年第 2 卷，第 94 页。

③ University of Stanford, http: //www. stanford. edu/.

（三）布法罗学院创造教育的学科地位

1846 年成立的布法罗学院，虽然早期是一所私立医学院校，但科学创新思想却深深地蕴藏于学院发展中。尤其是自 1962 年并入纽约州立大学以后，更是展示出强劲的创造力。布法罗学院是一所极强的密集型研究大学，也正是学院有着突出的创造力，学院跻身于北美 62 所世界一流研究型大学之中。

目前，布法罗学院现有 13 个院系，共设置 400 多个学科专业。其中有 100 多个本科专业、205 个硕士专业、84 个博士专业和十几个以上专业学位。经过 170 年的发展，学院学科专业不断完善，聚练了学院多领域创造的内功。单就学科专业数量而言，布法罗学院就已经具备了深远的创新空间。特别是研究生教育学科专业设置，显见出学院创造教育的主流基调。学院除了在面上注重多学科建设与发展外，还加大医学、工程学、法学、商学、规划学、建筑学等领域的投入。在稳步建设医学院、构建美国超级计算基地、重点打造生物医学与各类工程科学的跨学科综合性研究等方面，已经成为布法罗学院创新跨越的重要方向。事实上，也正是学院如此辽阔的系统的学科专业空间，为创造教育埋伏了有利的学科发展机遇。

除了以学科专业体系建设外，还有一点就是布法罗学院具有博大的容留心怀，为创造教育的学科地位预设了必然要件。在学院 2014—2015 年本科生目录前言中，有一个非歧视通知。写道：根据学院的政策，学院致力于培养一个包括优秀教师、职员和学生在内的多元化团队。同时，确保受教育的平等机会、就业、获得服务、计划与活动。不考虑个人的种族、肤色、民族、宗教、信仰、年龄、残疾、性别、性别认同、性取向、家庭状况、怀孕、遗传易感特点、军事地位、家庭暴力的受害者地位，或刑事定罪等。这样一个非歧视规定，虽然不适合于任何一个民族，但在一定程度上，为学院奠定了必要的创新发展元素的源流，为创造教育的学科地位确立，创设了制度上的保障。

布法罗学院尤其注重创造学的学科地位，可以说创造学是布法罗学院的独特产物。在创造教育基金会的支持下，该校于 1967 年设立了创造力研究中心。由希德尼·帕内斯博士负责中心的工作，其对创造力研究中心所招收的研究生开设了“创造性解题”课程。因教学改革的突出贡献，其被“晋升为世界上第一位创造学教授”①。1969 年，布法罗学院正式成立了创造学系，并开设了本科生创造学课程。但该校有副专业的设定，作为全校副专业，创造学也有副专业课程，其中“创造学副专业由五门组成，即‘创造学概论’‘创造性解题

---

① 徐方启：《美国著名大学里的创造学课程》，《中国交叉科学》2008 年第 2 卷，第 91 页。

程序’‘创造性领导’‘创造性解题辅助手段’‘创造力的应用与创新’”①。尽管创造学有副专业的设置，但从创造学整个课程设置来看，也显示出体系的完整性与可操作性。

实际上，布法罗学院于 1975 年就开始招收了创造学硕士学位（Master of Science Degree in Creative Studies）的研究生。自此，创造学在布法罗学院获得了新的动力。在布法罗学院研究生中所开设的创造学课程有 12 门，“包括基础课程模块的‘创造学概论’‘创造性解题’‘创造性领导’，专业课程模块的‘创造性解决问题原理’‘创造性学习基础’‘创造力的评价’，以及学位课程模块的‘团队解题’‘创造学研究现状’‘创造力与领导变革’‘教授和训练创造力基础’‘创造教育的设计与实施’‘硕士研究’和‘学位论文’”②。由 9 位专职教师担任这些课程，其中最为优秀的是杰拉德·普克肖教授，获得有创造学硕士学位与哲学博士学位，在创造学领域具有独到的见解。布法罗学院十分注重创造学课程的教学与创造学思想的传播。布法罗学院通过卫星不仅开设了州际的创造学硕士学位课程远程教学，而且还将这一远程教学扩展到国外。事实上，布法罗学院创造学课程远程教学与传播活动，推动了创造学在世界其他国家一定程度的发展。

布法罗学院在创造学教育方面做出了突出贡献。据有关资料不完全统计，在创造学硕士研究生培养方面，至目前，全世界获得创造学学位的将近 200 人。他们当中有许多人经常活跃在国际创造学界，他们的创造思想、观念等，不仅积极影响着布法罗学院、美国创造学发展，而且也推进着创造学在国际上发展。布法罗学院除了发展自身的创造学学科专业，还很注意经常收集、整理、汇编国外创造学发展的相关资料。在创造学文献收藏方面，布法罗学院的创造力中心堪称世界之首。

（四）佐治亚大学创造教育与心理学的融合

作为美国第一所公立四年制大学，佐治亚大学显得十分沉稳而又厚重。1785 年在一块荒凉的土地上，佐治亚大学开始孕育诞生。目前，尽管佐治亚大学声名显赫，但其蕴藏的创造精神与创造教育观，不得不追溯到筹划之初。佐治亚大学的孕育诞生，充满着极强的创造性与丰富的教育性。主要体现于佐治亚大学早期规划、建设的几位人物，他们是莱曼·霍尔、亚伯拉罕·鲍德温、约西亚·梅格斯。三人都来自于当时的美国北方，他们勇敢与大胆的创新精神，开拓与发展的认知思维，使佐治亚大学经历了《独立宣言》上的签字、

① 徐方启：《美国著名大学里的创造学课程》，《中国交叉科学》2008 年第 2 卷，第 92 页。

② 同上。

州议会立法会上章程的通过。《独立宣言》上的签字，成就了莱曼·霍尔发展教育办大学、让民众有文化的想法；州议会立法会通过的大学章程，成就了亚伯拉罕·鲍德温取得创办佐治亚大学的土地资源；新校长约西亚·梅格斯的到来，使佐治亚大学从文字上的成立到真实面貌的出现。终于在1800年创建了名副其实的佐治亚大学。同时，他们都毕业于耶鲁大学，也正是他们看到教育的重要性，才形成了在荒芜之地创建大学教育的冲动与行动。在这种冲动与行动中，充满着创造的刚毅与创造教育的睿智。

由上可见，佐治亚大学孕育与诞生的过程中，所体现的创造精神，是如今佐治亚大学创造教育的源头。开拓者的创造精神，更是构成佐治亚大学创造教育的灵魂，是形成佐治亚大学创造教育学科不可偏离的中轴。

佐治亚大学悠久的历史与创新精神的并进，从而铸造出学科建设的丰富性与生动性。目前，共有303个学科领域，其中本科领域有173个，研究领域有130个。仅从学科领域的数目上看，就足以体现出佐治亚大学创造教育甚丰的内涵性。

佐治亚大学在创造教育方面有着悠久的历史，同时，佐治亚大学的创造教育与心理学发生了紧密的联系，尤其是佐治亚大学的教育学院在创造教育方面具有典型的代表性。目前，佐治亚大学的教育学院已享有“世界上最大的创造教育人才培养基地”的声誉。

当前，佐治亚大学教育学院心理系设有“英才与创造教育”专业，主要针对研究生开课，其中有三门创造学课程必修。包括“‘儿童的创造活动’‘创造力的理论’和‘创造力：导入程序与问题解决过程’，由玛利弗拉希亚教授、鲍尼埃克莱蒙教授、托马斯赫伯特副教授以及塔雷克古兰萨姆副教授主讲，他们大都是托伦斯教授的弟子”①。实际上，这一创造学教学现状，也为我们提供了一个视野，即创造教育与青少年的结合，同时也反映出创造教育与心理学的结合。一是体现了创造学实践层面的意义；二是体现出创造学与其他学科之间的紧密联系。这也是佐治亚大学创造学的一个显著特色。

在佐治亚大学中最突出的创造学贡献者莫过于保尔·托伦斯教授。1964年托伦斯教授到佐治亚大学教育心理学系任教，自此，“天赋与创造教育”专业的研究生便开始招生。“托伦斯教授在创造教育方面的造诣非常深，尤其是儿童创造教育和创造力测验方面，取得了世界公认的学术成就，由他制定的‘托伦斯创造力测验’已经被翻译成10多种文字在世界各国得到应用。”② 托

① University of Georgia，http：//www. coe. uga. edu/.

② 徐方启：《美国著名大学里的创造学课程》，《中国交叉科学》2008年第2卷，第93页。

伦斯教授在创造教育方面的凸显成就，使他成为世界著名的创造学界泰斗人物。因此，在托伦斯教授退休的时候，学校专门建立了“托伦斯创造力与能力发展中心”，中心的创造教育的宗旨是培育与发挥人的创造力，并用创造力来解决发展中遇到的问题。同时在佐治亚大学还建立了访学制度，每年吸引了大批创造学学者以探讨国内外创造学未来发展的具体内容。中心的创造学文献收藏也显示了佐治亚大学创造力研究的雄厚实力。

（五）耶鲁大学创造教育的多学科性

耶鲁大学自建校至今，已有300多年的历史。其间，耶鲁人强调对社会的责任感、挑战权威、追求自由与崇尚独立人格，已经构筑为“耶鲁精神”的载体。也正是这种“耶鲁精神”体现耶鲁大学的创造性教育，或者说耶鲁大学创造教育是“耶鲁精神”的现实反映。尤其是“自由教育”原则的倡导，丰富了耶鲁人的思想、激发了耶鲁人的创新智慧、提升了耶鲁人的公众道德责任与发展了耶鲁人的创造能力。诚如理查德·莱文校长所说：

> 教育人们服务于社会并不意味着教育必须集中于掌握实用性的技能。耶鲁追求为学生提供一个宽广、自由的教育面，而非狭窄的、职业性的教育，以便使他们具备领导才能和服务意识。耶鲁大学同时也是一个相互尊重的社区，并且珍视自由的表达和对世间万物的探寻。在这个社区中人们的互动模式同样服务于社会。①

可见，耶鲁之所以有着极强的创造教育观，其根本点就是耶鲁把教育与社会的责任感融为一体，这一点为创造教育开设了旷远的社会视角。另外，在抓好学科设置、专业匹配、确定职业方向等基础上，耶鲁人十分重视学生的自由思想培育，这一点为创造教育构筑了广阔的心理空间。

同时，耶鲁大学尤其注重本科教育，没有特定课程与核心课程设置，为学生提供了80种专业课与53种外语课，开设2000门课程，创设了一种宽松的选修课体制机制。丰盛的专业领域与课程门类，自由的学修体系与规制，蕴含着创造教育的特质，其为耶鲁储备着深刻的创造教育前景。特别是耶鲁大学创造学课程的开设，更增添了耶鲁人创造教育的本性。

耶鲁大学的创造学发展显示了强劲的学术功底。在耶鲁大学，创造学与心理学形成了配对学科，许多学者与专家从心理学的角度探讨创造力的本质所在，研究生与本科生均开设了创造学课程。从某种程度上讲，耶鲁大学创造力

---

① 美国耶鲁大学，http：//liuxue. eastday. com/SchoolDetail－274. html。

研究远远超过心理学研究。

在耶鲁大学心理学系，致力于创造力研究的当首推罗伯特·J. 斯腾博格。自1975年开始，斯腾博格就面向研究生开设了几门创造学课程。“斯腾博格教授开设的课程叫‘创造力’，是一门面向研究生的课程，旨在探求创造的本质，内容涉及创造力的概念、创造力研究的历史和研究方法、创造力的生物学基础、创造力开发、创造力的认知过程和社会过程、个性与创造力、文化与创造力、智力与创造力等。”① 在创造学领域，斯腾博格教授还出版了有重要影响力的专著。1988年出版的《创造力的本质》、1999年出版的《创造力手册》等。同时，还担任《创造行为》与《创造性研究》等杂志编委。斯腾博格教授以心理学为基础致力于创造学研究，其在创造学领域所取得的成就，远远胜过其在心理学领域的贡献，在全球创造学界产生了重要影响。

在耶鲁大学其他院系也开设了面向本科生与研究生的创造学课程。在工程系，由亨利·博拉诺教授主讲的“创造力与新产品开发”课程。在美国黑人研究所开设了“纽约曼波：黑人创造力的世界”课程。在宗教系开设了“创造力和宗教集会”，这是为研究生开设的课程，由肖布翰·伽利甘和帕特利克·爱文斯主讲。在管理学院开设的“创造力与创新的实践与管理”“创造力与创新”“国家创新体系：商业、政府和技术”等课程，分别由乔纳桑·菲因斯坦教授与马丁·舒比克教授主讲。

要之，由于有着悠久的创造教育观念、自由教育与多学科门类，为耶鲁大学创造学研究奠定了必要环境。同时，创造学课程与其他学科发生了渗透关系，涉及内容相当广泛。创造学课程的开设及其与多学科门类的嫁接，构成耶鲁大学创造教育的生动画面。

（六）哈佛大学创造教育的普遍性

本质上说，哈佛大学的教育是创造性教育。从1636年创建的新市民学院到1639年改为哈佛学院，学校名称的更换就已标示哈佛教育的创造性。因为校名从以地理方位的称呼，转型至以人名的称呼。可以肯定，这在美国教育史上是首创。在哈佛大学校徽上的“真理”（VERITAS）标识，揭示出哈佛创造性教育的坚定方向。

纵观哈佛大学历程，可谓是创新不已。经过18世纪、19世纪的发展，哈佛大学已经走到了现代大学的境遇。在19世纪、20世纪之交，哈佛出现了重大转折点。查尔斯·威廉·艾略特（Charles William Eliot）校长所进行的教育革新，形成了美国教育一道亮丽的风景。大胆地删除课程中固有的基督文化；

① 徐方启：《美国著名大学里的创造学课程》，《中国交叉科学》2008年第2卷，第92页。

组建新学院；设置选修课，让学生自由选择；开设小班教学等。艾略特校长的锐意革新，增进了哈佛大学创造教育的观念。

哈佛大学创造教育的普遍性，在整个20世纪表现得淋漓尽致。洛厄尔（Abbott Lwrence Lowell）校长对本科生课程集中与分配制度的规定，导师制度的设定等；詹姆斯·布莱恩特·科南特校长重建创意奖学金制度，对学校在科研机构中领导地位的重视，对青年人才的培育等；40—60年代，招生政策的改进，生源类型增多；普西校长最大规模的募捐，提高了教师的待遇，扩大了学生的资助，拓展了教职人员的发展空间等；博克校长对行政管理、少数民族和妇女受教育等方面的改革；陆登庭校长开创的全校集中学术计划，以及强调大学责任等；哈佛女性学生地位与比例提高等。可见，哈佛大学百年间的巨大改革，不仅是其创造教育的特质反映，而且体现出哈佛与时俱进的创新品格。

哈佛大学在课程选修方面表现出的创造教育更是独树一帜，不仅本学校设定了必要的选修课程，而且还与其他著名高校联合，互选课程。哈佛大学课程网络显示，共有8000多门课程，供学生选修，包括剑桥、耶鲁、麻省理工等。哈佛大学课程的开放性，是其现代创造教育的要求，同时，也是助推其创造教育根深蒂固的方略。

1953—1971年普西任哈佛校长，他很重视创造力开发与教学，十分看重学生创造、创新能力的培育。曾指出“一个人是否具有创新能力，是‘一流人才与三流人才的分水岭’。”[①] 这一观点无不透视出哈佛大学具有极强的创造力底蕴，其视学生创造、创新的能力为最高宗旨，由此开设创造学课程便构成该校重要任务之一。在哈佛大学所有的学院均开设了创造学课程，其中最为显著的有商学院、教育学院、设计学院、法学院等。

商学院创造学教学具有较久的历史，教学内容也十分丰富，已形成了一支实力雄厚稳定的创造学师资队伍。“由8位教授、5位副教授和2位讲师组成的梯队，每个学期都能开出几门课程”[②]。同时，还有6位教授和名誉教授开设了创造学课程。这一师资阵容构成了商学院创造学教学的动力机制。商学院所开设的创造学课程领域广泛，根据徐方启的研究资料，仅2006年开设的创造学课程包括：“特丽莎·阿玛比尔教授的‘创造力开发’和‘创造力开发研究’，麦克尔·图什曼教授的‘创新、革新和组织变化’和‘创新与组织’，雷基纳·哈兹林格教授的‘健康管理中的创新’，艾兰·麦科马克副教授的

---

① 郎加明：《创新的奥秘》，中国青年出版社1993年版，第4页。

② 徐方启：《美国著名大学里的创造学课程》，《中国交叉科学》2008年第2卷，第93页。

‘创新管理与产品开发’，爱列·奥非克副教授的‘创新的市场营销’和‘市场营销与创新’，以及安德鲁·马科菲副教授的‘IT技术的管理与创新’。”① 从所开设的课程内容看，创造学与创造力开发、团队创新、组织管理、经济收益及个人健康等有着密切联系。

在哈佛大学其他学院也同样开设了创造学课程。教育学院，霍华德·伽德纳教授开设了研究生课程“创造力与道德”，凯伦·马普博士开设了“K－12教育中的创新”课程。设计学院，威斯·焦内斯教授开设了本科生的课程“精通与创新”。法学院，菲利普·梅隆教授开设了“反垄断、技术与创新”课程。函授学院开设的“创造力：天才、狂人与哈佛学生”课程，则由谢丽·卡尔松博士主讲。肯尼迪行政学院，爱丽娜·科马女士主讲的创造学课程分别为：“21世纪民主的创新”与“公共管理创新”。人文与科学系开设了两门创造学课程，一是“科学与工程中的创新”，由托马斯·培迪博士主讲；二是“精神性外伤、记忆和创造力”，由苏珊·苏雷曼博士讲授。

由上可知，哈佛大学之所以能成为世界顶尖级学府的秘籍之一，就是哈佛大学有着一种创造、创新的实践精神，从学校管理到课堂教学无不彰显着创造、创新的活力，奉创造力的开发与培养为至上法宝。从上述院系所开设的创造学课程中，足以见证创造教育在哈佛大学的重要地位。

三 美国高校创造学课程特征分析

以上立于创造教育视角，主要综述了美国六所高校创造学课程设置现况。从这六所高校创造学课程开设的院系、师资队伍、课程内容等方面，也基本上反映出创造学“独立性与兼容性”② 的根本特征。同时，美国高校创造学课程也呈现出其创造教育的自身特征。

（一）美国高校创造学课程体现了创造教育理念的普遍性

创造教育是将创造学的思想、理论和方法付诸人才培养实践的关键环节。创造教育的最终目的就是要培养“创造型”人才。从教育思想、教育实践与教育哲学的思维观看，在学校教育中所开展的创造教育，其教育目标就是将创造力开发、培育的原则落实到对学生的教育中，使学生的“创造性人格、创造性思维和解题能力”③ 等成为教育目标的重要组成部分。美国高校设置创造学课程，其根本目的在于造就“创造型”人才。所谓创造型人才，不是仅仅

① 徐方启：《美国著名大学里的创造学课程》，《中国交叉科学》2008年第2卷，第93页。

② 同上书，第90页。

③ 肖云龙：《脱颖而出——创新教育论》，湖南大学出版社2000年版，第17页。

依靠学生考试的分数高低来定，单纯的考试分数不能衡量学生综合素质的优劣，而是应根据学生是否具有创造性能力，即对知识的学习、领悟与应用，是否达到发明创造的最终目的。依此来评价学生的创造性能力，是科学观的根本体现之一。事实上，创造性能力是一个人综合素质的反映。“‘创造型’人才观规定着教育要培养富有创造力的人才，它提倡自由思考，鼓励发明创造。”① 这一观点正揭示出美国高校设置创造学课程的初衷。

美国高校开设创造学课程，让接受高等教育的学生初步获得创造观，为其以后走上工作岗位创设了良好的发明创造开端。在美国高校开设的创造学课程中，涉及的内容相当广泛，包括社会、经济、管理、生活、人生等诸多领域。加利福尼亚大学圣塔芭芭拉分校（University of California Santa Barbara）设有创造学院（College of Creative Studies），提供美术、文学、音乐、物理、化学、数学、生物与资讯科学八项领域的创造力教育课程。同时，为学修创造学的学生提供艺术（The Bachelor of Arts Degree）与科学（The Bachelor of Science Degree）两个专业的硕士学位。可见，美国高校将创造学教育纳入到授予学位或证书的层面，体现了创造教育的普遍意义。美国心理学家 S. 阿瑞提（Silvano Arieti）认为创造教育对青少年而言有着非同寻常的作用，他认为对个体或群体来说，即使应用的方法不能让他或他们产生伟大的创造力，对在这个年龄阶段的青少年来说，也会产生令人意想不到的结果。因为“他们似乎能够感受到更多的事物，体验到更多的内容，以更多样的方式去思考，勇于进行更多的实践活动。”② 美国高校开设创造学课程无疑印证着这一深刻的创造教育哲学内蕴。

（二）美国高校开设的创造学课程体现了创造力开发与培养对象的普遍性

美国欧内斯特·L. 博耶主张创新人才应与大学教育有机结合。其在《关于美国教育改革的演讲》中就提出：“现代大学生并不是一群无知的群氓，而是正在形成的青年学者。”③ 该观点深刻点明了青年学生可塑性特征，美国高校正是基于此种认知，抓住了大学时代青年学生的有利机遇，培养他们具有创造性的品质。而美国高校开设的创造学课程就成为开发与培养青年学生创造力的有效手段。从上述所考察的6所高校来看，面向研究生、本科生、函授学员与培训班学员等层次的学生开设了创造学课程，在一定层面上与一定范围内，

---

① 刘道玉：《创造教育概论》，武汉大学出版社2009年版，第51页。

② ［美］S. 阿瑞提：《创造的秘密》，钱岗南译，辽宁人民出版社1987年版，第469页。

③ ［美］欧内斯特·L. 博耶：《关于美国教育改革的演讲》，教育科学出版社2002年版，第80页。

体现出创造学课程开设对象的普遍性。凡进入高校学习的成员就必须接受创造学课程的训练，这已经成为美国高校习惯性教学目标。布法罗学院的西德尼·帕内斯教授为该校学生开设的“创造性解题”课程，这是“世界上第一个面向研究生的正规课程”①；耶鲁大学开设的关于美国黑人创造力研究的本科生课程；哈佛大学的函授学院开设的“创造力：天才、狂人与哈佛学生”课程等，都极具代表性。从美国高校开设的不同层次创造学课程情况可见，对人的创造力开发与培养已成为美国社会的普遍观念。

(三) 美国高校创造学课程内容体现了领域广泛性与学科交叉性

人类发明创造行为涉及多个领域中的活动，以发明创造为实践基础的创造学一旦产生，便需要多个学科理论的汇集，这正是创造学独立性与兼容性本质属性的体现。从以上所述美国高校创造学课程开设情况看，不仅创造学课程本身内容关涉到多个学科领域，而且创造学课程与其他学科课程在内容上，也存在着逻辑或思维上的互渗与启迪。创造力观念、创造力开发的思维与行为融入了各科教学之中，“一般大学院校，尤其在商学、工程技术及艺术类科中均强调学生创造力或发明能力，并有创意写作及其他展演创意活动的设计，以及鼓励创意表现的奖学金”②。可见，美国高校创造学课程内容与诸多领域产生了学科之间的渗透与交叉关系。

一是从心理学角度探讨创造力本质。在美国研究创造学的教授中，大部分均具有心理学研究的背景。尤其是以1950年为界限，更显见创造学与心理学的联姻成果。J. P. 吉尔福德所发表的《创造力》演说，从根本上说是基于心理学而对创造力的阐述。吉尔福德教授在南加利福亚大学心理学系创造力研究中，做出了卓越贡献。还有耶鲁大学心理学系与ACEP心理研究中心的罗伯特·J. 斯腾博格教授、哈佛大学教育学院人格发展与心理学系的霍华德·伽德纳教授等都将创造力研究与心理学有机结合起来。

二是从教育学角度探讨创造力本质。创造力开发与培养本身就体现了创造教育的根本性，将教育学理念纳入到创造学的研究中，增强了创造学发展的内在力量。在美国高校开设的创造学课程中，不管是开设创造学课程的学院，还是创造学课程所涉及的内容，均体现了创造教育的生动局面。布法罗学院开设的“创造教育的设计与实施”课程；佐治亚大学教育学院开设的“英才与创造教育”课程，特别是托伦斯教授在儿童创造教育方面做出了突出贡献；哈

① College at Buffalo，http：//www. buffalostate. edu/.

② 吴静吉：《创造力教育政策白皮书·子计划（六）国际创造力教育发展趋势专案》，http：//www. 3722. cn，2001年12月15日。

佛大学教育学院开设的“创造力与道德”课程，其中霍华德·伽德纳教授在儿童创造教育中也做出了非凡的成就。创造是教育的本质，创造教育更是体现出教育的核心要求。可见，教育学实为创造学之母体。

三是从工程技术角度探讨创造力本质。工程技术领域可以说是创造学发展的硬性基础，也是创造学发展的实践要求与最终体现，尤其是反映在发明创造的行为实践上。因此，美国高校开设相关工程技术领域理论内创造学课程，有着现实的必要性。麻省理工学院机械工程系约翰·阿诺德教授揭示了“创造性思维与机械设计”之间的密切关系，并首次提出“创造工程”概念。“创造工程”观把人的创造力视域从人的自身拓延至人以外的多维要素中，从而奠定了创造力研究的系统观与立体空间。由此，创造工程构成了创造学的重要内容。斯坦福大学机械工程系麦金教授及其学生开设的“创造工程”“设计中的创造性”“设计工程哲学”“创造力与创新”等课程，均体现了创造学与工程技术的紧密关系。

四是从管理学角度探讨创造力本质。管理学科与创造学的结合渗透，更体现出社会需要一种强有力的内在管理机制，而这种管理机制的生发点就表现为极强的创造力。管理创新是创造力在管理领域中的具体实现，包括社会管理、企业管理、人力资源管理、医疗卫生管理、人口管理、自然环境管理、工程管理、金融管理、生活管理、科研管理等。在这样一个如此庞杂的社会系统中，没有一个创新管理的思维，这个社会就必然会失去正常演进的伦次。由此，美国高校开设相关管理学科领域中的创造学课程，为培养大批具有创造力的社会管理人才做了必要准备。耶鲁大学管理学院的乔纳桑·菲因斯坦教授开设的“创造力与创新的实践与管理”课程；哈佛大学商学院艾兰·麦科马克副教授开设的“创新管理与产品开发”课程；麻省理工学院斯隆管理学院高级工程师约翰·艾库拉开设的“创新过程管理”课程等，无不体现出创造学与管理学科之间的必然联系。

五是从领导、文化、艺术、哲学等角度探讨创造力本质。正如上述第四点所论，如果把创造学放在一个大的社会系统里进行考察，创造学便呈现出五彩缤纷的立体美感。每个学科内里及其之间的节点，必然逻辑地映射出创造力的冲动。其内容的丰富性、系统性、层次性、交互性等，从根本上规制了创造学交叉学科性质。因此，从创造学学科所承载的内容来看，也必然反映出诸多领域与创造学发生的交融，这一点在美国高校开设的创造学课程中可见一斑。布法罗学院开设的“创造性领导”与“创造力与领导变革”课程；耶鲁大学斯腾博格教授开设的“创造力”课程涉及文化与创造力的关系；马萨诸塞大学教育学院开设的“文学艺术中的创造力与批判”课程；耶鲁大学宗教系开设的“创造力和宗教集会”课程；斯坦福大学开设的“设计工程哲学”课程等。这些领域与创造学的交叉渗透，为创造学发展提供了丰厚的理论基础。

以上主要对美国部分高校开设的创造学课程特征作以简略分析。尽管有以偏概全之嫌，但从一个侧面启示我们对创造学认知的广泛视角。从根本上看，创造学应是天地之学，是人对天地之学在人事上的发挥与应用。而直接体现人事的最大系统是人类社会系统，人对宇宙万物生命创造规律的认识、归纳、提炼与总结，即是对人类社会系统的跟进创新。美国高校创造学课程所凝聚出的特征，也是人类社会系统一定层面的反映。

四 美国高校创造学课程注重社会实效分析

美国高校创造学课程设置除了高校自身性质要求外，诸多社会因素也为美国高校创造学课程设置创设了有利机遇。美国社会创造理念的共识构成美国高校创造学课程设置的社会背景，美国社会创造实践性与实效性，是美国高校创造学课程设置的目标追求，是实现美国社会效能的内在有力手段。从美国创造学发展历程看，美国创造学重点体现在发明创造与创造教育的普及方面。

（一）创造学起源于发明创造，创造学课程反哺于发明创造

当今，美国发明创造力居于世界之首，其于 1790 年就已颁布了专利法，专利制度的完善表明了发明创造在美国的重要地位。发明创造力的培养与开发、发明创造成果的产权是发明创造两个最根本的问题。美国专利制度保护了发明创造成果，有力地激发了发明创造的积极性。由此，美国发明创造力之培养与开发提上了日程。美国电气工程师协会早于 1906 年收到一篇论文，题为：发明的艺术，其是由 E. J. 普林德尔提交的，当时他是美国一位专利审查人。提交论文的目的就是建议对工程师发明创造力进行训练，并通过例证，从技巧与方法两方面分析了如何改进发明。实际上，在这一事例中，虽然没有提出在高校开设创造学课程，但表明了发明创造力开发与设置创造学课程有着密切的关系。

尤其值得一提的是美国通用电器公司，将发明创造与创造学课程结合起来，提高了公司员工的发明创造力，增加了公司的收入。自 1933—1935 年，美国电气工程师协会主席 A. E. 肯纳教授与美国电气工程师 H. 奥肯开办了发明方法的训练班，培养了一大批发明家。通过训练班的强化培训，个人发明创造能力显著增强。于 1936 年，美国通用电气公司又开设了“创造工程”课程。创造工程课程的开设开发了职工创造发明潜力，增创了公司的经济效益，引起了美国各方重视。为进一步增强通用电气公司技术人员的发明创造力，1937 年，A. R. 史蒂文森专门讲授创造工程课。

由此可见，在美国企业中，创造学课程训练为企业产生大批发明创造成果奠定了必要基础，经过创造力课程训练，企业职工的发明创造力明显增强。正是这种实效机制，让美国相关部门认识到创造学课程的独特力量。在这样的背景下，1967 年，创造教育基金会（The Creative Education Foundation）在布法罗学院筹设了美国首次大学创造力课程。自此，创造学课程走进美国大学课堂，创造学课程、创造教育与企业发明创造产生了不解之缘。

目前，在美国企业界，创造力开发成为企业发展强势的首要任务，创意精神、创意产品与创意观念已构成美国企业与人民生活的重要部分。因此，企业设立了许多创意公司、创意训练公司及民间企业创意机构等。创意公司 IDEO 是创意观念与创新生活科技产品的典型代表，注重多种创意产出，并提供发明设计等方面的业务活动，领域涉及工、商、医、生化、资讯与文教等行业。创意训练公司创意链接（Creativity Links）以“提供组织创意教育训练及一般民众自我突破的创意思考课程为宗旨，举办工作坊及创意思考、企划课程”①。民间企业能将创造教育与社会结合起来，将创意精神融入其中。微软委员会（Microsoft Committee）设有捐赠计划（Giving Program）支持高等与中等教育、人文与科技、艺术环境的发展，并长期赞助华盛顿大学（University of Washington）、加利福尼亚大学洛杉矶分校（University of California at Los Angeles）等 5 所大学的创造力研究。由于发明创造显著的社会增效功能，创造学在美国企业界备受青睐，对在职职工进行创造学训练，已经成为一种常见形式，每年达十万人之多。“一些大公司甚至声称，凡未学过创造学的大学生，必须补修完该课程之后才能被接受其为公司职员。”② 美国社会与发明创造这一矛盾运动，在一定层面上，反映出高校创造学课程设置的必要性与实效性。

（二）形成了从大学到中小学普遍的创造观念与实践行为

从美国创造学发展历程可见，创造理念与行为已深入到美国生活的各个方面。形成这一局面的最根本原因，是在美国的教育中，各级各类学校无不将创造教育理念与行为付诸教学实践中，即以美国高校为核心所形成的创造力研发与教育的机制网络，已凸显出美国创造力开发与培养的特色。美国创造教育格局不是孤立的、断层的，而是具有整体性与连贯性的普遍场景。在美国大学中成立的许多创造力开发与研究中心，除了完成自身的任务外，还担负有传播、普及创造理念与广泛开发、培养创造力的使命。佐治亚大学（The University of

① 吴静吉：《创造力教育政策白皮书·子计划（六）国际创造力教育发展趋势专案》，http：//www.3722.cn，2001 年 12 月 15 日。

② 庄寿强：《普通（行为）创造学》，中国矿业大学出版社 2006 年版，第 7 页。

Georgia）的托伦斯创造力研究中心（Torrance Center for Creativity Studies）、哈佛大学（Harvard University）的零方案（Project Zero）等单位，“多设立于教育学院之下，从事创造力教学、研究，并协助一般民间组织及学校的创新工作”①。这些单位主要通过开设创造力课程、设立工作坊、组织学术研讨会等形式进行。尤其是大学院校协助中小学开发创造力已成为美国各高校必要之职责，对中小学创造力开发主要体现在以下几个方面：

（1）针对具有发展潜力的中小学生施以具体的创造力课程教育与训练。加利福尼亚大学圣塔芭芭拉分校的创造学院，就是针对当地中学生创造潜力的实际情况进行开发。因为每个学生在艺术、生物、物理、化学、数学、文学与音乐等领域，都存在不同的潜质，鉴于这种情况下，该创造学院在每个领域均设置了“青年学者计划”（Young Scholars Program），并提供创造力培训课程。

（2）针对具有开发潜能的儿童施以创造力开发与训练。佐治亚大学的托伦斯创造力研究中心就设有“挑战计划”（Challenge Program），将学龄前到8年级的少年儿童作为开发对象。每年都开设有暑期课程，内容广泛，包括化学、电脑、日本文化、物理、地理、雕塑与水彩书画等，并提供写作与创意教学。同时，该中心的E. 保罗·托伦斯讲座（The E. Paul Torrance Lecture）还向教育工作者、一般大众等群体开设一周创意工作坊训练课程。

（3）针对具有发明创造潜能的中学生给予奖励与课程训练。麻省理工学院在“Lemelson - MIT 计划”（The Lemelson - MIT Program）中设有“高中发明学徒奖”（High School Invention Apprenticeship Award）与“Lemelson - MIT学生奖”（The Lemelson - MIT Student Prize），这两个奖项主要是针对中学生与大学生发明创造而设的。第一个奖主要是鼓励大中学生在医学、电脑、机械与环境等领域中的发明创造，第二个奖主要是为具有特殊创造潜能的专长高中生提供的暑期专业课程训练而设的。

（4）针对具有创意潜能的中小学生提供早期计划课程训练。约翰·霍普金斯大学（Johns Hopskin University）的“天才青年中心”（Center for Talented Youth）在中小学中开设许多培养青少年创造力的训练课程，研究中小学生创造力成长的规律。罗宾逊青年学者中心（Robinson Center for Young Scholars）所实施的“早期入学计划”（The Early Entrance Program，EEP）项目，其宗旨就是鼓励中小学校积极开发学生的创意潜能，并为天赋优异的学生提供大学早入计划。

① 吴静吉：《创造力教育政策白皮书·子计划（六）国际创造力教育发展趋势专案》，http：//www.3722.cn，2001年12月15日。

（5）针对民间开设的创意竞赛活动积极参与提供奖项。除著名高校对中小学生进行创造力开发、培养与普及外，一般大学也积极参与推动当地中小学生的创意竞赛活动。内布拉斯加大学（University of Nebraska）提供的“杰出研究与创造性活动奖”（Outstanding Research and Creative Activity Award）、水牛城州立大学（University at Buffalo State）提供的“戴尔勃特·穆伦斯创意奖”（Delbert Mullens Creativity Award）等，有力地促进了中小学生创意竞赛活动的开展，在开发、培养中小学创造力方面收到了良好效果。

第二节　中国高校创造学课程设置现状

创造学自1980年前后引入我国内地，中国创造学开始崭露头角，一大批中国高校①学者、专家致力于这一新领域探索，由中国科学技术大学、上海交通大学、广西大学联合发起，于1983年在广西南宁召开了中国第一次创造学会议，此次会议“标志着创造学在我国已作为一门独立的学科而诞生”②。同时，也极大地鼓舞了我国创造学探索者。随后创造学研究便在我国教育领域渐成氛围，“高等学校成为创造学研究的中心”③。

一　中国高校创造学课程概况

1981年日本创造学者应邀来华，开展了学术交流活动，之后，创造学研究在上海交大启动。自此，高校便成为中国创造学研究的主要阵地，高校教学活动成为创造学教学的重要依托。然而，创造学研究同样是理论与实践的统一，其在创造力开发、创造教育理念、创造思维培养等方面的结论与提炼，都必然要在创造教学的实践中来完成。创造学思想与观念只有通过教学与创造教育实践，才能转化为现实中人的普遍行为，因此，在高校开设创造学课程已成为高校创造学研究的首要任务。

从20世纪80年代初到1994年中国创造学会成立之前，诸多高校创造学研究者在引进、翻译国外创造学研究资料的同时，也在本校开设了创造学的选修课或开办创造学第二课堂。上海交通大学、广西大学、中国科技大学、同济大学、东北大学、南开大学、中国矿业大学、天津师范大学、湖南轻工业高等

① 此处所称中国高校即指中国大陆高校，后文同指。

② 庄寿强：《普通（行为）创造学》，中国矿业大学出版社2006年版，第15页。

③ 吴红：《创造学在中国的发展历程及其思考》，《学术论坛》2006年第2期。

专科学校、长沙铁道学院、东南大学、北京航空航天大学、北京理工大学、北京工业大学等，是我国高校开设创造学课程的先驱学校。这些高校结合各自学校的特点，开设了与本校学科专业、学生特长等相关的创造学课程，并取得了初步的创造学课程教学经验。根据1993年首届全国高校创造学研讨会相关信息统计的数据，将创造学作为选修课的高校约有20所，当前，这一数据已翻了5倍多。高校创造学课程的开设，有力地激发了学生的创造思维，活跃了部分高校校园创造的气氛。同时也为创造学深入研究提供了有利的实践平台。1995年中国发明协会高校创造教育分会正式成立。中国发明协会高校创造教育分会的成立，进一步推动了创造学在高校创造教育中的传播。

进入2000年以后，随着我国改革步伐加快，建设创新型国家提上日程，“创造、创新、创业”已成为我国大学生的必然使命。一些著名大学更加注重创造学课程在创造教育中的作用，将创造学课程作为学校开发、培养创新型人才的主要抓手。中国矿业大学很早就规定创造学为全校本科生必修课；中国石油大学的经济管理学院，自2001年就将创造学列为大一学生的必修课；2002年，创造学已成为全校的公选课。2002年教育部召开了大学生创业教育的相关会议，确定了清华大学、中国人民大学、北京航空航天大学、武汉大学、西安交通大学、上海交通大学、黑龙江大学、西北工业大学与南京财经大学等9所高校作为“创业教育”的试点。这项创造教育的实践性探索有力地推动了高校创造学课程的建设。

据有关统计，截至2008年，“有近70所高校开设了创造学的课程，其中还有8所高校招收了与创造学相关的硕士或博士研究生”①。北京大学傅世侠、中国科技大学刘仲林、东北大学罗玲玲、东南大学李嘉曾、广西大学甘自恒、中国矿业大学庄寿强等许多创造学者都招收创造学方向的硕士或博士研究生，培养创造学和创造教育方面的高级人才。由此可见，高校创造学课程开设的情况出现了阶段性进展，不仅创造学课程开设的高校数量增加了，而且创造学课程的层次也呈现了跃迁。中国矿业大学庄寿强教授认为，在我国创造学教学进展中，创造学课程发生了较大变化，他说：

> 近年来，在许多创造学工作者的努力下，高校中的创造学教学深度逐年加大（如创造学课程已细化为创造性思维、创造技法、创造案例、创造原理等近20门课程），层次逐年提高（创造学课程由最初的一般讲座发展到公共选修课，再到有关专业的必修课直至公共基础必修课），进而

① 徐方启：《美国著名大学里的创造学课程》，《中国交叉科学》2008年第2卷，第90页。

出现了创造学本科专业（方向）和创造学研究方向的硕士、博士研究生培养的试点，在创造学教学和科研两方面均取得了丰硕成果，从而引起海内外学者的关注。①

可见，中国创造学发展已经由粗糙引进阶段，成长至自己开始探讨、开花结果阶段，呈现“一花开五叶，结果自然成”的良态局面。高校作为中国教育的主要方阵，已经开始撑起中国创造教育的一片天地。尤其是在中国创造学研究领域中，已形成了学科的细化方向，并且以此为基础，开始培养学科领域中的专门人才。中国创造学发展的超越性、坚定性、方向性与时代性等学术风范，正体现出创造的本质。中国高校创造学教学与科研两方面的可喜进展，标志着中国创造学发展的阶段性成效。

2011 年 8 月，笔者以“大学”或“高校”与“创造学”或“创造力”等为关键词，通过相关网站检索到我国开设创造学课程的高校有：内蒙古科技大学、广西大学、广西电力职业技术学院、华南理工大学、华北电力大学、河北化工医药职业技术学院、浙江大学宁波理工学院、东北大学、沈阳化工大学、齐齐哈尔大学、西安交通大学、中国科技大学、安徽工业大学、清华大学、北京工业大学、襄樊学院、湖南农业大学、天津工业大学、辽宁工程技术大学、大连工业大学、大连理工大学、昆明冶金高等专科学校、上海交通大学、同济大学、中国矿业大学、江苏工业大学、东南大学、南京中医药大学、南通大学、西南科技大学、绵阳师范学院、攀枝花学院、南昌大学等 60 多所高校。在 60 多所高校中，有综合性大学、有以文科为主的大学、有以理工科为主的大学、有高职高专职业技术学院等。“据不完全统计，目前全国有 100 多所高校开设了创造学课程，开展了创造学研究。”② 尽管这些数据具有一定的局限性，但从中可以看出，中国创造学从无到有的可喜局面。创造学及其所凝练的创造宗旨，已经成为我国高校关注的重要范畴之一。

在这些开设创造学课程的高校中，不是单纯的理论讲授，而是针对创造学课程的特点，并结合心理学、管理学、社会学、建筑学、金融学、经济学等许多学科领域，开设了专门训练、培养大学生创造力与方法的课程。中国矿业大学开设的完美与创造、中国科学技术大学开设的中国创造学以及北京航空航天大学、武汉大学等开设了创造力研究方法论、创造力技能训练、智力与创造力训练等课程。“华中理工大学利用周休两日开展了‘创造沙龙’活动、开辟了

① 庄寿强：《普通（行为）创造学》，中国矿业大学出版社 2006 年版，第 18 页。

② 甘自恒：《创造原理和方法——广义创造学》，科学出版社 2010 年版，第 16 页。

‘创造俱乐部’‘创造之家’‘创造天地’等。具体内容包括专题讲座研讨、信息发布交流、成果发表、咨询展示服务等。”① 高校创造学课程在一定程度上，有效地激发了大学生创造思维的成长。

二 中国高校创造学课程案例及其成果分析

自20世纪80年代初，我国创造学诞生以来，部分高校开始认知到创造教育在科技进步中的重要意义，在提升学校自身建设中的动能作用。由此，其中以理工为主要学科方向的高校，更是将创造教育付诸教学实践中，开中国创造教育之先河。在这些高校中，尽管创造教育还存在着诸多困境，但创造教育一旦播种，就必然产生令人惊叹的奇迹。因为创造教育凝聚出教育的核心宗旨。尤其是创造学研究与教学活动，将创造教育融入教学实践中，并取得显著成效。湖南轻工业高等专科学校（现已并入长沙理工大学）、中国矿业大学、安徽工业大学、昆明冶金高等专科学校、东北大学、华北电力大学、河北化工医药职业技术学院、浙江大学宁波理工学院等，在创造学教学与创造实践方面取得了令人注目的成就。由于篇幅关系，这里仅举几例。

（一）湖南轻工业高等专科学校（现并入长沙理工大学）创造教育的早期成就

1983年，湖南轻工业高等专科学校开始实施了创造教育，是我国自引进创造学以来，传播创造学观念、实施创造教育较早的高等院校之一。在我国创造学起步艰难的岁月里，湖南轻工业高等专科学校勇于抓住创造教育的机遇，瞄准创造教育的未来市场，积极培养创造型人才。先后在装潢设计、影视广告设计、环境艺术设计、服装设计、工业产品设计、装饰艺术设计等专业开设了相关创造学课程。

为将创造学理论教学与创造实践结合起来，该校于1988年6月，面向在校学生，成立业余发明学校，“学制一年，开设了《创造学》《创造心理学》《创造技法》《新产品开发》《专利法与专利文献》等课程”②。以培养与开发创造发明能力为目标，全面提升在校学生的创造、创新力，使学生走出校门后，能有效发挥发明创造的才智。自此，湖南轻工业高等专科学校普遍开设了创造学相关课程，创造教育已成为该校的重要理念。在许多专业领域中，发明学校培养的学生拥有发明创造的成果。“1990年组建创造学与新产品开发教研

① 吴静吉：《创造力教育政策白皮书·子计划（六）国际创造力教育发展趋势专案》，http://www.3722.cn，2001年12月15日。

② 孟天雄：《创造型人才的培养》，中国轻工业出版社1995年版，第28页。

室。1993年学校全面实行学分制，创造学列为各专业的必修课，正式列入教学计划。”① 由于创造学成为该校的必修课，进一步推动了创造学教育从观念到实践的硕果累累。“到1996年，轻专学生已获专利69件，部分发明成果获全国大学生‘挑战杯’科技制作竞赛奖”②。毕业生李渔是接受创造教育最为典型的代表，曾连续12次荣获“国际包装设计世界之星奖”。

20世纪90年代末，该校认真探索教育教学规律，从经济社会建设对人才的需求出发，积极培养创造型人才，努力提高创造型人才综合素质。自1994年到2001年并入长沙理工大学之前，不断优化教学内容与课程体系，特别注重无私奉献精神与创新精神的教育，同时，在着力培养学生自主获取知识、解决实际问题、组织与协调、发明创造、语言表达等能力方面，做了大量卓有成效的工作。努力“把创造工程教育贯穿于专业教学的全过程，使学生在校获得较强的综合能力，为社会输送了一大批优秀人才”③。并入长沙理工大学之后，在教育学类科目下，针对建筑学、城市规划专业的本科生开设了“创造性思维训练”课程，54学时，3学分。该课程认为：“创造性思维训练是建筑学、城市规划专业培养学生基本素质创造能力的重要基础课，主要内容是作为各种设计类、美术类专业基础的构成知识的学习与构成设计训练。”④ 由此，在学习平面构成基本知识、色彩知识等基础上，引导学生深入研究立体、空间构成，以形态艺术为视角揭示创造性思维规律，从而形成学生创造性思维训练的有效性。此一经验，不仅使学生对艺术与设计产生了极大兴趣，而且卓有成效地奠定了开发学生创造性思维能力的坚实基础，为学生进入后期专业领域创造、创新储备了优良的创造人格。当前，创造学教育已成为长沙理工大学教学一大特色。

（二）中国矿业大学创造教育的显著成果

1983年在广西南宁召开的第一次中国创造学会议，拉开了中国高等教育中创造教育的帷幕，为其后形成我国高等院校教学中创造教育的认知，播下了宝贵的创新种子。中国首次创造学会议后，中国矿业大学按捺不住创造的冲动，作为积极响应并参与中国创造学发展单位之一，率先将创造学相关理论融入教学中，让创造教育绽放出一道道亮丽的风景。

1984年，中国矿业大学地质专业首先在《地史学》课教学中实施了创造

---

① 孙汉：《长沙理工大学创造学教育蓬勃发展》，《发明与创新》2004年第6期。

② 傅世侠、罗玲玲：《科学创造方法论》，中国经济出版社2000年版，第16页。

③ 百度百科：湖南轻工业高等专科学校，http：//baike. baidu. com/view/5079287. htm。

④ 长沙理工大学教务处：课程简介第一部分（69），http：//210. 43. 188. 40/jwc/rcpy/4. htm。

学教育观念，培养学生创造性认知思维，从根本上解决大学生创造性思维障碍，拓展了开发大学生创造力空间。以提高全校师生创造能力为目标，1988年3月成立了校创造学研究会，形成了以庄寿强教授为首的创造学教学科研师资团队，结合校教学改革，在全校大学生中开展创造学系列讲座，各专业学生踊跃参与。“由于实践效果显著，1988年9月，创造学讲座变为创造学课程而正式列入教学计划（36学时，2学分）。”① 创造学课程的正式设置，使创造氛围构成了中国矿业大学校园的主色调，每学期选修创造学课程的学生越来越多。为了让选修创造学课程的学生能真正做到学有所用，学有所成，学有所创，成立了“中国矿业大学大学生创造发明协会”，有力地促进了发明创造成果不断诞生。

经过几年的艰辛探索，中国矿业大学创造学教学与创造教育呈现出稳定而有序的发展景象。1990年，学校正式出版了《创造学基础》，本科生创造学教学有了自己的常规教材。教材的出版不仅标示出中国矿业大学创造学课程已走上正轨，而且也影响到了许多其他高校与企业。之后，又相继开设了《科技创造心理学》（36学时，2学分）、《专利学》（36学时，2学分）与《创造实践课》（18学时，1学分）三门课程。其中《创造实践课》体现了成功与失败两种创造的境界，让创造者通过创造实践体会成功创造、失败与孜孜追求的整体关系。对成功创造与创造失败都要给出同等的赞扬，因为创造贵在不懈地奋斗，这种精神正是创造之本质所在。

创造学课程的开设与教学，从实践上证明了创造学课程教学的必要性与成效性。在1990年，中国矿业大学有6名本科生获得了邝寿堃奖学金，其中有4名选修过创造学课程，而当时全校选修创造学课程的学生只占10%左右。这一实例无疑表明选修创造学课，对提升大学生创造力的重要意义。

20世纪90年代初，为了进一步发挥创造学课程教学的显著作用，中国矿业大学于1991年成立了“创造学教研室”，定编4人。这一举措让中国矿业大学创造学课程教学走上了常规化与系统化。同时，成立了“中国矿业大学创造学研究会”。由于领导的重视，组织的建立，中国矿业大学创造学课程内容更显广泛性与针对性。1991年，在教学实践中将地质学与创造学有机地结合起来，形成了地质学与创造学的交叉新学科——地质创造学，并开设了《地质创造学》这门课程。地质创造学不仅深受地质专业学生欢迎，而且也受到相关专业学生的青睐。同时，《创造学》课程也更改为《普通创造学》课

① 庄寿强：《中国矿业大学的创造教育及创造学研究》，《创造学理论研究与实践探索　首届全国高等学校创造教育及创造学研讨会论文集》，中国矿业大学出版社1995年版，第4页。

程。这一课程名称的更改，足以显示出中国矿业大学创造学课程受众的普遍性与内容的广泛性。

针对中国矿业大学研究生创造教育的现状及专业特长，为将创造学的普遍原理与专业领域结合起来，中国矿业大学开设了《地质创造原理》与《地质创造工程》课程。该课程开设使创造学教育走向深入，体现了创造学一般原理与其他专业领域的渗透结合。于1993年，招收了1名地质创造学方向的硕士研究生。1994年，中国矿业大学正式将创造学列入全校的公选课，招收第二学士学位创造工程专业方向（试点）的学生。1995年招收大专起点的创造工程专业方向的本科生、全国高考统招的创造工程专业的本科生。自此，创造学教学在中国矿业大学形成了一大特色。

截至1994年，由于创造学课程教学与创造教育实施的卓有成效，中国矿业大学的学生“撰写了创造学方面的小论文200余篇，几次参加全校性发明竞赛的项目近300个，申请了国家专利23项，其中已有18项已被正式授予专利权”①。值得一提的是，1995年学校创办了“工业自动化创造工程专业方向”的试点班，该班除了修学专业课外，还要学修创造学课8—10门。专业教育与创造学教育的有机结合，该班学生在以后的各种类型发明创造竞赛中，均取得了优异成绩。“1996年9月，中国矿业大学又正式将创造学列入全校公共必修课，将创造学教育普及到每个在校大学生。”② 至1997年年底，全校系统学修创造学课程的学生已达3000余人。

2000年以来，随着建设创新型国家使命的提出，创造学教育显得尤为重要。中国矿业大学创造学教学的内容与形式均进行了与时俱进的改革，在全校本科生开设创造学课程的前提下，针对研究生的教学情况，庄寿强教授分别于2000年、2001年、2003年与2004年开设了《理论创造学》（30学时）、《创造思维》（30学时）与《发现创造学》（30学时）课程。“2005年，教育部本科教学工作水平评估专家组，经过听取庄寿强教授的创造学课堂教学并全面考察后，认定以创造学课程为核心的创新教育已成为中国矿业大学的一个办学特色。”③ 这一高度评价表明，在培养大学生创造、创新能力方面，中国矿业大学创造学课程发挥着重要作用。同时，中国矿业大学所教授的创造学课程也体

---

① 庄寿强：《中国矿业大学的创造教育及创造学研究》，《创造学理论研究与实践探索　首届全国高等学校创造教育及创造学研讨会论文集》，中国矿业大学出版社1995年版，第6页。

② 付金会：《交给学生科学的金钥匙——记中国矿业大学的创造学教育》，《人才开发》1998年第4期。

③ 庄寿强：校内教学—庄寿强创造教育网，http：//www. zhuangshouqiang. com/news_ show. asp? classid = 87&id = 1516。

现出自身特点："①课堂教学过程中的积极引导和互动；②定期举行头脑风暴活动；③创新训练环节；④通过网络等现代媒体开展互动；⑤通过指导创新社团、开办创新讲座、创新沙龙以及参与学生创新活动来传播创新知识，为学生搭建创新平台。"[①] 这些可贵经验为中国其他高校创造学课程教学提供了有益的借鉴。

总之，中国矿业大学开设的创造学课程已成为当前我国高校的典型代表，这一具有开拓与创新的行为，正体现了《普通（行为）创造学》的实践观。

（三）安徽工业大学创造教育的实践特色

创造与创新能力开发是安徽工业大学自20世纪90年代以来的教研宗旨，20多年的探索，安徽工业大学在创造学教育方面形成了自我的独特景致。

随着我国创造学诞生与创造学教研的不断深化，安徽工业大学（前身为华东冶金学院）于90年代初在全校开设了《技术创新与知识产权》公共选修课程（24学时）。为了将创造学一般原理与专业课紧密结合起来，安徽工业大学的机械学院于1997年开办了创新试点班，并开设《机械创新设计》课程（24学时），将创造技法融入机械专业教学中。创造学教育理念的引入，创造教学课堂的开展，深受学生欢迎，有效地提升了大学生的创造思维与创新力，为安徽工业大学后来创造学教学与创造力开发实践奠定了初步基础。

2001年，安徽工业大学在全校开设了《创造学与创新能力开发》公选课（30学时）。《创造学与创新能力开发》作为公共选修课极大地活跃了全校师生创造思维，在新的世纪里为安徽工业大学校园增添了新的创造力。

2002年，该校经过认真研究，选择了相关学院进行全面开展创造、创新教育的试点。同时，"创办'创新能力试点班'，将《创造学与创新能力开发》课程四大模块内容拓展为创新教育的系列课程，即《创造工程学基础》《发明与专利》《创造技法及其训练》《发明案例分析》《技术创新管理》《创造心理学》"[②]。经过多方探索，学校相关部门认为，在创造、创新能力的培育上，应以"创新能力试点班"的学生为主要培养对象，以便形成有效的培养力。将创新教育的相关课程系列化，形成有力抓手与载体；认清创造教育观念传播与领会的重要性，将大学教育与创新教育有机结合，并贯彻始终。在创造、创新能力的培育上，积极探索强化开发在校大学生创造力的新模式，尤其注重对学

① 阎国华：《大学创新教育课程教学理念创新——以中国矿业大学〈创造学〉课程教育实践为例》，《四川教育学院学报》2010年第10期。

② 安徽工业大学：安徽工业大学—创造学与创新能力开发精品课程申报网站，http：//211.70.149.137/ec2006/c76/kcms-1.htm。

生进行强化性、有效性的专业训练。经过创造、创新教育与教学实践，安徽工业大学在创造教育方面取得了突出成就。

2003 年，安徽工业大学加强创造型人才培养力度，将《创新教育实践》列为教学实践必修课程，《创造学与创新能力开发》列为《三创》课程的必修课程之一。同时，管理科学与工程学院也将《创造学与创新能力开发》列为专业基础必修课（32 学时）。为有效配合创造学教学课程的实践环节，2004 年安徽工业大学组建了“工程实践与创新教育中心”，该中心成为学校“创新教育与产学研”结合的重要平台，2007—2010 年被财政部列为特色优势学科实验室。随着创造学教育的不断深化，提升创造学教学师资队伍的综合素质已明显地摆在教学任务面前。由此，学校人事与教务部门于 2005 年联合组织举办“安徽工业大学首届创新教育师资培训班”，开设《创造学与创新能力开发》及《发明与专利》课程，35 名教师参加培训。此次活动，进一步形成了全校创造学教学的良好氛围。

自安徽工业大学形成创造与创新能力开发理念以来，创造学教学师资队伍不断得到优化与壮大。目前，由冷护基、李嘉曾、贾黎明、郜振华、汪和平、古绪鹏等组成的从事创造学教研的团队，成为安徽工业大学创造学教育的骨干，在创造学教育过程中，将创造、创新能力开发与创造实践有机地结合起来。2001 年至今，以冷护基为创造学学科带头人的教学团队，每年有 8 名主讲教师，所开设的创造学课程深受学生喜爱，选修创造学课程的学生年均超千人。其中冷护基担任着多门创造学课程。本科生课程：普通创造学（24 学时）、发明与专利（24 学时）、创造学及创造力开发（24 学时）、创造工程学（24 学时）、发明案例分析（30 学时）、创造技法（24 学时）等。教学对象分别为：全校一年级（机械学院）、01 级（机械自动化创造工程班）、全校一年级、01 级机械学院、机械学院创造工程班等。研究生课程：创造能力及专利概述（40 学时），教学对象 2002 级研机械设计及理论。

同时，在教学过程中将创造学原理与专业教学结合起来。在电气信息学院、建工学院及管理科学与工程学院等教学中，将《创新教育实践》与《创造学与创新能力开发》课程融为一体，做到创新教育有明确的目标、有科学的原理、有具体的方法，达到了“知与行”统一的良好效果。为形成全校课堂教学与课下教学的有效机制，安徽工业大学于 2008 年、2009 年、2010 年在网上进行了创造力与创造力开发、创造性思维及其训练与创造原理及其技法、技术创造和创意产业等模块教学。网上创造教育课程的开设，进一步扩大了学生视野。不仅使本校学生对创造教育有了深度认知，而且传播了创造教育观念的社会范围。

多年来，安徽工业大学对创造学系列课程的严谨教学与不断改革，形成了该校独特的创造学课程体系与模式：一是以课堂教学为中心，将创造学原理与发明案例分析融为一体，将理论知识与创造性思维训练融为一体，促动大学生创造潜力开发。二是以第一课堂与第二课堂相结合为辅助，将实践性教学与创新能力培养融为一体。三是以教材建设为抓手，形成教材建设与课程建设的互动机制。这一课程特色为全校师生拓展了广阔的创造、创新空间，有效地实现了创造、创新理念到实现的质变。仅 2002—2006 年，学生申请专利 238 项，学生授权专利达 138 项。2010—2014 年 5 年间，在冷护基教授指导下，创新能力试点班的学生申请专利达 1300 余项，授权专利 852 项。其个人申请专利 45 项，其中发明专利 18 项，共授权专利 20 项①。其主讲的《大学生创新能力开发》成为国家级精品公开视频课程。冷教授认为：

> 将掌握科学知识、涵养人文精神、强化实践能力、开展创造性培训、兼通中西医知识有机融合为中心内容，以训练创造性思维和培养创造性人格为着力点，培养创新意识、激发创造潜力、实践创新过程为主线。②

从中可见，冷教授在创新教育方面有着深刻完整的辩证认识。创新人才不仅要具备扎实的科学知识，而且要具备丰厚的人文素养。前者侧重于对自然科学规律的掌握与运用，后者侧重于对人文社会科学灵魂的领悟与修行，两者相得益彰，相互渗融，是创新型人才成长不可偏废的根基。同时，强调中西创造性思维互补的重要性，注重创新实践过程的根本意义。事实上，安徽工业大学在教学、教改的实践中，就是形成如此的创新精神与创新人才培养的思路，撷取了一个个令人敬佩的创造、创新的结晶。

要之，安徽工业大学创造、创新能力开发系列课程与创新教育模块的设置，在创造学教育过程中，结合本校各专业特点，为培养创造型人才探索出一条切实可行的创造、创新道路，受到国内外相关专家的好评。其所积累的成功经验为其他高校提供了有益借鉴。

三 中国高校创造学课程特征分析

自创造学引入中国内地以来，中国高校成为创造学教研的主要阵地。因

① 安徽教育网：《安徽工业大学有个创新教育领头人 个人申请专利 45 项》，http://www.ahedu.gov.cn/28/view/261214.shtml。

② 同上。

此，中国高校在创造学思想传播、创造学原理传授、创造型人才培养等方面，主要是通过设置创造学课程、创新实践基地来进行的。以下结合我国部分高校创造教育现状，根据设置与教授创造学课程的情况，简略分析一下我国高校创造学课程的特征。

（一）创造学课程体现了创造教育与素质教育的结合

创造本身就内含有综合素质的意蕴，在思维形式、知识获取、观念转变、创意情感、生活体验等诸多方面，都应呈现出一种良态。“创造教育是对于学生创造力的全面开发，着重于创造思维和创造行为的培养。”① 这里指出了创造教育的对象，并强调创造教育两个最根本的要素，即“创造思维”与“创造行为”的整体性。事实上，其为我们勾画出一幅创造教育的三维立体空间，创造教育主体承载着创造的内外能动要素。因此，创造学课程的设置就是要从创造教育本质出发，通过教育与教学，将创造理念、思维、技法等多种要素融入创造教育对象的身心中，在创造实践中让创造教育对象领会感悟创造之真谛。

素质教育是相对于应试教育而提出的。我国于 20 世纪八九十年代就已经明确了教育要提高民族素质的主张。随着世界经济社会竞争日益增强，综合国力竞争成为科技、人才与民族素质的显著体现。因此，探讨素质教育成为我国一个时期以来的重要课题。有学者认为：“素质教育是以人的身心发展为目的，提高人的独立性、积极性、自主性和创造性等主体性品质，使人在德、智、体、美等方面得到全面发展的活动。”② 尽管此论只侧重于揭示出素质教育的人本观，但其指出了素质教育的关键点，即人的创造性。由此可见，创造教育与素质教育存在着本质上的一致性，为我国高校创造学课程开设明确了目标方向。

我国教育部 2000 年工作要点就已明确指出“加强教育工作，以培养学生的创新精神和实践能力为重点，全面推进素质教育”。“高等教育要增强质量意识，更新思想观念，加强素质教育……要将素质教育渗透到专业教育中去，普遍提高大学生的文化素质和科学素质。要使学生较早地参与到科学研究和社会、生产实践中去，大力培养学生的创新、创业精神和实践能力。”③ 这里从政策层面进一步指出，教育、创新教育与素质教育三者间的紧密关系。可见，

---

① 俞学明：《创造教育》，教育科学出版社 1999 年版，第 36 页。

② 戚建庄、金法：《素质教育研究》，河南人民出版社 1996 年版，第 20 页。

③ 教育部：《教育部 2000 年工作要点》，http：//www. moe. edu. cn/publicfiles/business/htmlfiles/moe/moe_ 164/200408/3419. html。

创造教育与素质教育结合的政策依据，为我国高校创造学课程开设确立了理性思维。

以绵阳师范学院为例。绵阳师范学院，自1998年起便率先开展科技教育实践，学校成立了“大学生自主创新设计中心”“大学生专利事务指导站”“大学生自主创新研究院”“大学生创新协会”“大学生创新工作室”、中国科协“青少年科学工作室”与“青少年科技创新教育基地”等大学生创新基地。这些学院社团的设立为创造教育与素质教育有机结合开创了有利的平台，有效地促进了该校大学生综合创新素质的提升。2008年，在全国范围内，绵阳师范学院又率先成立了创造学院，为培养学生创新力构建了重要平台。同时，开设了多门理论与实践创新课程，更是“启迪了学生的自我创新设计的思维，提升了学生的创新能力，相互吸纳了好的建议，明白了从生活的点滴中去寻找、去发现、去思考与行动，积极进行创新活动设计与创新能力思维培养”①。

当前，绵阳师范学院所有专业全面开设了《创新学》与《创造学》公共必修课程。通过创造学课程教学的实践活动，绵阳师范学院取得许多令人赞叹的创造性成果。至2009年，学院在校大学生共成功申报国家专利229项。2010年4月21—24日，作为中国高校代表队的唯一参赛团体，夺得了在美国达拉斯举行的“VEX机器人世界锦标赛”大学组冠军。

近年来，绵阳师范学院坚持实施创新型人才培养的宗旨。不断加强创造学课程建设与创新基地建设，不断夯实学生创新能力。绵阳师范学院网站有关资料显示，校级科研项目，学生立项近900项，成功申报国家专利400余项。同时，学校建有国家级青少年科技创新工作室、亚洲机器人联盟教育培训基地、中国科协创新人才培训基地、中国创造学会实验基地、四川省青少年科技创新教育基地等。毕业生自主创业的比例逐年提高。绵阳师范学院创造教育体现了大学生素质教育的宗旨，已成为我国西部高校创造教育的典型代表。

（二）创造学课程体现了创造教育与专业教育的结合

高校创造学课程开设的最终目的，就是要让大学生通过学习创造的原理、方法、思维，依据创新基地、实验基地，对认识对象进行深度探索，运用所掌握的基本创造原则，适时变通，达到能创造、有创造的要求。

从根本上看，创造学是认识论、观念论与方法论的统一。创造学是以其他学科为依托的，如果脱离其他学科，创造学将失去存在的根基与意义。相反，创造学一旦成为一门学科，它必然指导其他学科的进步。因此，创造学普遍原

① 绵阳师范学院创新学院：《绵阳师范学院创新学院创新课堂效果》，http：//baike. baidu. com/view/2331031. htm。

理渗透到专业学习中显得相当重要。而创造学课程教学则是实现创造学普遍原理得以渗透至其他专业教育的关键环节，其中，创造教育则反映着创造学课程的主旨。诚如袁张度先生所说：

> 创造教育是根据创造学的原理，结合哲学、教育学、心理学、脑科学、人才学、生理学、未来学、行为科学等有关学科，通过探索与实践而发展起来的，创造教育必须通过课堂教学、家庭教学、社会教学活动等途径，帮助人们树立创造意识，培养创造精神，坚定创造志向，发展创造性思维，掌握创造性发现、发明、创造技法和创新方法，从而开发人的潜在的创造能力。①

由上可见，创造学作为一门独立学科，除了有它自身学科特征外，还兼有其他学科的内容。因此，创造学课程在一定程度上必然体现出创造教育与专业教育的统一。创造学课程教学唯一目标，就是使教授对象首先获得创造、创新意识，在不断感悟、理解的基础上，将创造的原动观念渗入到专业领域的研究与学习中。所谓专业教育是与普通教育相对而言的，普通教育主要指学历教育，而专业教育主要是指“培养各级各类专业人才的教育。中国实施专门教育的机构为高等学校、中等专业学校、职业学校、技工学校以及进修班、培训班等”②。依此，在我国开设创造学课程的高校中，创造学课程的设置、内容及教学过程多体现了创造教育与专业教育的有机结合。许多高校将创造学理论融入专业教育之中，取得了显著成效，有力地促进了我国高校发明创造成果不断跃迁。

以化工专业为例。2000 年以来，我国部分高校创造教育与化学专业教育有机结合所获得的成效，为其他高校提供了有益借鉴。北京化工大学、北京科技大学、华东理工大学与四川联合大学等高校，努力推进化工专业领域的课程体系与教学内容改革，在培养智慧型、复合型与创新型化工人才方面做出了突出成效。以“加强创新精神、实践创新能力”素质教育为目标，北京石油化工大学实施了“新世纪教育教学改革工程”与“人才培养工程”。在专业知识教学中，同时开设了《技术创新概论》《创造力开发》等相关创造学课程，将创造教育与化学专业教育进行了有效联姻。这些高校以基础化学教育改革为抓手，设置了相应的专业课程。在深入探索专业知识的基础上，为实践科技创新

---

① 袁张度、许诺：《创造学与创新方法》，上海社会科学院出版社 2010 年版，第 116 页。

② 百度百科：《专业教育》，http：//baike. baidu. com/view/873277. htm。

创造了必要条件。尤其是教师更注重自我创造、创新能力的培养，教师在教学过程中，发挥了重要支撑与引导作用，学校最优体现出培养高素质学生创造、创新能力的摇篮功能。当然，我国高校创造学课程与其他专业结合创造出丰硕成果的案例颇多，如上文所述的中国矿业大学、安徽工业大学等在自动化工程、机械工程、管理工程等诸多专业领域中取得了辉煌成就。

（三）创造学课程体现了创造教育对象的层次多样化

高校集教学科研、教育与传播思想等诸多功能于一体，是开展创造教育、实施创造教育的重要平台之一。2009 年我国教育统计数据显示，我国普通高校 2305 所，成人高校 384 所，民办高等教育机构 812 个。如此的高校层级体系足以让我们感到开设创造学课程的希望与成效，看到创造教育的无限空间。“高校作为知识创造的主要源头，其自身的创新能力，不仅关乎它的存亡，也直接影响着一个国家的创新能力和创新水平。”① 由此，自我国创造学诞生以来，部分高校率先开设了创造学课程，将创造学思想渗透到不同学科教学中，在不同层次教学对象中开展创造学教育。

同时，从事创造学课程教研的教师，也走出校门，扩散创造思想，研讨创造理论，努力实践着创造教育理念的共识。广西大学甘自恒教授、中国科大刘仲林教授、中国矿业大学庄寿强教授、东南大学李嘉曾教授、东北大学罗玲玲教授及江苏工业大学周道生教授等，除在本校进行创造学教研外，还经常奔赴全国各地相关学校，传播创造理念，创造教育受众人数有增无减。通过创造学课程教学，增强了大学生创造奇迹的信念，提升了部分高校不同层次学生的创新能力，创造学课程开设为高校实施创新教育找到了一条切实可行之路。

以中国矿业大学为例。中国矿业大学所开设的创造学课程可谓是中国高校的典范。多年来庄寿强教授在中国矿业大学开设的相关创造学课程达 16 门之多。首先，针对本科生开设创造学课程，为国内首创。其次，针对研究生开设创造学课程，并于 1993 年开始相继招收创造学方向的硕士、博士研究生。再次，针对高校所需开设多期创造学课程教学研修班。2000 年之初，中国矿业大学举办首次“高校创造学课程研修班”，来自北京、黑龙江、天津、四川、江苏等 21 所高校的学员达 30 余名。最后，针对社会所需走出校门开展多次校外创造学授课、报告与培训。截至目前，“曾经应邀为南京大学等 200 余所高等学校、中国科学院等 20 多个科研院所、山东电力集团等近 300 家大中企业以及不同层次和类型的党政干部科技人员培训班、学术会议讨论班、国家高级

① 张海燕：《创造学与我国高校创造教育的回顾与前瞻》，《扬州大学学报》（高教研究版）2009 年第 4 期。

职业经理人资格认证班、创造学教师师资培训班、MBA 课程班等进行创新人才培养的讲学或培训，至今仍方兴未艾，其足迹已遍布全国 27 个省（直辖市）、自治区”①。受众达数十万人，庄寿强在中国创造教育领域中的贡献受到了高度评价，其创造、创新思维与行为催生了众多创造、创新智慧成果。

四　中国高校创造学课程设置主要问题分析

虽然我国高校开设创造学课程有了突破性进展，但这一现状与当前我国高校自身发展及创新型国家建设的要求相去甚远。

（一）我国高校创造学课程开设没有形成规模

自 20 世纪 80 年代初，我国少数高校开设创造学课程教学以来，已有 30 多年。随着我国改革开放的不断深入，创造、创新思路也逐步国际化，高校作为我国创造学传播的主要阵地，必然要承担应有的职责，因此，部分高校率先相继开设了创造学相关课程。据不完全统计，截至目前，我国开设创造学课程的高校有 100 多所。相比我国 2689 所高校（其中普通高校 2305 所，成人高校 384 所）而言，两者所形成的比例实在太小。由此，便引发笔者的诸多思考。

那么存在这一问题的最根本原因何在？简言之，就是对创造、创新认识深度不够、重视程度不够。甚至认为创造、创新是少数科学家、专家们的事。这样创造、创新的认知观，势必会引起对创造、创新的误解与偏解，势必会造成创造、创新思路的狭窄，势必会造成创造、创新思维的障碍，从而抹杀创造、创新的普遍性。在如此创造、创新认知境遇下，“一些学校领导与教师对创造教育还没有引起足够重视，高校大学生中创造学课及创造教育还不十分普及”②。此论深刻点出我国高校创造学课程没有形成普遍气候的根本要因。相当部分高校领导与教师只有创造、创新概念，并没有认真去思考创造、创新教学课程及创造教育过程的深层次因素。没有形成创造、创新理念，更没有形成教学创造、创新的清晰理念。

目前，虽然部分高校已开办创新班的试点，但总体看，并没有认识到创造、创新的实质，并没有构建创造、创新系列课程（中国矿业大学等少数高校除外）。因为这样的创新班没有设置系统的创造学课程，还是以专业教育为主，并没有将创新教育与专业教育融为一体。当然，在《教育部关于公布 2010 年度高等学校专业设置备案或审批结果的通知》中，共设置本科专业

---

① 庄寿强：《庄寿强创造教育网》，http://www.zhuangshouqiang.com/index.asp。

② 孙景芬、于森：《高校创造学课及创造教育的现状调查与研究》，《沈阳工程学院学报》（社会科学版）2005 年第 1 期。

1887个，而无创造学专业。这一事实从根本上反映出创造、创新理念并没有在当前我国高校达成共识。由此，我国高校也就不能培养出受过创造学系统学习的师资队伍，许多创造学教师都是“半路出家”，从而造成高校创造学教学与创新教育的冷清局面。更深刻地说，当前，在高校中许多粘贴有“创新、创业”标牌的培训机构，师资力量更是让人啼笑皆非。他们对创新、创业并没有形成系统的深入的理性认知，而是支离破碎地拼凑。由此，给我国高校创新教育带来大打折扣的错觉。

（二）我国高校开设的创造学课程专业面狭窄

从当前我国部分高校所开设的创造学课程来看，均属于理工院校，且工科院校居多。同时，创造学课程与工程院系开设内容结合的较多。在以理科与文科为主的高校，或文科院系的学生基本上没开设创造学课程，最多以公选课的形式出现（事实上，也只是少数高校才开设创造学选修课程）。进而导致我国高校创造学教学内容的偏狭。

当前我国高校创造学课程开设专业对象与教学内容的偏狭性现状，有着深刻的教育历史因素。自清末开始，由于受外国入侵，统治者看到专业技术的力量，为维护统治与救国强国，在当时的洋务学堂、京师大学堂等著名学府均开设工科专业教育与学习。直到国民政府，虽则颁布了相关的西洋学制，实施通识教育，但由于国内多年战乱，民不聊生，实质上，通识教育并未收到应有效果。新中国成立后，鉴于急切发展工业，振兴经济，防御外侵势力，攻关工程技术成为高校专业教育的主要对象。这一历史成因，至今仍在高校教育中占据主要领地。

目前，虽然有部分高校开始转向通识教育，但通识教育的基点似乎重在拓展学生的知识面。在课程设置上，存在着知识的堆砌；在观念上，存在着学生知识面越广，学生就有品位的错觉。此种通识教育的行为与认知，是对通识教育的陋见与曲解，偏离了通识教育的重心。通识教育的核心点即是奠定学生的创新性与创造力。通过通识教育，引发学生的博大思维空间，构筑学生的学科间整体系统观，形成非专业与专业的有机链，用一种专业学科的思维方法顿悟另一专业学科的创新点。而中国部分高校开设的通识教育忽视了创造教育这一关键点。

中国高校教育培养的人才应同时具备坚定的马克思主义信念与扎实的创新力。因此，创造教育应该是广泛的，多视角多层面的。在不同学科中都应该渗透着创造的教学观念、教学方式。唯此，才能形成我国高校大学生普遍的创造力行为与创新观。清华大学实施“文化素质教育核心课程”等，在一定层面上体现出培养学生创新能力的方向。但就全国高校整体形势看，专业教育仍处于绝对优势。教学实践中，专业教育的方式与内容仍呈现出学科领域单一的主色调，创造教育视野仍显狭窄。没有从根本上认识到创造教育与专业教育的有机融合，创造教育显得影单形只。过分的专业教育淡漠了创造教育的境遇，在一定程度上，严重抑制着我国高校创造教育、创新教学的有效性与普遍性。

（三）我国高校创造学课程教学与创造实践较多脱节

当前，从我国开设创造学课程的高校教学情况看，尽管部分高校成立了相关创造力开发与研究中心，开设了大学生创造力思维培养班，建立了大学生创造力实验基地等，但创造学教学中，理论探讨、观念认知仍然处于主导地位，创造学的相关原理、方法等并没有实质性地渗于创造、创新实践活动中。当然，中国矿业大学、湖南长沙理工大学、安徽工业大学等少数高校，在创造教育的实践中取得了可喜成就。虽然我国部分高校创造学理论教学，在一定程度上提升了其大学生创造学理念及培养了他们的创造思维形式，但大学生的创造观念很少转化为现实的创造力。大部分高校创造学课程教学与创造力实践是脱节的。因为就目前我国高校开发大学生创造力的各种条件来看，仍然有很大的漏缺与局限性。

一是我国高校教师普遍缺乏创造、创新理念，创造学师资力量薄弱。我国高校教师普遍存在一种思想狭隘观，认为创造是极少数科学家的事，对创造学了解甚少，对创造的理解扁平化。甚而认为创造学太空泛，没有发展前景，创造是一种司空见惯的平庸活动，偏狭地曲解了创造及创造学的理论体系。同时，我国高校创造学师资队伍也相当缺乏，造成了创造学教学与专业教学不能有机结合，从而带来创新教育失去坚实的根基。此种境况，是我国创造学教学与创造实践脱节的首要因素。

二是我国多数高校创造、创新实验基地有效建设不足。我国高校创造、创新实验基地是培养、开发大学生创造力的良好场所。然而，从现有高校创新基地建设及实践成效看，大部分高校所拥有的创新基地数量有限，而且规模小。不能从根本上满足学生的创新实践需求。甚至有部分高校创新基地设施更新缓慢，创新资金难以到位等，这些现况在不同程度上制约着创新基地的运作效果。实际上，我国高校创造、创新实验基地建设，除 211、985 高校外，相当部分高校存在着严重的资金不足问题。创造、创新实验基地建设的滞后性，成为高校创新理论教学不能与创造实践结合的重要障碍。

三是我国高校忽视创造学课程体系设置等其他因素。从总体上看，我国高校十分缺乏创造学课程体系的设置。从根本上看，这一现状必然引发创新思维的恐慌。尽管在国家层面、社会层面纷纷提出多种形式的创新目标，但整体社会创新气氛没有形成（当然，航空、电讯等部分领域创新已处于国际领先地位)。虽然高校作为创新知识的发源地受到认同，但加强与完善创新课程体系设置显得相当薄弱。没有认识到创造学作为创新教育的理论支撑意义，忽视了高校创新课程设置的直接实践依据。同时，对创造学的深度认知不够，对其交叉性极强的学科性质认知处于浅层化，从而进一步漠视了高校创新课程设置的重要性，淡化了多学科教学与创造学教学之间的渗透效应，抹杀了创造学的一般原理与不同学科专业有机结合起来的认知思维。尤其是“创造力课程体系不完整、忽视创造性人格的养成、缺乏优化的创造力教育环境”① 等。这些方面的缺陷，直接反映出高校创新教育教学与创造力实践开发的不足。

第三节　中美高校创造学课程设置差异与启示

通过对中美高校创造学课程设置现况的考察与分析，为深入认识我国高校创造学课程开设的重要性与必要性敞开了广阔思路。通过比较，中美高校创造学课程表现出的差异性，将为我国高校今后创造学课程设置提供有益的启示。

一　中美高校创造学课程设置差异分析

从中美高校创造学课程开设情况看，美国早于中国。麻省理工学院于1948 年就开设了相关创造学课程，且美国高校创造学课程设置与教学方面取得了丰富的经验与效果。而中国高校创造学课程最早可追溯到 1983 年，湖南轻工业高等专科学校开始实施创造教育，在相关专业领域中开设创造学课程。35 年的差距，表现在创造力开发方面令人惊奇！当前，尽管中国部分高校开设了创造学相关课程，但仍在探索中前进，以求获取更有效的成果。

（一）美国高校普遍设置了创造学课程，而中国只有部分高校开设创造学课程

根据 1995 年美国相关统计资料显示，美国各类高校共有 3632 所。而截至目前，美国高校普遍开设了创造学课程。由此可见，美国高校对创造教育的重视程度。实质上，这也反映出美国社会对创造教育的重视。从美国高校早期开设的创造学课程来看，主要是面向社会需要。根据徐方启的研究，1967 年斯坦福研究院曾对 9 所大学开设的创造学课程进行了调查，结果显示，只有纽约州立大学布法罗分校面对学生开设了“创造性与解题”选修课，其他几所大学均是面对“经理进修班”“教师进修班”与“工程师进修班”等，开设了

① 王秀勤:《大学生创造力课程研究》，博士学位论文，河海大学，2006 年。

创造学课程。这一事实表明，美国高校创造学教学一开始就与社会层面对接了。为后来全美高校创造学课程普遍开设创造了良好的开端。进入2000年以来，中国高校开设创造学课程呈现增势，但据不完全统计，截至目前，在中国高校中，只有100多所高校开设了创造学课程。相对中国2689所高校（其中普通高校2305所，成人高校384所）来说，太少了。这一现况，在一定层面上，也反映出中国社会对创造教育认识的滞后性、肤浅性与误区性，这与建设创新型国家目标也极不吻合。

（二）美国高校中大多专业均涉及创造学课程，而中国高校中只有部分理工院校的少数专业才涉及创造学课程

在美国，“大学院校开授创造力融入各科教学之课程”①，由此可见，美国高校对学生创造教育的综合性体现。从完整心理学角度看，人的创造力表现出一种完形性态，是综合因素的展示，人的各种复杂心理要素与外在行为有机融合，在必要的时刻创造成果才会诞生。因此，美国高校注重大学生创造力综合素质培养，为其以后走向社会拓展创造性事业奠定了坚实的心理基础。水牛城州立大学的创造力研究中心，不仅进行创造力研究，而且还为大学部与研究所的学生开设创造力课程。创造学课程内容不仅涉及创造力的基本学说、团队创意活动、创意思考方法与发展创意领导等内容，而且在教学过程中，还将创造学相关原理运用于表演艺术、商业、教育、政治、辅导及管理等诸多领域。从中国目前开设创造学课程的高校总体看，主要是在理工院校，同时创造学课程多数具有较强的专业针对性。少数高校将创造学课程列为学校公选课，让学生接受创造学的普遍理念。但在开设创造学课程的大多数高校中，只限于工科专业的学生或只开设创造学公选课。当然，还有少数高校将创造学基本原理课列为校级公选课，同时也根据专业需要，开设针对性较强的创造学课程。中国矿业大学、安徽工业大学、绵阳师范学院等在这方面取得了丰富的经验与成就。总体看，中国高校创造学课程开设现况，从一个侧面反映出偏离创造学交叉性质的本旨。

（三）美国高校创造学课程教学已形成了一定的规范体系，而中国高校创造学课程教学处于起步阶段

根据徐方启的研究，美国高校创造学课程已形成了一定规范的教学体系。不管是创造学作为一门独立的教学学科，还是创造学挂设在心理学、教育学、工程技术与管理学等专业下，从创造学教学的办公场所、专职教授人员及课程

---

①　吴静吉：《创造力教育政策白皮书·子计划（六）国际创造力教育发展趋势专案》，http://www.3722.cn，2001年12月15日。

的涉猎内容等方面，形成了井然有序的教学规范。创造学课程开设对象广泛，从本科生到硕士、博士研究生，从在校学生到社会各种培训班等，创造学课程体现了创新教育与创造力开发的同步性。从创造力研发中心到一般课堂教学，再到对学生创造力开发模式探讨与创造力开发基地建设等，创造观念已构成美国高校教学内容的一大特色。从当前中国高校创造学课程开设的总体情况看，流于一般形式较多，而没有形成各自的教学特长。大多数高校没有专职教师，没有设立创造力研发机构，所授创造学课程内容也没有统一的规范，大多还是沿用引入的国外创造理论，本土创造学理论偏少。由于创造学没有形成系统的专业设置，只有不成体系的课程开设，因此，创造学散乱地流布于科技哲学、教育学、心理学及政治学等门下。虽然，在我国开设创造学课程较早的高校中，上海交通大学、同济大学、厦门大学、中国矿业大学等也设立了创造、创新中心等机构，为我国高校创造、创新教育开辟了良好窗口，但这些高校的做法并没有在我国高校中得到推广。总体而论，我国高校创造学教学处于起步阶段。

（四）美国高校创造学课程与企业、中小学等创新活动联系较为紧密，而我国高校的创造学课程则缺乏这种普遍性

首先，美国高校与企业的结合呈现出相互渗透型。美国创造学是从企业中诞生的，企业成为创造学的母体。20 世纪 20 年代斯坦福大学、40 年代麻省理工学院等开设的创造学课程就是针对企业员工的培训，通过提升企业员工的创造力，增强企业创新能力。根据徐方启《关于欧美日大学创造学课程设置情况的考察》一文资料显示，芝加哥大学企业研究中心、波士顿大学、萨拉尔学院及加利福尼亚大学长滩大学分校等，在 60 年代所开设的创造学课程对象均为工程师与经理。可见，美国创造、创新走校企结合的成功之路有其历史的必然性。同时，美国企业的资金又回流高校，以达到资助创造力开发事业。微软委员会（Microsoft Committee）所设立的捐赠计划（Giving Program）就是“支持高等及中等教育、人文及科技、艺术环境的发展”①。并长期赞助华盛顿大学（University of Washington）等五所高校的创新活动。诸如此类企业向高校投入创造、创新资金的活动已成普遍现象。而在中国高校与企业创造、创新结合的背景下，虽然我国一些知名高校也出台并实施了走校企创造、创新之路，但相比美国来说，还显得相当局部性。

其次，美国高校与中小学创造、创新也实现了普遍性有机结合。美国高校

① 吴静吉：《创造力教育政策白皮书・子计划（六）国际创造力教育发展趋势专案》，http：//www.3722.cn，2001 年 12 月 15 日。

不仅进行着自身的创造、创新及对大学生创造力开发活动，同时，也将创造力开发的成果辐射到当地中小学校，将大学创造、创新与基础创造、创新进行了有效统合。美国高校普遍实现了协助中小学发展创造力的计划。加利福尼亚大学圣塔芭芭拉分校的创造学院，在艺术、化学、生物、数学、文学、物理及音乐等领域，针对当地有开发潜力的中学生设置“青年奖学金计划”，并提供创造力课程培训。而中国高校在这方面也有所体现，但从目前现状看，还处于一种探索阶段。虽然如清华大学、中国矿业大学、上海交通大学、同济大学、安徽工业大学、绵阳师范学院等不同层次的高校也实施了相应的“青少年创新计划”等项目，但就全国形势来看，还显得较为欠缺。

二　美国高校创造学课程对中国高校启示

从以上中美高校创造学课程开设情况的比较中，可知美国高校创造学课程教学已形成了较为完备的体系，在教学平台、授课教师、教材编写、教授对象、教学模式、教学的专业性与普遍性的结合及教学的层次化与系统化的结合等方面，为我国高校创造学课程设置提供了诸多可鉴之处。

（一）形成我国高校以创造力开发与培养为中心的普遍教学机制

当前，美国高校普遍开设了创造学课程的做法，使我们认识到美国高校对创造学（创造力开发）的重视，同时也反映出美国社会对创造、创新从观念到实践的普遍性与系统性。反之，也正是美国社会形成了普遍的社会创造价值观，为美国高校注重创造力开发与培养奠定了良好的社会环境。值得深思的是，美国高校创造力开发与培养做得扎实性与成效性，已受到共识。从某种角度看，这也是美国社会具有当今世界极强创造力的印证。

新中国成立以来，我国在不同时期均出台了发展科学技术的方针政策，也提出了相应的论断与战略。从 1956 年的“向科学进军”、1988 年的“科学技术是第一生产力”、1992 年的“科教兴国战略”到 2006 年的“建设创新型国家”等一系列方针战略提出，在我国科技领域发挥了前瞻性的指导作用，使我国科技事业取得了辉煌成果。与此同时，我国科技发展的战略思路与方略，业已成为我国高校教育教学指南的重要组成部分。然而，在我国高校现有教育教学实践中，是否普遍形成了创造、创新观，是否普遍将创造、创新思维、方法、原理等运用于教育教学中，是否普遍设立了创造、创新的相关课程，是否普遍将大学生创造力开发与培养作为高校培养人才的首要任务，诸如此类的问题无不触及我国高校创造、创新教育教学的心灵深处。通过对美国高校创造学课程设置的相关情况分析，建立我国高校创造力开发与培养机制已迫在眉睫。

高校在做好教学与科研任务的同时，应注重开发与培养学生的创造力，这是社会需求对高校责任的反映，也是大学生综合素质表现的标尺。本质上看，大学生创新能力的提升，才是我国高等教育的根本目的。偏离创新人才的培养，只做经验知识的传播，终将窒息教育的生命轨迹。因此，我国高校形成普遍培育、开发大学生创造力的认识与实践，才能开拓我国民族创新的新视野。

我国高校是为中国特色社会主义事业造就新人，造就具有极强创造力的建设者。与之相应，大学生创造力的开发与培养无疑成为我国高校重头任务之一。这一理念应成为我国高校普遍之共识。因此，建立创造力开发与培养中心，组建创造学及相关学科的专职教师，融创造学教学、创造力开发、创造教育为一体，嫁接与其他不同专业领域的通道，形成辐射源，已现实地摆在我国高校教学研究面前。目前我国也有少数高校建立了相应的创造、创新中心，或成立了创新学院，但这仅仅是开始，甚至说有的只是赶时髦，还没有深度认识到这一举措的根本要义。我国高校应形成以创造力开发与培养为中心的教学长效机制，不是简单地应对当前形势的需要，而是站在国家与民族的高度，将高校创造力开发与培养机制持久地延续下去。

（二）形成我国高校创造学课程教学多学科交叉渗透机制

在美国高校中，创造学在专业设置与课程教学方面均形成了自有特色。首先，在美国诸多高校中，创造学形成了独立的专业。从美国高校，尤其是处于世界前沿优势学科的高校发展历程看，哈佛、耶鲁、麻省、斯坦福等，其成长轨迹就蕴含着创造、创新的基因。从而为美国高校现代创造学专业形成奠定了厚重的价值观意义。因此，美国高校创造学课程设置呈现出面的广泛性。从本科生到研究生均开设创造学课程，同时形成了相应的学位。其次，在美国许多高校中，创造学专业分设于教育学、心理学、管理学及工程学等领域之下。如此的学科置位，不是为了好看，而是本着创造教育的多学科交叉特质。这样更体现出创造学与其他学科的交互渗透之态势。以便在教学过程中，达到创造学理论及相关教学内容与其他学科内容渗透融合的教学效果。将创造学观念、思维、技法播种于专业领域的基地中，让学生自然生成专业创造的体悟。从而形成了专业领域教育与创造学教学有效的教学机制。

从我国现有高校创造学课程教学及分设的专业领域来看，一是没有形成独立的创造学学科专业；二是虽然创造学分设于心理学、教育学、政治学、科技哲学等诸多领域之中，但并没有生成创造学与其他学科之间教学的互渗局面；三是创造学与其他专业学科存在着一定的矛盾。事实上，在我国部分高校中所开设的创造学课程，一则表现为创造学原理型教学，作为学校的公选课；二则表现为创造学领域中，创造思维、创造技法、创造案例等分支教学内容；三则表现为在其他专业领域中也开设创造学相关理论的教学。当然，也有少数高校创造学教育做得较好。中国矿业大学、安徽工业大学、绵阳师范学院等少数高校能全面应用创造学相关理论，在不同层次、不同专业中对大学生进行创造力开发与培养，以提升大学生综合创新素质。

当前，面对民族复兴之大业，面对世界与日之巨变，面对创新型国家之建设等短期战略任务，切实形成我国高校创造、创新教育课程设置，显得十分必要。于此基础之上，更应注重创造、创新教育课程教学内容与诸多学科之间的交叉关系。鉴于创造学内容广泛性、学科交叉性之特征，我国高校创造学课程建设与教学应广泛吸纳其他学科的经典内容、思维方法、原则原理等。不断丰富创造、创新教育的学科养分，同时将创造学与其他诸多专业形成相渗相融之势。

（三）形成我国高校创造学课程与企业创造创新相互渗透融合的长效机制

美国高校创造学教育起源于企业发展的需要，企业的发展又为高校创造学教育注入了反哺式资助，如此的高校创造学课程与企业的双向互动走势，应为我国高校创造学课程建设与创造教育的借鉴。从 20 世纪初创造技法初探，到奥斯本“头脑风暴法”的诞生，一时间创造技法从企业到学校，形成了美国社会的共识。1954 年，奥斯本创立了“创造教育基金会”，“它的宗旨是在美国教育界中促进创造性教学”①。这一前瞻性认识，为以后美国高校普遍开设创造学课程奠定了思想基础。自 20 世纪 60 年代，美国高校创造学课程就已形成普遍之势。创造学课程的内容丰富，教授对象广泛。不仅为美国企业输送了大批具有创造力的人才，而且还针对企业职工开办创造学培训班，以提升企业员工的创造力。由于美国创造教育基金会的重要作用，美国企业培训组织也反哺于高校师生的培训。美国高校发明家与创新联盟，在创意态度、创新行为、创意教学与教材及学生电子发明小组等方面，加强高校学生与教师的培养。美国高校创造学教学与企业创造、创新的有机结合，已构成美国社会一大特色。

现阶段，总体看，中国创造力不足的核心表现，即是企业创造力不足，尤其是企业核心技术、支撑技术与世界发达国家还存在一定的差距。企业是社会进步的重要支柱，因此，加强企业创造力构建已经被提上日程。其中，关键一步就是要构筑企业创新型人才培育与使用的体制机制。那么，如何更有效地达到这一目标？企业要紧紧抓住高校这根智慧之绳，以高校智力资源为依托，形成高校—企业有效的互动链条。同时，我国高校应积极面对新的使命，不断加强新的学科设置与建设。尤其要加强创造、创新学科的设置与建设。为社会、企业培育更多的创造、创新力较强的人才。

---

① 刘仲林：《中国创造学概论》，天津人民出版社 2001 年版，第 47 页。

当然，我国高校与企业创造、创新的结合也取得了历史性成效，但从高校与企业结合形式看，一种是校中企业、企业中高校的内部结合；另一种是高校与企业的外部结合。不管是自身繁殖，还是外嫁生育，其目的就是要实现高校教学成果与企业生产实践有效结合的创新目标。由此，形成我国高校创造学课程教学与企业创造、创新的互动模式显得十分必要。尽管我国部分高校与企业已形成了联合创新模式，但仍存在诸多问题，最为凸显的就是没有形成高校创造、创新教育与企业创造、创新教育有机结合的长效机制。从根本上看，校企各自利益分层诉求、校企各自阶段性目标实现、校企各自管理制度机制不能融合等，在一定程度上，导致我国高校与企业外部结合存在诸多缝隙的普遍现象。因此，随着建设创新型国家目标提出与成就的取得，我国高校创造学课程建设与企业创造、创新形成相互渗透融合的长效机制业已摆在眼前。

（四）形成我国高校创造学教育与当地中小学创造创新教育的普遍结合机制

在美国高校中，创造学课程设置具有极大的普适性，创造力开发对象不仅涉及大学生，而且还关涉到高校所在地的中小学生。从美国学校对创造力培养与开发的层次上看，已经形成了从小学到大学一脉相承的效应链。这一培养与开发创造力的普适性理念与实践，在世界其他国家中仍存在着较大的缺憾。美国高校普遍实施了协助中小学发展创造力的计划。加利福尼亚州立大学圣塔芭芭拉分校的创造学院、佐治亚大学的托伦斯创造力研究中心、麻省理工学院等高校，为提高当地中小学生创造力，针对中小学生特点，在语言、艺术、化学、数学、音乐、文学等所有中小学学科中，以开设相应培训班、设置相应奖学金等形式，开发和培养青少年创造力。此举有效地促进了青少年阶段综合素质的提升，为其以后进入大学学习与今后人生创造力开发奠定了良好开端。

当前我国青少年科技创新活动已经成功举办了30届，“大手拉小手”的青少年科技创新思路与活动也开展了10多年，也塑造了如绵阳师范学院等少数高校青少年科技创新基地的典范。在历届全国与各省青少年科技创新大赛中涌现出许多具有创造、创新潜力的青少年，取得了丰富成果，这是令人鼓舞的。然而，全面衡量我国青少年创新与高校层面的结合，还存在着诸多不足之处。内容上，创新领域过窄，只注重科技创新，有点的突破，没面的建构，没有形成高校与当地中小学的多学科领域创新理念；形式上，创新互动面较单一，只有少数科学家与部分中小学生接触，且这种形式并没有普遍形成；局面上，大学生与中小学生互动创造、创新的局面没有形成，“大手拉小手”活动常常表现出间断性与孤立性，等等。因此，针对我国高校创造学教育与当地中小学严重脱节的现象，应认真查找观念、制度、机制、方案等问题所在，采取有效应对措施。

首先，积极促进高校创造教育的课程系统建设，应成为高校与中小学创新教育长期普遍机制的根本环节。尤其是高校行政主管部门，应着眼于我国教育发展与国家创新战略目标，制定适宜的高校创新教育总体方案。其次，高校应积极主动响应创新教育行动，不是只停留于口号上，不是只为着争取几个创新基地与资金就了事，不是胡乱地堆砌课程，而是制订符合各学科发展的创新教育计划与课程体系。最后，高校应结合当地经济社会发展情况，主动建设中小学创新培育基地，把高校创新观念、创新思维、创新方法等输送给当地中小学，把创新的天性深耕于幼小的心灵之中。

总之，为实现建设创新型国家目标、全面提升国家创新力，普遍开展我国高校与当地中小学创造、创新教育的直接结合，应成为全社会共同关注并付诸实践的事业。

第六章

中国海峡两岸创造学传播比较分析
——以两岸创造学组织活动为例

教育的基本目标就是培养具有创造新事物能力的人，他不是简单地重复别人做过的事，而是具有创造性，善于发明的发现者。

——［瑞士］让·皮亚杰

自创造学诞生以来，其发展呈现出极强的社会实践性。社会实践性是创造学本质特征的诉求。根本上看，创造学就是以研究人的发明创造规律、开发人的创造力及其在社会生产实践中所产生的创造成果而形成的一门学科。其中，人的本身发明创造性，就是对社会实践的印证。反之，社会实践则成为人的创造性的直接依托。单就创造学实践性来看，创造学必然要通过其自身及相关社会组织，将创造学观念、创造学理论成果、创造心智与创造实践有机地融会贯通，才能产生既定的成果。

从当前世界创造学发展现状看，发达国家或地区尤为注重创造学社会组织建设，通过创造学社会组织、学术机构进行创造学思想传播、创造力开发、创造学研究经费资助等，普遍提升民众创造力，取得了有益经验。自 20 世纪五六十年代，中国台湾地区就开始引入美国创造学，结合台湾实际需要，进行创造学研究和普及，创造学民间组织活动为台湾地区创造学发展奠定了丰富的理论与实践基础。改革开放后，创造学思想被引入中国大陆。自此，中国创造学在中华大地逐步得到全面发展。发明创造协会、创造学会、创意产业协会及文化创意产业协会等各类创造学组织也相继成立，有效地促进了中国创造学与国际交流。本章通过海峡两岸创造学民间组织活动等相关情况的比较分析，进一步探索中国大陆创造学积极有效的发展空间。①

① 后文所称民间组织均指创造学民间组织。

第一节　中国台湾创造学民间组织开展创造学传播活动现状

台湾地区设立了许多从事创造力传播活动的民间组织，这些民间组织的宗旨就是在不同的群体（从婴幼儿、小学生、中学生、大学生到成年人）中，对创造力进行专门研究、开发和普及。在这些组织中，还专设职责机构，定期举办创造力研讨和培训活动，以致力于推动创造力普及事业。①

一　台湾创造学民间组织开展创造力活动概况

台湾地区以创造力为活动主题的民间组织增进了台湾地区创造学发展，这些组织在开展创造力及其相关活动中，不仅能将创造学思想、理念融入生活中，而且能结合台湾地区产业发展需求，形成许多创意产业链，从而实现了创造力心理过程到现实的转化，为台湾地区科技传播、青少年创造力培养与开发等方面做出了卓越贡献。从实践上看，台湾地区民间组织创造力活动有效地实现了创造力教育的宗旨。在台湾地区，创造力教育显得十分突出，创造力培育侧重于对学生的创意开发，不仅在政策上有较为明显的体现，而且能针对不同人群，特别能注意对幼儿创意的开发。尤其能将创造力教育与教育改革、知识经济及相关政策整合在一起，本着这一宗旨，民间组织创造力活动为全面提升台湾地区民众创造力打造了有利环境。

自20世纪六七十年代，台湾地区就出现了相当数量致力于创造学传播活动的民间组织。根据吴静吉的《台湾创造力教育实施现况》相关资料，截至2004年，台湾地区致力于创造力事业活动的民间组织有近70个。这些民间组织创造力活动的内容丰富，涉及家庭、生产、教育、科普等；形式多样，举办研讨会、开展网上教学、设立馆所及筹办创造力竞赛等；对象、内容范围广泛，其中较为显明的有学前婴幼儿创造力培育、中小学青少年创造力开发、父母创造力认知等。这些创造学民间组织在创造力传播与培育方面都有着各自的目标，中华创造学会以“创造学术理论研究发展与推广”等八项内容作为自己的目标；台湾杰出发明人协会以“协助会员国内外专利案件申请及应得奖励”等九项内容为目标；台北YWCA妇女创造发明学校以“突破习惯性思考

---

① 本节相关内容参考吴静吉主持的《台湾创造力教育实施现况》的报告，http://www.creativity.edu.tw，2004年6月。

领域，激发创造潜能”等为目标。从它们各自的目标中，可以看到台湾创造学民间组织对创造力认识的广泛性。同时也反映出台湾民众对创造力开发与培育已达成了相当程度的共识。

从事创造力活动的每个民间组织自创立之时起到目标之确定，无不将创造性思维及创造力开发与培养作为该组织开展活动的要旨。1971 年 9 月创设的信谊基金会，由永丰余集团创始人何传创立，其目标就是致力于在台湾地区进行幼儿学前教育及亲职教育，将孩子童年时期的教育放在重要位置，是台湾地区最早从事儿童学前教育的先驱。同时该组织还专设“上谊文化实业股份有限公司”出版早期教育与亲职教育的相关书籍。

随着创造力教育在台湾地区的逐步重视，1977 年 9 月，该组织又设立了“学前教育研究发展中心”，自 70 年代末以来，创办了《学前教育月刊》杂志，组建了信谊基金出版社、学前教育资料馆等。信谊基金会在台湾地区幼儿学前教育方面做出了突出贡献。20 世纪 80 年代，相继组建学前教育资料馆台南馆、亲子活动中心亲子馆及学前教育资料馆台中馆等。同时举办首届信谊幼儿文学奖，以鼓励培育儿童文学创造力。20 世纪 90 年代，创立远哲科学教育基金会、肝病防治学术基金会、实验托儿所等。信谊基金会在幼儿学前教育及推动科学普及方面堪称台湾地区楷模。进入 2000 年以后，信谊基金会更是热衷于幼儿各方面的探索与培育，于 2000 年 1 月筹办了首届信谊 0—3 岁婴幼儿发展研讨会。信谊基金会注重婴幼儿创造力的培育与服务引起了国际关注，于 2005 年 11 月获得“英国图书信托基金会”之授权，在台湾地区广泛开展幼儿“阅读起步走”等各项活动。截至目前，信谊基金会在学前婴幼儿创造力培养与教育方面受到台湾各界人士的好评。

诸如信谊基金会从事创造力活动的台湾民间组织相当广泛，它们除了开展自身的工作外，还致力于协助中小学发展创造力。台北市家长协会实施的“创新教学设计实作营”计划，从小学一年级就全面贯彻“创新教学　九年一贯”课程改革理念，将学生的教育品质、能力提升与国际竞争力、生存力联系起来。以小学生家长为对象，由全台家长团队与教师团队发起“家长参与，亲师合作”为主题的全台新课程活动方案，通过活动让家长对“创新教学　九年一贯”有所认知与理解，进而激发他们参与教育事务，从而达到家长协助教师共同培养学童乐于学习、适于学习的志趣。

在台湾地区，创造学民间组织致力于中小学创造力培养已成为普遍观念。它们所实施的对象不仅是在校中小学生，还对在校教师进行针对性的培训。台湾师范大学教育中心的中小学科学教师多元创意研习营，其对象就是中小学自然科学与数学教师，其目标：“让教师认识创意，学习如何在课堂上建构适合创意教学的环境，并尝试发展多元、创意教学的教案，推动终身学习的兴趣创意机能，并能应用在实际教学中。”①

要之，台湾地区民间组织创造力活动为提升台湾民众创造力奠定了基础性工作，创造力观念有效地渗入大多数民众生活之中，成为台湾地区民众开发、建设宝岛的重要依托。事实上，台湾地区创造力教育积极吸收国外发达国家经验，能针对创造力发展的优势阶段，尤其是针对幼儿、中小学生创造力开发现状，并结合教学课程改革，将创造力研究和普及事业做强做实，这一创举不失为一种可鉴之经验。

二　台湾创造学民间组织开展创造力主要活动分析

台湾地区民间组织在民众创造力开发方面表现得异常活跃，创造、创新观念生活化、生产化与经济社会化已十分显著，尤为注重人的创造力发端培养。从台湾民间组织创造力活动的现况可知，其活动主要涉及以下主要方面：

（一）协助中小学发展创造力

从当前台湾地区民间组织创造力的活动情况看，主要表现为对中小学生创造力发展的关注。这些民间组织创造力活动的对象、建立的网站及创造力相关内容都涉及中小学生创造力培养。中华创意发展协会开办的“Summer Able Camp 学童创造潜能开发研习营”，其对象就是小学三年级到六年级学生。远哲科学教育基金会举办的“科学营、数学营”，其对象为小学五年级到小学六年级学生，同时所举办的“数学教师工作坊”主要是针对中小学教师。可见，台湾民间创造学组织能将创造力教育紧密地植根于教育教学实践中，这一点应该成为台湾地区创造教育的特色。

为向民众具体展示创造力活动的相关情况，台湾地区民间组织都开设了自己的网站，通过网站让更多的中小学生及其家长了解组织创造力活动的目标、意图、形式及内容等。如金鸿儿童文教基金会开办的对象为小学五、六年级学生到中学生，在“传统文化、社区校园、生态保育与创造发明”四个方面，培养中小学生快乐健康地成长。这些内容及其每次所开展的活动具体安排均通过网站发布，以扩大组织活动的透明性与广泛性。从中可见，台湾地区正是抓住培育小学生、中学生创造力的关节点。这一举措，不仅符合中小学生心理成长过程中，对创造的好奇性，而且有利于经济社会发展创新内涵的积淀。同时，在一定程度上，也开发了成人的创造力，增进了成人对创造教育的深入认知。

---

① 吴静吉：《台湾创造力教育实施现况》，http：//www. creativity. edu. tw，2004 年 6 月。

（二）举办创造、创新研讨会以促进创造力发展

根据吴静吉的《台湾创造力教育实施现况》等相关资料，台湾地区每年都举办几十次相关创造、创新研讨会，以促进创造力探索不断深入。其中民间组织也积极参与、举办相关创造、创新研讨会，为配合台湾地区民众创造力普及增添了不可多得的力量。2003 年中华创意发展协会协同台湾师范大学举办"2003 华人创意教学研讨会"，以各级教学为研讨对象，积极探讨不同学科创意教学之路径。这一事例鲜明地透视出，创造力民间组织与高校的协作，既反映出社会对创造力的需要，又体现出高校对创造力培育的重要意义。

台湾地区民间组织举办的创造、创新研讨会涉及不同层级，体现出创造力教育的广泛性、层次性与系统性。认为创造力教育是有机的整体，不是孤立的。应从创造力载体类型出发，形成创造力教育的社会有机链。尤为注重整体提升台湾各级各类学生的创造力素质。东元科技文教基金会举办的"工程教育整合性创意课程研讨会"，从知识经济时代出发，瞄准竞争趋势，立足培育创新、创意能力的人才观，将"创意"融入企业与国际竞争力之中，从而唤起大众对创意的重视及对创造力教育的深刻认知。"将创造力教育、创意启发、创意生活化的概念及资源，通过演讲与讨论的方式，为社会大众及从事教学工作的人士开启新的工作观与教学模式，并融入科学研究、生涯发展与学习。"① 当前，台湾地区民间组织创造力活动已成为普及、提升民众创造力理念的重要渠道，已构成创造力探索与传播的重要组成部分。

（三）开展创意竞赛活动以推进创造力教育

创意是创造、创新的首要环节，是在对传统文化继承与冲破的间隙中迸发出来的一种新奇思维。由此，形成社会创造、创新环境，是创意思维得以培育的必然要求，是创造力教育取得成功的重要一环。基于这种理念，台湾相当多的民间组织对创造力的认同与支持，为台湾地区形成创造力开发与培育的外部环境创设了有利条件。同时民间组织通过多种形式激发不同层次人群的创造潜力，有机地统合了"创新的社会环境"② 与"创新的自我环境"③。正是由于诸多民间组织致力于创造力事业，台湾地区形成了较为显著的创造、创新环境，培育与开发创造力观念已广泛深入到学校、家庭、企业、政府等不同场所。

尤为突出的是民间组织举办了多种创意竞赛推动了台湾地区创造力传播与

---

① 吴静吉：《台湾创造力教育实施现况》，http：//www.creativity.edu.tw，2004 年 6 月。

② 肖云龙：《脱颖而出——创新教育论》，湖南大学出版社 2000 年版，第 140 页。

③ 同上书，第 143 页。

培育进程。自1995年至今，远哲科学文教基金会主办了多期“远哲科学趣味竞赛活动”，其目标是“鼓励青少年‘动手做’，激发青少年创意，培养青少年合作解决问题的精神，提供青少年趣味生动‘玩科学’的机会”①。现已开发了30种左右有趣的科玩活动，历年科玩活动成果已编辑成《动手玩科学》一书。该组织所开展的一系列创造力普及活动，已成为台湾地区培育青少年创造力一大特色。诸如此类组织所开展的各项创意竞赛活动，已经成为台湾地区创造力教育的根基。毫无疑问，对青少年早期创意活动的开展，为后期青少年成长进一步打开其创新力灵性，产生着重要意义。

当然，还有其他组织也积极举办各类创造力培育事业，这些创意活动成为台湾创造力教育的有机组成部分。联华电子主办了多期“大专生创意点子竞赛或大专生创意电子竞赛”活动，自1996年至今，针对台湾地区大专院校学生进行创造力开发与培育，把大学生创造力凝练的心智，植入电子商务、网络应用、生化科技等多个领域内，通过具体创造性活动，助推提升了在校大学生的创造、创新潜力。台湾地区举办创意竞赛活动已呈普遍现象，在传统文化浓厚的环境中，形成颇具新颖性与创造性的创意思维，亦应成为可鉴之方。

三　台湾创造学民间组织开展创造力活动特征分析

民间组织本身就是开放性、自由性与创造性的产物，它虽然也具有自身的规则，但这些规则作为组织活动的支撑，同样具有灵活性与变动性，这是由组织性质所决定的。创造力一旦成为民间组织核心理念，其创新活动、汲取外部创新因素及传播创新思维也就更加活跃。本质上，这是组织行为的社会化表现。从创造力系统观与创造力组织观来看，民间组织所进行的创造力传播活动，是社会系统与社会组织提升社会群体创造力的重要手段。台湾地区民间组织所开展的一系列创造力活动，体现了其传播创造力思想、提升大众群体创造力的有效途径，同时也彰显出自身的特征。

（一）创造学民间组织创造力活动体现了目标成效性

老子曾说：“知人者智，自知者明。”创造学民间组织作为载体，其活动首先就应该有一个明朗的规制，由此，才能做到有的放矢。不仅要体现出创造学组织能把握社会的需求、个体人生价值实现的需求等智慧，而且能依据这些需求适时规划组织自身合理的活动目标点，从而实现目标的成效。目标成效性就是对“知人”与“自知”两者的结合，而达到的一种理想状态，即创造学组织把社会发展的目标与组织自身努力去做的目标结合起来，在活动过程中达

① 吴静吉：《台湾创造力教育实施现况》，http：//www. creativity. edu. tw，2004年6月。

到的目标终点。

明确清晰的目标是台湾地区民间组织开展创造力相关活动的直接依托，这也符合任何一种社会组织活动的终极规范。根据吴静吉主持的《台湾创造力教育实施现况》的报告可知，台湾地区民间组织根据组织自身的规则，均确立了各自的创造力培育与开发的目标。同时，根据目标的针对性、具体性与多样性形成可操作方案。如中华资优教育学会自成立以来，已成功举办了14届活动，确立了“倡导资优教育正确观念，促进资优教育健全发展”① 等7项目标，以促进台湾资优教育为宗旨，在开展活动中尤以“创造力”为核心要素，形成了一套可操作方案。由于资优教育工作的扎实性，该学会在理论研究成果与教育实务等方面取得了显著成效，有力地促进了台湾地区资优教育的发展。诸如此类的民间组织所开展的创造力相关活动，为推动台湾地区创造力普及与传播取得了预期成效。

（二）创造学民间组织创造力活动体现了行业广泛性

斯腾博格、卢伯特对创造力作了系统的研究，他们认为“创造力是一个范围广泛的话题，在许多问题上对个体和社会都十分重要。个体与创造相关，体现在诸如解决工作和日常生活中的问题的时候；对于全社会来说，创造力可以导致新的科学发现、新的艺术革命、新的技术发明和新的社会规划……无论是个体、组织还是社会都需要创造力”②。可见，创造力不仅是个人行为、组织行为，更是社会行为。

台湾不同行业的民间组织所从事创造力活动正体现了这一理念的实践应用。如中华创造学会是以“研究创造心理与教育、推广创造思考理念、开发人力资源、促进创造发明”为宗旨。实质上，其是将心理学、教育学与创造学的相关原理进行了有机整合，而以期培育与开发创造力的社会实践机制。台湾数学建模与创意学会以“谋数学建模与创意学术与教育之发展及其普及”为宗旨。这一宗旨则体现了创造力较强的专业性，是创造力相关理论在专业领域进行重组建构的一种思维方式。当然，还有许多民间组织都从各自的目标出发，探讨创造力的普遍意义。如东元科技文教基金会以创新为基点，致力于创造力教育活动。台湾工业银行教育基金会以“学习、创新、科技”为理念，进一步打造创意与新兴科技的良好机遇。台湾发明博物馆以发明为着眼点，致力于“台湾发

---

① 中华资优教育学会：《中华资优教育学会介绍》，http：//140. 122. 78. 130/cage/content. php? content_ id =58。

② ［美］罗伯特·J. 斯腾博格：《创造力手册》，施建农译，北京理工大学出版社2005年版，第3页。

明学校”的创建及发明教育事业，等等。要之，台湾地区民间组织创造力活动的行业广泛性，业已成为台湾民众创造力培育与开发的有力支撑。

（三）创造学民间组织创造力活动体现了内容丰富性与层次多样性

创造力不是一个独立的概念，而是具有一定体系的复杂系统。它是“主体在创造活动中表现出来、发展起来的各种能力的总和”①。因此，创造力主体在创造力各种相关活动中，所涉及的内容、形式就必然体现出多领域性与多学科性，这也是由创造学交叉学科性质决定的。民间组织作为创造力活动的主体之一，如何在不同群体中，将“知识、智力、心理、教育与创造力”之间的相互关系，由明言规范转化为群体的内隐理念，对普及创造力至关重要。

台湾地区民间组织结合创造力培育的不同对象，制订符合不同群体的创造力培育方案与内容，做到创造力活动开展的丰富性与层次的多样性。从婴幼儿、小学生、中学生、大学生、成人（青年人、老年人）等，形成了一套较完善的开发培育理论与方案。在创造力研讨、教育与传播方面有效地贯穿着创造力活动目标，取得了相当丰富的经验。如中华创意发展协会举办的“Power Tech科技创作夏令营”，针对层次为小学三年级到中学三年级学生。内容涉及物理学科中的摩擦力、直流电与重心等概念，培育学生思维的弹性与多元性。举办的“日本科技文化之旅”，针对“各级学校学生、教师与家长，”② 远哲科学教育基金会举办的“科学童话营”，将语文与自然科学动手实验结合起来，培养学童的听、说、读、写能力。中华发明协会本着发明教育的宗旨，设置专利咨询等服务，举办“小学发明种子列车巡回演讲”等活动。诸如此类民间组织开展的创造力活动，有力地促进了台湾地区民众创造力探索与培育。

（四）民间组织创造力活动体现了创造教育普遍性

自20世纪50年代始，随着科技进步，发明创造对人类的生存与发展已显得十分必要，尤其是科技前沿领域中的发明创造对经济社会发展的推动作用，会让一个民族处于世界强林之中，同时也会给民众带来丰裕的物质与精神财富。创造教育就是在这样的背景下，受到人们的重视，并进一步呈现出良态发展势头。“总的来说，凡有利于受教育者树立创造的志向、培养创造的精神、增长创造的才干、训练创造思维、激发创造热情、开展创造性活动而进行的教育，都可称为创造教育。”③ 此论展示了创造教育的精神、思维与实践的内在整体性。

---

① 甘自恒：《创造学原理和方法——广义创造学》，科学出版社2010年版，第49页。

② 吴静吉：《台湾创造力教育实施现况》，http：//www. creativity. edu. tw，2004年6月。

③ 俞学明、钟祖荣、刘文明：《创造教育》，教育科学出版社2000年版，第36页。

台湾创造学民间组织所开展的各种创造力活动，无不印证着创造精神、思维与实践有机统一的创造教育内涵。每个从事创造力活动的民间组织都规划了各自的内容与目标，并将创造教育的起点锁定于儿童，业已形成普遍的培育、开发儿童创造力行动。如纸风车剧团儿童创造力工作室，自 1992 年开展活动以来，在培育、提升儿童创造力方面凸显出独有的特色。该剧团着力探讨儿童最需要的是什么，从单纯儿童剧演出与教学的结合到目前儿童创造力教育方面的发展，具有创造性的探索。针对幼儿园、小学生及其老师、社区妈妈，开设了儿童戏剧师资培训班、戏剧夏令营与戏剧创造力等课程，同时还广纳社会其他志愿从事儿童戏剧创造力教育的人员参与活动。在儿童创造性培育、创造力发展方面，受到学校老师、家长及社会广泛称赞。台湾创造学民间组织创造力活动与创造教育的结合，尤其是与基础教育结合，更体现出普及大众创造力的社会化行为。

第二节 中国大陆创造学民间组织开展创造学传播活动现状

1983 年广西南宁首次中国创造学学术研讨会拉开了中国大陆创造学发展的序幕。自此，在中国大陆以创造学研究与发展为核心而创立了许多创造学群体，如发明协会、创造学会、创造发明协会、创造工程学会、创造学研究会、发明者联谊会、发明家协会、创造学研究与推广协会等①，中国创新方法研究会，各省、各单位、民间的学会、协会等。在这些创造学组织中，有以中国冠名的，有以省、市冠名的。这些创造学组织的成立及其所开展的创造力活动，为推动我国创造学理论与实践不断走向深入奠定了必要的社会基础。

一 大陆创造学民间组织开展创造力活动概况

从社会发展进程看，创造力不仅是个人行为，而且也是群体行为，是个体行为与群体行为的良态组合，共同作用社会不断进步。可见，创造力如果离开了组织将寸步难行。虽然有时候正规的科学组织更能表现出创造力力量，但通过科学组织升华出来的创造力终究要走向生产与生活实践，这必然引起创造力与社会民间组织的结合，从而实现创造力更广泛的效用。同时，进行创造力教育与传播的民间组织本身就体现了个体与群体有机的组合关系。在一定层面

① 庄寿强：《普通（行为）创造学》，中国矿业大学出版社 2006 年版，第 15 页。

上，它们所开展的创造力教育与传播，使不同受众群体创造力得到必然演进。这种演进是经济社会内在涌动的积极表现，符合经济社会发展规律的要求。因此，创造力民间组织在探讨、培育与开发创造力过程中，所承担的创造力教育与传播之任务，不仅是其组织实现自身价值取向的诉求，而且是以提升更多个体与群体的创造力，以达对经济社会的进步冲动。这也是创造力从个体、群体、组织到社会化的本然整合过程。鉴于对经济社会发展规律的把握，我国大陆地区创造学民间组织自觉遵循创造、创新原则，立足于中国特色社会主义建设的战略使命，积极从事创造力教育与传播相关活动，为我国创造学发展做出了突出贡献。

（一）创造学会的活动

1983 年广西南宁会议成立了中国创造学研究会筹备委员会，筹委会的成立，有力地推动着我国各地创造学组织建设与各种相关创造学活动事业。“先后成立了广西、上海、湖南、天津、江苏、山西、浙江、辽宁等省市自治区的创造学研究会或筹委会。”[①] 可见，大陆地区创造学一开始便呈现出“一花开五叶，结果自然成”的良态局面。目前，已成立 31 个省级创造学会。同时，在地方城市，“南京、沈阳、无锡、宜昌、常州、南通、廊坊等和一些高校、企事业单位也相继成立了创造学会”[②]。各地创造学会的成立，及其创造、创新活动，在推进地方经济社会发展中发挥了一定的积极作用。正如甘自恒教授所说：

> 1978 年全国科学大会后，祖国的大地迎来了科学的春天。迎接世界新技术革命挑战的需要，尊重知识、尊重人才的需要，科学技术迅速发展的需要，改革开放的需要以及四化建设创造性工程的需要都促使创造学在中国从一开始传播就得到较快发展。[③]

从上可见，中国创造学的发展不是权宜之计，而是中国各项建设事业发展的需要。中国创造学发展是中国创新发展的标志，是对知识、对人才创新发展的渴望，是对科学技术创新发展愿景。因此，可以肯定地说，中国创造学在一开始就已经注入了民族创新发展的目标。

1984 年中国创造学筹委会与广西创造学会合办《创造与人才》杂志，成

① 甘自恒：《创造学原理和方法——广义创造学》，科学出版社 2010 年版，第 14 页。

② 袁张度、许诺：《创造学与创新方法》，上海社会科学出版社 2010 年版，第 19 页。

③ 甘自恒：《创造学原理和方法——广义创造学》，科学出版社 2010 年版，第 13 页。

为中国首家宣传创造学思想的喉舌。在筹委会的指导下，我国创造学者发表、翻译与出版了一批创造学论文与专著。并推动部分大、中、小学校开设创造学课程，开办社会创造学教育。“1984 年广西大学、上海交通大学、中国科学技术大学最先开设了创造学课程或创造力开发讲座……上海创造学会、天津创造学会等也先后开办了青少年创造教育函授学校、星期日发明学校、各类创造学培训班，培训了大批人才。”① 可见，改革开放初期，中国创造学作为中国学术领域的新生事物，犹如芭蕉新叶展新枝，在中国特色社会主义建设中，展示出强劲的创造、创新力量。

1994 年，中国创造学会正式成立，随即委托湖南创造学会等创办《创造天地》会刊，进一步发挥了中创会创造力教育与传播的作用。中创会的成立，也为我国创造学发展进入独立研究阶段创设了有利机遇。同年，中国创造学会“创造教育专业委员会”成立，加强了创造学宣传与普及力量。2008 年中国创造学会“企业专业委员会”成立，为创造学理论开辟了新的创新切入点。截至 2010 年 9 月已成功举办了 7 届“创造学奖”评选活动，有力地促进了中国创造学成果转化。

自中创会成立以来，召开了数次全国性创造学学术会议，不断探索中国创造学发展多元化方向。2010 年 5 月在安徽工业大学召开的“中国高校创新教育研讨会”，2011 年 5 月在贵州民族学院召开的“全国创造·创新与可持续发展研讨会”等，汇集了近年创造学探讨的智慧，多视角研讨了中国创造学理论与实践的发展问题，为今后中国创造学发展提供了有益的理论参考。2013 年 8 月，中国创造学会主办了全国“创新驱动发展”研讨会，在浙江大学召开。重点讨论了创造学理论与创造实践的关系、创新驱动与经济发展模式的转型、创新型创业人才培养机制模式等。至 2014 年 3 月，中国创新学会举办了第 9 届中国创造学会创造成果奖评选活动，在新的科技创新境遇下，进一步推动了中国创造学发展的步伐。

同时，中创会积极参与国际创造学学术交流，适时挺进国际创造学前沿新视野，不断为我国创造学发展提供有利平台。2007 年 6 月中创会应美国阿拉密达郡教育部之邀，前往美国“就基础教育、高等教育、成人教育和职业教育”② 等事宜与美方相关人员进行了广泛交流。2010 年 10 月应日本创造学会邀请，中国创造学会组团 7 位专家学者参加了日本创造学会第 32 届“经营教

① 甘自恒：《创造学原理和方法——广义创造学》，科学出版社 2010 年版，第 14 页。

② 中国创造学会：《中创会代表团赴美考察创造教育现状》，http：//www. ccsis. org/default. asp 2008－06－03。

育领域的创造与革新”国际研讨会。“会议期间，中国学者与日本及来自世界各国创造学界和创新实业界的专家学者进行了交流与互动。”[①] 通过国际会议，中国创造学进一步接触到国际创造学先进理论，为我国创造学发展拓展了相应的前沿领域。

除中创会在中国创造学发展中推动外，其他省、市创造学会在创造力培育、开发与传播方面也发挥了应有的作用。湖南省创造学会自 1985 年成立以来，本着创造、创新理念，不断深入开展创造学理论与实践创新活动，增进了湖南省地方经济社会发展。以《创造天地》杂志为主要宣传刊物，刊载介绍“学会工作、高职教育、中小学教育、教学研究与改革”等创新成果。在创造、创新实践方面，截至 2011 年湖南省共创建“长沙市天心一中、长沙市稻田中学、雨花区长塘里小学、开福区东风小学、高新区虹桥小学、麓谷中心小学 6 个学校为‘湖南省中小学科技创新教育基地’”[②]。同时开展了“头脑奥林匹克”（Drill Instructor）活动，在儿童智力、创造力教育方面取得了显著成绩。四川创造学会、北京市创造学会、上海市创造学会、陕西创造学会、安徽创造学会、天津市创造学会、河北创造创新学会、合肥市创造学会等省市级学会也为开展地方创造力教育谱写了新篇章。地方创造创新学会的活动极大地丰富了中国创造学会的内涵。

（二）发明协会的活动

随着中国创造学与创造事业不断发展，1985 年经党中央批准成立中国发明协会，受中国科学技术委员会党组与全国总工会党组双重领导。自发明协会成立以来，“发展了协会组织，在全国各省市建立了 45 个地方协会和 100 多个部门或行业的协会，个人会员 21000 多人，团体会员 400 多个”[③]。中国发明协会及地方发明协会组织的成立，有力地构筑了中国创造学会的实践根基，不断补充着中国创造学理论内容。同时，中国发明协会创办了《发明与革新》刊物，在传播创造学理论与思想方面，做出了突出贡献。

中国发明协会不断扩大理论思维与实践视野，至 20 世纪 90 年代初期，成功组织了 8 届全国发明展览会与 2 届北京国际发明展览会。并积极参与国际发明展览会达 25 次，举办多期“全国优秀发明企业家”评选活动，不断推进中

---

① 中创会代表团出席日本创造学会第 32 届（国际）研讨会，《创造简讯》2011 年第 1 期，2011 年 1 月 20 日。

② 湖南省创造学会：《六所学校授牌湖南省中小学科技创新教育基地》，http://www.hnczxh.com/show.asp? id=21，2011 年 6 月 15 日。

③ 甘自恒：《创造学原理和方法——广义创造学》，科学出版社 2010 年版，第 15 页。

国创造事业发展。“普及创造学知识，促进创造力开发和研究活动”是中国发明协会开展工作的一贯宗旨，由此，相继成立了中国发明协会创造学研究委员会、中国发明协会中小学创造教育分会、中国发明协会高校创造教育分会等团体。

据不完全统计，截至2010年，在全国高校中，有100多所开设了创造学课程；在中小学中，有600多所开展了相关创造教育活动。为让创造力培育、开发走向基础教育，中国发明协会还积极与其他单位合作，多次在中小学校中开展青少年智力、创造力开发活动。至2005年中国发明协会成立20周年，“已举办全国发明展览会和国际发明展览会20届，共展示新发明成果2万多项，并以各种形式直接支持1.2万多名发明人和700多位发明家，其中已经创业获得突出成效的有100多人”①。2011年8月，中国发明协会在山东威海，举办了第20届全国发明展览会，展出各类发明项目近1600项。会展期间，举办了“技术需求项目对接洽谈会、优秀发明项目评奖、中小学生创新教育论坛等交流活动，为更好地推动全国科技创新发明活动提供了平台”②。2016年11月，中国发明协会在江苏昆山，举办了“第九届国际发明展览会”活动，以“大众创业，万众创新”为主题，为全社会营造创新创业氛围。要之，中国发明协会在普及创造学知识、维护发明者合法权益与促进广大群众发明创造等活动中发挥了重要作用。

发明创造是提升我国科技水准、挖掘我国广大群众潜藏智慧的根本要求。因此，在中国发明协会的带动下，地方发明协会为推动我国发明创造事业功不可没。如上海发明协会自1986年成立以来，积极宣传党和国家相关发明创造的方针、政策、法律与法规。2011年3月，举办企业沙龙活动，“解读以中小企业技术创新中政府扶持发展的相关政策”。③ 开展多期评选、竞赛活动，不断发现与培育发明创造优秀成果，营造发明创造的良好环境，有效地激发了各界群众发明创造的热情；主动普及创造学知识，筹办多场发明创造展示活动，为发明创造成果转化搭建了有利平台。至2011年9月，共举办17届上海高校学生创造发明“科技创业杯”奖评选活动，有力地激发了上海大学生发明创造的积极性。2016年6月，上海市发明协会，应邀组团参加了第31届美国匹

① 上海发明协会：《中国发明协会庆祝成立20周年》，http：//www.sfm.org.cn/sfmnews/986.shtml，2005年11月6日。

② 中国发明协会：《第20届全国发明展览会在山东威海成功开幕》，http：//www.cainet.org.cn，2011年8月19日。

③ 上海发明协会：《举办企业沙龙　解读有关政策》，http：//www.sfm.org.cn/sfmnews/11269.shtml，2011年3月29日。

兹堡国际发明展。在展会期间举行的众多创新和技术交流活动中，上海发明协会参与了来自 22 个国家、近 700 件发明作品的交流。上海海洋大学“海洋风能、波浪和潮流能集成发电设备产业化”项目获得两项第 31 届美国匹兹堡国际发明展奖。同时，上海发明协会还经常开展民间技术交流，并取得与国际合作。北京、天津、河北、河南、山西、山东、安徽、江西、江苏、广东等几十个地方发明协会，作为中国发明协会成员，以宣传、普及发明创造知识，培育群众发明创造潜力为宗旨，在探索发明创造的征途中，为我国发明创造事业谱写着一首首动人的赞歌。

（三）创意产业协会的活动

20 世纪 90 年代，英国最早通过文化政策将“创造性”纳入到文化事业发展中，于 1998 年在《英国创意产业路径文件》中首次提出“创意产业”概念，认为“‘创意产业’是指那些源自个人的创造力、技能和天分，通过知识产权的开发和运用，具有创造财富和就业潜力的行业”①。自此后，世界许多国家和地区开始将“创意产业”的理念应用到经济社会发展中。因为创意产业已经成为经济产值增长的重要补充。

> 据英国 2001 年的《创意产业专题报告》显示，当年该国的创意产值为 1125 亿英镑，占 GDP 的 5%。10 年来，英国整体经济增长 70%，而创意产业则增长了 93%。2003 年，伦敦创意产业经济发展已超过了金融业，以每天 220 亿美元的收入令人刮目相看。②

由上可见，国际市场上创意产业的鲜明个性，凸显出它的必要地位。创意产业已经成为经济社会发展不可或缺的一项重要资源。创意产业自身所具有的需求的不确定性、个体对产品的高度关注性、创意产品多种技能性、产品自身的独特性等，从而决定了创意产业发展的灵活度较大，有广泛的发展空间。

我国于 2006 年首次在《国家“十一五”时期文化发展规划纲要》中提出“创意产业”思路。之后，各地将“创意产业”与经济社会事务发展有机结合在一起，并相继出台了一系列发展创意产业的相关政策，为我国创造学发展注入必然的动力机制。从产业园布局总体看，有 120 个主题产业园分布在中国沿海省市的辽宁、天津、北京、河北、山东、江苏、浙江，中部的湖北，西部的四川。其创意内容主要包括航天科技、电子信息、整车及零部件、电子商务、

① 张京成：《中国创意产业发展报告（2006）》，中国经济出版社 2006 年版，第 7 页。

② 袁张度、许诺：《创造学与创新方法》，上海社会科学出版社 2010 年版，第 278 页。

高端装备制造、节能环保、生产型服务业、生物医药、航空、新材料、文化创意、大消费等。创意产业已经构成我国多项事业发展的有力支撑平台。

在实践基础上，我国相关学者结合中国文化、产业与创意产业特点，认为“创意产业是指那些具有一定文化内涵的，来源人的创造力和聪明智慧，并通过科技的支撑作用和市场化运作可以被产业化的活动的总和”①。可见，该定义揭示出创意产业的核心价值，即人的创造力，为我国创意产业的发展及其服务找到了切实的目标方向。在各级政府大力支持下，目前，我国创意产业发展如干薪燃火，已取得了阶段性成果。

自 2003 年，“创意产业” 概念引入中国内地，创意产业开始以崭新姿态步入中国经济社会发展的大潮中，上海市作为我国前沿阵地，以海纳百川的胸怀迎接着这一新生事物，并毫不迟疑地展示出创意产业的经济社会效应。为让创意产业更好地结出丰硕成果，2005 年上海市在国内成立了首家创意产业协会，积极投入世界新的产业态势，“通过合作交流、咨询培训、中介服务、资质认证等工作，为会员开拓国内外市场服务；建立创意产业测评体系；促进创意产业知识产权保护、专利申请；维护会员合法权益”②。在全国各地旅游业盛行的境况下，2007 年推出创意旅游，2008 年又在国内首次推出发展创意农业新课题，有效地融创意产业与新农村建设为一体。同年，成功举办上海创意产业国际论坛。在创意产业协会推动下，出版了《创意改变中国》《创意企业构想》《中国创意经济比较研究》《游戏产业概论》《遭遇创意队》《名家谈创意》等创意专著，进一步丰富了我国创意产业协会发展的理论基础。

2010 年世博会举办，为上海市创意产业协会创设了有利平台。世博会期间，协会主办了 2010 上海创意产业国际论坛，同时参与世博会多场主题论坛，并策划、编写与出版了《创意上海》《2010 上海世博印象》《三毛与海宝话上海》等三部精品书与《风情上海滩》四集电视剧专题片。作为全国首家创意产业领域的社会团体，上海市创意产业协会积极把握机遇，在服务世博会，促进创意产业，引导创意生活等方面，取得了预期成果。2011 年，在上海市政府相关部门的重视下，由上海创意产业协会联合主办，成功举办了创意产业博览会。为全面贯彻落实党的十八大以来各项精神，上海市创意产业协会瞄准文化创意产业的新常态，立足“稳增长、调结构、促转型”的发展思路，决然出台《上海市文化创意产业发展三年行动计划（2016—2018 年）》，作为推动上海“创新驱动发展、经济转型升级”的重要途径。当前，上海创意产业协

① 张京成：《中国创意产业发展报告（2006）》，中国经济出版社 2006 年版，第 7 页。

② 上海市创意产业协会：《上海市创意产业协会成立》，http：//www. shanghai. gov. cn。

会正以热情饱满的姿态迎接、挑战新的创意产业发展。

2006年以来，随着我国创意产业思路的提出，全国各地相继成立创意产业协会、创意设计协会、创意策划协会与文化创意协会等群众性社团组织。其中尤以创意产业协会（文化创意产业协会）最为显著。2006年9月，北京朝阳区成立了全国首家“文化创意产业协会789”，致力于为创意产业服务。协会集服务、培训、文献资料于一体，为创意企业切实解决遇到的问题，帮助企业健康发展。据不完全统计，在文化创意产业协会的帮助与指导下，至2011年，北京朝阳区有11个文化创意产业基地，为发展地方经济社会事业注入了不可多得的力量。自2010年以来，北京市朝阳区制定了十几个发展文化创意产业的政策，到2016年7月初，共发展文化创意产业722项，同时，加强重点园区产业建设。其他各省市创意产业也都呈现出百花争艳、共放异彩的景象。

为更好地将传统产业向现代产业转化，全国各省市几十家创意产业协会（文化创意协会）纷纷成立。2007年天津市创意产业协会成立，2008年河南省、四川省创意产业协会成立，2010年广东省创意产业协会成立，2010年甘肃、云南文化创意协会成立等。2007年南京、宁波文化创意产业协会成立，2008年北京海淀区、常州文化创意产业协会成立，2008年温州、重庆文化创意产业协会成立，2009年厦门文化创意产业协会成立，2010年昆明、青岛文化创意协会成立，2011年深圳文化创意产业协会成立等。同时，高校也成立了创意产业协会，如2007年西安交通大学成立了创意产业协会，其宗旨是：“创意、创新、创造、创业”；协会的愿景是：“让更多的中国制造变成中国创造！”[①] 2010年浙江工商大学文化产业创意协会成立等。这些创意产业协会或文化创意产业协会成立，为地方创意产业发展提供了良好的服务。近年来，中国创意产业生长出具有自我独特发展的优势，有力地推动了地方经济社会发展。

> 中国创意产业呈现出不同以往的发展态势：规模空前、增速明显、结构优化。据初步测算，2014年，我国文化及相关产业增加值为24017亿元，比2013年增长2666亿元，增长12.49%；占GDP比重为3.77%，比2013年增加了0.14个百分点。在许多行业增速都放缓的情况下，创意产业的发展能实现两位数的增幅，充分展现我国创意产业的活力。[②]

① 创意产业协会：《西安交通大学创意产业协会简介》，http://baike.baidu.com。

② 张京成：《中国创意产业发展报告（2015）》，中国经济出版社2015年版，第2页。

可见，我国创意产业发展有着极强的潜力。创意产业的自主性与政府积极引导的双向路径，在一定层面上，扩展了创业者的视角与思路，激发了创业者的创造性与创造的能力性。我国创意产业的蓬勃发展，从一个侧面为我国科技、经济、文化、生态等整体发展奠定了必然的创造创新根基，成为创造力教育传播的重要方式之一。

二 大陆创造学民间组织开展创造力主要活动分析

创造学相关组织在创造学领域中的各种活动，也体现出组织创造力的社会功能。只有通过创造力实践活动，深入洞察民间组织的成员、制度、观念、目标、计划等各种要素之间整体性与系统性，才能与社会不同层次群体接触、融合、交流，实现创造力在个体、团体与社会中的有机整合，从而实现创造力从个体、团体到社会价值提升的完整意义。自20世纪80年代初期，创造学或创造力在我国大陆开始受到重视，发明协会、创造学会、创意产业协会、文化创意产业协会等多种群众性组织，在我国创造学思想传播、创造学知识普及、创造力培育与开发等诸多方面做出了显著贡献，为我国发明创造、科技进步与经济社会发展注入了有益的力量。

（一）创造学理念、知识等宣传普及活动

中国创造学的诞生具有特定的社会背景，即在改革开放的春天伊始，就为中国创造学生命铸就了不可退却的机遇与挑战。伴随着民族开放创新的新思路，宣传与普及创造学观念与知识已成为必然。1983年中国创造学研究筹委会的成立，推进了我国创造学宣传与普及工作的纵深方向。

（1）主办学术期刊。为及时适应我国创造学各项工作需要，1984年12月《创造与人才》杂志创刊，由甘自恒任执行主编。诚如甘自恒在发刊词中所说：

> 党的十二届三中全会的号角在激荡胸怀，新技术革命的曙光在放射异彩！我国农村的伟大变革震惊世界，城市改革的洪流正滚滚而来！面对着极好的机会，严峻的挑战，社会最需要什么？时代在怎样呼唤？
>
> 祖国最需要——创造与人才；
>
> 时代在呼唤——创造与人才！
>
> 在社会需要的激励下，在人民呼声的催促中，《创造与人才》伴着信息革命的时代序曲，登上了百花争艳的舞台！①

① 甘自恒：《创造与人才发刊词》，《创造与人才》1985年第1期。

而今重温昔文，有如创造创新顿生，那炽热般的创造创新情怀，又何尝不与祖国、与人民、与时代共存呢！杂志的创刊，标明中华民族创造创新的勇力与能力，意味着民族创造创新的人才重要观。进一步诠释了“尊重知识，尊重人才”的现实意义。同时，从一个侧面表明，民族创造创新需要必要的理论指导，需要学科深入的发展，为实践积淀厚重的理论思维。

自 1985 年，我国发明协会成立以来，全国各省市已成立了 40 多个地方发明协会，开展了大量创造学学说宣传、创造学知识普及等工作。中国发明协会成立之后，便主办了《发明与革新》期刊，现已更名为《发明与创新》，由黄友直任主编。《发明与创新》成为我国创造学领域的主要宣传专刊，杂志主要栏目有：“创新论坛、发明参谋、创造探幽、成功之路、灵机一动、创意与设计、市场与营销、知识产权、创造教育、未来发明家、点子与窍门、文明的脚步、世界真奇妙、我与发明、我的设想、创造天地、新发明新产品、发明市场、读者信箱、动态一览等。”①《发明与创新》杂志立足于宣传本位，年收集创新发明新信息达 2000 余项，成为连接各界发明人士、各级各类学校、科研机构与企业的重要通道。《发明与创新》杂志“以弘扬创新精神，普及创造学知识，开发人的创造力”为宣传主线，受到我国各行各业发明创造、创新者的青睐。在服务创造、创新方面，发挥着重要的宣传作用。

1994 年中国创造学会成立后，创办了《创造天地》会刊，何孟雄担任主编。不断刊载创造、创新的新思想、新观念，成为创造学教学、科研与交流的又一思想阵地。

（2）举办宣传、普及与表彰活动。我国各级各类创造学团体，自成立后，纷纷开展多期多样形式的宣传、普及创造学思想与知识活动，同时对在创造、创新领域中成绩显著者进行表彰，有力地促进了我国创造学理论与实践不断走向深入。中国发明协会自成立以来，大力宣传与普及创造学知识，推动全国许多省市的地方中小学中成立了发明创造学校。通过评选与表彰发明创造先进事例，对在发明创造领域做出极大贡献者给予了充分肯定，并举办了多期大型发明成果展。截至 2016 年，已成功举办了 21 届国内发明成果展，9 届国际发明展。中国发明协会的广泛活动，有效地推进了我国群众发明创造的热潮，对“大众创业，万众创新”有着不可或缺的支撑动力。

中国创造学会成立至今，在全国大中小学进行了多期创造学学术交流与报告，到 2016 年，已成功举办了 10 届中国创造学会创造成果奖。通过交流与表

① 发明与创新杂志社：《发明与创新栏目》，http：//www. gwyoo. com/qikan/gongyeqikan/gongye-jishu/201003/349678. html。

彰，有效地传播了创造学思想，激发了创造学者的新思路。地方省市的发明协会、创造学会与创意产业协会等团体，在宣传与普及创造学知识与表彰创造先进事迹方面，也做出了极大贡献。北京市发明协会、湖南省创造学会、上海创意产业协会、合肥市创造学会等数十家省市创造学相关组织，积极以宣传和推动创造、创新教育为职责，并广泛吸纳社会各行各业热爱创造学事业的优秀分子，加入到学习、宣传与普及创造学知识的行列中，有力地促进了我国地方创造学事业的发展。

（二）创造力培育、开发与推广活动

20 世纪 80 年代，我国创造学诞生之时，创造学界及相关组织，根据既定的规划、目标与任务等，针对不同层次的群体，在我国各类学校与企业中大力开展创造力培育、开发与推广活动。

（1）在大中小学开展创造学课程、创造力培训与创造教育。在中国创造学会、中国发明协会等组织推动下，上海交通大学、广西大学、中国科技大学等少数高校率先开设了创造学课程，以激发学生的创造热情。随着创造学发展不断深入，目前，我国已有中国矿业大学、北京工业大学、安徽工业大学、西南科技大学、绵阳师范学院、东北大学、黑龙江大学、中南大学、江苏工业大学、上海理工大学、东南大学等 100 多所高校开设了创造学课程。其中中国矿业大学、绵阳师范学院、安徽工业大学、昆明冶金专科学校等在创造学课程教学、建设等方面均取得了显著成效。

同时，中小学也开设了相应的创造学课程与创造教育。截至目前，已有 600 多所中小学开设了创造学课程。其中较为显著的有上海和田路小学、东北育才外国语学校等。上海和田路小学自 1984 年就成为中创会创造教育的实验基地，近年来，学校开设了“创造剧场”课程标准，抓住创造性思维关键环节，运用多种形式不断深化创造教育研究与实践，培育学生的创造力。东北育才外国语学校自 1998 年成立以来，聘请了陈玉琨、裴娣娜、任定成、刘仲林、罗玲玲等一批高校资深教育学和创造学方面的专家，定期开设讲授创造学课程与创造力教育，有效地提升了学生的创造思维能力。

20 世纪 90 年代以来，在全国中小学创造教育研讨会的推动下，创造创新教育受到重视，尤其是在部分城市中的中小学，中小学创造教育展示了良好的态势，表现出令人振奋的创造创新精神，涌现出“长沙九中、北京 161 中、浙江新昌中学、江苏大江中学、成都十一中学等一批成绩突出的典型学校”①。2011 年北师大附中钱学森班开设了“创造学”课程，对“钱学森之问”作了

① 庄寿强：《普通（行为）创造学》，中国矿业大学出版社 2006 年版，第 16 页。

实践上的回答。钱学森班的开设，应该说是在新的创造创新机遇下，我国创造力教育理论在中小学教育的验证与显著突破。他们主要从“培养目标、课程体系构建、教学方式变革、培养机制”等方面，重点构筑创新班的科学教育方案，针对“拔尖创新人才培养所做的创造性”要求，重构“中学与大学人才培养”的衔接思路。钱学森班的创新教育，及其在拔尖创新人才培养方面的做法，有广度、有高度、有深度，受到普遍认同。他们是在用“心”教育学生、用时代教育学生、用创造创新教育学生。

当前，全国大中小学创新教育已经成为不可逆转的形势，在全国地市级以上的大中小学创造创新教育，都有不同程度的体现。阅读创新、写作创新、科技创新、各类艺术创新等，在不同层次的大中小学受到一定的欢迎且有不同展示。同时，市区普遍出现的各类特长生培训班，在一定程度上，对创造创新产生了有益的补充。尽管在一些较为偏远地区、落后地区、老少边穷地区等，还存在创造创新教育的茫然，但创造创新的观念已经通过多种渠道在全国传播开来。

（2）在企事业单位开展创造学课程、创造力培训与创造教育。随着我国创造学界理论与实践的不断探索，要求创造学走入生活、渗透于生产，以激发生活生产的创造创新。一则是创造学理论需要不断检验、不断修正；二则是创造学理论需要不断丰富与完善。创造学作为一门实践性极强的多领域交叉学科，与个体、团体与社会生产实践的融合，就成为必然。尤其是企业作为经济社会发展的根基，开展创造学原理、方法的思维应用，显得十分关键。

20 世纪 80 年代，在我国创造学组织的大力推动下，部分企业举办了创造学讲座、创造力开发与创造技法培训班等。“株洲车辆厂、上海第三钢铁厂、北京技术交流站、北京燕山石化总公司等单位举办了创造学培训班，培养了大批技术骨干。”① “上海有关大专院校、创造学会和其他机构为全国不少省市的企业举办了学习班，培训了数以千计的学员。”② 企业中创造学培训与应用，有力地提升了企业职工创造潜力，极大地拓展了企业职工的创造思路。仅 1987—1990 年，全国就有 20 多个大中城市在 50 多个企业中举办培训班达 70 余次。90 年代，部分企业开始普及创造技法，以提高企业职工创造能力。

目前，中国一汽、二汽、大众汽车、宝钢、上海第三钢铁厂等大中型骨干企业，通过创造学培训，创造了极大财富。中国科学院合肥物质科学研究院是推广应用创造学的典型代表，1987—2005 年，举办了多期中国科学院创造学

---

① 甘自恒：《创造学原理和方法——广义创造学》，科学出版社 2010 年版，第 14 页。

② 袁张度、许诺：《创造学与创新方法》，上海社会科学出版社 2010 年版，第 22 页。

培训班、国内外创新比较研讨班等创造学活动。2008年中国创造学会"企业创新专业委员会"成立，提出"服务企业创新、服务创造教育、服务'三农'建设、服务人本知识产权、服务和谐社会的要求，把服务的重点放在人本知识产权上"①。当前，企业创新专业委员会在"新能源、光电利用、中草药开发和利用、生物工程与许多合成科技的项目"五大类方面，致力于创造、创新研究与应用。2010年，"上海市创造工程研究所在沪举办了'技术创新与企业创新管理'公益讲座，来自本市20余家企业的负责人、研发经理、技术主管聆听了讲座。"② 事实上，技术创新与企业创新管理已经成为我国企业发展的根本要义。

随着创意产业的兴起，自2005年以来，我国部分省（市）成立了创意产业协会，少数创意产业协会注意到创造创新教育、创意思维等在创意产业发展中的重要作用。创意产业成为我国企业发展的重要新实体，成为我国企业发展灵性表现的一面。如北京海淀区创意产业协会、天津市创意产业协会、西安交通大学创意产业协会及广东河源职业技术学院创意协会等，开办多期创意思维、创造与创新教育讲座，以促进创意产业发展。我国创意产业的发展，正彰显出民众无限的创造力及其作用，诚如李克强总理所说："国家的繁荣在于人民创造力的发挥，经济的活力也来自就业、创业和消费的多样性。我们推进'双创'，就是要让更多的人富起来，让更多的人实现人生价值。"③ 可见，创意产业作为企业新的发展形式，有着广泛的发展空间，创造创新载体众多，思路更宽，思维更活。

（三）创造学研讨与国际交流活动

1983年广西南宁中国创造学首次研讨会可谓空前，揭开了中国创造学全面发展之序幕。随后，全国各地创造学相关学术会议相继召开，同时也不断扩大了我国创造学成果与国际的交流。其中尤以中国发明协会、中国创造学会与创意产业协会活动最为显著。

（1）国内创造学研讨会。为适应我国创造学发展在实践上的要求，1985年中国发明协会成立，截至目前，全国大部分省（市）成立地方发明协会。1990年、1991年、1992年、1993年中国发明协会相继召开了"首届全国创造力开发与促进发明活动讨论会、全国企事业创造力开发学术研讨暨经验交流

① 袁张度、许诺：《创造学与创新方法》，上海社会科学出版社2010年版，第22页。

② 中国创造学会：《创造简讯》2011年第1期，http：//www. ccsis. org/。

③ 中国发明网：《国务院这一年支持"双创"，国务院出了哪些实招》，http：//www. cainet. org. cn/html/7910. html。

会、首届全国中小学创造教育研讨会与首届全国高等学校创造教育及创造学研讨会”等。20 世纪 90 年代初期，中国发明协会所举办的活动，把中国创造力提到了新的阶段。尤其是把创造力教育与企业生产发展，与全国大中小学教育事业的结合，体现出在新的历史阶段，民族创造力与国民创造力的一致性，即没有国民个体的创造力就没有民族整体的创造力。中国发明协会的初期活动，成为推进中国发明创造事业，特别是科技发明创造不断进步的永恒脉冲。

1995 年于北京航空航天大学召开了第二次全国高等学校创造教育及创造学研讨会，并成立了“中国发明协会高校创造教育分会”。可以说，这次会议是中国发明协会成立以来，进一步对发明创造具体规则与细则的落实。把发明创造直接与高等教育融合为一，体现出教育创造的根本性，有力地推动了我国创造学第一阶段的发展。

1994 年，中国创造学会成立，促进了我国创造学学术会议的广泛召开。1999 年在海尔、海信举办了研讨会，之后，中创会创建了一批企业实验基地。2001 年在重庆召开了第 5 届全国创造学学术研讨会，初步探讨了我国创造学理论研究的框架。2010 年，举办了“关于创新方法的研究方向”的创新方法高层论坛。至 2011 年，中创会举办了数十次创造学相关会议，促进了我国创造学理论不断创新。2016 年，中国创造学会成功举办了第 10 届“中国创造学会创造成果奖”评选活动，该项活动充分体现了中国创造的现实意义。

创造学是一门极强的大众性、实践性学科，因此，我国地方创造学会也举办了多期学术会议。如湖南创造学会自成立以来，举办了 7 届创新研讨会等，学会能因时度势，抓住机遇，大力推进创造力教育，到 2014 年，共有 10 所小学被评为“湖南省中小学科技创新基地”学校，8 所中小学被评为“湖南省中小学科技创新示范基地”学校。南通市创造发明学会自成立以来，举办了 3 届“自主创新与创造性人才培养”年会，到 2014 年，创造发明学会共召开了 6 届理事会议；2007 年，北京市创造学会举行“青年创新论坛”；自 1986 年上海市创造学会成立以来，举办多期学术交流活动，2007 年上海市创造学会举办了“三学三创成功成才”活动，至 2016 年组办了几百期创造会刊，有效地促进了会员创造创新思想的交流；2008 年浙江省创造学研究会举办了浙江省创造性人才培养研讨会，至 2015 年浙江省创造学研究会等在嘉善联合举办了“众创空间与小企业成长”会议。我国不同层次创造学研讨会的召开，为我国创造学事业发展增强了理论源泉与实践信心。

（2）国际交流活动。随着我国创造学不断发展与实践要求，积极参与国际创造学事务活动，已构成我国创造学发展的重要组成部分。

一是举办、参与国际创造学学术会议。自 1983 年以来，中国创造学相关组织共举办、参与国际创造学学术会议近20次，为中国创造学发展拓展了广阔视野。尤其是进入2000年后，与国际创造学交流更加频繁。2002年中国创造学会在上海举办了国际创造学研讨会，袁张度会长提出了多视角发展中国创造学的理论框架。2004年9月中国第8届（国际）创造学学术讨论会在上海举行，邀请两位日本创造学会代表参加，并作交流。2005年10月由袁张度、唐殿强等率中创会代表团一行7人，出席第27届日本创造学（国际）研讨会，并考察了日本“企业中创造性活动、创造学会与新闻单位的合作宣传、丰桥创造大学与创造理论研究”等方面内容。2006年10月应日本创造学会邀请，陈成澍率中创会代表团参加第28届日本创造学研究大会。2008年2月中创会参加了在新加坡举办的“世界创造大会”，会上，袁张度被选举为“亚洲创造学会会长”。2009年10月应日本创造学会邀请，夏昌祥率中创会代表团出席日本第31届创造学研究大会。2010年10月受日本创造学会邀请，中国创造学会组团一行7人，参加了日本第32届“经营教育领域的创造与革新”国际研讨会，会上，罗玲玲、李嘉曾作了创造学报告，与会者进行了友好交流。

同时，中国发明协会与世界知识产权组织保持着紧密联系，多次共同组织了创造力开发与发明创造等相关国际研讨会活动，为中国创造力培育做出了重要贡献。2015年，第8届国际发明展期间，中国发明协会与瑞典斯德哥尔摩发明协会，在昆山共同举办了“中瑞技术转移对接洽谈会”；同时，中国发明协会与亚太技术转移中心共同举办“技术促进持续发展磋商会”。中国发明协会在国际发明会议中的活动，更多地捕捉到国际市场的最新信息、适时寻求更多的发展与合作机会，搭建中国发明创造与国际前沿的桥梁，有效地激发了中国发明创造的国际地位愿景。

自1985年以来，我国地方创造学会也积极投身于创造学交流活动当中。如湖南省创造学会、浙江省创造学会、上海市创造学会、北京市创造学会、陕西创造学会、云南省创新创造学会、温州创造学会、合肥市创造学会、南通市创造发明学会、无锡市创造学会、上海创造工程研究所、南通大学创造教育研究所等举办了数十次创造学相关会议，有力地促进了我国地方创造学事业的发展。在科学发展的指导下，增强自主创新能力建设，2006年6月，河北省创造创新学会，参加了在美国费城举办的“创造教育基金会第52届创造性解决问题年会”活动，下半年参加了在日本东京举办的“第28届日本创造学（国际）研讨会”活动。我国地方创造学会，通过积极参与国际学术交流，开拓了创造创新的理论视野，增强了创造创新的国际使命感与责任感。

二是举办、参与国际发明会展活动。中国发明协会自成立以来，不断加强与国际发明创造事务的联系，为推动我国发明创造事业与创造学良态发展做出了积极贡献。1986 年 4 月中国发明协会首次组团参加了在日内瓦举办的第 14 届国际发明展览会，先后与“英国、芬兰、美国、俄罗斯、日本、尼日利亚等国的发明家组织保持着较为密切的联系；为推动我国发明家“走出去”参加国际交流，协会先后组织了 40 多个团组参加国际发明展览会和参观考察”①。“据统计，1985—1995 年共参展 25 届，有 679 项发明参展，有 405 项获奖，其中金牌 86 项，同时也产生了很大的经济效益。”② 1998 年参加了在日内瓦举行的“第 26 届国际发明与新技术展览会”，取得了优异成绩。至 2008 年，中国发明协会举办了 6 届中国国际发明展览会，向世界展示了中国发明创造的成果。同时，积极参与海峡两岸科技发明创新与合作交流活动。2016 年参加“第 68 届德国纽伦堡国际发明展”会议，参加“塞尔维亚 TESLA FEST 2016 年特斯拉发明节国际创新、知识和创造力展览会”与“克罗地亚 ARCA 2016 第 14 届国际发明展览会”活动。中国发明协会积极利用国际有利空间，吸纳国际创造创新因素，为我国创新型国家建设，聚众智，汇众创。

同时，自 2005 年创意产业协会（文化创意产业协会）在我国部分省（市）成立以来，也开展了相关国际活动。如 2010 年上海创意产业协会举办的上海产业国际论坛；2010 年在上海举办的世界博览会；2011 年举办的上海创意博览会等。我国创意产业协会与创意产业的兴起，也有力地促进了我国创造学发展。2015 年，为进一步贯彻《国务院关于推进文化创意和设计服务与相关产业融合发展的若干意见》（国发〔2014〕10 号）的要求，由中国国际商会、商业行业商会、中国商业文化研究会、中国百货商业协会和中国会展经济研究会等，联合举办了 2015 年中国国际商业创意设计大赛。中国各类创意产业协会的活动，为加快推进“中国制造”到“中国创造”的转变，注入了新的创新能量。

三　大陆创造学民间组织创造力活动特征分析

创造学本身就具有多学科性、交叉性与实践性一般特征，因此，我国大陆创造学民间组织在从事创造力相关活动时，除体现了创造学学科一般特征外，还呈现出组织创造力活动的自身特征。

（一）创造力活动体现了创造创新的时代性

自然隐藏着巨大的创造力，人类社会同样深蕴着惊人的创造力。世界上任

① 中国发明协会：《各国发明协会交流活动》，http：//www. cainet. org. cn/，2008 年 11 月 9 日。

② 庄寿强：《普通（行为）创造学》，中国矿业大学出版社 2006 年版，第 16 页。

何一个民族都有着独特的创造力。中华民族数千年来，不断向世人表明创造力的伟大魅力。“苟日新，日日新，又日新”的君王警示经典，“周虽旧邦，其命维新”的安民治邦大命，“天地之大德曰生”的文脉源头章句，无不揭示出中华民族创造创新延续不已的时代脉络。新中国建设的历程，再次孕育出创造创新时代的新篇章。从毛泽东思想、邓小平理论、江泽民“三个代表”重要思想到胡锦涛科学发展观等理论的形成，完全可以看到创造创新在新中国发展中的历史轨迹，反映了建国、治国理论与实践的创造创新性，为中国创造学诞生奠定了深邃的文化思想与理论基础。尤其是改革开放为创造学理念、思想、方法与理论引入我国大陆提供了时代机遇，久被压抑的创造创新思想火花迸发出无限力量，自此，我国创造学呈现出一派生机盎然的时代新景象。正是基于如此恢宏的综合竞争时代，我国创造学民间组织再现出创造创新的生动场面。

因为“现代社会已进入综合创造的时代”①，所以为顺应这一时代主题，我国创造学诞生以后，就着手在不同层级成立了相应的创造学民间组织，并规制了创造力活动目标与方向。1983 年广西南宁中国创造学筹委会的成立，为推动我国各级发明协会成立与创造学会成立发挥了重要作用。在经济与科技体制改革的形势下，1985 年成立了中国发明协会，随后，各省市发明协会相继成立，有力地促进了我国地方发明创造事业的发展。至 2011 年，仅中国发明协会就举办了 20 届发明展览会。2012 年在昆山举办的国际发明会展后，全国发明会展与国际发明会展合并。这一举措，体现出中国发明创造创新与国际市场创造创新的并轨，中国发明创造创新已经正式步入国际行业大道。

为适应我国创造学深入研究、扩大宣传与国内外广泛交流的要求，1994 年成立了中国创造学会，截至 2016 年，已成功举办了 10 届“中国创造学会创造成果奖”的评选活动，并组织参加国内外数十次成果展览。开展了从胎儿、幼儿、中小学、大学到社会成人的创造力系列教育与研究，创建了 300 多个创造力开发实验基地，引导协助成立了近 50 个地方创造学会组织。这些成果的取得，体现了建设创新型国家的宗旨，体现了建成小康社会的目标，反映出中国创造学民间组织创造创新的时代性。

（二）创造力活动体现了创造学普及的目标性

增强民族创造创新力是每个民族必然之目的，是每个民族立足世界之根本要旨，当今世界科技竞争日趋激烈的形势更加彰显着创造创新的良苦初衷。中华民族同样遵循着民族创造创新的轨迹。由此，中国创造学各类民间组织就是秉承民族创造创新的宗旨，开诚布公地迎接世界竞争的挑战，本着创造力开发

① 李毅红、马名驹、周碧松：《创造力的培养》，北京大学出版社 1998 年版，第 6 页。

与创造学知识普及的目标，在我国创造学发展事业中，针对不同群体实施了相应的创造力开发项目，并广泛开展创造力传播活动。从而为实现民族创造创新的跨越，增添有益的要素。

依据我国各类创造学民间组织，我国创造学界的专家学者，不仅辛勤耕耘于创造学学术领域，而且本着创造学理论与实践的融合，积极走出书斋，走进社区，步入企事业单位，开展创造创新观念的普及，开展创造创新方法的普及，不断引导广大社会群体，增强对创造创新的认识与信心。袁张度、甘自恒、刘仲林、李嘉曾、罗玲玲、庄寿强、周耀烈、肖云龙等数十位创造学探索者，在致力于创造学研究中，经常走出家门，深入各类学校、企事业单位传播创造学思想。

截至目前，我国不同层级的发明协会、创造学会与创意产业协会（文化创意产业协会）等各类创造学民间组织，已举办了数百场相关发明方法、创造技法、创造思维、创造力教育、创意思维等报告会，在一定范围内，在一定层次上，增进了部分群体对创造学的认知，拓展了创造创新的思维领域。立足于创造创新观念，使部分群体认识到，赶超世界先进科技，抢占国际战略主导地位，“我们每一个炎黄子孙都有责任增强自己的创造力，用自己的创造成果为国家富强、民族兴盛做出贡献”[①]。因此，创造力成为创造学普及的核心要素。从某种角度看，这是中华民族兴盛繁荣的根本法宝。只有增强每个华夏人创造创新力，才能彰显大中华整体创造创新力的神威。我国创造学民间组织正是基于此种理念，在普及我国大众创造力知识方面做出了积极贡献。

（三）创造力活动体现了发明创造的实践性

总体上看，创造力是以创造思维为起点，是创造创新始终不变的中轴。创造力必然要经过多种环节，不管是观念思维层面上的，还是实践行动层面上的，只有当两者同步施展，共进融合，创造力才能通过创造实践，形成思维与实践的系统观、层级观与整体观，从而呈现出一种创造创新的进步力量。在创造力各类要素中，创造性思维发挥着不可预测的功能。创造思维体现了创造主体活动的内隐机制，在这种内隐、潜藏机制作用下，产生了诸多观念成果，而只有那些在实践中得到实现的观念成果，才能成为创造力完整形态的组成部分与展示。

刘仲林认为：“创造是赋予新而和的存在，是对已知要素进行组合和选择的过程，是只可在实践中体会的一，是不可言传的道。”[②] 这里不仅表达了创

① 倪荫林：《开发你的创造力》，群众出版社2006年版，第8页。

② 刘仲林：《中国创造学概论》，天津人民出版社2001年版，第30—35页。

造是思维与实践融通整合的关系，而且将创造上升到哲学高度，揭示了创造学思想在文化与实践方面结合的深层次内涵。实际上，我国创造学组织所从事的创造学研究与创造实践活动，已自觉地领会了这一创造思想的深蕴。由此，我国创造学民间组织在从事创造力相关活动时，能有机地将创造学理论研究、传播与发明创造的实践结合起来，达到学以致用的效果。

当前我国已有100多所高校开设了创造学课程，并成立了创造、创新实践基地；在全国600多所中小学开展创造教育活动；在部分企事业单位举办了多期发明创造、创造技法与创意产业培训班等。30多年来，我国各级各类创造学民间组织不断整合创造教育与创造实践，繁荣了我国经济社会发展。仅在1985—1994年，“成功地组织了八届全国发明展览会和两届北京国际发明展览会，展出发明成果1万余项；现场签订了技术转让合同总金额16.4亿元，销售发明新产品总金额3.3亿元”①。可见，我国创造学民间组织开展创造力实践活动的巨大作用。

（四）创造力活动体现了创造力培育、开发的多样性与层次性

创造力培育、开发的多样性与层次性是创造学学科特点所决定的。对一个国家或民族来说，其创造力则表现为多样性与层次性的综合反映，而国家创造力的综合反映主要是通过创造主体及其创造成果来展现的。由此，对创造主体进行创造力多样性与层次性培育与开发，是实现国家创造力综合的根本要求。

当前，我国各级各类创造学民间组织所开展的一切创造力活动，以建设创新型国家为战略宗旨，致力于国家发明创造、科技跃迁的提升，无不体现了创造力培育、开发的多样性与层次性。自中国创造学首次会议以来，我国创造学界便开始将创造学理论研究与创造力培育、开发结合起来，尤其是中国发明协会成立后，在中小学、大学、企事业单位开办了数十期发明创造培训班，以不同群体为对象，在一定范围内有效地培育、开发了部分群体创造力。特别是中国发明协会、中国创造学会举办的各类青少年科技大赛、大学生科技大赛及企业科技创新大赛等，显证了我国创造学民间组织培育、开发创造力多样性与层次性的典型。

首届中国创造学常务理事、首届中国发明协会高校创造教育分会副理事长庄寿强教授，从事创造学研究与教学40多年，为近50所中小学作过创造学讲座与创造力培训；1991—2004年就为10多家工矿企业做过创造学讲座，受众达数千人；仅在20世纪90年代就与中国科学院合肥分院人教处、煤炭科学研究总院、电子工业部第14研究所等科研院所合作，举办创造学讲座培训班；

① 甘自恒：《创造学原理和方法——广义创造学》，科学出版社2010年版，第15页。

从20世纪90年代至今，在全国20多所高校开展创造学讲座，并与部分院所合作进行大学生创造力培育与开发等。庄寿强在创造学领域中做出的贡献，受到相关学界的高度称赞。

当然，我国创造学民间组织还结合“三下乡”“大手拉小手”“企业技能竞赛”、各类“创意大赛”等多种主题，力促中国创造力培育、开发的多样性与多层次性。我国创造学民间组织创造力培育与开发的实践，有力地印证着中国创造创新的现实要求。

第三节　中国海峡两岸创造学民间组织开展创造学传播活动差异与启示

任何事物相对于另一事物都会表现出差异，即便是同类事物，在不同条件与环境下，同样呈现出各自的差异与特征。从系统论角度看，整体相对于整体、部分相对于部分及整体相对于部分等，都会表现出差异性。差异凸显了个体之特性，尤其是在同类个体之间的差异中，当一方表现出更具优越的性能时，则另一方是可以借鉴的。事实上，在系统论中，整体世界就是在不断地取长补短，在一定的条件与环境下，进行着无形的能量转化，共同维持着系统的平衡与发展。中国海峡两岸创造学民间组织开展的创造学传播活动正是遵循着这一自然法则，共同推动中国创造学繁荣和发展。

一　海峡两岸创造学民间组织创造学传播活动差异分析

尽管中国海峡两岸创造学民间组织所从事的创造学传播活动，最终都是致力于人的创造力培育与开发，但从所开展创造学传播活动的内容、目标、方式与特征等方面看，仍表现出较大的差异性。在开展创造学传播活动过程中，中国海峡两岸创造学民间组织各显特色。

（一）创造学民间组织开展创造学传播活动的自觉性差异

“自觉觉他”本是佛教观，其既体现了自己觉悟，又体现出让他人觉悟的观念。在创造学组织及其所开展活动的语境下，领悟“自觉觉他”的时代内涵，有其独特的意义。实际上，海峡两岸有着共同的文化基源，但在现代科技突飞猛进的时代下，台湾更显中华传统文化与西方科技先进理念的结合，更显从观念自觉到实践自觉的一贯性。但在大陆，到近代以来，可能由于对中国传统文化的过度批判，从而使中国传统文化在一定时期内受到冷落与漠视。尤其是在批判中国传统文化糟粕时，不分青红皂白，把优秀文化元素也加以抛弃，进而导致中国优秀文化元素多年缺失，出现中国传统文化与现代科技不能有机融合的局面。改革开放带来新时代的科技观，当前，中华民族已经清醒地认识到，必须在马克思主义文化观的引领下，以社会主义核心价值观为中轴，实现现代科技与中华优秀文化元素的融通融合。

自20世纪60年代，台湾就已注意从西方引进创造学思想与学说，随着创造学在台湾的发展，各类创造学组织及其开展创造力教育活动开始出现，涉及地方政府部门、大学院校与民间组织等。台湾地区创造学民间组织的活动涉及多个层面，再现出创造学学科的自然属性与社会属性。台湾创造学组织所开展的创造力教育相关活动并非流于形式，而是处于一种自觉为培育、开发台湾民众创造力服务。每个创造学民间组织所开展的活动都显示出较强的规划性、目的性与系统性。在台湾创造学各类组织的努力下，当前，台湾创造力教育已从优才教育发展到普及教育。

而大陆却在20世纪80年代初引入创造学，比台湾晚了20年。在我国大陆创造学界的大力推进下，各级各类创造学组织也相继成立。各类创造学组织及其所开展的创造教育传播活动，取得了一定的成效，并得到政府相关部门的肯定与支持。但这些成就的取得，在一定程度上说，并非体现了完全的自觉性。当然，从我国大陆各类创造学组织成立的初衷到所开展创造教育传播活动的目的看，我国大陆创造学组织本身体现了创造教育的“自觉性”，这可以从大陆创造学组织定期举办的学术研讨会、定期开展的创造创新成果展览会、积极与国外创造学组织进行交流等方面得到证明。在这一点上，与台湾创造学组织及其所开展的创造教育传播活动并没有本质的区别。

“自觉性”不仅体现在自身意识与行为的觉悟，还在于要用这种自身觉悟去感化众多的他人。对于中国大陆诸多创造学组织来说，亦有在更大范围内来传播创造教育的思想与理念。不仅创造学组织自身要发挥传播创造力教育的目的，而且也要影响到其他社会团体组织自觉开展创造力传播活动。然而，由于创造学组织开展活动的资金短缺、人力资源不够、大众对创造教育不能理解、认识不清、对创造创新认识肤浅与有所偏见等多种主、客观因素的限制，使中国大陆各类创造学组织“自觉觉他”的观念与行为没有得到较为深入、完整的体现。因此，我国大陆各类创造学组织所开展的创造教育传播活动，只能在一定范围内进行。

总而言之，海峡两岸创造力教育活动的自主性与自觉性有一定差距。从创造创新的实践观上看，有必要改善大陆创造学组织所开展的创造教育传播活动的现状。即对创造力教育的传播不能仅停留于表面，而是要把组织活动短期目标、规划、对象等与民族创造创新战略结合起来，让这些创造学组织活动走入社会底层，深入广大群众的现实生活、深入广大企业工厂的生产实践，切实体现创造学组织传播活动的现实性。由此，在社会主义核心价值观引领下，积极营造我国大陆各类创造学组织创造力教育传播活动，将创造创新觉悟之心推而广之，应用于生产、生活中，着实产生一定的创造创新成果。

（二）创造学民间组织开展创造学传播活动的主体性差异

创造力培育与开发是开放的，任何致力于创造创新教育传播活动的组织，虽然在提升大众创造力方面做出了应有的贡献，得到社会相应的肯定与认可，但这些创造学组织在成分构成、普及对象等方面，有着主体性差异。

自 20 世纪 60 年代起，创造学（创造力）研究与应用在台湾开展以来，创造力相关组织也相应产生，尤其是从 20 世纪 70 年代至今，在许多不同行业中成立了创造学组织，致力于培育与开发台湾民众创造力。从幼儿、小学生、中学生到大学生，从普通市民到行政工作人员，从家庭、科研院所、大学到行政部门等，无不与创造力组织及其活动形成了普遍之联系。由于创造力的培育与开发是多领域的，依此，在台湾生产生活不同行业中，形成了多视角创造力组织结构。如中华创造学会以台湾省为视野，培育与开发人力资源，促进发明创造；中华创意发展协会从个体与群体之创意出发，贯通教育、科技与管理创新为一体；东元科技文教基金会以提倡前瞻性思维精神为主导，致力于各项创造教育活动；金鸿儿童文教基金会将青少年成长创新教育作为主要对象等。目前，从事相关创造力活动的民间组织达近 100 个。这些创造力组织结构简单，规模较小，且主体活动灵活多样。

而中国大陆创造学民间组织则显得有些笨重，且结构层次较规范、复杂，规模较大，主体活动框条僵化，更为重要的一点即是中国大陆各级、各类创造学组织政治色彩较浓，如此便容易造成创造力教育视野的狭窄，不利于大众创造创新思维素养与创造创新本性的形成。我国大陆创造学民间组织主体主要体现为国家层面的中国发明协会、中国创造学会等，地方层面的省级发明协会、省级创造学会，较大县市的发明协会、创造学会，部分较大企业、少数高校的发明创造组织等。同时，随着我国创意产业的发展，也出现了地方创意产业协会、文化创意产业协会等具有创造力活动的组织形式。

我国大陆这些创造学相关组织成立与发展，无疑有力地推动着我国经济社会的发展，但各级各类创造学组织的目标、结构、活动内容与方式等，都具有统一的模式，整齐划一的规程与细则，在一定程度上不利于大众普遍创造力培育与开发。同时，在金融、农业、交通、管理等诸多行业与领域中，创造学相关组织几乎难以寻觅。这又再现出中国大陆创造学民间组织，在系统化方面，有待于不断完善。由此可见，我国大陆创造学民间组织主体的“大、粗、重”

结构模式现状，与台湾创造力民间组织主体的“小、精、灵”模式形成了较大反衬。

（三）创造学民间组织开展创造学传播活动的目标性差异

创造学（创造力）研究主要是以培育、开发与激发人的创造力为最终目的，各类创造学组织的相关创造力传播、教育、培训等活动，无不以此为轴心。德国海纳特（Hienelt，G.）认为：“创造力今天之所以具有这么重要的现实性，是因为只有有目的地使创造力的个性特征（这点至今仍未得到足够重视）发挥出积极作用，我们才能解决现在和将来（也包括过去）摆在我们面前的政治、经济、社会和科学难题，才能应付各种复杂的局面。”① 依此而论，各类创造学组织在其创造力活动过程中，都应制定各自的具体目标，增强个体对自我创造力的自信与应用。通过实施具体目标而达到对人的创造潜能的挖掘与提升，使个体在面对经济、政治、文化、社会、生态等各种突如其来的问题时，从容做出思考、判断，甚至解决个体力所能及的问题。

然而，由于受多种主、客观因素影响，不同国家、区域的创造学组织所制定创造力活动的具体目标表现各异。也许受西方思维影响较大，台湾地区创造学民间组织在活动目标的具体规定中显出精准的特点，所有创造学组织活动目标制定相当细致，且定位相当切实，具有极强的可操作性。事实上，这是台湾地区创造学民间组织“小、精、灵”模式的独特功能表现。如台北 YMCA 妇女创造发明学校创造力活动的目标规定为：“突破习惯性思考领域，激发创造潜能；了解正确发明模式，分享多位元（发明家）之实务经验，通过发明之商品化、专用申请、合作开发及行销策略等课程——结业时您也可以变成一位‘发明人’；鼓励发明，为国家培育研发人才，振兴产业竞争力；结业后成立发明俱乐部，不定期举办座谈会、参观等活动，提供脑力激荡、经验交流的机会。”② 从中可见，条目的明晰性、可操作性与目标的明确性。诸如此类的创造学组织凸显了各自活动目标的分层性与可塑性。

而中国大陆各类创造学民间组织创造力活动的目标，则显示出宏大性、长期性与整体性。对目标的可操作性则是根据每次活动的具体内容来规定，缺少战略性的可操作性目标细则。中国发明协会任务是：“推动和支持人民群众的发明创造活动；协助各部门、各地区更好地贯彻国务院颁布的《发明奖励条例》，促进发明创造的实施和推广应用；交流发明经验，研究和探索发明规律；维护发明者正当权益，开展多种形式的发明宣传、展览、竞赛活动；参加

① ［德］海纳特：《创造力》，陈钢林译，工人出版社 1986 年版，第 8 页。

② 吴静吉：《台湾创造力教育实施现况》，http：//www. creativity. edu. tw，2004 年 6 月。

有关发明创造的国际交流活动，建立和加强同有关国际组织的友好联系。”①与此同时，在协会宗旨、协会活动与协会职责等方面也作了较为总体性规定。依此，大陆地方发明协会也都纷纷效仿，出台了各自的总体目标与规划等。当然，这种目标有利整体把握，但作为创造学组织开展创造力培育、开发时，更应注重活动的实施分层性，因为创造力培育与开发的群体是有层次的。因此，大陆各类创造学组织目标所表现出的“重、大、长、厚”型有待于进一步改善，以利于各级各类创造学组织更好地培育、开发不同群体的创造潜力。

（四）创造学民间组织开展创造学传播活动的内容性差异

创造学组织开展创造力活动的内容是实现目标的重要依托。尽管创造力是受众群体的最终目的，但心理学理论认为，不同群体创造力培育与开发必须施以不同的活动内容，因为“大量心理学研究已证明，个体的人格特征与创造力发展有着密切关系——不同类型、不同领域的创造者有不同的创造性人格特征，各类创造性人才身上同时存在某些共有的人格特征；而且创造性人格特征在青年时期以后具有跨时间和跨情境的一致性”②。因此，各类创造学组织在围绕培育与开发人的创造力这一最终目的时，亦应本着“因材施教”的原则，针对不同群体的不同人格特征，制订切实的活动内容。不能只看到各类群体的共同特征，而应以共同特征为根据，立足个体人格特征与心理，形成不同群体创造力培育与开发的具体情境。

由于台湾地区创造力培育与开发活动出现较早，其各类创造学民间组织在培育与开发不同群体创造力方面已取得了较丰富的经验，其活动内容具有很大的针对性、丰富性与多样性。就台湾地区创造学民间组织活动整体看，创造学组织形式多样，且分布于多个行业、领域之中，如中华创造学会、中华创意发展协会、台湾数学建模与创意学会、远哲科学教育基金会、中华古机械文教基金会、金鸿儿童文教基金会、台湾发明博物馆、台湾杰出发明人协会、台北YWCA妇女创造发明学校、全民创新运动推动委员会等。这些创造学民间组织成为台湾地区创造力传播、培育与开发的重要手段。

同时，每个创造学组织根据其传播、培育与开发创造力活动的目标、形式及对象等，确定了创造力活动的主要内容。如东元科技文教基金会多次开展的创造力教育营队与推广活动，其活动内容主要体现在两大方面：一是创造力教育营队的编排，如东元宝宝科技活动营、东元创意少年成长营、东元戏剧创意

① 中国发明协会：《中国发明协会倡议》，http：//baike. baidu. com/view/328042. htm。

② R. Berneche，Personality Determinants of the Commitment to the Profession of Art，*Creativity Research Journal*，1991（4）：pp. 367 - 389.

体验营、赛德克儿童科学创意体验营、泰雅族儿童科学创意体验营等；二是创造力教育推广活动，如创意教学教案研习工作坊、创意体验工作坊、创意教学体验工作坊，创造力教育推动之工作培训活动等。从中可见，创造学组织的活动，不是仅体现在活动内容可操作层面，同时还体现在组织自身的建设方面。是组织自身活动与传播对象活动的系统整合。

而我国大陆由于创造学引进相对较迟，虽然经过 30 多年的发展，取得了显著成效，但在全民性创造力普及、培育与开发方面，仍存在诸多不足之处。尤其是创造学组织所开展的创造力培育与开发的内容不够丰富、形式不够多样。因为我国创造学组织类型较少，主要有各级发明协会、创造学会、创意产业协会（文化创意产业协会）等几种类型，且分布的行业、领域面较窄，同时，我国各类各级创造学相关组织都是按照统一的模式组建等。由此，我国这种层级式的创造学组织，在开展各种创造力活动过程中，并不能针对开展活动的对象、范围形成各自的特色，而是以一种固化的思维模式朝着既定目标，实施着既有方案。实质上，这种整齐划一的创造学组织模式及规范一致的创造力活动风格，是造成我国海峡两岸创造力组织活动内容不同的根本因素。

二　台湾创造学民间组织创造学传播活动对大陆创造学组织活动的启示

创造力（创造学）研究与应用出现以来，世界许多国家或地区已逐步认识到它的重要意义，特别是世界上发达国家，美国、英国、法国、德国、日本等对创造力的开发与应用显得尤为热衷。当然，苏联对创造力的研究、开发与应用也显示出较强的实力。当今，创造力的开发与应用已成为衡量一个国家或区域民众创造创新力的重要尺度。由此，作为创造力或创造学传播、培育、开发与应用的相关组织，其所开展的创造力活动，对提升一个国家或区域民众创造力发挥着重要作用。这些创造力（创造学）组织搭起了创造力思想、学说与不同群体心灵之桥梁，可以说，创造力（创造学）组织的兴起为创造力或创造学研究、开发与应用开拓了广泛的社会视域。从某种角度看，其反映出一个国家或区域对创造力的认知深度和应用的广度。特别是创造力（创造学）组织将创造力的整体认知观念与创造力活动目标、内容及方式等方面的有机结合，落实在社会实践上，更反映出一个国家或区域民众创造力提升的整体状况。通过前文对中国海峡两岸创造学民间组织及其所开展的多项创造力活动分析，可知台湾创造学民间组织及其所开展的创造力活动为我国大陆创造学民间组织及其开展创造力活动提供了有益的启示。

（一）提升创造学民间组织开展创造力活动的自觉性

创造创新自觉性是一个民族永恒发展的根基。中华民族有着厚重的创造创新基因，在当前时代下，如何把中华民族创造创新基因提炼得最精华，把民族创造创新基因现代化、科学化，不仅是一个学术问题，而且也是一个实践问题。不管是学术问题，抑或是实践问题，都应体现出创造创新自觉性。创造创新基因是一个民族文化体征，它普遍存在于这个民族认知、观念与文化血脉之中。在这个民族聚合下的各个进步组织、团体、企业、事业机构、各级政府部门等，针对自身发展的需要，依据自身所处的国际地位，必然通过内外学习、交流、融通等多种方式，呈现出创造创新的个体与民族整体生命价值观，这就是民族创造创新自觉性的体现。中国各类创造学民间组织，作为民族创造创新基因的载体之一，自然遵循着民族创造创新自觉性的规律与旨归。

从当前我国大陆创造学发展总体现状看，在创造力观念与创造力实践方面，国民整体创造创新自觉性相当缺乏。同时，在各级政府及相关部门所出台的文件中，尽管提出了宏大创新思路，但在实施创新的群体中，多数对创造力的认识仍处于朦胧状态，甚至怀疑、存有偏见与拒斥心理。罗玲玲教授的一段话，更能让我们深入领悟到创造创新自觉性的紧迫性。

> 回顾过去，尽管我们已提出要培养学生的创新意识和创新能力，但缺乏系统的考虑，也无落到实处的政策，说明我们对这一问题的认识还停留在浅层次的口号阶段；尽管我们有国家创新工程，但这一工程带给整个社会的氛围还是重视拔尖人才的作用，开启全民的创造潜力还处于自发甚至抑制的状态；最为关键的是，我们仍以传统的方式评估和鉴别人才，评价必然调控行为，因此，很难激发更多人的创造性。①

由此可见，我们所关注的最大创造创新工程应该是教育。在这个教育工程中，虽然我们有着对创造创新观念的认同，但在具体实施细则方面，仍存在严重缺陷，即没有全面把握创造创新工程的系统性，对全民创造创新关注程度较低。注重少数创造创新拔尖人才，有其必要性，但忽视整体国民创造创新素质提升的现状仍较突出。在这样的背景下，我国各类创造学组织所开展的相关创造力活动是在“等待观望”的观念下进行的，生怕与政府的政策不符，生怕背离了官方意愿，这与创造力培育与开发极不对称。最为明显的是，我国大陆各类创造学民间组织都是根据国家相关政策而成立的，因此，我国各类创造学组织所开展的各项创造学传播活动，势必要以国家方针政策为导向。这在一定程度上束缚了创造学组织自觉开展创造力活动的手脚。由此，各级政府及相关

① 罗玲玲：《评介台湾〈创造力教育白皮书〉》，中国发明协会《发明工作简报》2006年第4期。

部门应从理性层面给予我国创造学民间组织更大的自由度，在社会主义核心价值观的统领下，以利其充分发挥培育、开发各类创造群体创造创新的自觉性。

（二）构筑创造学民间组织创造力活动的主体多样性

创造力教育传播既有实体组织，也有虚体（虚拟）组织。以固定活动场所、成员等为主要内容的原有各类创造学组织形式，可以说具有极强的实体性。它们在我国创造学初期发挥着重要传播与教育功能。随着网络技术的发展，为构建多种传播创造力教育的主体与方式储备了丰富资源。在网络技术时代，创造学组织存在形式可以在原有实体组织的基础上，发展出新的网络虚拟组织。在网络虚拟条件下，所形成的各类创造学传播教育组织，则处于一种极为灵活的形式。活动的场所、内容、目的、规则、程序等，都出现在网络上，在社会监控下进行创造力传播教育的方式。它是以一种坦诚的规则来约束组织中各位成员，组织中的成员也都是以坦诚来面对传播对象。这种虚拟创造力教育传播形式应该给予肯定，从而实现创造力传播教育的广度与深度。虚拟创造学组织传播教育的形式，应被视为实体创造学组织的重要补充。

目前我国大陆创造学组织实体类型，主要有各级发明协会、创造学会与创意产业协会或文化创意产业协会等几种；虚体组织主要是各类创造学组织的网站。自 1985 年中国发明协会成立以来，各省市相继成立了发明协会。以中国发明协会为基础，1993 年成立了中小学创造教育分会、1995 年成立了高校创造教育分会等。为广泛推动我国创造学的应用，1985 年中国机械冶金工会机械系统发起了“推广运用创造学的决议”，经过三年的实践，取得了初步成效，于 1988 年成立了“全国机械工业系统创造学研究推广协会”。至 1994 年中国创造学会成立之前，湖南、上海等少数省（市）已率先成立了创造学会。随着中国创造学会诞生，其他省、市、部分企业、高校等地方创造学会也相继组建。同时，2005 年以来，创意产业的观念开始步入我国经济社会发展领域，以此为契机，上海、北京等首先成立了创意产业协会或文化创意产业协会。在我国部分省（市）经济较发达的城市，成立了创意产业协会或文化创意产业协会，其已成为我国创造学组织的重要组成部分。

在“互联网 +”的引领下，虚拟创造学民间组织异常活跃。它们本着全民创造力教育普及的宗旨，积极营建正能量的创造学组织网站。在创造学网站建设方面，除了发明协会网站、创造学会网站与部分创意产业协会（文化创意产业网站）网站外，其他相关创造学网站也得到了建设。广告创意、创造论坛、创造动力、创造力百科、大鹏鸟的创造力广场、庄寿强创造教育、创造学与创造创新创业教育、创造教育、创造之梦等网站，都从不同侧面反映出创造学民间组织对创造力传播教育的热情与成效。然而，总体看，我国创造学民间组织主体构成仍然显得十分单薄，且组织形式较为统一，这与培育、开发我国多层次群体创造力相去甚远。因此，构筑我国创造学民间组织主体多样性，已成为我国创造学发展的重要任务之一。

（三）明确创造学民间组织创造力活动目标的针对性

相对台湾地区而言，我国大陆创造学民间组织活动的内容到实施细则都显得十分粗糙。创造学既是一门交叉学科，更是一门精细学科。因为创造性思维具有细腻与缜密的特质，因此，创造学民间组织活动的内容必然要体现出该学科的精细性，这是创造力开发的重要基础。尤其是对创造性思维训练的具体规划细则、活动内容安排的适度性、时间安排的科学性等，都要反映出创造性个体的心理与生理要求。同时，我国大陆创造学民间组织，在传播创造力教育时，还应注意不同年龄群体创造力的开发。创造学民间组织除了重点针对大、中、小学生的创造力提升外，还应注意对中、老年群体创造力的进一步开发。因为我国创造学民间组织创造力传播教育是全面的，而不是局部的，应体现出全民族创造创新的整体素养凝练。由此可见，我国创造学民间组织创造力传播教育的目标，必然以传播教育不同群体对象为基础。

任何一个组织在开展活动时，首先是要确定活动的目标，同时，针对活动对象明确目标实现的具体方案。这里所称目标是指在组织活动过程中，将具体活动对象与所制定的活动内容有机地结合，实施具体方案，最终达到理想的目标状态。创造学组织在开展创造力培育、传播活动时亦应遵循此一机理。从上文对我国大陆创造学组织活动的相关内容分析可知，由于各级各类创造学组织组建模式基本一致，从而导致创造学组织活动目标在制订上没有较大的区别，显得整齐划一。当然，这有利于整体组织活动，但这种统一的规范、制订与创造力培育、开发的本质要求与实际情况有一定差距，因为创造力培育与开发的对象是不同的，所以创造力组织在开展活动之前，就应明确其活动的对象，由此而制订出明细的方案，以便更好地对实施群体进行创造力培育与开发。

实质上，“团体的言传知识变为个体的意会知识的内在化，以及从团体的意会知识变为个体的意会知识的社会化”① 是团体意识与个体意识之间的相互作用。因为创造学组织所从事的相关创造力培育与开发活动，就是要将其意图传达给受众群体，让受众者达以领悟，并在实践中施展创造潜能。当前，我国各级各类创造学组织呈现出“重、大、长、厚”型的特点，在创造力培育与开发场景下已显见出不利因素，尤其不能针对受众群体制定出具体的条目方案。因此，针对这一现状明确各类创造学组织开展创造力活动的目标有着重要

① 罗玲玲：《论团体创造力与个体创造力转化的条件》，《理论界》2007 年第 4 期。

的现实意义。

（四）增强创造学民间组织创造力活动内容的深刻性

依据社会主义核心价值体系与核心价值观，立足于“创新、协调、绿色、开放、共享”的发展理念，创造学民间组织所开展的创造力传播教育活动，在内容上，不应停滞不前，要有敢提他人不敢提的突破；在思想上，不应故步自封，要有敢想他人不敢想的突破；在方式上，不应瞻前顾后，要有敢改他人不敢改的突破。由此，我国各类创造学民间组织，在创造力活动内容方面，必然要从民生出发，把创造力传播教育引向社区市民，促发社区市民创造性发挥，形成心灵美好、身体健康、遵纪守法、帮扶济困、尊老携幼的良态局面。把创造力传播教育引进广大农村天地，积极激发农民群体的创造性，形成村居谦和、环境清洁、设施完善、道路规整、田园优美的生态良景。简言之，我国各类创造学民间组织，不是书斋里的宠儿，而是要以生产生活境遇为基础，提升我国不同群体生产生活的创造性。

创造学民间组织具有社会活动的广泛性，其所开展创造力活动的根本目的就是提升一个国家整体创造力。依此目的，创造学组织针对不同群体或个体进行创造力认知、学习、训练及评测等各项活动，是以培育、开发国民普遍创造力为主要旨归。从目前我国各级各类创造学组织所开展的创造力活动总体看，尽管也取得了一定的成效，但在内容与方式上，创造力培育与开发还停留在浅层面，并没有深入到培育、开发对象的深层次领域。也就是说，我国创造学组织所开展的创造力活动，大多数还只是仅限于传播创造学知识，限于介绍国外创造学发展的历程与经验，推广既有创造技法，而在深入结合我国文化背景、各领域创造实际需要，发展具有中国特色的创造学理论和实践方面很薄弱。

我国大陆多数创造学民间组织所开办的培训班，常常为了追逐经济效益的最大化。尽管在开班中，也体现出创造力的许多内容，但并没有从深处把握创造力传播教育的核心，而将创造力培育与开发浅表化、快餐化。这远远偏离了创造力的根本属性。美国杰夫·德克拉夫（Gaff Degraff）、凯瑟林·劳伦斯（KatherineA Lawrence）认为创造力是“能够带来重大价值的产品、服务、流程或是更新、更好创意的一项或是一系列目标导向性活动”①。这一对创造力的认知，揭示出创造力培育与开发活动的过程性与深度性。可见，对个人、团体与组织创造力的培育与开发不能仅局限于创造结果，更应注重创造力培育与

① ［美］杰夫·德克拉夫、凯瑟林·劳伦斯：《工作中的创造力》，安景文等译，机械工业出版社2005年版，第3页。

开发的全过程，特别是创造者的创造自觉性和创造能力的培养。因此，改善我国创造学组织在培育开发个体、团体与组织创造力活动现状十分必要，切入文化思维与心理、问题建构与发现、创意产生与检测等创造力培育开发的深层空间，培育开发不同群体创造力。

第七章

中国创造学未来建设与发展

所有健全的国民，康强聪敏，有魄力有胆量，无奴性无惰性，肯下功夫，有创造精神，有坚定信仰的人，就是创造新文化的原动力！

——张岱年

中国创造学①是世界创造学重要组成部分，中国创造学发展对世界创造学发展有着重要影响。因此，基于中国创造学发展现状，进一步增强中国创造学研究的内力，不断丰富中国创造学理论内涵有着现实的必然要求。从创造学产生与发展的历史看，尤其是现代创造学诞生对美国等发达国家经济社会发展产生了深远影响。创造学发展不仅直接或间接体现出一个国家科技、经济、工业、社会、生态等发展水平，而且体现出一个国家文化、文明的恢宏发展程度。同时，展示出一个民族奋发向上、勇于创造创新的精神。创造是自然属性与人类社会属性的综合反映，具有深刻的文化内涵。依此，中国创造学在遵循着这样一般规律的同时，必然要呈示出自身的文化特性，即在继承中华民族优秀文化基础上，从中华民族优秀文化的沃土中，撷取健康的优秀基因与现当代创造基因嫁接，生化出以"创造"为核心的中华新文化。从这个意义上说，中国创造学不仅是一门开发、寻找具体创新规律的学问，而且是一门中华民族创新不已的学问。中国创造学既是生产实践的学问，又是精神境界的学问，是人生、宇宙、民族的立体交流与融合。

刘仲林说："创造学是一门研究创造规律、开发创造潜能、提升创造境界的新兴学科。"② 此论以独特视角阐释了创造学的时空观。很明显，"创造规律""创造潜能"是现代生成的术语，是现代各门学科与社会发展的观念总结；同时，又主要是对西方近现代以来科学技术发展的认知归纳。而"创造境界"一说则更具象出现代观念"创造"与中国优秀文化观念"境界"的结

---

① 本章所称中国创造学及其学科地位实指中国大陆创造学。

② 刘仲林：《中国创造学概论》，天津人民出版社 2001 年版，第 38 页。

合。可见，此一对创造学概念的揭示，无疑显示出创造学“古今中西”的综合创新观。诚然，现代中国创造学不仅是中西创造观的结合，即将西方先进的创造观引入中国，与中国本土文化结合，而且现代中国创造学必然要反映出中国文化的日新情结，即将现代创造观与中华文化优秀元素的融通。由此，现代中国创造学就是要形成创造之“成物、成思、成己”① 的完整统一，其是中国创造学“古今贯通”与“中西合璧”的永恒追求。

第一节　中国创造学建设与发展困境

在 1995 年的全国科学技术大会上，江泽民就提出了“创新是一个民族进步的灵魂，是国家兴旺发达的不竭动力”的真知灼见。自此，涉及理论创新、科技创新、思想创新、制度创新等一系列民族创新观纷至沓来。在如此创新境遇的牵引下，中国创造学既看到了前景，又遇到了困境。前景是中国创造学生逢于一个开放创新的时代，在此不多赘言。困境是中国创造学 30 多年的发展，其理论思维与认知观“仍囿于狭小的范围内，中国创造学并没有走出‘小创造学’的思维怪圈”② 的境地，创造学学科地位的缺失。这两个方面，成为中国创造学建设与发展的关键滞碍，从而致使中国创造处于支离状态，没有形成民族整体创造创新实践的大潮。

诚如牛文文在《源创新》序中所说：“中国经济 30 年的成功，主要还是建立在引进、复制、大规模制造上，建立在廉价劳动力和引进外资的结合上；这些年中国企业的产品、技术，复制的多，原创的少，所以附加值低、可持续性差，中国经济的整体创新度不够。”③ 其中“复制的多，原创的少”便击中“中国创造”的要害。由此引发出笔者的思考：一是中国创造学理论体系建构不完善，对“中国创造”引发不够；二是中国创新实践中仍有根深蒂固的顽疾，构成对“中国创造”的隐性羁绊。中国创造学理论著述与学术论文数量呈直线增速，但在思维方式、探讨模式、视域范围等方面，大多数作品仍然跳不出国外的研究窠臼，缺乏一定的理论厚度，忽视了中国创造学的民族特色与创新特色。同时，中国创造学理论不能适时融入中国经济社会创新实践中，中国创造创新实践与创造创新理论离弃现象凸显。

---

① 刘仲林：《中国创造学概论》，天津人民出版社 2001 年版，第 11 页。

② 简红江、刘仲林等：《天人之学：中国创造学之哲学命理》，《贵州社会科学》2014 年第 7 期。

③ 谢德荪：《源创新》，五洲传播出版社 2012 年版，序言第 1 页。

在科研立项、学科建设、人才培养与成果评价等方面，创造学常常寄生于其他学科之门下，带来中国创造学业余化、边缘化地位十分明显，中国创造氛围处于局部领域。时下，以“创造创新”冠名的事务繁多，但罕见完整反映国家层面的创造创新教育的专门政策与法规。尽管有许多学者在部分中小学、高校、企事业单位中，开设了相关创造创新的技法技能培训活动、创设了创造创新基地等，但创造学作为一门学科，仍处于人们的视域之外，中小学、高校、企事业等单位开展的创造活动，大多数处于孤立、零散与片面之状，中国创造观没有产生应有的辐射效应，大众对中国创造创新整体观的认识仍处于模糊状态。同时，固化的教育观念、稳态的家庭观念、缓慢的社会实践观、保守的文化观念等，也构成了中国创造学建设与发展中不可忽视的深层问题。凡此种种，不仅构成中国创造的严重障碍，而且成为中国创造学发展的桎梏。因此，面对严峻的困境，中国创造学进一步的挑战就是“为创造性的事实和模式建立一个元系统”①，为中国创造、民族创新与进步储备丰厚的理论基础，开启中国创造创新实践的纵深方向。

一　中国创造学学科地位困境内外视角分析

现代创造学产生于美国，但在 20 世纪三四十年代的中国也出现了创造教育思想，其主要代表之一是陶行知于 1943 年 11 月 25 日在《新华日报》上发表的《创造宣言》一文，该文深刻阐述了创造及创造教育的重要意义。然而，由于当时时局的混乱，创造宣言的主旨并没有在中国形成氛围。直到 1980 年前后，创造学引入中国内地，至此，中国创造学逐步得到了全面发展。经过 30 多年的艰难步履，虽然在理论与实践上均取得了丰硕成果，但中国创造学学科地位仍难见踪迹。

（一）中国创造学困境内在层面分析

从中国创造学研究的内在范畴看，自 1980 年前后引进国外创造学思想及中国创造学诞生开始，关于创造学理论上的探索取得了可喜进步，但总体相对于国外而言，中国创造学理论研究较为滞后，研究思路、研究方式等方面创新特色不足，借鉴其他学科方法进行创造学研究较少，创造学理论难以播种于创造创新实践中等，诸如此类的问题存在，在一定程度上，制约着创造学学科独立地位的确立。

（1）创造学自身理论研究丰富，但理论系统深入滞后，领域内容创新失衡力乏。中国创造学理论研究主要集中在高校，笔者通过对中国大陆高校图书

① I. Magyari－Beck，Creatology：A Postpsychological Study，*Creativity Research Journal*，1994，72.

馆检索，检索筛选出创造学相关专著1000余部（时间段为1960—2010年）。同时，在中国知网上，笔者分别以“创造力”“创造教育”“创造思维”与“创造技法”等为题名进行了相关检索，得到创造力论文3622篇，其中博士学位论文17篇，硕士学位论文320篇；创造教育论文697篇，其中博士学位论文3篇，硕士学位论文28篇；创造思维论文571篇，其中博士学位论文2篇，硕士学位论文10篇；创造技法论文132篇，其中博士学位论文0篇，硕士学位论文2篇（该段中的数据起止时间：论文数为1979—2011年，博硕学位论文数为2000—2014年），如表7.1① 所示。尽管这些数据不能得出完全归纳意义上的结论，但仍有一斑窥豹的显著启示。

表7.1　　中国创造学理论部分成果情况

项目 / 年份	论文（篇）											
	博士学位论文				硕士学位论文				期刊学术论文			
	创造力	创造教育	创造思维	创造技法	创造力	创造教育	创造思维	创造技法	创造力	创造教育	创造思维	创造技法
2000	0	0	0	0	1	1	1	0	189	134	60	5
2001	0	1	0	0	5	2	1	0	182	93	53	3
2002	0	0	0	0	5	2	0	0	200	80	41	1
2003	0	0	0	0	8	0	1	0	181	52	39	2
2004	0	1	0	0	11	3	0	0	141	55	31	7
2005	0	0	0	0	12	6	0	0	167	37	28	6
2006	1	0	0	0	13	2	2	0	190	21	35	3
2007	1	1	0	0	22	4	0	1	223	36	53	4
2008	0	0	0	0	21	1	2	0	205	34	39	3
2009	2	0	0	0	19	1	0	1	222	23	54	0
2010	4	0	0	0	26	2	2	0	246	23	35	2
2011	4	0	0	0	38	1	0	0	269	27	22	3
2012	1	0	1	0	35	1	1	0	277	17	26	6
2013	4	0	1	0	49	1	0	0	312	18	21	0
2014	0	0	0	0	16	1	0	0	320	16	22	0

一是在创造学理论研究中，创造力研究受到较大重视，而创造技法研究显得十分薄弱。不管是学术论文，还是学位论文，创造技法研究极度令人担忧。这一研究现状，从一个侧面表明，关于创造创新方法认知，还处于浅层化。尽

① 简红江、何国蕊等：《中国创造学刍议》，《中国社会科学院研究生院学报》2015年第6期。

管具体方法不是万能钥匙，不是固定的僵化模式，但方法的基本原则有着一致性，在基本原则基础之上，生长出的各类具体方法，可以为不同创造创新主体开启各异的视角。同时，创造教育与创造思维的研究也出现冷淡趋势。可能由于创造教育更多地涉及国家教育方针层面因素，研究者不愿做过多的探讨；可能由于研究者对创造思维脑科学与心智没有深入把握，从而出现探讨弱势。尽管这些因素分析也许存在一定偏颇，或许还有着其他因素的作用，但事实上，我国创造学理论研究呈现出毋庸置疑的失衡性。

二是在学位论文方面，创造学理论研究令人深思。博士学位论文明显少于硕士学位论文的研究，在“创造思维”与“创造技法”两个领域中呈现极弱信号。这一现象表明，创造学理论深层次研究不够，有待突破。从学位论文研究所占整个论文篇数比例来看，创造学理论研究仍缺乏足够的维度，由此带来创造学理论研究系统性与创新性的困乏。显见，创造学研究现状，从一个侧面反映出“创造学学科体系不成熟”① 仍摆在我国创造学理论创新的紧要关口。正是如此研究现状使中国创造缺失深刻的创造理论体系，不能跨越中国制造的鸿沟。虽然在某些领域取得了世界性进展，但总体而论，中国创造仍然处于缓步阶段，还没有找到突飞猛进的着力点。

（2）过多依赖国外创造学理论研究观点，本土文化特色理论不足。总体看，当前我国出版的创造学专著、发表的创造学论文，在理论观点、创造学研究的方法等方面，基本上还是源于国外现成的结论，针对中国现实情况进行理论探索的不多。在1000本创造学理论专著中，诸多观点重复，并未形成中国创造学整体性理论风格，具有中国特色创造学理论甚少。对创造力概念的界定，要么是直接引用，要么是稍加修饰，加加减减，算作己有。对创造学研究的方法，大多数是直接拿来，照着葫芦画瓢。在创造技法的研究方面，许多创造学专著中雷同引述。当然，在我国创造学理论研究中，也出现了特色景致。傅世侠、罗玲玲的《科学创造方法论》、甘自恒的《创造学原理和方法——广义创造学》、刘仲林的《中国创造学概论》、庄寿强的《普通（行为）创造学》、李嘉曾的《创造学与创造力开发训练》、袁张度的《创造学与创新方法》等专著，都凸显出各自的理论特色与方法，闪现出“万绿丛中几点红”的景象。然而，在创造学思维惯性作用下，中国创造学理论研究与实践应用，在极大程度上，仍受到国外思维束缚，没有在根本上反映出中国文化特色的创新内质，没能形成激发中国创造的民族文化自信力。

---

① 刘芙、陈爱玲：《高校开展创新教育的困境分析》，《广西民族大学学报》（自然科学版）2009年第2期。

（3）创造学理论研究与创造创新实践没能有机融合。从我国创造学理论研究与教学现况看，主要集中于高校。在开设创造学课程的高校中，大多数创造学理论仍处于课堂教学阶段，教学理论能否产生实践效果，并没有得到体现。因为“多数高校的创新教育类课程都被设定成选修课，或者是在个别院系的一些指定专业开设，即使作为必修的考试课，也面临着学时相对较少、硬件投入匮乏的尴尬局面”①。从中可见，一是高校没有对创造创新课程给予足够重视；二是学生普遍需要的创造创新基地较少。在如此观念境遇下，创造创新课程最多只体现了教学任务的完成，因为教学后的实践环节跟不上，至于教学效果却不知其可也。

在我国理工院校，虽然，实验室作为理工学生主要的创造创新场所，但从中训练出来的学生真正达到创造创新成效的甚少。一个重要因素，即是老师不能有效地引导学生去创造创新，甚至可以说相当数量的教师不具备创造创新的观念与创造创新能力的素养。更有甚者，在以人文社科为主的院校或人文社科的学生，即使学习了创造创新课程，也无创造创新的实践规划。诸如此类问题在我国高校中普遍存在。当然，也有部分高校将创造学理论教学与创造创新实践结合起来。如中国矿业大学、中南大学、安徽工业大学等，较好地开展了创造创新的实践环节。虽然创造创新教育在我国中、小学层面也得到了体现，但并没有形成普遍的创造创新局面。因为设置创造创新典型示范的中、小学校，大都处于较发达的地区，或县市，而对于较为落后地区或欠发达地区，则根本无法实施。可见，我国创造创新教育，有试点、有重点，无普及，这种“只见树木，不见森林”的创造创新教育模式，不利于形成整体创造创新意识，不能形成持久的创造创新氛围。

（4）高校中创造学没有形成自身学科位次。依据中国教育部2011年修订颁布的学科分类表显示：在12大门类、92个一级学科、506个二级学科中，并未发现创造学位次，同时，在2010年经教育部备案或审批同意设置的高等学校本科专业名单中，共有1887个本科专业，亦未发现有创造学专业的设置。创造学学科地位的空乏，为创造学理论研究与创造创新实践带来一定的困惑。创造学成了真正的“名不正，言不顺”的边缘学科，学科发展处于十分尴尬的局面。即便如上文所说，部分高校开设了相关创造创新课程，由于学科地位的缺乏，课程开设后的教学实践创新效果令人质疑。

然而，创新型国家建设等一系列战略目标的实现，又必然要做好创造创新

---

① 刘夫、陈爱玲：《高校开展创新教育的困境分析》，《广西民族大学学报》（自然科学版）2009年第2期。

这篇大文章。由此，在我国高校中，尽管创造学没有自身的学科地位，但部分高校还是开设了创造创新相关课程。至于课程设置在哪级学科之下，各自有别，显得相当凌乱。在此自不待言。据有关资料显示，目前我国有100多所高校开设了创造学课程，如中国科学技术大学的创造学课程设置在科技哲学领域；南通大学的创造学课程设置在心理学领域；广西大学的创造学课程设置在政治学领域，等等。在部分高校中成立了创造创新研究中心与创新学院。如中国矿业大学、中南大学、安徽工业大学、绵阳师范学院等。在所开设创造学课程的高校中，课程设置层次、课时时数等均处于游离状态，没有统一的规定。有的高校开设了本科生层次的创造学课程，有的高校只在研究生层次开设了创造学课程。然而，从所开设创造学高校的课程设置选修、必修方式看，大多数创造学课程处于选修状态。同时，在所开设创造学课程的高校中，多数高校并没有形成有效的创造学教学队伍，只有少数高校，如中国矿业大学、中南大学、安徽工业大学、绵阳师范学院等，将创造学教学与创造创新实践结合起来。因此，从我国高校创造学课程建设看，创造学学科地位现状有待迫切改善。

（二）中国创造学困境外在层面分析

任何一门学科的独立发展，不仅需要有着强力完整的内在体系机制，而且也需要外在诸多因素为其顺利成长营造良好的沃土。中国创造学发展轨迹亦应遵循这一规则。然而，这一遵循不是死的恪守，而是遵循不断建构新的机体定律，以利于自身学科的发展需要。中国创造学正是在遵循创造定律的基础上，不断突破陈规戒律，不断建设新的创造灵魂。诚如鲁迅所说：“没有灭亡，哪来建设？旧的不灭亡，新的怎能造成？”[①] 因此，中国创造学不仅要敢于正视自身的缺陷与不足，而且要敢于挑战不利其建设的外在因素，形成内外破立并重格局。当前，从中国创造学发展所处的现实外在环境来看，主要有以下几个方面，严重制约着其学科地位的建设。

（1）固化、僵硬的教育模式观念影响。自近代西方国家教育产生以来，我国教育模式也发生了巨大变化，深受西方教育观念的影响，从根本上改变了我国古代私塾、自学成才的教育模式。西方近代学校教育对其科技进步发挥着重要的内推力功能，在如此深刻的社会变革背景下，中国社会开始步入世界科技、教育的大潮中，在民族落伍的命运中，引入西方教育理念与模式。总体而论，受苏联教育与学科模式的影响，形成的“填鸭式”教育风格，及在这种风格下所生成的一体化教育管理体制，却一直在中国各级各类学校中占据着主

① 崔仲雷：《名人名言》，万卷出版公司2009年版，第68页。

体地位。时下，在不断变革的世潮中，从西方引入了一些时尚的教育洋餐，在一定程度上，点缀补充了中国教育的不足。

然而，西方现代教育的重大突破，中国教育却未能跟上步伐。尽管中国近几十年来，经济社会发展迅速，科学技术进展显著，教育在硬件设施和数量上变化明显，但教育本身深层变革不大，与世界教育前沿相比，还有相当大的差距。教育模式观念的陈旧、固化、僵硬等与创造学所主张的自由、变通、灵活等形式完全形成了对立。总体而论，各级各类学校的教师，在传授学科知识的时候，不能从思想观念、认知方法、实验手段变通等方面引导学生创造创新的能动，只对现有知识规则、定律、实验方法等作单纯讲解，且与现实生活脱离。这一教育现状在我国各类学校教育中均有体现，尤以中小学教育最为突出。上官子木在《创造力危机——中国教育现状反思》一书中，从多个视角观察了当前中国教育中不利于创造、创新的因素。他认为："缺乏宽容精神的学校教育和教学管理是扼杀个体创新精神的一个重要的制约因素，这种制约不仅从外在的角度以社会控制的形式压制个体创新思维的发展，而且从内在的角度以思维习惯的形式抑制个体创新思维的生成。"① 实质上，此论透析出中国教育模式观念中的深层次问题，可见，其亦是影响中国创造学学科地位建设的不利因素之一。

（2）稳定、固定的家庭生活观念影响。从家庭生活观念看，中国人喜欢追求一种稳定、固定的生活方式。稳中求进的生活方式，成为中华民族千百年来的风骨特质。自古以来，中国就是以农耕为主的民族，劳动大众，尤其是从事农耕的劳动者，几千年来，形成了日出而作、日落而息的生活风格。这种稳定、固定的农耕生活方式，在生产力极为落后的时代，成为中华民族昌盛不已的法则，在民族稳定繁衍中发挥了重要作用，为中华民族创造出灿烂的文明。

然而，自近代西方文明产生以来，这种稳定、固定的农耕生活方式显得生机不足，与西方远征跋涉、探险旅游等流动生活方式相比，这种稳定、固定的农耕生活方式，以及至今仍普遍存在"小富即安"的认知观等，在一定程度上，抑制了个体应有的创造创新力。同时，在中国家庭成员之间，几千年来业已形成了威严的家长等级制作风。尊重长辈意志的心理与行为，在一定范围内，制约着子女创造创新的勇气与胆识。长辈、父母之命，子女言听计从的生活理念，已经构成中国家庭生活的主体色调。总体看，虽然现代中国家庭生活方式有所改变，但长期以来，个体、家庭所形成的求稳怕变的生活观念，并没有从根本上消解，而是以隐性、无形的枷锁束缚着中国劳动大众创造创新思

① 上官子木：《中国创造力危机》，华东师范大学出版社 2004 年版，第 5 页。

维。从民族心理结构看，这种稳定、固定的家庭生活方式及其观念，已成为中国社会的普遍现象，其对中国劳动大众创造创新思维的负面影响，无疑也构成中国创造学学科地位建设又一不利的社会因素。

（3）缓慢、保守的社会实践观念影响。近代西方产业革命带来了工业生产的巨大变化，产业革命的开放性、快速变革性，显示出极强的创造力。工业生产的规模化、机器化、一体化与集约化方式，为创造学的发展奠定了实践基础。本质上看，创造学的诞生标志着西方科技与工业生产的高度成熟。这一工业化场景没有发生在中国，因此，创造学没能在中国孕生。封建专制思想对发明创造行为的打压，少数热衷于发明创造的闯将没有形成星火燎原之势。同时，中国没有形成或发展成工业化国家，发明创造所需要的专利保护观念、发明创造孕育出的巨大科技力量、发明创造所呈现的船坚炮利威势等，在中国近代社会踪迹难寻。由此，中国劳动大众发明创造的智慧受到严重抑制，从而形成了缓慢、保守的社会实践观念。

虽然中国现代社会的发展，工业化生产得到了相当程度的提高，劳动群体具备了一定的发明创造意识，但由于民族思维的惯性力量，缓慢、保守的发明创造观念并没有从根本上得到改变；虽然我国现代航天、航海、军事等高端领域聚焦了科技的良态发展势头，但发明创造的民族氛围没有形成，缓慢、保守的发明创造观念在其他领域仍普遍存在；虽然我国现代企业在国际经贸事务中发挥着重要作用，不乏跻身于世界500百强之列，但整体观之，我国企业生产现状仍处于制造产品阶段，未处于创造创新产品阶段；虽然我国提出了建设创新型国家等一系列近中期战略目标，但囿于缓慢、保守的社会实践观念消极影响，中国没有形成普遍发明创造与尖端领域发明创造的辩证统一。同时，就业、安置、帮扶、灾难等民生问题，局部冲突、医患等不和谐现象，等等，不仅提出了常新的挑战，而且需要创造性解决问题的思路与对策。总之，缓慢、保守的社会实践观在我国诸多行业中的影响，在一定程度上制约了我国创造学学科地位的建设步伐。

（4）柔弱、偏执的传统文化观念影响。从人类文明角度看，创造创新本身就是一种文化现象，它是人类社会对自然的延续，是人类社会对自然规律的化育与升华，体现着人类社会的生命张力。虽然中国传统文化，在推进中华民族进步中，产生了深远的影响力，但其中，柔弱、偏执的文化观念在文化、文明延续中仍呈现出消极面。中国古代劳动人民的伟大创造，无不体现出中华文明的风采。在中华古老文明中，无不透视出创造创新的思想火焰。《诗经·文王·大雅》中曰："文王在上，於召于天，周虽旧邦，其命唯新。"《易传》曰："天行健，君子以自强不息；地势坤，君子以厚德载物；天地交，君子以辅相天宜……天地之大德曰生”等，其要旨正显示出华夏创造创新的勇气与力量。

然而，总体看，诸如此类的优良文化宝典没有得到全面更好地转化，在中华千百年的文明历程中，主流文化是以“仁、静、空”为主色调的柔弱文化观，在这种文化观的背后，“创”的观念与行为受到不同程度压抑。在大力弘扬中国优秀传统文化的同时，只注重接受爱心、接受捐赠、接受帮扶等心理与行为，势必会在一定范围内，在一定程度上，导致创造创新的惰性。在我国许多传统文化行业的文化创新中呈现出新的柔弱、偏执现象。一是在柔弱方面，突出表现为传统文化观念变革的缓慢性。大多数传统文化行业，在文化宣传、普及等环节，力度不够，覆盖面狭窄，内容单调，形式刻板，层面肤浅，只沿承传播，墨守成规，不适时创新与变通。二是在偏执方面，突出表现为单纯追求传统文化的经济收益，认为现在传承传统文化就是增加经济收入，把传统文化创新等同于发展文化产业，其完全扭曲了传统文化创新的内核意义，即在开启人的自由创造的心灵价值。

从文化全面创新角度看，中国在部分领域创造创新取得了重要进展，但相对于世界发达国家来说，在重大领域创造创新、核心领域创造创新则仍显得较为薄弱。尤其自近代西方科技文明繁荣以来，中国传统文化表现出的柔弱、偏执的思维定式，未能全面体现创造创新的价值取向，明显偏离了中国创造学的旨归。当前，这一普遍的深层观念对我国创造学学科地位建设仍产生无形的消极情绪。

二　中国创造学学科地位困境特定视角分析

学科地位是通过学科体系得到反映的，即在我国学科门类、一级学科与二级学科的规制中，有无创造学学科存在。中国创造学学科地位的困境，是多种因素的综合反映。除了上文所论的内外因素外，还有着特定的困境视角。鉴于问题的庞杂性，以下仅选取中国高校创造型科研团队建设与自主创新教育两方面作以简要分析，以开示认知创造学学科地位困境的多维视角。

（一）从高校创新型科研团队建设的认识误区看中国创造学学科地位困境

高校创新型科研团队建设已成为高校科研创新的重要平台。然而，在高校创新型科研团队建设方面，存在许多认识误区，为高校创新型科研团队建设与创新设置了种种障碍。

（1）传统观念的错位理解严重抑制高校创新型科研团队建设与创新意识。现代中国高校是受西方科学思想影响而发展起来的，但同时也深受中国本土文化的孕育。尤其是对儒家思想所形成的社会道德观念认知的失真，在高校创新型科研团队建设中，产生了一定的负面能量。主要表现为：

其一，对“仁爱”观的偏解，在一定程度上，消解了高校科研团队的整体利益。在高校创新型科研团队建设中，受儒家“仁爱”观的影响，人们却往往忽视了个体与个体之间、个体与团体之间的适宜关系。在调节各种利益关系时，视“仁爱”观为“人情”观，为“感情”观，为“关系”观等。因此，长期下去，必然损伤“团队”的整体利益。

其二，以“平均主义”等同“公平公正”的内涵，在一定程度上，抑制了高校创新型科研团队的整体建设。“公平公正”是中华文化正义观的体现，在高校科研团队建设中必然要论功行赏，这理应成为其常规则。但由于对各种既得利益的追求，认为人人都有同等的份额，“公平公正”却演变成“平均主义”。由此，根据实绩大小公平公正分配失之偏颇，这种“一视同仁”的做法严重挫伤了个体创造创新的积极性，抑制了高校创新型科研团队整体建设。

其三，注重追求平稳，竞争意识淡薄。总体而言，自古以来，中国人就致力于追逐和谐平稳的生活，不愿在社会变革动荡的环境中寻求刺激，发现问题。依此而形成的民族惯性思维缺乏创新、竞争的勇气，认为竞争会伤“和气”。因此，在某种程度上极力反对团队之间、个体之间的有益、有效竞争。在一团和气氛围中，掩盖自我创新的不足。

其四，疏忽奉献与奖励的协调平衡。在中国注重无私奉献精神的教诲，这是民族的美德。但这种“无私奉献”的精神往往导致的不良后果是，只求利益共享，对个体的贡献没有奖励或奖励甚微，最终扼杀了个体创造创新品格。由此，剔除中国传统文化观念中阻碍创造创新的观念和思想，增强对中华优秀文化元素的反思，并积极向现代化方向转化，是高校创新型科研团队建设的道德要求。

（2）思路不清、认识模糊制约了高校创新型科研团队建设的有效性。高校创新型科研团队建设，是一个复杂的系统，系统的层级结构、管理体制、运行规则、意识认知、硬件配套等，都会必然对团队建设的有效性产生一定影响。总体看，我国高校创新型科研团队建设，依然存在以下不可忽视的问题。本质上，这些问题的存在是对创新认识肤浅的必然结果。

一是形式主义。由于我国高校建设资源分配极为失调，在这种情形下，组建创新型科研团队成为一种形式。于是在资金少、设备旧、场地小等窘境下，随便拼凑一个或几个团队。依此而组建的科研团队成为迎合上级有关部门的招牌，科研实力虚弱，底力不足，科研成果难出。谁有创新成果大家共享利益，竭力倡导“和气”团队。

二是本位主义。本位主义是高校创新型科研团队建设的大敌之一。高校科研团队建设不是孤立的一个，而是多个科研团队群，是系统的机制组合。事实上，这些科研团队之间应该相互交流不同的创新思想与认识，但与此相反，这些不同的科研团队之间并没有做到团队建设与创新有益经验的交流与互享，大都从本团队出发，而否定其他团队对本团队创新所产生的外部作用，有时甚至损害其他团队的利益。

三是个人主义。在高校创新型科研团队内部，个人主义也有着根深蒂固的地位。有些成员利用科研团队的条件，依仗自己的专长，处处本着个人的愿望，处处显示个人的“英雄”气势，不顾他人与团队的利益，损人利己，损公肥私。

四是自由主义。在高校创新型科研团队建设中，有些成员不能遵守团队的章法与目标，自由散漫，没有时间观，没有紧迫感。更有甚者有些成员认为不需要组织固定的科研团队，随意组合，自由发展，认为固定的科研团队会妨碍他们个性的发展与创新，会分享其创新成果。这种自由主义严重阻碍着创新型科研团队成长。

（3）内蕴精神的缺失蒙蔽高校创新型科研团队建设的核心目标。高校创新型科研团队建设应具有一种内蕴精神，指“为了实现某一共同的利益或目标，由相互协作的个体所组成的团队表现出来的精神”①。可见，这种内蕴精神作为团队创新成果的核心纲领，表现为一个共同创新目标，且个体之间相互协作，共同促成团队创新目标的实现。然而，由于主要受市场经济的趋利影响，再加上不能有效地辨识积极的创新因素，从而造成高校创新型科研团队建设中内蕴精神相当缺乏。主要表现为：

一是单枪匹马型。大多数科研人员只是一个人在自己的实验室做研究，或在自己的书房中潜心钻研，或单独外出做调查研究，独来独往，与外部其他科研人员交流很少。

二是荒岛孤立型。趣味相同或相近的科研人员形成一个自由式科研团体，没有组织意图，也不与其他科研团队互动，形成一个“孤岛”。

三是保密闭守型。有些科研团队或科研人员为了保密自己的科研成果，故意关闭门窗，独自研究，有意设置交流障碍。

四是唯利是图型。有些科研人员不遵从科研团队的目标、章法与学术规范，为了个人既得利益，随心所欲，明争暗斗，相互拆台，按照个人的好恶取得所需名分。这些都是创新的绊脚石，是当前多数高校创新型科研团队建设不

---

① 周丽婷、朱婧：《团队精神与高校师资队伍建设》，《长沙铁道学院学报》（社会科学版）2006年第1期。

力的重要原因之一。

诚然，高校创新型科研团队建设中的认识误区是一个长期的问题，是一个民族文化心理结构的不良侧面反映。表现在学科建设上，既会丧失新兴学科创造创新的有利机遇，又会消滞新兴学科发展的素养。在我国，创造学作为起步不久的新学科，对高校创新型科研团队建设有着极强的渴求，因为高校创新型科研团队建设及其科研活动，是创造学理论得以丰富的重要平台之一。然而，在我国高校创新型科研团队建设中，所存在的文化心理结构层面的错位认知，在一定程度上，必然对我国创造学学科地位提升造成阻碍。

（二）从文化视角下自主创新教育的难点看中国创造学学科地位困境

自主创新作为建设创新型国家的核心观念与实践的重要支撑，已经稳步踏入我国科技发展轨道，成为其他领域企盼的重要标杆。然而，以文化为窗口审视自主创新的内涵，并以此将其纳入教育领域进行考究，则是一项新的课题。如何以文化看待自主创新教育中的难点，则成为认知中国创造学学科地位建设困境的又一思路。

（1）自主创新的基本精神没有整体提升。张岱年认为，“天行健，君子以自强不息；地势坤，君子以厚德载物”是中华民族的基本精神，无疑也是自主创新的基本精神。然而，我国大众对中华民族基本精神的领会、发挥与运用令人担忧。主要表现：一是缺乏基本精神的观念；二是对基本精神的内容有所了解，以基本精神为标榜，但并没有真正践行这一基本精神；三是人为割裂“自强不息”与“厚德载物”两者之间不可分离的整体内涵；四是在“自强不息”方面表现出急功近利、浮躁不实，在“厚德载物”方面缺失胸怀宽广、任劳任怨的高尚品德。究其原因主要是：其一追求市场经济利益的“短、平、快”效应，而不能做强做实自己的事业；其二没有深入把握“天行健”与“地势坤”二者间互融互渗的关系；其三对“君子”的内涵没有作时代性领悟，只停留在古文语义时的窄浅层面。虽然新中国成立以来经济社会、政治文化、科技生态等事业的跨越，在极大程度上，彰显了自强不息的中华气节，但由于受多种负面因素的影响，中华民族基本精神的内涵并没有得到全面升华。

（2）自主创新的大众科学民主精神表现出一定的局限性。科学民主思想在20世纪初期已大规模步入中国，为中国迎来了科学民主的春天。然而，我国相当部分大众的科学民主精神却表现出令人深思的窘境：首先，对科学民主认知肤浅，不能科学地把握科学与民主的内涵；其次，对科学民主认识、理解与应用范围很狭窄，甚至割裂了科学与民主的整体关系；再次，对科学民主的理解与应用易走极端，易造成绝对的科学民主心理；最后，科学民主观念并没有在大众心中扎下深根，在中华民族文化发展的航程中，科学与民主受到了不利因素的制约。整体分析而论，造成这一情境的主要原因：一是大众的文化知识相对落后，且在科学普及方面存在着体制与观念障碍；二是大众普遍缺乏科学与民主整体观，致使其对科学民主的理解处于偏狭状态；三是受西方市场经济与科技观的负面影响过大，对认知与领会中国特色科学民主观念有着很大局限性。

（3）自主创新的民族创造思维形态互补机制没有形成。从思维角度看，创造思维遵循的基本逻辑形态主要表现为形式逻辑与审美逻辑两种。何谓形式逻辑与审美逻辑？刘仲林认为："研究概念思维形式及其规律的称为形式逻辑，研究意象思维形式及其规律的称为审美逻辑。"① 目前，在我国创新文化教育过程中，思维形态的主要问题，突出表现在各类不同层级学校教育中：一是没有形成多元思维教育模式理念；二是形式逻辑与审美逻辑的思维教育处于偏重与脱节；三是没有形成多元思维教育模式互补机制。造成自主创新文化教育思维模式整合困难的根本原因何在？其一，科技教育的偏重现象，凸显了概念思维的重要性，忽视了意象思维的应有地位；其二，市场经济下，过于强调科技实用性，没有足够重视意象思维在创新中的作用；其三，当前中国学科效应较注重实用学科的发展；其四，大多数基础教育教师不具备多元思维教育的素质，不能融多元思维于教学过程中。

（4）自主创新的价值观受到虚浮不实、急功近利的影响。随着现代科学技术的发展，多元文化价值观是自主创新教育的内在要求。但许多不能抑制的负面文化价值观正侵扰着我国自主创新文化教育阵地。其主要表现：一是一些文化缺乏民族性与科学性而浮华虚夸，尤其是大众文化空乏品质；二是绿色文化观念薄弱，功利私利价值观凸显张力。究其原因，一是受外来文化负面影响，我们的许多文艺作品过于脱离现实而呈虚夸之质；二是受部分传统文化负面影响，打着科学的旗号，招摇撞骗；三是受经济利益驱使，有些文化形式故弄玄虚、哗众取宠；文化炒作眼花缭乱，迷失众心；文化低级趣味，呈黄呈毒；四是受经济利益至上的影响，科学发展观与环境友好理念淡薄，造成自然资源与社会资源综合利用上的"主体性偏差"② 屡见不鲜。

由上可见，文化视角下这些自主创新教育中的难点，对当前我国创造学学科地位建设的制约是显而易见的。因为中国创造学建设与发展以民族自主创造创新为宗旨，它需要中华民族基本精神的哺育，需要互为融洽的大科学观与大民主观环境，需要民族创造性思维的滋养，需要踏实稳健的多元创新价值观。

① 刘仲林：《中国创造学概论》，天津人民出版社 2001 年版，第 272 页。

② 黄志斌、刘志峰：《当代生态哲学及绿色设计方法论》，安徽人民出版社 2004 年版，第 18 页。

然而，中国创造学学科建设所需要的这些品格，正遭遇着严峻的考验。

第二节　中国创造学建设与发展理论基础框架及实践方法

30多年来，我国创造学总体发展呈现出明显的进步，但在纵深发展方面却面临着种种困境。在理论研究方面，出版的著作与发表的论文数量增速很快，但主要还是对国外创造学的跟踪与模仿，作品在内容与形式上大同小异较多，特色不鲜明、深度不够、创新不足。实践上，创造学与经济、政治、科技、文化、教育等融合，仍有较大间距，不能有机、有效地融入多领域的生产生活中。尤其是在科研立项、学科建设、人才培养与成果评价等方面，常常依附于其他学科，求得生存之席，从而形成了创造学业余化、边缘化的地位。

当前，创造创新理念已展示于华夏大地，多种冠以“创造、创新”名目的行业活动、商业活动，已成为经济社会发展的鲜亮板块，但直接规制创造创新教育的相关政策却难以寻觅。同时，不要说是大众极少知道创造学，即便是高校的教师也极少听说过该学科。虽然在部分企业开展了创造技法培训、设立了中小学与高校创新基地、实施了青少年科技创新示范基地、开展了国外交流活动等，但相对来说，这些活动呈现出稀少性、间断性与孤立性的境况，并没有形成创造创新辐射源的有效性。因为，这些活动缺乏系统的创造学理论支撑。因此，总体而论，创造学只是停留于少数学人的视野与事业中，没有形成社会共识，没有成为“大众创业，万众创新”的理论指导，未能成长为推动我国经济社会发展的应有力量。

目前，中国创造学孤芳自赏的现状已到了必须解决的关键时期，即中国创造学必须走出书斋，步入生产与生活，将已有的创造学理论成果应用于创造创新实践中，普及大众，形成引领“大众创业，万众创新”的新曙光。独自赏析的“小创造学”思维怪圈，已经不能适应创新型国家建设的需要了。因为创造学的特征表明它必须与其他学科交融，形成反映多领域共识的“大创造学”时代，形成反映本民族文化气息的创造学，这一任务已现实地摆在中国创造学建设与发展的前沿。由此可见，跟踪与模仿国外创造学必然要成为历史，建构以马克思主义为指导，以社会主义核心价值观为目标，以中国文化为轴线的中国特色创造学，应成为中国学科建设与发展的重要环节之一。同时，立足中国现实，汲取国外创造学的有利元素，不断丰富中国特色创造学内涵。

《荀子·劝学篇》中说：“青，取之于蓝，而青于蓝；冰，水为之，而寒于水。”以此来思考中国创造学建设与发展之理路，反映出鲜明的理论依据。

虽然中国创造学源于西方现代创造学，但它必然要走向完善，要形成自我理论体系，形成更具宏大的理论观念。1898 年，张之洞作《劝学篇》曰：“中学为内学，西学为外学；中学致身心，西学应世事。”虽然这一论观还不够精准，但从这一角度来思考中外创造学，则可洞见两者间文化观的根本区别。倘若将荀氏的观点与张氏的观点统一起来看，中国创造学发展就显现出一条清晰的思路，即中西结合发展之路，而不能仅停留在模仿西方创造学方面。虽然西方文化观侧重对外在事物客观规律探索，东方文化观侧重追求主体的内在觉悟与身心境界，但中国创造学不是单纯的学理境界探索，而是以内学为根基的致用之学。事实上，中国传统文化“格物—致知—诚意—正心—修身—齐家—治国—平天下”的内在逻辑理路，就显明地展示出从内学修行到外学致用的根本法则。由此可见，中国创造学的民族文化根基，天然地为中国创造学奠定了“古今中外”创造创新的大文化整体观素养。

从根本上说，西方创造学起源于工业化生产，以追求利益最大化为最终目的，因此，其创造学体现了工程性，以发明创造为主攻对象，以创造技法普及为重要手段，从而形成了以发明创造成果及其所产生的经济利益为衡量标准的至上纲领。从中国文化视角看，西方创造学注重“成物”，即注重创造成果。相对而言，中国传统文化偏重“成己”，即注重身心之觉悟。当前，中国创造学既要重视“成物”，创造出领先世界的精品成果，又要重视“成己”，提高大众发明创造的境界，探索“中西合璧的 21 世纪创造学新貌”①。要言之，中国创造学应体现出无限的广大性，与西方现代创造学相比，更具有丰富的内涵与包容性。因此，应从更广阔、更精深的视野洞悉中国创造学未来建设与发展，其所产生的效果不仅是创造学领域的变革，更体现出中国文化建设的新景致。

一　原旨进程——从生生到创造不息

现代创造学源自西方，西方文化观完全是现代创造学的母体。而中国传统文化根出东方，如何将中国传统文化与现代创造学进行嫁接联姻，不仅是一个学术问题，而且是一个两种文化意识冲突与交融的问题。两者时空差距甚大，如何打通两者间的脉络，一个时期以来，为诸多中国哲人所思考。现代创造学为其后西方经济科技等带来的冲动，已经深深地触动着中国学人的情绪。西方文化孕育出西方现代创造学，中国传统文化应该理所当然孕生出中国创造学。正是这种信念与执着，在现代创造学的启示下，中国创造学便进入中国学术的

① 刘仲林：《中国创造学概论》，天津人民出版社 2001 年版，第 6 页。

视野。

确切地说，在中国传统文化中，中国传统哲学占凸显地位。然而，在中国传统文化中，虽不乏创造创新元素，但众家学派中所谈创造创新甚少。在中国传统文化中，创造创新的思想表达，相对于整个中国传统哲学来说，显得十分有限。事实上，正是这罕见的创造创新思想，显得又十分珍贵。因为它是中国文化的生命根源，也是中华民族的生命根源。尽管许多中国传统哲学观并不含有创造创新观念，甚或有些压抑创造创新之倾向，但中国创造学建设应该有着自身的文化命脉，即以中国文化为基源。尤其是中国传统文化中优秀的有利于现代中国经济社会发展的创造创新思想，不仅应成为中国经济社会发展的有益营养，而且应成为中国创造学建设的文化源头。由此可见，从中国传统文化的核心层面延伸出现代创造学的有机因子，是中国创造学理论建构的深层问题。

中国哲学大师张岱年曾说："哲学为天人之学。天者广大自然，人者最优异之生物……辨万物之源，明人生之归，而哲学之能事毕矣。"① 张先生直接将哲学纳入自然与人之间的关系中进行思考，从而历练出自然与人之间的深层意蕴。在天的广大范围内，人是最优秀的生灵。人具有辨析深察物之根由的高能思维，具有弘达精微自身价值的取向。本质上，这是人的能动性，更准确地说，是人的创造创新本能的体现。哲学不仅是自然生命的反映，也是人生生命的反映。其中包含着生动的创造创新动因，这才是哲学最难能可贵的品格。

由是可见，在中国古代哲学中，始终将天与人放在一起进行思考。人作为天的独特产物，已成为天的骄傲，因此，相对于人来说，其所积淀的哲学要义：一是探析万物以求根本，二是明察人生以求所归。两者相通相融，尤其是天之自然创生之本质，在人亦有之。依此，人应充分发挥其天然之创生能力，这也是人创造自身的本性体现。诚然，天人问题作为中国传统哲学长期关注的凝重焦点，一直延续至今，其中所蕴藏的深刻哲理，也一直受到中国众多哲人的探索。自中国近代社会以来，部分中国哲人开始从天人观的角度思考世界变化的本质问题，认为"创"是天人合一的根本旨归，关于此方面的诸多见解，亦为当前中国创造学建设与发展奠定了必要的理论与思想基础。

（一）生生之转化

《易》可谓中华文化源泉的浓缩，其生生之思想仍是中国传统文化中最突出的代表。纵览中国传统文化的历程，这一生生思想便成为"天人之学"的终极关怀。本质上，生生思想是对自然生成认知观的哲学反映，体现了自然规律繁衍变化的发展进路。直到 20 世纪，中国哲人对这一生生思想进行了深入

① 张岱年：《天人简论——人与自然》，《孔子研究》1987 年第 3 期。

探索，在认识上，便有了重大突破，其中，中国哲学大师张岱年先生对《易传》之生生思想作了历史性、创造性的转化。这一转化为中华文化传承与发展敞开了一片广阔的天地。其曾对《易传》有一段精妙的诠释：

> 《易传》认为，变化的根本要义是“生生”。《系辞上》赞美天地的伟大说：“盛德大业至矣哉！富有之谓大业，日新之谓盛德，生生之谓易。”世界是富有而日新的，万物生生不息。生即是创造，生生即不断出现新事物。新的不断代替旧的，新旧交替，继续不已，这就是生生，这就是易。①

这一精深至微的诠释，为我们再认知《易传》生生之思想，找到了新的切入点。不管是在认识论上，还是在方法论上，都是对《易传》的全新剖解。尤其是在以下两方面，为我们点明了如何转化中国传统文化中的优良品质，以及如何践行中国传统文化优良品质的思路。一是找到了传统与现代的接榫点，即《易传》中“生生日新”之思想，成为传统到现代转化的突破口。二是找到了传统与现代的转化语境，即“生即是创”这一重要转语，把中国传统文化的核心基点从传统转到了现代。由此可见，中国传统文化中生生之思想的转化，为当代中国创造学建设与发展注入了永恒的信念。

（二）宇宙大历程

从中国的古圣先贤到现代的智慧哲人，不约而同地认为，宇宙是不断翻新的大历程，这一宇宙进化、发展的观念也成为中国传统文化的重要命题之一。从“自然之谓天；生生之谓易”的语境中，无不体验出中国哲学动、静交互的辩证观。固定、静止与非固定、非静止之间，不断生成流转，在不断进步中趋于圆满，一切皆在流转中完成了存在的意义。宇宙大化之历程无不包容着、体现着万物的繁衍与创生。由此，张岱年从创造的广义范畴精辟地论述了宇宙之创造历程。他说：

> 宇宙大化由粗而精，由简而赜，由一而异。宇宙是一个创造的发展历程。突变即是创造。突变是新性质之创成。世界已往之成就，并非毁灭，而乃容纳于新的成就之中。每一次新的否定之否定，皆增加世界丰满之程度。世界并非完成，世界在创造之中。②

---

① 张岱年：《张岱年全集》第5卷，河北人民出版社1996年版，第228页。

② 张岱年：《张岱年全集》第1卷，河北人民出版社1996年版，第370—371页。

可见，张岱年先生深入体察了宇宙大化与创造的密切关系，从现代文化观的角度，剖析了中国传统文化中宇宙大化的深刻哲理，以现代哲学思维揭示了中国传统文化中世界永不完满，并趋向完满的创造观念。从文化创新的角度看，这一精深论述，对中国创造学建设与发展亦有重要的启示。

张岱年先生关于宇宙大化历程的独辟之见，不仅体现了其坚持《易传》“生生日新”观的传承风范，而且体现了其从时代需要出发，结合自己实践体会，对生生日新的宇宙观内涵进行了创造性提升。尤其能站在新时代角度，用现代哲学思维来理解、领悟中国传统文化中的优秀品质，这是对中国传统优良文化弘扬的必要理路。从宇宙大历程中巧妙地引申出“创造”新范畴的独特视角，为宇宙大历程增添了新内涵。虽然“创造”一词自古已有，但“在我国古代，‘创’及其相关词汇，都埋没在千千万万普通字词中，其文化精神价值，尚未被发现”①。张岱年重审中国哲学之偏陋，将创造纳入到中国哲学的基本范畴之中，视宇宙为生生不已的创造历程，建立起独具新颜的天地观。

（三）人生大生命

在中国智慧哲人中，不乏从宇宙与生命的关系揭示人生的重要意义。梁漱溟以生物进化为视角，以广义创造观为基础，深刻反思了人生大生命的创造本旨。其对中国传统文化中人生与生命关系的揭示，为我们认识人生创造的意义再次厘清了思路。深入而论，梁先生已跳出人作为自然界中的一类，被动遵循自然规律的视线，首肯人在自然演进中的创造性智慧。实质上，梁先生这一哲学观与荀氏的观点颇似，但其是用现代文化认知观来探讨人在自然界面前的创造本性。因为人作为自然界中最具灵性的体现，必须要展示其主体、主动地位，即在遵循自然规律的同时，充分发挥主观能动性，认识、总结、体悟与利用自然规律。由此，人作为类群，必然体现出其于自然界中的主体地位。而人的个体基于类群主体地位，定然凝聚出人生最大的责任，即创造。诚如梁漱溟指出：

> 宇宙是一个大生命。从生物的进化史，一直到人类社会的进化史，一脉下来，都是这个大生命无尽无已的创造。一切生物，自然都是这大生命的表现。但全生物界，除去人类，却已陷于盘旋不进状态，都成了刻板文章，无复创造可言。其能代表这大生命活泼创造之势，而不断向上翻新者，现在唯有人类。故人类生命的意义在创造。②

① 刘仲林：《中国创造学概论》，天津人民出版社2001年版，第21页。

② 梁漱溟：《朝话——人生的醒悟》，百花文艺出版社2005年版，第79页。

梁先生独到之见，从宇宙进化创造到人类生命创造意义的推演，凸显了人类在大生命演进中的独特创造性，为人生历程刻写了永恒的创造轨迹。

实际上，梁先生并没就此搁笔，而继续通过追问来回答人的生命智慧的动力本源。他自问并回答说：

> 人类为什么还能充分具有这大生命的创造性呢？就因为人的生命中具有智慧……智慧是什么？智慧就是生下来一无所能，而其后竟无所不能的那副聪明才智。换句话说，亦就是能创造的那副才智。①

从中，我们可以领略到梁先生对人生的深刻思考，认为人应该挖掘出自身的智慧潜能，这一智慧潜能之根本莫过于创造，唯此，人之生命才会呈现出美轮美奂的图景。实质上，这一自问自答不仅进一步回答了人与其他生物的区别，而且从根本上揭示出人生大生命具有创造性的天然智慧，大生命的源泉即在于创造。

（四）天人归合一

“天人合一”作为中国传统哲学的古老命题，成为中华民族千百年来思考人生与宇宙关系的基点。这一基本命题所折射出的诸多观点源远流长，是中华民族对人生与宇宙关系的认知与总结，是中华民族改造、创造自我与自然的结晶。在中国传统哲学中，所论天人合一，侧重于静态的天人观，人作为自然之物而顺应天然之变化，人处于被动地位，这一点在老子思想中表现得较为突出。因此，在一定程度上，抑制着人的主动认知自然、利用自然与创造自然的本性。当然，在后来的荀子思想中，“人定胜天”的观念，主张人应积极顺应自然，展示出中国传统哲学中的创造创新思想，其是对消极顺应自然态度的很好回应，但“天人合一”仍然是其最根本的基础。

作为传承与发展中华文化优良的使命，天人合一观应体现出运动、变化的非线性状态，在阴、阳交融互渗中产生创造的和谐，体现出人的创造创新能动性与主体性。诚如张岱年所说：“人生之鹄的在于‘动的天人合一’。人之作用在自觉地加入自然创造之历程中，调整自然，参赞化育。人的创造亦即是天的创造，人改造自然亦即是自然之自己改造。人克服天人之矛盾以得和谐，亦即是天自克服其中矛盾以得和谐。”② 实际上，张先生将人作为自然的重要能动因素与人是自然的一部分统合为一，人处于自然之中，必然反观于自然，人

---

① 梁漱溟：《朝话——人生的醒悟》，百花文艺出版社2005年版，第79页。

② 张岱年：《张岱年全集》第1卷，河北人民出版社1996年版，第393—394页。

的自我创造实质上也是自然创造的体现，人的自我创造力基于自然，又高于自然，这一动的天人观无疑是创造的化生。

由此可见，“动的天人合一”突出了人作为自然代言者的主体地位，自然界中最具灵性的创造实践活动，则体现了天人合一的真实场景。天高地卑，山林平泽，寒来暑往，日月交替，万物化生仍是自然进化、孕育创造的结果。人作为自然界中最具灵性的特类，有义务自觉、能动地参与自然创造的过程，将人的意志、要求及理想与自然之规律达以有机统一，在人的创造中达以应然与实然的谐调，使创造从混沌走向有序。正如刘仲林所说：“人以自己的创造响应自然的创造，从创造中来，又回到创造中去，达到天人和谐的境界，体验到天人合一的真谛，这就是‘动的天人合一’。”①

（五）自强原动力

《周易》作为中华传统文化精深妙义的汇集，受到千秋万代中华哲人的研演，意在探索中华民族创生的源泉。其中对《周易》中生生思想的现代转化、宇宙与人生创造历程的提升、天人合一中创造内涵的挖掘等，自中国近代以来，也一直成为中国哲学领域探索的核心内容。《易传·乾卦》曰：“自强不息乾龙健。”通过一个“乾”字描绘出中华民族直前的方向、勇毅的力量、刚劲的生命与文化之本征。尽管在中华传统文化中，并没有对创造做出深入的探讨，但创造的思想与实践已成为中华民族苍劲有力的见证，亦体现出中华民族自强自立的创造风格。由此，在《象传》中以“天行健，君子以自强不息”来阐释了“乾”的普遍意义。其中“自强不息”成为中华民族奋斗、繁荣的原动力，亦是对天的创造力的升华，将自然无生命的创造延伸到人有生命的创造。但在《易传》中对这一原动力究竟为何，便没有作更深入的解说，这也为后人留下了探索的空间。

美籍华裔创造学家郭有遹对中国哲学的深究，为我们认识、理解中华民族自强原动力究竟为何，作了具有时代性的阐释。其将《周易》中大智大慧之思想应用于创造学理论中，为中国创造学的发展输入了哲学意蕴。郭有遹说：

> 易经以一阴一阳相生相克之理解释宇宙万物演变之现象，又以“生生之谓易”解释万物演变之基本道理。可见易经中所谓之易亦含有创造之义。我们不妨将“天行健，君子以自强不息”改为“天行健，君子以创造不息”以符合生生之谓易的原旨。②

① 刘仲林：《关于中国创造学建设的思考》，http：//gzcxcz. kmyz. edu. cn/dt/Mjkz. aspx。

② 郭有遹：《创造心理学》，正中书局1983年版，第1页。

这一表达直抒胸臆，站在世界观与人生观的高度，鲜明透彻地厘清了中华传统思想到现代转换的路径，点明了“自强不息”原动力之所在，即创造。这正是中国创造学所追寻的文化着力点。由此，他坚定地从中国哲学层面界定了创造的内涵：“创造是个体或群体生生不息的转变过程，以及智情意三者前所未有的表现。其表现的结果使自己、团体，或该创造的领域进入另一更高层的转变时代。”① 直接体现出《易传》生生思想与现代创造观的结合，从而在中华传统文化的古枝中又繁育出崭新的尖角，正所谓枯木新枝，展现出中国文化发展的深远视野。

总之，以上五个方面简略地阐发了中华传统文化中的优良品质，而这一优良品质的切实体现便是创造的升华。中国现代创造学的建设与发展，作为现代中华文化的一个部分，自然就要立足于中华传统文化优良品质的基础上，晰清中华民族创造的思想，深入挖掘中华传统文化中有利于中国创造学建设的因子。这一点，中国科技大学刘仲林作了深入而有益的探索，为我们指出了中国创造学建设与中国传统文化结合的明确思路。尤其是要站在与时俱进的立场上，致力于创新型国家建设，弘扬中华传统文化中的优秀品质，以科学发展观来洞悉中华传统文化中的先进理念，以社会主义核心价值观为始终之取向，将中华传统文化中的优秀品质与马克思主义文化有机整合起来，形成现代中华文化的创造创新动力源泉。这也是中国现代创造学建设与发展的根本保证。同时，放眼世界，积极捕捉世界发达国家现代创造学发展的可贵经验，在中国创造学建设与发展中，真正达到“引进、消化、吸收与再创新”的目的。如图7.1所示：

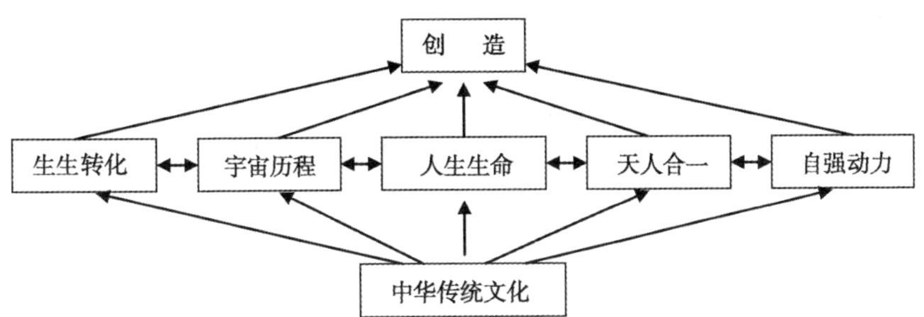

图7.1　中华传统文化到创造转换的理论基础框架

① 郭有遹：《创造心理学》，正中书局1983年版，第7页。

二 真有价值——从求放心到悟创造之道

以上多视角探寻了中国传统文化中宇宙人生观的内核要素——创造。尽管创造一词没有直接出现于中国传统文化中，但章句言词中，不乏创造创新思想的动态流布，其为中国创造学建设、发展揭示出厚重的文化与理论基础。在中国哲学中，对天地万物的思考一直是人生追求的重要依托，因为只有对天地万物有一个深度认知，才能明晰人生之方向，所以谈人之创造必然要联系自然之创造。自然之创造是人之创造的根，涵养着人之创造；反之，人之创造则是自然之创造的枝，是自然之创造的升华。人之创造承袭着自然之创造的自觉，是合自然之创造与人之创造的完整形态与高级形式。两者形影不离，虽异体，但同炉。从主体看，人的创造在自然创造之外；从客体看，人的创造又在自然创造之中。由是观之，看似谈天说地，实则“究天人之际”，剖解人生价值之缘，乃拨雾见月之妙达。这就是中国创造学建设与发展所需要的深层次心路历程。

实质上，中国创造学建设所呈现出的宇宙之宏旨，是包括自然之创造与人之创造的融合，是世界观与人生观的统一，是中国传统文化与马克思主义文化的统一。这也正是中国创造学与西方现代创造学根本之不同点。总体而论，西方创造学诞生于工业、科技发达的环境下，因此，重在穷理知物，重在微观领域寻求创造的动因与机制，以期获得有效实用的创造技法，最终实现外在成物的目的；而中国创造学的基本观点，虽然来源于西方，但这些观点一旦进入中国，就要受到中国文化思想的影响，就要融入中国文化的熔炉，在格物致知的基础上，与中国传统文化核心思想，即宇宙人生观合拍。因为宇宙人生观是中国创造学建设与发展的根本哲学背景。中国创造学视宇宙万物之发展为创造之必然，是对中华民族先进文化观创造性的反映。中国创造学认为人作为宇宙万物之首类，就要在实践中觉悟创造，充分发挥创造潜能，谱写奇美人生。可见，“觉悟创造之道”是中国创造学对创造之关键把握。

（一）“创造之道”的最高追求

道，作为中华文化的核心基点，有着怎样的心路历程，其最终应归位于何种认知，自古至今，探求者甚多。不管人们对“道”有怎样的理解、认识，抑或全然不知，但其漫布于人们流连忘返之中，浸泡在人们身心跌宕之间，徜徉于人们生活实践之域。正如《易传·系辞上》曰：“仁者见之谓之仁，智者见之谓之智。百姓日用而不知，故君子之道鲜矣。”① 可见，“道”与我们的生

① 郭生旭：《周易全书》，当代世界出版社2007年版，第347页。

活实践须臾不可分离，只是没有很好地把道彰明出来。但如何在生活实践中把握道，并体现出道的最高层次呢？其实，孟子早已提供了打开道门的金匙，即“求其放心而已矣！”把丢失的心找回来。本来，此句是孟子专论如何做学问的。在此，将其意引用于找回创造之心，则别有一番风味。依此而论，找回本心，以本心实践、体悟宇宙人生的创造观，这才是中国文化最具魅力之所在，此也为中国创造学建设与发展奠定了深刻的哲学机理。而人的创造本心究竟有着怎样的特性呢？从老子对道的认知中，似乎有所明白：

> 有物混成，先天地生。寂兮寥兮，独立而不改，周行而不殆。可以为天地母。吾不知其名，字之曰道，强为之名曰大，大曰逝，逝曰远，远曰返。故道大，天大，地大，人亦大。域中有四大，而人居其一焉。人法地，地法天，天法道，道法自然。①

这里老子给出了“道”的最初内涵，“道”表现为一种物之本源，其形态之大、之无、之空、之远、之永恒，而为人所不能视之。但其将天、地、人纳入一体，从而体现出“道”无疆的包容性。因此，人作为万物之灵长，更应效法天、地“无为而无不为”的创造精神。同时，老子从道体、道用两个方面阐释了“道”的性质与功能。因此，可见“创造之道”也应有着“道”的一般特征，体现出博大、高远、深广的无限永恒。诚如《易传·系辞上》曰：

> 一阴一阳之谓道。继之者善也，成之者性也……是故形而上者谓之道，形而下者谓之器。化而裁之谓之变，推而行之谓之通。举而措之天下之民，谓之事业。②

此论首先从事物矛盾的对立面，阐释道的力量具有内生性，是此长彼消，相克相生的，而这正是新事物诞生、旧事物灭亡的创造性过程。由此，人的最大价值就是承接这一天道法则，成就最辉煌的事业，这就是天性的体现，是创造的体现。其次，阐述了无形道体之妙用与成就万物之必然性的关系。这本是天道与自然万物之关系，但作为人则只有顺承了天道之性，才能创造人生事业。因此，人通过对天道内涵的深刻把握，适时修制规则，达以普遍应用，则成为创造之必然。更有甚是“道”与“器”之关系，不仅体现出个体人生的

---

① 李耳：《道德经》，青海人民出版社 2007 年版，第 15—16 页。

② 郭生旭：《周易全书》，当代世界出版社 2007 年版，第 347—357 页。

小创造，而且展示出大众顺天道、成大器、成大事、成大创的鸿篇深蕴。

顺此而论，道的最高追求成为中国哲学探索的重要观念之一。哲学大师金岳霖曾说：“中国思想中最崇高的概念似乎是道。所谓行道、修道、得道，都是以道为最终的目标。思想与感情两方面的最基本的原动力似乎也是道。”①虽然此论点明了“道”在中国思想中的重要地位，并没有给出“道”的最高追求内涵，但金先生深刻地指出了“道”在思想与感情两方面所表现的能势。事实上，这种原动力是创造的最初萌芽。

庄子说，“道”在瓦砾中，在屎尿中。诚然，“道”在一切生活实践中，随处即是。只有以心，才能体悟“道”的深妙之处。譬如使用筷子，亦有“道”之所存。无论会用筷子的人怎样讲解用筷子之方法，初学用筷子的小孩总是不能掌握。因为通过语言表达使用筷子的方法，是一原则规定。在具体操作上很难把握手握在筷子何处的度。只有通过反复实践，小孩才能掌握用筷子的要领，达到“筷、手、口、碗合一”的境界。

由上可见，“道”在中华文化中有着极深的意蕴，虽不可言说，但在生活实践中，是可通过身心体悟而达到真知妙义的。正如刘仲林所说：“作为境界的道，是指通过对事物的整体领悟而在实践上达到的境界；作为中华文化总追求的‘道’，是指通过对天人（宇宙人生）的整体领悟而在实践上达到的境界。”② 其境界即是“道”的真谛！亦即是“创造之道”的最高追求。

（二）“创造之道”的体悟方法

从老子与《易传》中所阐明“道”的最初内涵看，尽管两者有些差异，但都表达了“道”与实践紧密关系的共同主张。认为“道”是在实践中体现出来的，作为主体的人，只有承接天道法则，才能创造出宏伟的事业。中国创造学的核心观点，就是以创造实践为立足点，觉悟“创造之道”的真有价值。创造所体现出的真有内涵，是对现存旧有观念与不良习俗的彻底否定，不是仅停留在肤浅时髦的口号与实用有效的现有产品上，而是对宇宙的深悟认知，是大彻大悟的人生转变过程。事实上，当今我们的心胸深宽有限，目光仍很狭窄短浅，难能容纳诸多“创造”的奇思妙想。同时，无视宽松的创造环境的重要意义，鄙视创造性人才时有发生。然而，面对创造创新的成果，虽然无功，但贪欲难却。这样在一定程度上，不免会造成创造创新的尴尬局面。由是观之，面对创造大潮，我们的心理显得很是脆弱。所以对现有创造创新知行“范式”的深层变革，是我们获得新的创造精神，体悟创造大道的必然途径。

---

① 金岳霖：《论道》，商务印书馆 1987 年版，第 16 页。

② 刘仲林：《中华文化人生亲证》，华中科技大学出版社 2007 年版，第 6 页。

《孟子·告子上》曰："学问之道无他，求其放心而已矣。"借用古圣先贤之意蕴，"创造之道无他，求其放心而已矣"。创造是人对自然天性的承继，不仅有着外在的成果表现，而且有着内在心灵的空达。所谓放心，即是心已经被外界尘物所蔽，填塞得没有空隙，心被眼花缭乱的私欲紧紧地牵着，不能沉静下来思考人生社会宇宙的价值方向，不能显现心的真智慧。在此，将创造与放心结合起来看，就是把放逐的创造之心找回来，找回创造之本心，其是觉悟创造本性之常态根基。

创造是自然之本质属性，亦是人之本性。人作为创造的能动载体，一则延续了自然之元初性态，二则又升华了这一元初性态。人之创造本性，不是偏离自然的灌输，而是大自然赋予人最具光彩的灵性。正如《中庸》云："天命之谓性，率性之谓道，修道之谓教。"其义鲜明地表达了人之本性是天赋予的，在生活实践中，遵循人之本性就是道，以此道内修己身，外化他人就是教。在儒家看来，修己诲人可谓仁矣。倘若把性仅限于仁的认知，未免显得古蕴有余，今义不足，缺乏时代生命力。如此看来，性与仁究竟为何才具有时代生命力呢？诚如刘仲林所说："儒家认为是'仁'，我们认为是'创'。觉悟这种本性，自由发挥这种本性，把这种本性贯彻到教育中去，是修道的最高境界。"①可见，在教育中，觉悟创造本性才是人性的最高表达。依此，人之本性是在创造实践中对创造境界的至美体验，是自由创造的亲证，此即率性之真义。如下例：

> 我妹妹有两个孩子，是双胞胎，一个男孩，一个女孩，今年3岁，正是对外界充满探究的年龄，他们的感悟性是很强的。虽然没有学过音乐和舞蹈，每当音乐响起来的时候，他们不自觉地就开始随音乐跳舞，姿态非常的美。男孩与女孩的领悟是不同的，女孩随着音乐有节奏地扭动屁股，动作很协调，男孩则随着音乐，不停地在地上翻跟头，又蹦又跳，动作夸张，越是人多的时候，越爱显示自己，动作越多。这都是他们本性的一种自我发挥，让人感觉是那么的协调与自然，毫无造作之美，没有人为的作用。我的女儿今年8岁，已接受2年的舞蹈学习，跳舞时反而没有3岁孩子那样的自由、自然。当音乐响起来的时候，跳的都是老师教的规范动作，很标准、专业，但已看不到自由自在发挥的天性，而且年龄越大，越拘束，越缺乏个性的创新。规矩有了，率性之道却丢失了。②

① 刘仲林：《中华文化人生亲证》，华中科技大学出版社2007年版，第254页。

② 刘仲林：《中华文化精修入门》，中国科学技术大学出版社2009年版，第195页。

从这一案例中，我们清楚地看到，创造作为人之本性，是自由自在的发挥，是“心有天游”的实践活动，那些不必要的制约人之行为的框框、条条与章法，是对人之创造本性的压抑。由此启示我们，学校教育更应注重学生创造本性无拘无束的展现。

（三）“创造之道”的至法理念

在谈及创造的时候，人们往往想到的是创造方法及其所产生的现实成果。这是创造的工具论与实用论的明显体现，其撇开了创造的整体性、深层次要义，与中国创造学建设与发展理念相去甚远。因为中国创造学是包括工具论、实用论在内的完整的思想体系，不仅有创造的显性表达，还有创造的隐性体悟。这一内一外，一刚一柔，一阳一阴之辩证观，正是中国创造学建设与发展的至理追求。中国创造学的核心机理表现是创造之道，是以创造实践为根基，而达到的创造身心的整体领悟，因此，创造的有形之法与无形之法应达到高度和谐统一，方能产生意想不到的创造成果。

当前，流行的创造技法有其存在的必然性与必要性，因为对于初涉创造领域者来说，对创造要有一定程度的显性认知，要打破原有的思维定式，要跳出旧有的观念形态，而创造技法正是其通向深层次创造环节的引导师。相对于创造与创造者的原初状态，只根据现有创造技法而进行的实践活动，本质上，不能称之为创造，而是一种机械性模仿。不管是从创造的广义角度，还是创造的狭义角度，创造的本质是新颖性、首次性。只有出现这样的成果，才能称之为创造。

可见，对一位成熟的创造者而言，现有创造技法只是通向创造的初始工具，要想取得巨大创造成果，是要形成创造的心灵之法，亦即为有形之法与无形之法融会贯通的方法。因为包括精神与物质双重意义的真正创造是无法模仿的。正如鲁迅所说：“什么是路？就是从没路的地方践踏出来的。”① 在我们没有看到路之前，是心灵之路。这种无形之路，足以让我们认准开辟道路的信念。此论为我们理解创造、实践创造点明了完整要义。诚如科学家钱学森所说：“科学研究方法要是真成了一门死学问，一门严格的科学，一门先生讲学生听的学问，那大科学家也就可以成批培养，诺贝尔奖也就不稀罕了。”② 从此论所表达的意义可见，创造技法倘若成了一门死的、固定的学问，这个世界也就不会有“生生日新”之古训了。

---

① 姚洛、谢云：《鲁迅论人生和社会》，甘肃人民出版社 1987 年版，第 8 页。

② 钱学森：《为科学家论方法写的几句话》，《科学家论方法》，内蒙古人民出版社 1984 年版，第 2 页。

《反对方法》是美国科学哲学家费耶阿本德的代表作，在该著作中，他提出科学研究“怎么都行”的无政府主义主张，反对一切方法。他认为：

> 我们想探索的世界在很大程度上是个未知的实体。因此，我们必须保留自己的选择权，切不可预先作茧自缚；科学教育不可能同人本主义的态度相调和。它有悖于培育个性，而只有个性才造就或者说才能造就充分发展的人。①

这一反对科学研究方法的理由，虽有片面性，但亦包含有一定的道理。尤其是就创造来说，不能受制于现有方法。在学习、理解、掌握与运用现有方法的同时，要敢于突破现有方法的理路，形成新的方法，以此新方法为手段，而达到创造的境界。我国清代僧人画家朱若极说：“至人无法，非无法也，无法而法，乃为至法。”此言本是就作画而论，倘若从中国创造学视角审之，“创造之道”则豁然开朗，其是容纳一切创造技法的极高明方法。此种方法，不可言说，而是现有方法与其相关因素所形成的整体思维观，通过创造主体领悟的微妙心法。创造成就极高的人已不受现有方法之约束，其对现有方法的理解与掌握已达到炉火纯青的境界，其心灵之法已超越一切有形之法，此乃“创造之道”的至法体现。

要言之，中国创造学的方法核心，就是突破现有创造技法与旧有观念的束缚，立足创造实践的整体领悟。它不是创造技法的增减，而是融无数创造技法于一体自由发展的境界；它不是创造技法的完备，而是含无数创造技法于一炉的创造境界实现。至此，“创造之道”的至法理念便一目了然。

三 中国创造学与创造教育

自西方现代创造学诞生以来，创造学以独特的身份在教育中占有特殊的地位。本质上，创造学在西方教育中的显赫声誉，也是西方文化发展的必然。因此，中国创造学建设与发展应立足中国文化之本旨，在教育领域实现有效性突破，让中华文化人生之本质产生创新性的民族效应。日本教育家稻毛金七说：“教育为人生之一部分，故欲阐明教育之本质，非参照人生之本质不可。”② 该观点鲜明地表达了教育与人生本质不可分割的直接关系，且教育之本质与人生之本质有着必然一致性。诚如梁漱溟先生所论，人生大生命的本质在于创造。

---

① ［美］P. Feyerbend：《反对方法》，周昌忠译，上海译文出版社 1992 年版，第 4 页。

② ［日］稻毛金七：《创造教育论》，刘经旺译，商务印书馆 1926 年版，第 4 页。

依此，教育之本质也应是创造。由此可见，梁氏与稻氏都以人生文化观为基石，不约而同地抓住了创造这一关键词。稻氏对创造与教育关系的深刻论述，彰显了教育生命意义的动态趋势，开启了创造教育的心声。而中国文化作为东方文化之代表，其包含的人生本质观，必然通过教育产生巨大创造创新动量，以推动中国创造学建设与发展的良态进程。

从文化综合创新视角看，教育作为文化现象，体现了多维融合发展的理路。由此，中国教育必然取东西方之长，尤其是将中国文化的人生本质观与西方文化的科技创新观融会贯通，更足以显见创新型国家建设对创造教育的核心要求。从中国当前总体教育现状来看，虽然较前有些变化，但主要还是受制于西方近代以来传统教育模式。然而，西方先进的现代教育模式并未在现代中国产生本有作用。这让中国现有教育急于求成显得十分渴望，由此对西方现代教育模式产生了崇拜至极的心理。综合创新是目标，筛选使用是关键。因此，借鉴西方教育之长，而不是直接拿来，才能形成中国创造教育的自我特色。

虽然自西方近代教育起源以来，科技发展所产生的重大人类成果，为西方教育增添了重要砝码，但西方教育是在西方文化背景下孕育生成的，因此，其教育必然具有西方人的惯性思维方式，若将其教育思想及思维方式照搬至中国，非但不能起到积极推进作用，相反会增加中国教育心理负担。更让人深思的是自中国近代以来从西方引进的传统教育模式与中国文化的本根性脱节甚远。尽管中国现代以来在西方教育观的影响下，科学技术也呈现出前所未有的进步，但整体审视中国教育现状，人生本质教育在中国教育中严重缺失。在中国教育中，中国文化的人生本质观与西方文化的科技创新观仍处于难以形成互渗机制的状态，“现有传统的教育观和教育理论体系不变，创造教育就会永远徘徊在教育事业的边缘地带，成为不了教育的主流”①。此种教育境况，为中国创造学建设提出了严峻命题。

中国创造学建设与发展是在中国文化背景下进行的，在此种文化背景下，人生本质与教育本质应有着怎样的关系呢？日本稻毛金七先生的教育人生本质观，也许会对中国创造学建设与发展产生一定的启示。他认为：

> 教育为人生之一部分，且为人生之基础动力，故其本质，非与人生之本质一致不可。人生本质为创造，故教育须以此创造为原理，始为真有价值者，始能完全贯彻其使命，故以创造主义之人生观为背景，即此教育之

① 刘仲林：《东西方创造教育的特质与会通》，《教育与现代化》2003 年第 4 期。

特色。①

此论观剖解了教育作为人生的一部分，其本质必然与人生本质的一致性。特别强调了人生本质为创造，所以教育本质亦为创造的经典。由此可见，人生本质体现为教育对创造的融入，即是创造教育。创造以教育为基础，教育以创造为动力，二者互为交涉，形成互动机制，此是人生本质充分展示的根本要义。因此，在中国创造学建设与发展中，创造教育应处于十分突出地位，其是人生本质的彰显。

稻毛金七早在1926年所出版的《创造教育论》一书中，从创造教育的原理、本质、目的、动力与方针五大方面阐述了创造教育的精深义理。实质上，其创造教育观是在文化层面上，对人生本质的哲学思考，是融天、地、人于"一"的创造视野。此乃"天人合一"之大创造观，是以宇宙人生观为核心的创造教育思想。但如此浩荡乾坤的创造教育之主张，并未成为东方创造教育的主旨，而是被现代西方创造学取而代之。

然而，让当今东方人感到些许安慰的是，在日本、中国等少数国家中，创造学发展已经呈现出民族的自身特色，尤其是日本，对从西方引进的创造技法进行了大胆改进，注入日本文化的灵魂，形成了日本创造学的独有风格。在中国创造学发展中，尽管已经呈现出几朵具有中国特色的创造学理论彩云，但就整体而论，相较日本创造学而言，仍处于追随西方创造学的窠臼中。在当前中国创造学建设与发展中，没有形成中国创造教育的特色，人生本质的创造教育在中国教育中未形成主流。中国创造教育这一现状，又为中国创造学建设与发展如何抉择提出了挑战性的任务。

那么中国创造学建设应该走怎样的道路呢？正如刘仲林所言：中西会通。事实上，早在19世纪末，张之洞就已提出："中学为内学，西学为外学；中学致身心，西学应世事"的观点。尽管此观点有一定的局限性，在中西文化交会中未形成明确的教育思路，但其抓住了中西文化的总体特征，对中国创造学建设与发展具有一定的认知意义。刘仲林在对中国传统文化及创造教育进行深刻反思后，提出了建设性主张。

一是对教育内的变革。主要体现在教育思维的综合发展方面。从人的思维角度看，其认为教育内涵分为软、硬要素，传统教育侧重于硬要素，现代教育侧重于软要素。依此形成了有机的创造教育思维结构框架。如表7.2② 所示。

---

① ［日］稻毛金七：《创造教育论》，刘经旺译，商务印书馆1926年版，第17页。

② 刘仲林：《中西方创造教育的特质与会通》，《教育与现代化》2003年第4期。

表 7.2 创造教育思维要素构成表

硬要素	软要素
单学科	跨学科
知识传授	创造培养
概念思维	直觉思维
科学性严谨	艺术性思维
逻各斯	道
形式逻辑	审美逻辑
分析方法	整体方法
言传知识	意会知识
左脑功能	右脑功能
求真	审美

二是对教育外的变革。重在提出了对传统文化的创造性转化。其认为在中国传统文化中，人们关注的核心是“仁”的修行及其对社会稳定的效果，而不是“创”的提炼及其对社会创新的推进。因此，在孔子“述而不作，信而好古”的经学思想影响下，中国教育中，人生本质之创造性没得到发挥。因此，主张对中国传统文化进行深入变革与发展，尤其是要抓住“仁”这根主线，将其变革到当代社会“创”的语境下。如此，中国创造教育才能产生意想不到的成功。

事实上，刘仲林在20世纪90年代末就提出了中国传统文化转化与创新思路与模式。其在《新精神》一书中阐述了中国传统文化向现代转化的核心观点，正如中国哲学大师张岱年在该书序中指出：“以《周易大传》生生日新为源，转化形成以‘创’为主导的中华新精神，并将‘创’作为核心范畴，融入中华文化内核。认为‘创’是现时代的标志，较‘仁’更能体现人的本质，由此提出了将‘仁学’等传统思想转化提升为‘创学’的新观点。”① 在《中国创造学概论》一书中，以创造技法、创造思维、创造之道为自下而上的三级梯度，融东西方创造教育为一体，将西方创造技法的精华与东方创造之道的妙义，聚为一炉，形成了中西创造学合璧的鸿篇宏旨。其“成物”“成思”与“成己”的构思是对中华传统文化中人生本质的现代转化，是中国创造教育的新开辟。

① 刘仲林：《新精神》，大象出版社1999年版，序言第2—3页。

第三节　中国创造学建设与发展人格转化观

“内圣外王”作为中华传统文化人格理想，古往今来注释评论甚丰。然而，大都是从人生事业的成功与否来评注“内圣外王”人格脉络。21 世纪人类进入了一个以创新为主旋律的新时代，从传承弘扬中华文化的角度看，“内圣外王”之人格理想，亦应与时俱进，反映时代脉搏。倘若将“内圣外王”观引入学科发展轨迹中，亦显见出新的意蕴。即任何一个学科不仅要具备丰厚的理论功底与完备的理论体系，而且要能在其理论基础上，铸就出伟大的一流的创新实践成果。在此语境下，“内圣外王”观已经脱离了原有的意义。学科理论与体系的完善，学科的思维广度、发展方向、认知深度等人格观，成为一个学科“内圣”之法宝；而以此为基础，在实践中酿成的高精尖创新成果，则成为一个学科“外王”之象征。依此，将中国创造学建设与中国文化“内圣外王”之人格理想联系起来，跨越“内圣外王”的时空距离，跳出“内圣外王”的原有语境，在中国创造学建设与发展的探讨中，开拓“内圣外王”之新认知、新思路，论析“内圣外王”之创造人格的可能性与现实性，亦是探索中国创造学建设与发展的路径之一。

一　“内圣外王”人格历史流变及其创之本真

中华传统文化中“内圣外王”之人格理想，自先秦以来，就以独特的身份植根于中华民族的文化群流中。当然，对其褒贬之言，亦不乏多论。在众多学派论及中，孰对孰非，也各有分别。不管各家各派对“内圣外王”如何评头论足，但其作为中华民族一个鲜明的文化符号，从不同侧面反映出以“易、儒、道、释”为主要文化流派的内在精神。由此，以下基于中华民族文化立体视角，展示“内圣外王”人格理想的历史轨迹。

（一）“内圣外王”的儒家渊薮

先秦时期，“内圣外王”思想在《诗》《书》《礼》《乐》《易》《春秋》中即已有之。及至孔、孟、荀，儒家“内圣外王”人格理想得到发展并形成较系统的认知观，以《论语》为代表，其中的言论无不反映出孔子“内圣外王”的思想。《论语·子路》曰：“政者止也，其身正不令而行”；《论语·为政》曰：“道之以德，齐之以礼”“道之以政，齐之以刑”等，无不体现出对“内圣外王”的意蕴表达。至孟、荀时期，尽管“内圣外王”思想有所侧重，孟子侧重发展了“内圣”学说，荀子侧重发展了“外王”学说，但“内圣外王”人格理想在《孟子》《荀子》言论中都得到明显体现。

汉儒中“内圣外王”的思想发生了根本的变换。《汉书·董仲舒传》曰：“王者上谨天意，以顺命也；下务明教化民，以成性也。”从而为“内圣外王”披上一层神秘的外衣。宋以降，儒家“内圣外王”思想更为深刻而全面。“内圣成德”之教与“外王事功”之学更显明了“内圣外王”的文化逻辑与实践方向的一致性。尤其将《论语》《孟子》《大学》《中庸》四书放在一起进行考察，可以看到“内圣外王”一以贯之的演变线索。人格上，成己成物。周敦颐说：“圣人之道，入乎耳，存乎心，蕴之德行，行之为事业。”从一个侧面表达出“内圣外王”的事功方向。政治上，修己治人。“格物—致知—诚意—正心，修身—齐家—治国—平天下”的内外之学，则展示出“内圣外王”严谨的逻辑心路。学术上，明体以达用。张伯行在《道统录》中说：“大道之在天下，如日月之经天，江河之行地，原无日不昭著流布于两间。”则将“内圣外王”之功用放大到天地之间。时代上，返本开新。马一浮在《泰和会语》中说：“诸生当知六艺之道是前进的，决不是倒退的，切勿误为开倒车；是日新的，决不是腐旧的，切勿误为重保守；是普遍的，是平民的，决不是独裁的，不是贵族的，切勿误为封建思想。”以立体视角，揭示出“内圣外王”经久不衰的新颜新貌。尽管以牟宗三、成中英为代表的两代新儒家有所分歧，但都以“达到经济事功的目的”而告终。由是观之，儒家“内圣外王”之人格理想的内在逻辑依据清晰可视。

(二)“内圣外王”的道家宗旨

战国后期，庄子及其学派以敏锐的洞察力汇集了诸子之优长。特别是以老子思想为基础，汲取易、儒、墨、名、法等学派观点，进行创新发展，完成了独具一格的《庄子》。在当时社会形态流弊之境下，庄子喟叹诸派学术与社会现实的脱节。一则表现出庄子深邃的认知；二则表现出庄子博达的无奈。

“内圣外王”一词最早出现于《庄子·天下篇》，其精深妙义，既有天事，又有人事。不仅揭示出“内圣”与“外王”共同的根本一，而且对当时社会圣贤们没能去实现“内圣外王”进行了无情的鞭挞。

神何由降？明何由出？圣有所生，王有所成，皆原于一。不离于宗，谓之天人。不离于精，谓之神人。不离于真，谓之至人。以天为宇，以德为本，以道为门，兆于变化，谓之圣人……天下大乱，贤圣不明，道德不一，天下多得一察焉以自好……判天地之美，析万物之理，察古人之全，寡能备于天地之美，称神明之容。是故内圣外王之道，闇而不明，郁而不发，天下之人各为欲焉，以自为方。①

可见，当时社会现状成为“内圣外王”不能彰明的重要根源。庄子学派通过对“道、天、人”之内在关系的描述，发出“内圣外王”之道没有得到应用，没有成为统一时局混乱之人格力量的悲叹。武汉大学的萧汉明对《天下篇》进行过系统的研究，他认为“内圣外王”就是：

神与明，统谓天地造化之功用，这种功用自天而降者神妙莫测，自地而生者显明可见。谨于修养心性者则内生而为圣，精于治国而发于外者则成为王。神明生于道德，圣王亦成就于道德，皆原出于一也。因此，只要不脱离宗宰万物的道德，就能把握天人合一而不可分离为二的道理。这个道理就是通贯天人之全体大用的道术。②

此论从道用的视角揭示出庄派之“内圣外王”是以“德”为始基的天人合一的道境，是“修性”与“治国”的统一。

（三）“内圣外王”的佛家心性

佛家主张“一切皆空，性空幻有”。从“德”的角度看，就是要求人们进行德性修炼，养成明德从善的良操。不仅在人伦之间践行自己的德善，而且在人与自然万物之间也应具有同样的美德品行。在现实上要求人们做好事，弃恶从善，不断自我否定，努力向前，以达愿望。

禅宗是佛家在中国发展的独特产物。“从佛学本身的发展看，慧能的禅宗既不完全属于有宗，也不完全属于空宗，而是依据中国固有的孔孟一派的人性论和老庄一派的崇无思想，对印度大乘佛教空、有两宗进行了糅合和改造的产物”③。如此可见，禅宗是渗“儒家人性论”与“道家崇无观”入佛学中，为其接受而得到具体的应用。由此，儒、道中的“内圣外王”观，必然成长为禅家观念的重要部分。

禅家的核心理念是“明心见性”，本质看，其是儒、道“内圣外王”人格在禅宗中的理性发展。慧能说：“自性若悟，众生是佛；自性若迷，佛是众生。”这在根本上阐发了德性修养的自我心法理路，体现出“内圣外王”的深切关怀。禅宗说：“心生种种法生，心灭种种法灭。”其中“心”即“内圣”

① 庄周：《庄子》，陕西旅游出版社2006年版，第200—201页。

② 萧汉明：《论庄子的内圣外王之道》，《武汉大学学报》（人文社科版）2003年第1期。

③ 中国哲学教研室与北京大学哲学系：《中国哲学史》，商务印刷馆1995年版，第253页。

的要求，“法”即“外王”的表现。当然，佛家中“内圣外王”人格理想也体现出实践的功用。大慧宗杲说：“直要到古人脚蹋地处，不疑佛，不疑孔子，不疑老君，然后借老君孔子佛鼻孔，要自出气。真勇猛精进胜丈夫所为。愿猛着精彩，努力向前。”① 其中，“内圣外王”人格表现得十分鲜明。又说：“师虽为方外士而义笃君亲。每及时事，爱及忧时，见之词气。”② 实际上，宗杲所言正是佛家“内圣外王”的真实表露。要言之，禅宗“心性”修养的践行理路是佛家“内圣外王”的典型反映。

（四）“内圣外王”的易家图景

《周易》作为中华文化的源头汇集之说，其中无不潜藏着“内圣外王”人格的智慧种子。“乾元亨利贞”与“坤元亨牝马之贞”为易家“内圣外王”的格调确立了永恒的话题，而“天行健，君子以自强不息；地势坤，君子以厚德载物；天地交，君子以辅相天宜”更加具体了“内圣外王”的实质与努力方向。可见，《周易》深蕴的“内圣外王”思想，为中华民族开辟了永恒的创新方向。

《周易》是中华古人认识、改造自然界智慧的结晶。从“乾、坤、屯、蒙、需……”等六十四卦释义中，完全可以明视“内圣外王”阴阳变动的深刻哲理。本质上，“乾”的精神——刚强、直前、勇毅，是“外王”之象征。“坤”的品质——厚地、品贞、海涵，是“内圣”之象征。两者互为表里，相与为一，其所呈示的积极文化感召力，引领着华夏精进无止。《易传·系辞上》曰：“乾以易知，坤以简能。易则易知，简则易从。易知则有亲，易从则有功。有亲则可久，有功则可大。可久则贤人德，可大则贤人之业。”其所阐释的贤人之美德与功业，无不展示“内圣外王”人格的真如反映。《易传·系辞下》曰：“天地之大德曰生。圣人之大宝曰位，何以守位曰仁，何以聚人曰财。理财正辞，禁民为非曰义。”其顺接了从“天地之大德”到“圣人之大宝”的深刻意义，揭示了“内圣外王”宇宙人生的整体性关系。及至周敦颐所成《太极图说》，从而形成了易家“内圣外王”人格以“大道综合，生生日新”的宇宙人生图景。

（五）“内圣外王”的现代内涵

五四以降，对“内圣外王”内涵的阐释各见仁智，最突出的莫过于现代新儒家对“内圣外王”有了广泛而深入的新认识。梁启超是现代中国首次重新解析“内圣外王”内涵的第一人。从其对儒家“内圣”与“外王”的解释

① 《大慧普觉禅师语录》，载《禅宗语录辑要》，上海古籍出版社 1992 年版，第 304—305 页。

② 同上书，第 343 页。

看，“梁氏的‘内圣外王’精神，也就是孔、老、墨‘求理想与实用一致’的精神”①。熊十力从《六经》出发认为“内圣则以天地万物一体为宗，以成己成物为用；外王则以天下为公为宗，以人代天工之用”②。冯友兰对“内圣外王”仍作了传统上的解释，认为只有达到“圣”而“王”，才能成为“无为而无不为”之“圣人”。当然，方东美、贺麟、张君劢、钱穆、政韦通等也对“内圣外王”进行了时代性的反思。尽管现代新儒家所阐述的“内圣外王”的侧重点有所不同，但面对西学的引入，现代新儒家“吸取了西方生命哲学精神”与“西方经济富强、科学繁荣、社会民主的经验”③。从而赋予了“内圣外王”的现代意义。现代新儒家海外成果也可见一斑。以牟宗三、成中英、杜维明、刘述先、傅伟勋等为代表的“新”新儒学派仍在努力地探索着新儒学的生存与发展空间。牟宗三认为，“在儒学发展的第三阶段，应重新将‘内圣’与‘外王’结合起来，并赋予新的内涵”④，即从儒家的“内圣外王”人格理想中开掘出现代科学与民主的思想。

纵观“内圣外王”人格理想的历史脉络，其意境言行无不预示着实践成果的产生。不管是易、儒直面奋进的隽语，还是老庄隐涩退让的智慧，抑或是禅宗心性豁达的善为，其中都清晰地表达出中华民族创造创新不已的高风品格。这正是“创”之本真反映，也是中国创造学建设与发展所追求的至高理念。尤其是现代新儒家以“实用”“物工之用”“无不为”“经济富强”与“科学繁荣”等术语，鲜明地启示出“内圣外王”深含有创造之人格属性，也是“内圣外王”观汲取现代创造创新思想的必然趋势。

当代中国，“内圣外王”就是华夏子孙应具备“道德规范”与“有所作为、建功立业”的完整形态。“中国哲学之‘内圣外王’之道，实质是一个人的知识学问、道德情操和社会功效三者的统一，是有知识、有道德、有理想、有作为的四位一体”⑤。其论述深刻透视出“内圣外王”在现代中国发展中的现实意义。从人生观角度看，是在内与外两个方面对人生创造的系统展示。中国文化的“内圣外王”不是人格理想的谈资，而是“起、承、转、合”天人观的现实要求。其中关键点即是“转”的意义，将天地之大德“生”转化为人生之创造创新的事业，转化到创新型国家建设的轨道上。顺此而论，以中华

---

① 程潮：《儒家内圣外王之道通论》，湖南人民出版社 2005 年版，第 67 页。

② 熊十力：《熊十力集》，群言出版社 1993 年版，第 365 页。

③ 程潮：《儒家内圣外王之道通论》，湖南人民出版社 2005 年版，第 70—71 页。

④ 同上书，第 74 页。

⑤ 朱宝信：《“内圣外王”与天人和谐层次的动态跃迁》，《齐鲁学刊》1993 年第 2 期。

文化为轴线探索中国创造学建设与发展，势必要讲求“内外合一”的逻辑深蕴，而“内圣外王”人格理想最能体现这一整体逻辑归路。面对现代中国的发展，不管是“内圣”还是“外王”都必然要以“创”为根本，构筑“内圣外王”宏大的创造人格观。

二 觉悟“内圣外王”创造人格理论依据

张立文先生曾指出“内圣外王”具有“多样性与相对性；效用性与理想性；冲突性与融和性”① 的特色理路。这是对“内圣外王”在新的历史时期的认知转化，为“内圣外王”与现实经济社会发展打通了一定的视域。粗略而论，其中的“相对性”“理想性”与“融和性”侧重反映着“内圣”观念方面伦理道德建设的要求；“多样性”“效用性”与“冲突性”侧重反映着“外王”观念事功伟业的实践要求。此为我们再深入认知“内圣外王”开示出有益的窗口。

事实上，在当前国家各项事业战略规划与发展中，不管是思想道德建设，还是国家民族事业发展，都必须体现出伟大的开创品格。创造创新是思想观念与伟业实践两者间同步同趋的根本基础。在此，可以将“内圣”理解为，以共产主义道德为核心的各项“软实力”建设，将“外王”理解为，以伟大民族复兴为核心的各项“硬实力”建设。创造创新则是各项建设中的活性炭。从而形成新时期“内圣外王”创造性与创新性的民族生命意义。由此，中国创造学建设与发展，也必然遵行如此规则。那么，“内圣外王”创造创新性的人格理论依据又何在呢？

（一）创造诠释分层理论

“创造的诠释学与思维方法论”② 的分层理论，为觉悟“内圣外王”之创造创新人格提供了方法论依据。这一理论从“实谓层、意谓层、蕴谓层、当谓层与创谓层”五个层面描述了“依文解义”到“依义解文”的逻辑顺序。在上文“内圣外王”的历史流变及其创之本真一节论述中，已经对“内圣外王”作了“依文解义”的分析。于此，取“创谓层”阐释“内圣外王”人格理想所蕴含的创造创新的人格因素，即“依义解文”。傅伟勋认为：

> 创谓层是从批判的继承者转变成为创造的发展者，或亦可说从诠释学家身份升为创造的思想家身份，不但讲活了原有思想，还能彻底解消原有

① 张立文：《内圣外王新释》，《中共桂林市委党校学报》2001 年第 1 期。

② 傅伟勋：《学问的生命与生命的学问》，正中书局 1998 年版，第 228—240 页。

思想的任何内在难题或实质性矛盾，如此救活原有思想，同时又能百尺竿头更进一步，克就思想的突破与创新一点，特为原思想家完成他所未能完成的创造性思维课题。①

依此，笔者认为“内圣外王”应走出原来的文化思维层面，不局限于各传统学派对“内圣外王”的一己之见，而应随着社会历史的发展有其新的面目。事实上，传承与弘扬是一个问题的两个方面，抑或说是一个问题的两个阶段。就“内圣外王”而论，我们不仅要传承其中的优秀元素，而且要开挖优秀元素在当代经济社会发展中的生命内则。从“内圣外王”的传统思维中，提炼出“创”之人格因素，从而彰显“内圣外王”人格理想的主观能动性与社会实践性。诚如“德仁”“安身”与“治世”等儒家“内圣外王”人格理想，更应立足于当代现实社会的需求，将“内圣外王”人格思维空间扩散放大，将“内圣外王”人格具体化、实践化，张扬人的创造创新个性，求得“内圣外王”人格新创意。

同时，“内圣外王”是一个系统整体观，不能截然分离。分离后的意义，不是“内圣外王”的意义表达，而是“内圣”的意义与“外王”意义的各自表达。在中国先秦时代，不管是学术思维上的认知，抑或是对当时社会状况的整治，都必然是“内圣”基础上的“外王”，没有“内圣”的“外王”，是一种暴虐行为。尽管“内圣外王”人格观没有成为中国历史的普遍现象，但它从一个侧面反映出中国文化积极的追求方向。也正是此种正向的追求，才显示出“内圣外王”不断创造创新的冲动。

由此，“内圣外王”人格理想作为中华传统文化特征之一，将其内涵与建设创新型国家、中华民族伟大复兴联系起来进行思考，与当代中国的创造创新结合在一起，亦有其自然之理。因为中国经济社会的创造创新是以中国文化为底蕴的，应从“内圣外王”文化观念中得到启示。即中国经济社会的创造创新发展需要练好内功，尤其是增强自主创新能力，然后才能走出国门，在国际舞台上立稳脚跟，甚至领跑世界。此就是中国文化中“内圣外王”的当代意义。可见，对“内圣外王”人格理想的现代思考，必应体现出当前中国经济、社会、政治、科技、文化与生态文明发展的时代命题，体现出中国特色的优秀“道德”与“事功”方面的创造性、创新性与协同性。特别是“自主创新”观的提出，为“圣有所生，王有所成，皆原于一”寻到了“创”之大化至义，为觉悟“内圣外王”之创造创新人格指明了方向。

① 傅伟勋：《学问的生命与生命的学问》，正中书局 1998 年版，第 239 页。

（二）创造教育理论

创造教育观在中国传统文化中有着长久的历程。虽然没有形成现代颇具影响力的创造教育理论，但其中也反映着对创造教育的认知。儒家的“不愤不启；不悱不发；举一偶而不以三偶反；则不复也”。事实上，孔子此论从一个侧面表达了“内圣”不足，则不足以“外王”的思想。接受教育的对象不具备想要探索问题，并且想要弄明白问题的天然德性，是没有办法使他成就事业伟绩的。从反面为我们认知“内圣外王”的人格观，提供了必要的启示。即“内圣外王”是包括情感认知、理想信念、意志目标、国家繁荣、人生价值、智慧探求、知识应用、技能提升、学养修行、思维完整等多种要素的积极系统范畴，是个人天生德性的综合素养凝练，并以此为基础而呈现出类拔萃、一流水平的创造创新能力。《中庸》二十五章曰：

> 诚者，非自成己而已也，所以成物也。成己，仁也；成物，知也。性之德也，合外内之道也，故时措之宜也。①

其中所表述的从“成己”到“成物”就是创造创新实践过程，这也是儒家思想“内圣外王”人格理想创造创新因素的本质反映。在中国文化整体发展中，从“成己”到“成物”已经构成中国教育的普遍规律。那么，在新的历史时期，如何更好地认知从“成己”到“成物”的完整过程，则成为当代中国“内圣外王”的必然。

刘仲林先生立于当代中国社会主义新文化建设，对“成己”与“成物”传统思想作了现代意义的研究。其秉承中华文化之精良，结合中西文化之优长，深挖了中华传统文化中的创造创新因素，形成了“成物、成思、成己”的现代创造教育系统思想，丰富了中国综合创新教育理论。事实上，这是对当代中国“内圣外王”理论的新建构。

首先，在“成物”方面，从中西文化切入，厘清了“联想、组合、类比与臻美”系列技法，形成了综合创造方法观。其次，在“成思”方面，分析了中华文化传统思维特征是突出了意象思维，掩抑了概念思维。为增强现代中华文化的创造思维力，提出“传统思维向现代思维转化有两大任务：一是补短，即引进西方先进观点，补我们概念思维、形式逻辑之短；二是扬长，即总结传统精华，弘扬我们意象思维之长。二者相辅相成，不能只要其一，不要其

① 王国轩译注：《大学　中庸》，中华书局2006年版，第112页。

二。没有这种宽广兼容的眼光，传统思维向现代的转化就不会成功”①。最后，在“成己”方面，探索了中国文化至境：“道”的新内涵。从“日日新、明明德、法自然、见心性”方面，对“易、儒、道、禅”的大德进行了现代意义的转换，由“天地之大德曰生”反思出“天地人之大德曰创”的精论。

刘仲林先生所阐释的“成物、成思、成己”创造教育系统观，已折射出“内圣外王”人格内涵的现代解析，其站在发展中华文化的立场上，主张对中华传统文化中优良品质发扬光大，尤其是结合中国创造学发展的大思路，挖掘了中华传统文化中创造创新的优良品质，并进行了传承与转化。本质上，这也是对当代中国“内圣外王”的新呼唤。

一般而论，“成己”与“内圣”相对应，“成物”与“外王”相对应。且“成物”与“成己”是不可分割的，两者如若分割开来，就恰如“皮之不存，毛将焉附”的喻义。“成己”是“成物”的内养依托，“成物”是“成己”的外在表现。两者形影不离，构成了完整的系统。这一内一外，便也构成了“内圣外王”人格理想的坚实根基。就民族与个人生命价值而言，“成己”与“成物”完整的互渗机制，奠定了“内圣外王”永恒的创新实践意义。

刘仲林先生从西方创造技法方面剖析了“成物”，从东方文化境界方面剖析了“成己”，且以“创造”洞悉了两者共存共生之处，从而达到创造与境界的融合。对于人生来说，在“成物”中“成己”与在“成己”中“成物”构成了生动的人生创造画面。“成物”是物的创造，“成己”是人格的创造。在当代中国各项事业建设中，“成物”是现实的需要，“成己”同样是现实的需要。两者犹如一驾马车的双轮，统于一体，须臾不可缺也。

由以上论述可见，觉悟“内圣外王”创造之人格便有了可能性与现实性的理论依据。实质上，从中国文化综合创新角度看，探索“成物与成己”抑或“内圣外王”与中国创造学建设的关系，其目的就是在吸收国外发达国家创造学发展先进理念与方法的同时，建设具有中国民族特色的创造学。

三　觉悟“内圣外王”创造人格路径选择

“内圣外王”从一个侧面反映出中华民族繁荣的生命力，体现了中华文化人格、思维与创造的精神底蕴。觉悟“内圣外王”之创造人格，正表明中华文化人格、思维与精神贯通古今的创新力。“内圣外王”作为对圣贤君王的要求具有理想性，但在现实中这种人格理想则是智慧与价值的体现。在中华伟大民族复兴的今天，“内圣外王”的智慧与价值，不仅是中国文化一种符号的真

① 刘仲林：《中国创造学概论》，天津人民出版社 2001 年版，第 247 页。

切表达，而且是民族整体创新与个体创新的双重要求。它要求当代中华后生，坚定伟大民族复兴信念，坚守中国社会主义核心价值体系与价值观，坚持“创新、协调、绿色、开放、共享”五大发展理念。苦练基本功，脚踏实地做事情，满怀豪情干事业，韬光养晦，厚积薄发。争创世界一流，争当世界英豪。这就是当代“内圣外王”的真内涵与真精神。

同时，“内圣外王”也是从理想到现实的辩证运动。在这一辩证运动中，“内圣外王”要呈现出理想、道德、自由、科学与创造创新的统一性与实践性，即智慧与价值的实现。“在此一辩证的过程中，主体之知自现实中引发理想（即价值）、吸取理想、转化现实，逐渐实现了人的自由性与创造性，也就是在创造了科学之真、道德之善与艺术之美的同时，体现了人的心性（人格）的自由，也可以说在创造人的自由人格之同时也就体现了真、善、美的价值”①。其精义也为觉悟“内圣外王”之创造人格启迪了思路。中国创造学建设与发展，不仅要具备当代“内圣外王”的真内涵与真精神，而且要在辩证运动中，实现其智慧与价值。

（一）以创新继往开来，形成“内圣外王”当代智慧

创新是“内圣外王”人格理想的文化脉络，“内圣外王”不能只停留于理想化状态，它必须要接地气，形成创新的实在成果。因此，以创新形成“内圣外王”时代智慧，有其必然的历史与现实意义。三千年前，《诗经·大雅·文王》曰：“周虽旧邦，其命维新。”②《易传·杂卦》曰：“革去故也。鼎取新也。”③ 诸如此类的中华文化经典中，尽管“新”字与当下创新的含义不尽相同，但在一定程度上体现了中华文化“内圣外王”人格理想的“创生”意义。正是这一“创生”意义表达了觉悟“内圣外王”之创造人格的根本依据。江泽民说：

> 创新是民族进步的灵魂，是国家兴旺发达的不竭动力。如果自主创新能力上不去，一味靠技术引进，就永远难以摆脱技术落后的局面。一个没有创新能力的民族，难以屹立于世界先进民族之林。作为一个独立自主的社会主义大国，我们必须在科技方面掌握自己的命运。④

---

① 成中英：《冯契先生的智慧哲学与本体思考：知识与价值的逻辑辩证统一》，《学术月刊》1997年第3期。

② 王秀梅译注：《诗经》，中华书局2006年版，第312页。

③ 郭生旭：《周易全书》，当代世界出版社2007年版，第384页。

④ 江泽民：《论科学技术》，中央文献出版社2001年版，第55页。

从文化视域看，该论断是对民族文化精髓的继承与弘扬，是民族文化创新的导航。其中所蕴含的精微大义升华了“内圣外王”的当代主旨。由此，觉悟“内圣外王”之创造人格的中心课题，就是形成中华民族自主创新的时代智慧。

（二）以实践为本根，善养“内圣外王”多元创造思维

从中华文化的历史轨迹看，“内圣外王”人格理想，已经由历史的理想态开始步入以实践为核心的思维转换。在以往的中华文化观念中，“内圣外王”人格理想表现出形象、顿悟、直觉与类比联想等最突出的思维形态。尽管现代创造思维观认为，形象思维是创造思维之元态，但现代心理学与生理学研究表明，创造思维是在实践基础上的思维整体反映，是多种思维的协调成果。可见，形成“内圣外王”的创造性思维是其原有形象思维得以发挥的动力。与此同时，从创造思维的综合因素看，创造是动态与静态的结合，是抽象与具象的结合，是个体与整体的结合，是内在素质与外在条件的结合等。“内圣外王”人格理想形象思维的侧重，这是对人类创造思维多元协调发展认知的失偏。当前，中华民族伟大复兴，其任务之一就是要培育中华文化中全面协调的创造思维观，处理好中华内部、中外之间文化交流融和，以显达“内圣外王”现代创造之人格。《易传·系辞上》曰：“一阴一阳之谓道，继之者善也，成之者性也。”① 其所蕴藏的辩证全面的思维观与实践观，对我们培育“内圣外王”当代多元创造思维观具有深邃的启示。

（三）以宇宙人生为始基，化育“内圣外王”最高创义

《易传·系辞上》曰：“日新之谓盛德，生生之谓易。”《易传·系辞下》曰：“天地之大德曰生。”这里“德”即“生”，“生”即“德”，而“日新”则表达了德与生的共同意蕴，这一共同意蕴是什么呢？就是每天都要有翻新、每天都要有新的事物出现，从现代意义讲就是“创造创新”的永恒。这一“创造创新”不仅是自然界的意义，而且也是民族与人生的意义。“内圣外王”作为中国文化的思维形态之一，必然承袭着创造创新的特质。那么，在中国文化现代化进路中，怎样造就“内圣外王”人格理想的民族与人生意义呢？其逻辑起点就是“知行合一”的创造创新实践观。从综合创新观视之，就是博采古今中外众家之长，增强内修，提高自身的综合素质与创造力，在实践中获得经验与理性的双重效应。唯此才能觉悟“内圣外王”之创造人格的现代意义。朱清时院士说：“我创新，故我在。”这一鼎新之言，是对人生意义的精深思考，也是对民族创新不已的启迪。因为“人生的最高境界是创，人生的

① 郭生旭：《周易全书》，当代世界出版社2007年版，第347页。

最高意义也是创，这是中国文化走向现代化过程中的最主要的结论”[①]。由此，觉悟“内圣外王”之创造人格正符合中国文化现代化过程的主旨思路。

“整个人类历史就是一个不断创新、不断进步的过程。没有创新，就没有人类的进步，就没有人类的未来”[②]。这是从整个人类文化观凝练出来的高境界论断，为当代中华民族的创新指明了方向。创造学在不同国家发展的历史表明，它总是和一个国家科技、经济、文化的创新深度和广度密切关联，国家的创新力度越大，创造学越繁荣。当前，中国的和平崛起与发展，特别是由“中国制造”向“中国创造”转化，非常需要以研究创造规律和开发创造能力为核心的创造学。“一带一路”伟大战略，正体现出当代中国“内圣外王”的宏伟气度，其为中国创造学建设与发展注入了新的生命能量。

现在中国创造学发展，处在一个比较矛盾的十字路口。一方面，创新型国家建设需要创造学，另一方面，创造学发展浮躁并被边缘化，没有自己名正言顺的学科地位，只重视西方观点和方法引进，忽视结合我国文化特点和现实需要的新理论、新方法探索，长时间纠结在“创造学”与“创新学”的正名争论中。从深层说，急功近利，思想浮躁使然。侧重“成物”的创造，偏颇“成己”的创造，过于看重“成物”和“外王”的价值。似乎把物化的创造视为达到某种功利的唯一工具和手段，忽视“成己”和“内圣”的功夫，从而造成当代“内圣外王”含义破裂与精神不显。

总之，中国创造学建设与发展就是要从创新的内在储备与创新的世界领先地位出发，这也是“内圣外王”创造人格观的当代价值。在中国创造学观念传播、教育教学、创新基地建设等方面，把握“物的外显创造”与“人的内隐创造”的有机统一，在马克思主义文化观的统领下，深刻领悟当代背景下“成物成己”与“内圣外王”两者间的密切关系，把社会主义核心价值观融入中国特色的创造学建设与发展中。

① 刘仲林：《中国创造学概论》，天津人民出版社 2001 年版，第 336 页。

② 江泽民：《论科学技术》，中央文献出版社 2001 年版，第 215—216 页。

结　语

从世界创造学研究发端至今，已有百年历程。中国创造学作为世界创造学的一个组成部分，有着年轻的生命，正经历着艰难的探索阶段。虽然中国创造学发展已取得了史无前例的成就，但相较世界发达国家或地区创造学发展现况，中国创造学①发展仍存在着多方面的差距。

首先，从中国创造学理论取得的成果中可知，中国创造学理论定性研究与定量研究失衡。尤其是创造学在定性研究上较为丰富，不管是创造学专著出版，还是创造学论文发表，均体现了这一倾向。在创造学定量研究上较显薄弱，特别是创造学与心理学实验研究结合的较少。

其次，中国创造学理论研究对象较模糊，尤其是不能较仔细地进行分层研究，如对婴儿、幼儿、儿童、青少年分层，小学生、初中生、高中生、大学生等分层研究存在较大空白。

最后，中国创造学理论民族特色不足。虽然中国创造学经过 30 多年的发展，也形成了少数具有中国特色的创造学理论，但相较美国、日本、苏联等国外创造学理论来说，特色不鲜明。

因此，中国创造学在今后的理论研究中，应加强创造学与心理学相关原理及方法的应用，加强创造学研究对象的分层化，加强创造学实验研究等，并发展具有中国文化特色的创造学理论。

在中国创造学发展中，全国已成立了几十个创造学相关组织，也确立了一定数量的典型创造学实践创新基地，但从创造学理论的应用上看，与实践脱节较大。尽管中国创造学相关组织也开展了创造学思想宣传与创造学理论传播活动等，但总体看，中国创造学理论仍处于飘浮状态，创造创新观念没能有效地渗入到中国民众日常生活与生产实践中，发明创造观念还相当淡薄。从日本发明创造与专利制度的相互机制中可见，当前，日本发明创造的保护、激励机制远胜于中国，日本创造学理论与发明创造实践结合得十分紧密，尤其是创造技

① 本书所称中国创造学实指中国大陆创造学。

法已广泛应用到生产实践中，创造创新观念已融入日本国民心目中，这一点正是中国民众的短板。因此，在今后中国创造学发展中，应加强创造学理论与大众发明创造实践的结合，加强创造学与专利制度的相关研究，加强创造技法的研究与应用，使创造学理论真正发挥指导发明创造的功能。

相对历史来说，当前中国教育发展取得了令人注目的成就，但在中国高校中创造创新教育普遍缺失，且没有形成高校与中小学互动的创造创新教育机制。从论著所举美国高校创造学课程设置案例分析中，可以较清晰地看到，美国高校创造学相关课程的设置，实质上形成了以美国高校创造学为核心的创造学课群，即美国高校开设创造学课程的同时，还为当地中小学开展相关创造创新教育课程等，从而形成了高校与中小学之间创造创新教育的关联互动体系。当前，在中国部分高校中也开设了创造学相关课程，但在课程安排、教学时数、专业设置、学科建设等方面，相对美国来说，还有较大差距；同时，在中国高校与当地中小学之间，还没有形成明显的创造创新教育互动机制。因此，加强中国高校创造学课程建设是提升创造创新教育的首要环节。

从中国大陆创造学开始诞生时，在致力于创造学研究的专家、学者努力下，在一定范围内，创造学思想得到了传播，但与台湾地区相比，创造学理论传播的力度、形式、内容等方面，还显得较有差距。同一个中国，海峡两岸创造学思想与观念差距较大。就台湾省来说，创造学相关组织已达 70 多个，而中国大陆的创造学组织也只有几十个，相比之下，大陆创造学普及范围也就显得面窄。当然，台湾在创造学传播方面已取得的许多经验，亦可为大陆借鉴。尤其是对青少年、幼儿的创造力培育与开发，取得了较好局面。因此，中国创造学学科发展，应注意增强创造学组织建设，在更大范围内传播创造学思想，从而形成中华民族创造观念的普遍性。

从当前中国创造学建设现状看，中国创造学学科地位没有形成，中国创造学建设存在许多困境，没有形成有利的支撑平台，没有形成具有中国文化特色的创造学研究氛围，因此应从中国文化出发，努力建设中国特色创造学。中国创造学学科建设，不仅是创造学界关注的大事，也是整个中华民族关注的大事。从当今世界经济社会发达的国家看，越是发达的国家越注重创造学建设，相反，创造学深入研究所取得的重要原理，能更好地推动其经济社会进步。对一个国家来说，创造力显得非常重要。创造力不仅具有个体性，而且具有民族性。对一个民族来说，不是只靠模仿，就能够达到创造创新目的，必须形成自主创新的根本点，建构自主创新的理论体系。因此，这就从根本上要求，将汲取国外创造学先进理论与中国文化结合起来，建设具有中国特色的创造学。

在撰写论著过程中，一是鉴于对国内外创造学发展情况把握得不够深入，不够全面，故在论述时，只能择其一二而论之，有挂一漏万之弊端。尤其是在中外发明创造比较、中外创造教育比较、中国海峡两岸创造学传播比较方面，均是以案例进行论述。在面上缺乏整体感。二是由于收集资料的障碍，以及阅读大量外文资料的困难。因此，直接引用国外文献较少。如在国内外创造学发展理论比较方面，因为对国外资料搜索的局限性，从而不能直接阅读大量外文文献，而多是阅读翻译的中文文献。三是由于理论研究与实践相脱节，因此，提出的有些观点，未免存有一定偏漏之词，不够严谨，理性化过强。从目前中国创造学研究现状看，主要据于理论探讨，创造创新实践层面较缺乏。正如文中所论，中国创造学理论与实践脱节较大。所以在写作时，笔者感到实践经验不足。

总之，本论著通过对国内外创造学发展相关情况比较研究，意在借鉴国外发达国家创造学发展有益之经验，拓展中国创造学未来建设与发展空间，为构建中国特色创造学学科提供一孔之见。同时，敬请各行读者给予批评指正，以期不断校订完善。

参考文献

国内专著、期刊

1. 柏万良：《创造奇迹的人们：中国“两弹一星”元勋》，湖北教育出版社2001年版。

2. 程潮：《儒家内圣外王之道通论》，湖南人民出版社2005年版。

3. 崔仲雷：《名人名言》，万卷出版公司2009年版。

4. 傅世侠：《创造》，辽宁人民出版社1985年版。

5. 傅世侠、罗玲玲：《科学创造方法论》，中国经济出版社2000年版。

6. 傅伟勋：《学问的生命与生命的学问》，正中书局1998年版。

7. 甘自恒：《中国化马克思主义创新论》，广西师范大学出版社2009年版。

8. 甘自恒：《创造学原理和方法——广义创造学》，科学技术出版社2010年版。

9. 高卢麟、林声：《当代中国发明》，辽宁科学技术出版社1993年版。

10. 郭生旭：《周易全书》，当代世界出版社2007年版。

11. 郭有遹：《创造心理学》，正中书局1983年版。

12. 郭有遹：《创造心理学》，教育科学出版社2002年版。

13. 黄志斌、刘志峰：《当代生态哲学及绿色设计方法论》，安徽人民出版社2004年版。

14. 胡珍生、刘奎林：《创造性思维学概论》，经济管理出版社2006年版。

15. 江泽民：《论科学技术》，中央文献出版社2001年版。

16. 金岳霖：《论道》，商务印书馆1987年版。

17. 孔刃非：《汉字创造心理学》，线装书局2008年版。

18. 郎加明：《创新的奥秘》，中国青年出版社1993年版。

19. 李嘉曾：《创造学与创造力开发训练》，江苏人民出版社2002年版。

20. 李耳：《道德经》，青海人民出版社 2007 年版。

21. 李毅红、马名驹、周碧松：《创造力的培养》，北京大学出版社 1998 年版。

22. 梁漱溟：《朝话——人生的醒悟》，百花文艺出版社 2005 年版。

23. 林松翔：《科学艺术创造心理学》，福建人民出版社 1990 年版。

24. 刘春田：《知识产权法》，高等教育出版社，北京大学出版社 2003 年版。

25. 刘大椿：《中国高校哲学社会学科发展报告：1978—2008 交叉学科》，广西师范大学出版社 2008 年版。

26. 刘道玉：《创造教育概论》，武汉大学出版社 2009 年版。

27. 刘仲林：《新精神》，大象出版社 1999 年版。

28. 刘仲林：《中国创造学概论》，天津人民出版社 2001 年版。

29. 刘仲林：《中华文化人生亲证》，华中科技大学出版社 2007 年版。

30. 刘仲林：《中华文化精修入门》，中国科学技术大学出版社 2009 年版。

31. 刘仲林：《中西会通创造学》，天津人民出版社 2017 年版。

32. 罗玲玲：《创造力开发》，湖南大学出版社 2002 年版。

33. 马光远：《中国创造力报告》，社会科学文献出版社 2013 年版。

34. 孟天雄：《创造型人才的培养》，中国轻工业出版社 1995 年版。

35. 倪荫林：《开发你的创造力》，群众出版社 2006 年版。

36. 聂思槐、汤少明、王小燕等：《医学创造学》，华南理工大学出版社 2006 年版。

37. 钱学森：《为科学家论方法写的几句话》，载《科学家论方法》，内蒙古人民出版社 1984 年版第 1 辑。

38. 邵德门：《中国近代政治思想史》，法律出版社 1983 年版。

39. 山西省思维科学学会：《思维科学探索》，山西人民出版社 1985 年版。

40. 上官子木：《中国创造力危机》，华东师范大学出版社 2004 年版。

41. 《大慧普觉禅师语录》，载《禅宗语录辑要》，上海古籍出版社 1992 年版。

42. 温元凯、舒泽之、余明阳：《创造学原理》，重庆出版社 1988 年版。

43. 吴进国：《创造性学习与创造性思维》，中国青年出版社 2000 年版。

44. 王国轩译注：《大学中庸》，中华书局 2006 年版。

45. 王秀梅译注：《诗经》，中华书局 2006 年版。

46. 肖云龙：《脱颖而出——创新教育论》，湖南大学出版社 2000 年版。

47. 肖云龙：《创造学》，湖南大学出版社 2004 年版。

48. 谢贤扬：《创造性思维训练》，武汉大学出版社 2000 年版。

49. 谢德荪：《源创新》，五洲传播出版社 2012 年版。

50. 熊十力：《熊十力集》，群言出版社 1993 年版。

51. 徐方启：《美国著名大学里的创造学课程》，《中国交叉科学》第 2 卷，科学出版社 2008 年版。

52. 徐海燕：《中国近现代专利制度研究》，知识产权出版社 2010 年版。

53. 许立言：《创造学与创造工程》，上海交通大学出版社 1984 年版。

54. 许立言：《张福奎 · 儿童发明创造基础训练》，上海人民出版社 1985 年版。

55. 杨德：《创造力——企业制胜的秘密》，电子工业出版社 1993 年版。

56. 姚洛、谢云：《鲁迅论人生和社会》，甘肃人民出版社 1987 年版。

57. 俞学明：《创造教育》，教育科学出版社 1999 年版。

58. 俞学明、钟祖荣、刘文明：《创造教育》，教育科学出版社 2000 年版。

59. 袁张度、许诺：《创造学与创新方法》，上海社会科学院出版社 2010 年版。

60. 庄寿强：《普通（行为）创造学》，中国矿业大学出版社 2006 年版。

61. 庄寿强：《中国矿业大学的创造教育及创造学研究》，《创造学理论研究与实践探索　首届全国高等学校创造教育及创造学研讨会论文集》，中国矿业大学出版社 1995 年版。

62. 庄周：《庄子》，陕西旅游出版社 2006 年版。

63. 周耀烈：《思维创新与创造力开发》，浙江大学出版社 2008 年版。

64. 郑成思：《知识产权法》，法律出版社 2003 年版。

65. 张玲：《日本专利法的历史考察及制度分析》，人民出版社 2010 年版。

66. 国家行政学院：《推进自主创新　建设创新型国家文件汇编》，国家行政学院出版社 2006 年版。

67. 张京成：《中国创意产业发展报告（2006）》，中国经济出版社 2006 年版。

68. 张岱年：《张岱年全集》第 5 卷，河北人民出版社 1996 年版。

69. 张岱年：《张岱年全集》第 1 卷，河北人民出版社 1996 年版。

70. 中国哲学教研室与北京大学哲学系：《中国哲学史》，商务印刷馆 1995 年版。

71. 赵小芳：《大学生人格特征与其创造力水平关系之研究》，硕士学位论文，东南大学，2004 年。

72. 王秀勤：《大学生创造力课程研究》，博士学位论文，河海大学，

2006 年。

73. 成中英：《冯契先生的智慧哲学与本体思考：知识与价值的逻辑辩证统一》，《学术月刊》1997 年第 3 期。

74. 傅世侠：《国外创造学与创造教育发展概况》，《自然辩证法研究》1995 年第 7 期。

75. 付金会：《交给学生科学的金钥匙——记中国矿业大学的创造学教育》，《人才开发》1998 年第 4 期。

76. 甘自恒：《创造 · 创造力 · 创造学》，《学术论坛》1984 年第 3 期。

77. 甘自恒：《邓小平创造哲学的协调发展论》，《广西社会科学》1997 年第 3 期。

78. 规划：《日本发明专利技术发展动态及来华申请特点》，《中国发明与专利》2008 年第 7 期。

79. 韩晓春：《日本近年申请量的授权量的变化及其原因》，《中国发明与专利》2004 年第 8 期。

80. 简红江、朱玉利、闫永：《高校创新型科研团队建设的认识误区及对策》，《科技管理研究》2011 年第 18 期。

81. 简红江、刘仲林：《中日发明专利技术领域分布比较》，《科学学与科学技术管理》2012 年第 6 期。

82. 简红江、闫永：《文化视角下自主创新教育的难点及对策》，《科技管理研究》2012 年第 11 期。

83. 简红江、刘仲林：《专利制度下中日发明创造观的差异比较》，《科技管理研究》2012 年第 23 期。

84. 简红江、刘仲林等：《天人之学：中国创造学之哲学命理》，《贵州社会科学》2014 年第 7 期。

85. 简红江、何国蕊等：《中国创造学刍议》，《中国社会科学院研究生院学报》2015 年第 6 期。

86. 吉尔福德、洪丕熙：《关于创造力研究：回顾和展望》，《外国教育资料》1986 年第 1 期。

87. 刘仲林：《中国创造教育走在十字路口》，《科学时报》2001 年 8 月 30 日。

88. 刘仲林：《东西方创造教育的特质与会通》，《教育与现代化》2003 年第 4 期。

89. 刘夫、陈爱玲：《高校开展创新教育的困境分析》，《广西民族大学学报》（自然科学版）2009 年第 2 期。

90. 吕玉明：《我国创造学发展的历史回顾与展望》，《学术交流》1993 年第 1 期。

91. 罗玲玲：《论团体创造力与个体创造力转化的条件》，《理论界》2007 年第 4 期。

92. 毛昊：《日本在华专利技术布局结构情况及比较优势研究》，《中国软科学》2008 年第 11 期。

93. 乔永忠、赵家春：《国内外发明专利维持状况比较研究》，《科学学与科学技术管理》2009 年第 6 期。

94. 任晓玲：《全球创新活动受到抑制 中国专利申请逆势增长——世界知识产权组织发布〈2010 年世界知识产权指标〉报告》，《中国发明与专利》2010 年第 11 期。

95. 孙汉：《长沙理工大学创造学教育蓬勃发展》，《发明与创新》2004 年第 6 期。

96. 孙景芬、于淼：《高校创造学课及创造教育的现状调查与研究》，《沈阳工程学院学报》（社会科学版）2005 年第 1 期。

97. 田友谊：《西方创造力研究 20 年：回顾与展望》，《国外社会科学》2009 年第 2 期。

98. 王伦信：《创造教育理论研究回溯——以民国时期为例》，《南京师大学报》（社会科学版）2007 年第 4 期。

99. 吴红：《创造学在中国的发展历程及其思考》，《学术论坛》2006 年第 2 期。

100. 萧汉明：《论庄子的内圣外王之道》，《武汉大学学报》（人文社科版）2003 年第 1 期。

101. 许立言：《我国专利制度的沿革（1911—1949）》，《中国科技史料》1982 年第 4 期。

102. 许立言：《我国专利制度的沿革与发展》，《情报学刊》1983 年第 3 期。

103. 阎国华：《大学创新教育课程教学理念创新——以中国矿业大学〈创造学〉课程教育实践为例》，《四川教育学院学报》2010 年第 10 期。

104. 俞啸云：《略论创造教育与传统教育》，《上海青少年研究》1985 年第 5 期。

105. 张晶、罗玲玲：《日本创造技法从引入到原创的文化融合之路》，《理论界》2011 年第 9 期。

106. 张海燕：《创造学与我国高校创造教育的回顾与前瞻》，《扬州大学学报》（高教研究版）2009 年第 4 期。

107. 张岱年：《天人简论——人与自然》，《孔子研究》1987 年第 3 期。

108. 张立文：《内圣外王新释》，《中共桂林市委党校学报》2001 年第 1 期。

109. 赵春音：《当代西方创造力研究的考察》，《科学学研究》2003 年第 4 期。

110. 周丽婷、朱婧：《团队精神与高校师资队伍建设》，《长沙铁道学院学报》（社会科学版）2006 年第 1 期。

111. 朱宝信：《“内圣外王”与天人和谐层次的动态跃迁》，《齐鲁学刊》1993 年第 2 期。

国外专著、期刊

112. ［英］约翰·阿代尔：《创造性思维艺术——激发个人创造力》，吴爱明、陈晓明译，中国人民大学出版社 2009 年版。

113. ［美］罗伯特·J. 斯滕博格：《创造力手册》，施建农等译，北京理工大学出版社 2005 年版。

114. ［美］罗伯特·J. 斯滕博格：《智慧　智力　创造力》，王利群译，北京理工大学出版社 2007 年版。

115. ［美］J. P. 吉尔福德：《创造性才能——它们的性质、用途与培养》，施方良等译，人民教育出版社 1990 年版。

116. ［美］J. P. 查普林、T. S. 克拉威克：《心理学的体系和理论》，林方译，商务印书馆 1984 年版。

117. ［美］A. H. 马斯洛：《动机与人格》，许金声等译，华夏出版社 1987 年版。

118. ［美］S. 阿瑞提：《创造的秘密》，钱岗南译，辽宁人民出版社 1987 年版。

119. ［美］欧内斯特·L. 博耶：《关于美国教育改革的演讲》，教育科学出版社 2002 年版。

120. ［美］杰夫·德克拉夫、凯瑟林·劳伦斯：《工作中的创造力》，安景文、林祝君译，机械工业出版社 2005 年版。

121. ［美］费耶阿本德：《反对方法》，周昌忠译，上海译文出版社 1992 年版。

122. ［日］稻毛金七：《创造教育论》，刘经旺译，商务印书馆 1926 年版。

123. ［日］汤川秀树：《创造力与直觉》，周林东译，河北科学技术出版社 2000 年版。

124. ［日］恩田彰：《创造性心理学》，陆祖昆译，河北人民出版社 1987 年版。

125. ［日］特许厅：《特许制度 70 年史》，发明协会 1955 年版。

126. ［德］G. 海纳特：《创造力》，陈钢林译，工人出版社 1986 年版。

127. ［德］韦特海默：《创造性思维》，林宗基译，教育科学出版社 1987 年版。

128. ［苏］阿利赫舒列尔：《创造是一门精密的科学》，吴光威、刘树兰译，北京航空航天大学出版社 1990 年版。

129. ［苏］A. H. 鲁克：《创造心理学概论》，周义澄、毛疆译，黑龙江人民出版社 1985 年版。

130. ［苏］Г. С. 阿利赫舒列尔：《创造是精确的科学》，魏相、徐明泽译，广东人民出版社 1988 年版。

131. James L. Adams, *The Care & Feeding of Ideas*, Massachusetts: Addison Wesley, 1986.

132. Davis Baird, *Techné: Research in Philosophy and Technology*, Techné 8: 1 Fall 2004, 1.

133. Taylor, I. A., *An Emerging View of Creative Actions*, In I. A. Taylor and J. W. Getzels (Eds.), Perspectives in Chicago, III.: Aldine Publishing Co., 1975.

134. MacKinnon, D. W. *Creativity: A Multi-faceted phenomenon*. In J. D. Roslansky (Ed.), Creativity: A Discussion at the Nobel Conference, Amsterdan: North-Holand, 1970, pp. 17-32.

135. Michael Blackman, *World patent information—the first 25 years*, World Patent Information 26 (2004) 13-24, p. 17.

136. C. June Maker, Sonmi Jo, Omar M. Muammar, Development of creativity: The influence of varying levels of implementation of the DISCOVER curriculum model, anon-traditional pedagogical approach, *Learning and Individual Differences*, Volume 18, Issue 4, 4th Quarter 2008, pp. 402-417.

137. Caviggioli, F., Foreign applications at the Japan Patent Office—An empirical analysis of selected growth factors. *World Patent Information*, Volume 33, Issue 2, June 2011, pp. 157-167.

138. Holger Ernst, Patent information for strategic technology management,

World Patent Information, Volume 25, Issue 3, September 2003, p. 233.

139. William R. Kerr, Breakthrough inventions and migrating clusters of innovation, *Journal of Urban Economics*, Volume 67, Issue 1, January 2010, p. 57.

140. Antonio Hidalgo, José Molero, Technology and growth in Spain (1950 - 1960): An evidence of Schumpeterian pattern of innovation based on patents, *World Patent Information*, Volume 31, Issue 3, September 2009, p. 205.

141. R. Berneche, Personality determinants of the commitment to the profession of art, *Creativity Research Journal*, 1991, 4: 367 - 389.

142. I. Magyari - Beck, Creatology: A Postpsychological Study, *Creativity Research Journal*, 1994, 72.

网络资料

143. 吴静吉：《创造力教育政策白皮书·子计划（六）国际创造力教育发展趋势专案》，www. 3722. cn，2001 年 12 月 15 日。

144. 中华人民共和国国家知识产权局：《专利法及其实施细则第三次修改》，http：// www. sipo. gov. cn/ ztzl/ywzt/zlfjqssxzdscxg/，2008 年 12 月 29 日。

145. 吴静吉：《台湾创造力教育实施现况》，http：//www. creativity. edu. tw，2004 年 6 月。

146. 转引自郑玉刚《创造性思维的特性》，http：//wenku. baidu. com，2007 年 12 月 12 日。

147. 中国国家知识产权局：《2008 国家知识产权局统计年报》，http：// www. sipo. gov. cn/tjxx/。

148. 日本特许厅：《日本特许厅发布 2011 年度报告》，http：//www. jpo. go. jp/cgi/linke. cgi? url =/torikumi_ e/hiroba_ e/e_ 2010tourokukensuu. htm。

149. 中国国家知识产权局：《统计信息》，http：//www. sipo. gov. cn/ghfzs/zltj/gnwszslnb/2010/201101/t20110110_ 562648. html。

150. 中国国家知识产权局：《日本特许厅发布 2011 年度报告——国家知识产权局》，http：//www. sipo. gov. cn/ dtxx/gw/2011/201108/t20110829 _ 618072. html。

151. 国家知识产权局规划发展司：《我国每万人口发明专利拥有量达到 2. 0 件》，《专利统计简报》2011 年第 6 期，http：//www. sipo. gov. cn/ghfzs/zltjjb/201104/ t20110422_ 600232. html。

152. 中国国家知识产权局：《国家知识产权局统计年报》，http：//www. sipo. gov. cn/tjxx/2009. pdf。

153. 中国国家知识产权局：《国内外三种专利申请受理状况总累计表》（2010），http：//www. sipo. gov. cn/tjxx/。

154. 中国国家知识产权局：《国内外三种专利申请受理状况年表》（2010），http：//www. sipo. gov. cn/tjxx/。

155. 中国国家知识产权局：《国内外三种专利授权状况总累计表》（2010），http：//www. sipo. gov. cn/tjxx/。

156. 中国国家知识产权局：《国内外三种专利申请授权状况年表》（2010），http：//www. sipo. gov. cn/tjxx/。

157. 中国国家知识产权局规划发展司：《2010 年中国有效专利年度报告（一）》，《专利统计简报》2011 年第 6 期，http：//www. sipo. gov. cn/ghfzs/zltjjb/201104/p020110422601789993288. pdf。

158. 中国国家知识产权局规划发展司：《我国每万人口发明专利拥有量达到 2.0 件》，《专利统计简报》2011 年第 11 期，http：//www. sipo. gov. cn/ghfzs/zltjjb/201107/ P020110718351213591178. pdf。

159. 中国国家知识产权局规划发展司：《上半年我国专利申请受理量与授权量双双实现快速增长》，《专利统计简报》2011 年第 10 期，http：//www. sipo. gov. cn/ghfzs/zltjjb/201107/P020110718351213591178. pdf。

160. 中国国家知识产权局规划发展司：《2010 年 PCT 国际专利世界发展态势及中国特点分析》，《专利统计简报》2011 年第 3 期，http：//www. sipo. gov. cn/ghfzs/zltjjb/201104/P020110422597759219332. pdf。

161. 麻省理工学院：《艺术和科技中的感觉与想象》，http：//www. tingvoa. com/mingxiaogongkaike/yishuhekejizhongdeganjueyuxiangxiang/。

162. University of Stanford，http：//www. stanford. edu/.

163. University of Georgia，http：//www. coe. uga. edu/.

164. College at Buffalo，http：//www. buffalostate. edu/.

165. 百度百科：《湖南轻工业高等专科学校》，http：//baike. baidu. com/view/5079287. htm。

166. 长沙理工大学教务处：《课程简介第一部分》，http：//210. 43. 188. 40/jwc/rcpy/4. htm。

167. 庄寿强：《校内教学—庄寿强创造教育网》，http：// www. zhuangshouqiang. com/ news_ show. asp? classid = 87&id = 1516。

168. 安徽工业大学：《安徽工业大学—创造学与创新能力开发精品课程申报网站》，http：// 211. 70. 149. 137/ec2006/C76/kcms - 1. htm。

169. 安徽教育网：《安徽工业大学有个创新教育领头人　个人申请专利 45